Vom Baum zum Holz

Wolfgang Steuer

Vom Baum zum Holz

Nutzholzarten – Holzschäden – Ausformung – Holzernte – Rundholzsortierung – Verkauf

DRW-Verlag Stuttgart

Vorwort

Das vorliegende Buch ist entstanden aus der Zusammenfassung und Ergänzung nicht mehr greifbarer Bücher von Ewald König, die in den fünfziger und sechziger Jahren vom DRW-Verlag herausgegeben worden sind. Es versucht die wesentlichen Grundlagen der forstwirtschaftlichen Erzeugung zu erläutern und den interessierten Leser wie auch den Fachmann mit den verschiedenen heimischen und eingebürgerten Baumarten, ihren Eigenschaften und Verwendungsmöglichkeiten vertraut zu machen. Im weiteren zeigt es die neueren Entwicklungen in der Holzernte auf und legt die Bestimmungen über die Bildung der Rohholz-Handelsklassen dar.
An dieser Nahtstelle, wo sich Forst- und Holzwirtschaft unmittelbar berühren, geht es auf den Verkauf des Rohholzes und die dabei geübten Bräuche ein. Ein größerer Abschnitt ist den Besonderheiten des Rohstoffes Holz, den Fehlern am Baum, den Schäden durch Pilze und Insekten sowie durch Wild und Mensch gewidmet.
Diese Darlegungen sollen sowohl den jungen Forst- und Holzwirten, die sich in der Ausbildung befinden, nützen, wie sie auch dem erfahrenen Fachmann die Möglichkeit zum Nachschlagen bieten möchten. Vor allem aber war es die Absicht mit den Ausführungen über die Vorgänge im Walde bis zur Bereitstellung des Holzes für den Be- und Verarbeiter einen Beitrag zum besseren Verständnis zwischen Forst- und Holzwirtschaft zu liefern.
Besonders zu danken habe ich Herrn Lt. Forstdirektor Dr. Erich Maurer, München, der in freundlicher und hilfsbereiter Weise das Manuskript geprüft und mir wertvolle Anregungen gegeben hat.

Wolfgang Steuer
Sommer 1985

ISBN 3-87181-311-7

© 1985 by DRW-Verlag Weinbrenner-KG,
7022 Leinfelden-Echterdingen.
Alle Rechte vorbehalten.
Titelfoto: Franz Schmidle
Satz und Druck: Karl Weinbrenner & Söhne,
Leinfelden-Echterdingen.
Printed in Germany

Bestellnummer: 311

Inhaltsverzeichnis

1 Der Wald 8

- 1.1 Kurzer geschichtlicher Rückblick 8
- 1.2 Urwald, Wirtschaftswald 10
- 1.3 Nachhaltigkeit und Waldfunktionen 11
- 1.4 Waldbauliche Begriffe 11

2 Der Baum 17

- 2.1 Erscheinungsbild der Bäume 17
- 2.2 Höhenwachstum 19
- 2.3 Dickenwachstum 21
- 2.4 Holzaufbau 21
- 2.5 Verkernung 26
- 2.6 Unterscheidungsmerkmale des Holzes der hauptsächlichen heimischen Baumarten 27

3 Heimische und eingebürgerte wichtige Nutzholzarten 29

- 3.1 Nadelhölzer 29
- 3.1.1 Allgemeine Kennzeichnung 29
- 3.1.2 Fichten 29
- 3.1.3 Tannen 31
- 3.1.4 Kiefern 33
- 3.1.4.1 Zweinadelige Kiefern 34
- 3.1.4.2 Fünfnadelige Kiefern 38
- 3.1.5 Lärchen 40
- 3.1.6 Douglasie 45
- 3.1.7 Eibe 47

- 3.2 Laubhölzer 48
- 3.2.1 Allgemeine Kennzeichnung 48
- 3.2.2 Eichen 48
- 3.2.3 Rotbuche 52
- 3.2.4 Hainbuche 54
- 3.2.5 Esche 56
- 3.2.6 Ahorn 58
- 3.2.7 Ulme 61
- 3.2.8 Birke 64
- 3.2.9 Linde 66
- 3.2.10 Edelkastanie 68
- 3.2.11 Walnuß 69
- 3.2.12 Robinie 70
- 3.2.13 Platane 71
- 3.2.14 Roßkastanie 72
- 3.2.15 Wildobstbäume 73
- 3.2.16 Erlen 76
- 3.2.17 Pappeln 77
- 3.2.18 Weiden 82

4 Die Nutzung und Ausformung des Holzes 84

- 4.1 Die Holzernte 84
- 4.1.1 Die Nutzungsarten 84
- 4.1.2 Grenzen der Mechanisierung 84
- 4.1.3 Die Durchführung des Holzeinschlages 86
- 4.1.4 Fällung, Aufarbeiten 86
- 4.1.4.1 Rotteneinteilung 87
- 4.1.4.2 Fällungswerkzeug 88
- 4.1.4.3 Das übrige Werkzeug bei der Holzfällung 88
- 4.1.4.4 Aufarbeitungsgeräte und -maschinen 89
- 4.1.4.5 Vermessungswerkzeuge 92
- 4.1.4.6 Zusatzgeräte 92

- 4.2 Neue Wege beim Rücken und Aufarbeiten des Holzes 94

- 4.3 Rücken des Holzes 95
- 4.3.1 Rückeschlepper 95
- 4.3.2 Seilbringung 98

- 4.4 Pflegliche Behandlung des Holzes 99
- 4.4.1 Das fachgerechte Fällen der Bäume 99
- 4.4.2 Verhindern von Schäden am liegenden Holz 100
- 4.4.2.1 Mantelrisse bei Nadelholz 101
- 4.4.2.2 Aufreißen von Hirnflächen 101
- 4.4.2.3 Risseschutz sommergefällten Laubholzes 102

4.5	Die Vermessung des Holzes 103	6	**Der Verkauf des Rohholzes** 151	
4.5.1	Die Maßeinheiten des Rohholzes 103			
4.5.2	Die Inhaltsermittlung von liegendem Holz 103	6.1	Arten der Verkäufe 151	
4.5.2.1	Der Inhalt von Langholz 104	6.2	Verkaufsverfahren 153	
4.5.2.2	Der Inhalt von Stangen 106			
4.5.2.3	Der Inhalt von Industrieholz kurz 106	6.3	Verkäufe an Großverbraucher und an Kleinverbraucher 155	
		6.3.1	Kaufvertrag 156	
4.6	Die Vermessung nach Gewicht 106	6.3.2	Zulassung zu den Holzverkäufen 158	
4.7	Die Inhaltsermittlung stehender Bäume 107	6.4	Abwicklung des Verkaufs 158	
		6.4.1	Überweisung des Holzes 158	
4.8	Die Ermittlung der Holzmasse von Beständen 108	6.4.2	Bezahlung des Kaufpreises 159	
		6.4.3	Zahlungsarten 159	
		6.4.4	Der Holzabgabeschein (Holzzettel) 160	
5	**Die Sortierung von Rohholz** 110	6.4.5	Beanstandungen, Gewährleistung 161	
		6.4.6	Holzbearbeitung im Wald und Abfuhr 161	
5.1	Grundlegende Bestimmungen des Gesetzes und der Verordnung über gesetzliche Handelsklassen 112	7	**Abweichungen von der Normalform und Schäden am Holz** 162	
5.2	Die Handelsklassen 113			
5.2.1	Stärkesortierung 113	7.1	Abweichungen in der Schaftform 164	
5.2.1.1	Langholz 113			
5.2.1.1.1	Mittenstärkesortierung 113	7.1.1	Abholzigkeit 168	
5.2.1.1.2	Heilbronner Sortierung 114	7.1.2	Krummschaftigkeit 168	
5.2.1.1.3	Stangensortierung 117	7.1.3	Zwiesel- oder Gabelwuchs 170	
5.2.1.2	Schichtholz 118			
5.2.2	Gütesortierung 120	7.2	Abweichungen im Stammquerschnitt 172	
5.2.2.1	Güteklasse A/EWG 122			
5.2.2.2	Güteklasse B/EWG 125	7.2.1	Exzentrischer Wuchs, Druck- und Zugholz 172	
5.2.2.3	Güteklasse C/EWG 131	7.2.2	Bewertung von Exzentrität und Reaktionsholz 175	
5.2.2.4	Güteklasse D 134	7.2.3	Spannrückigkeit 176	
5.2.3	Sortierung nach besonderem Verwendungszweck 135	7.2.4	Hohlkehlen 177	
5.2.3.1	Schwellenholz 135			
5.2.3.2	Industrieholz 136	7.3	Abweichungen im anatomischen Bau des Holzes 178	
5.3	Umrechnungszahlen 139	7.3.1	Äste, Astigkeit, astfreies Holz 178	
5.3.1	Schichtmaß – Festmaß 139	7.3.1.1	Allgemeines 178	
5.3.2	Stückzahl – Festmaß 140	7.3.1.2	Natürliche Astreinigung 178	
5.3.3	Gewichtsmaß – Festmaß 140	7.3.1.3	Künstliche Astung als Mittel zur Verbesserung der Holzgüte 182	
5.4	Meßzahlen 142	7.3.1.4	Beurteilung astigen Holzes 184	
5.5	Die Kennzeichnung und Bezeichnung der Handelsklassen 143	7.3.1.5	Einfluß der Äste auf den Gebrauchswert des Holzes 188	
5.6	Kurzbezeichnungen 148			

7.3.1.6	Wasserreiser (Klebeäste) 192		7.6	**Farbänderungen und Farbfehler 230**
7.3.1.7	Äußere Merkmale und innere Astigkeit 193		7.6.1	Rotkern der Buche 231
7.3.2	Im Jahrringbau liegende Abweichungen und Wertverschiedenheiten 201		7.6.2	Hellkerniges und dunkelkerniges Eschenholz 232
7.3.2.1	Allgemeines 201		7.6.3	Vergrauen frischen Eichenholzes, grünliche Verfärbung lagernder Ulmenstämme 233
7.3.2.2	Güteminderung des Holzes durch sprunghaften Wechsel in der Jahrringbreite 203		7.7	**Fehler infolge Beschädigung des Baumes durch Menschen und jagdbare Tiere 234**
7.3.2.3	Jahrringbreite und Spätholzanteil 203			
7.3.3	Welliger Jahrringbau 206		7.8	**Holzschäden im Walde durch die wichtigsten Pilze und Insekten 237**
7.3.4	Maserwuchs 208			
7.3.4.1	Entstehung 208		7.8.1	Holzentwertende Pilze 237
7.3.4.2	Zu Maserwuchs neigende Holzarten 210		7.8.1.1	Bläuepilze 237
7.3.4.3	Gewerbliche Verwendung von Maserholz 210		7.8.1.2	Rotstreifigkeit 238
			7.8.1.3	Das Ersticken und Verstocken des Laubholzes 239
7.3.4.4	Krebsbeulen 211		7.8.1.4	Rotfäule bei der Fichte 240
7.3.5	Drehwuchs – Schräger Faserverlauf 212		7.8.1.5	Kiefernbaumschwamm 240
7.3.5.1	Allgemeines 212		7.8.2	Holzzerstörende Insekten 241
7.3.5.2	Zu Drehwuchs neigende Holzarten 213		7.8.2.1	Holzbrüter 241
7.3.5.3	Das Umsetzen der Drehrichtung 213		7.8.2.2	Bockkäfer 243
			7.8.2.3	Holzwespen 244
7.3.5.4	Merkmale der Drehwüchsigkeit am lebenden Baum 215		7.9	**Belastung der Wälder durch Luftverunreinigung 245**
7.3.6	Harzgallen 217		7.9.1	Waldschadenserhebung 1983 245
7.4	**Fehler im Holz als Folge von Baumschädigungen durch Naturgewalten 218**		7.9.2	Die Schadensursachen 245
			7.9.3	Die Krankheitssymptome 248
7.4.1	Faserstauchungen im Holz des lebenden Baumes durch Sturm 218		7.9.4	Gegenmaßnahmen 249
7.4.2	Fehler durch Hagelschlagverletzungen der Rinde 220		7.9.5	Auswirkungen der Walderkrankung auf das Holz 249
7.4.3	Fehler und Schäden durch Frosteinwirkung 221			

Schrifttum 250

Stichwortverzeichnis 253

7.4.3.1	Allgemeines 221
7.4.3.2	Frosttod älterer Bäume 222
7.4.3.3	Frostrisse 222
7.4.3.4	Mondringe im Kernholz der Eiche 224
7.4.4	Rinden- oder Sonnenbrand 225
7.4.5	Hitzerisse 226
7.4.6	Blitzschäden 226
7.4.6.1	Allgemeines 226
7.4.6.2	Blitzschäden und Waldbrand durch Blitz 228
7.5	**Risse im Holz des stehenden Baumes 228**
7.5.1	Kernrisse und Schilferrisse 228
7.5.2	Harzrisse bei Lärche 230

1 Der Wald

1.1 Kurzer geschichtlicher Rückblick

Die letzte Eiszeit (Würmeiszeit) hatte die Waldbestockung in Europa völlig verschwinden lassen. Mit der ab 12000 v. Chr. allmählich zunehmenden Erwärmung kehren Bäume wieder in diesen Raum zurück, zunächst Birken und Kiefern, in manchen Bereichen auch Aspe und Fichte. Mit Hilfe der Pollenanalyse ist die Entwicklung dieser Wiederbestockung ziemlich genau zu verfolgen. Die Blütenpollen fast aller Waldbäume sind im Torf der Moore nahezu unbegrenzt haltbar und weisen unter dem Mikroskop für die Baumarten typische Formen auf. Daher erlauben die einzelnen Torfschichten mit ihrer Unzahl von Pollen Rückschlüsse auf die während der entsprechenden Zeit in der Umgebung vorhandenen Bäume und die Zusammensetzung der Wälder.

In die zunächst noch sehr lichten, von weiten Grasflächen durchbrochenen Bestände dringt mit zunehmender Erwärmung der Haselstrauch ein, der ganze Gebüschwälder bildet. Um 5000 v. Chr. folgen Eichen, gemischt mit Ulme und Linde, die allmählich auch an die Stelle von Birke, Kiefer und Hasel treten. Die Fichte breitet sich nach Westen aus und faßt vor allem in den Mittelgebirgen Fuß. Die Bestockung wird geschlossener. Im Laufe der folgenden Jahrtausende (beginnend etwa um 3000 v. Chr.) wurden auf den besseren Böden, besonders in den nur gering bewaldeten Lößgebieten, Menschen (der Jungsteinzeit) seßhaft und begannen Getreide anzubauen. Eine geregelte Feldbewirtschaftung mit Brache oder Düngung war ihnen noch unbekannt. Waren die Nährstoffe des Bodens erschöpft, so mußten neue Flächen in Bewirtschaftung genommen werden. Die Zunahme der Bevölkerung zwang dazu, auch weniger gute Böden zu nutzen und Wald zu roden.

Im Wald unterwanderten die Schattholzarten Buche und auch Tanne in der Folgezeit mehr und mehr die Lichtholzart Eiche. Es entwickelte sich ein Wald, wie er den Bodenverhältnissen und dem Klima unserer Breiten am besten entspricht. Doch schon bis zur Zeitenwende dürfte der Wald außerhalb der Gebirge gegenüber seiner ursprünglichen Ausdehnung durch Rodung stark zurückgedrängt worden sein; diese Annahme ergibt sich aus der von römischen Geschichtsschreibern geschilderten dichten Besiedelung des Landes. Man schätzt, daß wenigstens ein Viertel der Fläche Mitteleuropas damals schon waldfrei war.

In der Folge, nun bereits geschichtlichen Zeit, hatte der Wald sehr vielseitigen Zwecken zu dienen. Zunächst war das Holz der Hauptrohstoff für den Hausbau, für Geräte, Werkzeuge, Fahrzeuge und viele Gegenstände des täglichen Bedarfs. Ebenso diente es zur Beheizung, zur Beleuchtung und war unentbehrlich in der Schmiede, in den Glashütten und im Bergbau. Daneben standen die sonstigen Nutzungen des Waldes wie Waldweide, Schweinemast, Streunutzung, Jagd, Bienenweide, deren volkswirtschaftliche Bedeutung nicht gering waren.

Dem Wald wurden durch diese Nutzungen mancherlei Schäden zugefügt; es entstanden Ödflächen und minderwertige Bestockungen. Hinzu kam die Zunahme der Bevölkerung, was im 11. und 12. Jahrhundert zu Rodungen in großem Umfang führte, wobei der spätere Bedarf an Holz, die Eignung des Bodens für landwirtschaftliche Zwecke und die sonstigen Werte des Waldes nicht immer angemessen berücksichtigt wurden. Die Verringerung der Waldfläche und ihre Auswirkungen hatten zunächst im 14. und 15. Jahrhundert Rodungsverbote zur Folge. Mancherorts entwickelten sich erste Anfänge einer

Forstwirtschaft, so in den dichter besiedelten Bereichen, besonders in der Umgebung von Städten, wo der Holzbedarf eine geordnete Nutzung erforderlich machte.

Der Dreißigjährige Krieg setzte dieser Entwicklung ein vorzeitiges Ende. Etwa die Hälfte der Bevölkerung war in den Kriegswirren zugrunde gegangen; ganze Dörfer verschwanden, weite Landstriche blieben unbestellt. Der Wald ergriff von den veröderten Flächen Besitz, wobei wahrscheinlich wenig massenreiche Holzarten wie Weiden, Aspen, Birken usw. vorherrschten. Der nach den langen Kriegszeiten rasch wachsenden Bevölkerung bemächtigte sich eine „Angst vor der Holznot". Die Befriedigung des gewaltig gestiegenen Holzbedarfes für Hausbrand, Bergbau und Gewerbe schien bei den vorratsarmen, durch Viehweide, Schweineeintrieb und Streunutzung herabgewirtschafteten Wäldern in Frage gestellt.

Die Angst war der Ansporn, daß man energisch daranging, den Wald sorgfältig zu bewirtschaften. Im 18. Jahrhundert liegt der Ursprung einer geordneten Forstwirtschaft. Der Anfang war unerfreulich und schwer. Der Wald bestand zu großen Teilen aus Blößen – eine Folge der Waldweide; große Flächen waren nur sehr weitständig mit Bäumen oder mit Strauchwerk bestockt. Zu einem ertragreichen Hochwald war es ein weiter Weg. Er begann mit dem Einteilen und Vermessen der Wälder; zuverlässige Saat- und Pflanzverfahren wurden entwickelt; die gering bestockten und öden Flächen wurden in großem Maße mit Nadelholz aufgeforstet; an die Stelle ungeregelter Holzentnahme trat der schlagweise Betrieb; die Naturverjüngung unter Schirm wurde gefördert. Innerhalb weniger Jahrzehnte wurde die Grundlage für einen leistungsfähigen Hochwaldbetrieb geschaffen.

Zweifellos war dies eine Großtat der deutschen Forstwirtschaft. Es darf jedoch nicht übersehen werden, daß schon von Anbeginn an durch die eifrigen Nadelholzaufforstungen der Laubholzanteil an der Waldfläche stark zurückgedrängt wurde. Da im 19. Jahrhundert weiterhin heruntergekommener Laubwald in Nadelwald umgewandelt wurde, kam es schließlich dazu, daß der ursprünglich vorherrschende Laubwald heute nur noch einen Bruchteil der Waldfläche (knapp 30%) einnimmt. An warnenden Stimmen, die auf Schäden und Gefahren von Nadelreinbeständen hinwiesen, fehlte es nicht. Katastrophen durch Sturm, Feuer, Schädlinge bis in die jüngste Zeit verdeutlichten die Nachteile. Sie förderten aber auch die Erkenntnis, daß die Nadelreinbestände bei ihrer Wiederverjüngung durch Mischbestände ersetzt werden müssen. Seit Beginn des 20. Jahrhunderts fehlt es nicht an Versuchen, Nadel-Laub-Mischbestände zu schaffen, denen leider nicht immer der gewünschte Erfolg beschieden war. Neben den Gefahren durch das Klima (Frost, Trockenzeiten), denen die empfindlichen jungen Laubholzpflanzen leichter erliegen, trägt sicher der in Deutschland weit überhöhte Wildbestand Schuld, daß die Umwandlung der Wälder weit langsamer als wünschenswert vor sich geht.

Wesentlich zur Förderung der Mischung können die Verfahren der Verjüngung im Schutze des Altbestandes beitragen. Die jungen Baumpflanzen bleiben hier besser vor Klimaextremen geschützt, wobei die Lockerung des Schirmes ihrem Lichtbedürfnis Rechnung trägt. Auf diesem Gebiet wurden in den letzten hundert Jahren große Fortschritte erzielt.

Nicht weniger von Bedeutung ist die Pflege der Bestände, die schon wenige Jahre nach der Verjüngung einsetzt und sowohl den Mischhölzern wie den besonders leistungsfähigen und in ihren Eigenschaften wertvollen Bestandesgliedern Förderung angedeihen lassen muß. Die Ausweitung der Papier- und Zellstoffabrikation, die Erfindung der Span- und Faserplatten haben für die Holzanfälle aus Pflegebeständen reichlich Verwendungsmöglichkeiten geschaffen. Die Bestandspflege hat dadurch kräftig Aufschwung genommen. Zugleich ist dies ein Beispiel, wie eng Holz- und Forstwirtschaft aufeinander angewiesen sind.

1.2 Urwald, Wirtschaftswald

Aus dem geschichtlichen Rückblick im vorangegangenen Abschnitt kann entnommen werden, daß echte Urwälder – Wälder, die ohne jedwedes menschliche Zutun entstanden sind und von menschlicher Einwirkung völlig unberührt blieben – in Deutschland schon lange nicht mehr vorhanden sind. Selbst in die entferntesten Winkel und in die höchsten Lagen der Berge drang der Mensch vor und nutzte Holz – wenn keine andere Möglichkeit des Abtransportes bestand, dann eben für die Holzkohleerzeugung durch Köhlerei. Die Eingriffe des Menschen hatten ihre Auswirkungen auf die Holzartenzusammensetzungen der Wälder und das ganze Zusammenspiel der im Wald vorhandenen Glieder wie Boden, Unterwuchs, Tierwelt und anderes mehr.

Dabei muß man sich von dem Gedanken freimachen, daß die ursprünglichen Wälder, die „Urwälder" unserer Gegend, Mischwälder aus zahlreichen Holzarten und aus Bäumen jeglichen Alters, auf engstem Raum zusammengedrängt gewesen seien. Die gemäßigte, sommergrüne Waldzone unseres Bereiches dürfte nach heutiger Erkenntnis auf trockeneren Standorten großflächig hauptsächlich mit Buchen, teils allein, teils mit Eichen, Linden und Eschen vergesellschaftet, bestockt gewesen sein, unter denen sich eine Buschstufe entwickelte. An feuchteren Plätzen gediehen vor allem Erlen und Weiden. In den Gebirgen behauptete sich die Fichte allein oder gemischt mit Buche und Tanne. Im herrschenden Bestand blieben die Altersunterschiede gering, die Kronenschicht überwölbte den Boden in weitgehend einheitlicher Höhe.

Der Wald ist mehr als nur eine Gemeinschaft, die sich aus einer Vielzahl von Bäumen zusammensetzt. Der standortgerechte Wald ist eine fein abgestimmte Lebensgemeinschaft, an der alles mitwirkt, was in ihrem Raum, vom Kronendach bis hinunter in den Wurzelbereich des Bodens, vorhanden ist. Die Zusammengehörigkeit dieser vielseitigen, lebenden und leblosen Welt, deren einzelne Glieder aufeinander angewiesen sind, sich aber auch gegenseitig bedingen, hat einen Zustand der Ausgewogenheit erreicht und stellt zugleich einen Höhepunkt der Vegetation dar, die sich bei den gegebenen Standortsverhältnissen behaupten kann. Den Baumbestand, den Unterwuchs, die Bodenpflanzen, Pilze, Waldtiere, Vögel, Insekten, die Kleinlebewelt im Boden, aber auch den Boden selbst und die Besonderheit des Bestandsklimas mit geringerer Luftbewegung, höherer Luftfeuchtigkeit, ausgeglicheneren Temperaturen, dies alles umschließt die Lebensgemeinschaft Wald, für die der Begriff „Leben" auch auf die nicht organische Welt ausgedehnt ist.

Dem ohne menschliches Zutun entstandenen und weiterhin sich selbst überlassenen Urwald steht der *Wirtschaftswald* gegenüber. Seine Behandlung wird geprägt von wirtschaftlicher Planung. Die Begründung des Bestandes, die laufende Erziehung und Pflege, die Ernte der hiebsreifen Bäume mit der Überleitung in die Verjüngung sind wohlüberlegte Maßnahmen, die einem Wirtschaftsziel dienen. Das Wirtschaftsziel bestimmt der Waldeigentümer, ausgehend in erster Linie vom Standort und von der Holznachfrage, soweit sich diese im Hinblick auf die langen forstlichen Produktionszeiträume beurteilen läßt. Wichtig ist es für ihn, daß möglichst wertvolle Bestände, sowohl hinsichtlich der Masse wie auch der Qualität, mit möglichst geringem Kosten- und Zeitaufwand erzogen werden.

1.3 Nachhaltigkeit und Waldfunktionen

Ein möglichst hoher Gewinn darf allerdings nicht das einzige Ziel forstlichen Wirtschaftens sein. Der Grundsatz der Nachhaltigkeit und die Beachtung der Gesamtheit der Aufgaben des Waldes stecken den Rahmen ab für das Streben nach hohem Ertrag.

Die *Nachhaltigkeit* fordert, daß der Wald so bewirtschaftet wird, daß er allen nachkommenden Generationen mindestens in gleicher Weise Nutzen bringt wie der gegenwärtigen. Daraus ergibt sich vor allem, daß höchstens soviel Holz geschlagen werden darf wie zuwächst und daß der Gesundheitszustand des Bestandes und die Bodenkraft erhalten werden müssen.

Die Aufgaben des Waldes gliedern sich in die *Nutz-, Schutz- und Sozialfunktion*. Daß der Wald Holz liefert und auch weiterhin liefern soll, ist die unmittelbare Aufgabe der Waldbewirtschaftung. Es wird zwar in Deutschland nicht möglich sein, den Holzbedarf aus eigenen Wäldern voll zu decken; doch sollte es selbstverständliches Anliegen sein, den Holzertrag im eigenen Lande zur Bedarfsdeckung soweit wie möglich zu steigern. Auf diesem Gebiet gibt es noch zahlreiche Möglichkeiten. Nur nebenbei sei erwähnt, daß die Länder der Europäischen Gemeinschaft vorgesehen haben, 5 Mio. ha überzählige landwirtschaftliche Böden aufzuforsten.

Neben der Holzerzeugung erfüllt der Wald zahlreiche Aufgaben, die für den Menschen und die Umwelt von Bedeutung sind. Für die Menschen der Städte und dichtbesiedelten Gebiete sind Wälder ein unentbehrlicher Quell der Erholung. Nicht zu Unrecht bezeichnet man die Wälder um die Großstädte als deren „Lungen". Ihre Erhaltung und ihre im Hinblick auf ihre besondere Aufgabe parkartige Gestaltung sind eine wesentliche Voraussetzung ihrer sozialen Funktion.

Zu den Wirkungen auf die Umgebung gehören die Verringerung der Windgeschwindigkeit im Bestand und in seiner Nachbarschaft. Starke Niederschläge treffen nicht unmittelbar auf die obersten Bodenschichten und können diese nicht auswaschen, verdichten oder wegspülen. Das Wasser kann nicht oberflächlich rasch ablaufen, sondern versickert und wird im Boden gespeichert. Das Kronendach lindert Ein- und Ausstrahlung und mildert Temperaturextreme. Die Luft wird durch das Laub gefiltert. Von diesen Schutzfunktionen profitiert die gesamte Landschaft. Bekannt sind Beispiele in vielen Ländern, wo ihre Mißachtung, der Raubbau am Wald, zum Versiegen der Quellen, zur Verkarstung und sogar zur Bildung von Wüsten geführt hat.

Der Grundsatz der Nachhaltigkeit und die ordnungsgemäße Erfüllung aller Aufgaben des Waldes, seien es Holzerzeugung oder Wohlfahrtswirkungen, sind durch die Bestimmungen des Bundeswaldgesetzes und der Forstgesetze der Länder gesichert. In neuester Zeit sind staatliche Forstverwaltungen im Rahmen ihrer Hoheitsaufgaben dazu übergegangen, Waldfunktionspläne aufzustellen, die die Aufgaben bestimmen, denen die Wälder im einzelnen besonders zu dienen haben, z. B. Erholungswälder in der Umgebung von Großstädten, Wälder in Wasserschutzgebieten u.a. Die Bewirtschaftungsgrundsätze für diese Wälder werden unter Beachtung ihrer besonderen Funktion festgelegt.

1.4 Waldbauliche Begriffe

In der Forstwirtschaft haben sich eine Reihe von fachlichen Begriffen herausgebildet, die der Erläuterung bedürfen. Als *Bestand* bezeichnet man einen Teil des Waldes, der nach Holzartenmischung, Wachstum und Alter, auf einer zusammenhängenden Fläche annähernd gleichartig ist und dessen Größe ausreicht, um ihm eine eigene wirtschaftliche Behandlung zuteil werden zu lassen. Häufig zeigen sich innerhalb eines sonst etwa gleichartigen Bestandes kleinere Abweichungen, die jedoch keine Sonderbehandlung veranlassen. Bis zu 100 m² (5 ausgewachsene Bäume) nennt man eine solche Abweichung Trupp. Eine größere Fläche bis 500 m² oder etwa 20 Bäume im Haubarkeitsalter heißen Gruppe. Von Horst spricht man bei einer noch größeren Zahl entsprechender Bäume bzw. einer eingenommenen größeren Teilfläche des Bestandes bis etwa 0,35 ha. Reine Bestände bestehen, von einzelnen eingesprengten fremden Bäumen abgesehen, nur aus einer Baumart. Bei zwei und mehr Baumarten spricht man von gemischten Beständen (s. Abb. 1).

Die *Betriebsart* gibt einen Hinweis, wie Verjüngung, Erziehung und Abtrieb der Bestände erfolgen. Man geht vor allem von der Art und Weise aus wie die Baumpflanzen entstehen, und stellt den Kernwüchsen, die sich aus Samen entwickeln, die Ausschläge gegenüber, die aus Stöcken oder Wurzeln abgehauener Stämme entspringen, und unterscheidet:

Den *Hochwald*, der heute die Hauptfläche in Deutschland einnimmt. Er besteht aus Bäumen, die aus Samen hervorgegangen sind (Kernwüchse) und im entsprechenden Alter aus Samen bzw. Pflanzen verjüngt werden.

Den *Niederwald,* der demgegenüber aus Stockausschlägen hervorgeht, weshalb er auch Ausschlagswald genannt wird (s. Abb. 2). Die Fähigkeit, Stock- und Wurzelausschläge zu treiben, besitzen alle unsere Laubhölzer, von den einheimischen Nadelhölzern nur die Eibe. Als Niederwald bewirtschaftete Wälder gibt es bei uns heute nur noch sehr wenige. Im vergangenen Jahrhundert spielte dagegen besonders der Eichenschälwald eine bedeutende wirtschaftliche Rolle, denn von alters her war es bei uns hauptsächlich die Eiche, deren Rinde den Gerbstoff lieferte. Mit der um das Jahr 1875 begonnenen Einfuhr tropischer und subtropischer Gerbhölzer, später auch fertiger Gerbstoffauszüge aus solchen Hölzern, verlor der Eichenschälwald nach und nach seine Bedeutung. Er wurde in der Folge in Nadelwald umgewandelt, auf geeigneten Standorten auch in Eichenhochwald überführt. Als Eichenschälwald werden heute nur noch unbedeutende Restflächen als historische Betriebsart bewirtschaftet. Er hat einen Umtrieb von 18 bis 20 Jahren. Die Nutzung der Niederwälder erfolgt so, daß alljährlich ein bestimmter Teil der Fläche eingeschlagen wird, so daß bei einer Bewirtschaftung

Abb. 1 Eichen- und Buchenmischbestand im Spessartforstamt Rohrbrunn. In der Oberstufe 160jährige Eichen mit beigemischten Buchen, in der Unterstufe etwa 50jährige Buchen (Foto: Holtmann)

Abb. 2 Etwa 20jähriger Niederwald. Man erkennt deutlich, wie aus den Stöcken Ausschläge hervorgingen, die den neuen Wald bildeten (Foto: Steuer)

in 20jährigem Umtrieb schlagweise die Alterklassen 1 bis 20 je mit einem Zwanzigstel der Fläche vorhanden sind. Den *Mittelwald* stellt eine Verbindung von Niederwald- und Hochwaldbetrieb dar. Den Boden bedeckt das flächenweise gleichalte, aus Laubholz-Stockausschlägen entstandene Unterholz. Darüber stehen Stämme, die aus Samen hervorgegangen sind. Je nachdem, ob letztere zahlreich oder gering sind, spricht man von oberholzreichem oder oberholzarmem Mittelwald. Während für das Unterholz nur schattenertragende Laubhölzer mit gutem Ausschlagvermögen (z. B. Hainbuche, Linde, Erle, Hasel) in Frage kommen, die im wesentlichen nur Brennholz liefern, wird das Oberholz aus Lichtbaumarten wie Eiche, Esche als Nutzholz verwendet (s. Abb. 3).

Als Oberholz können auch andere Holzarten, z. B. Nadelbäume, angebaut werden. Gegenüber dem geschlossenen Hochwald ist die Nutzholz-, Massen- und Werterzeugung im Mittelwald geringer. Der Anteil des Mittelwaldes an der Waldfläche ist daher zunehmend kleiner geworden. Wir finden ihn gelegentlich noch in den Überschwemmungsgebieten der Flüsse (Auwaldungen), wo er, reich an Oberholz, mehr Hochwaldcharakter hat, oder auf schwierigeren Laubholzböden.

Die Schlagführung im Mittelwald erfolgt ähnlich wie beim Niederwald. Die Fläche wird in so viele Schläge eingeteilt, wie die Umtriebszeit des Unterholzes Jahre hat (zwischen 10 und 30 Jahren). Alljährlich wird die Fläche mit dem ältesten Unterholz abgetrieben, wobei die durch Pflanzung beim vorhergehenden Unterholzabtrieb eingebrachten Kernwüchse zur Ergänzung des Oberholzes stehen bleiben. Gleichzeitig werden die auf der Abtriebsfläche stehenden ältesten Stämme des Oberholzes gefällt und auch eine Ausmusterung der jüngeren Oberholzklassen mit Entnahme einiger geringwertiger Stämme durchgeführt. Fehlendes Oberholz wird stets wieder nachgepflanzt.

Der *Umtrieb* umfaßt den Zeitabschnitt, in dem alle Bestände eines Forstbetriebes einmal abgetrieben werden. Er richtet sich nach dem Wirtschaftsziel. Daneben steht das *Abtriebsalter*, unter dem der Zeitraum verstanden wird, der von der Begründung eines Bestandes bis zu dessen gewöhnlich mit der Wiederverjüngung verbundenen Ernte verstreicht. *Schlag* oder auch *Hieb* nennt man die Fläche eines Bestandes, auf der die Bäume mit dem Ziel der Verjüngung entnommen werden. Das kann durch eine Reihe von *Hiebsarten* geschehen. Grundformen sind:

Kahlhieb, wenn die Fläche kahlgeschlagen wird,

Schirmhieb, wenn die Fläche gleichförmig lichtgestellt wird,

Femelhieb, wenn das Kronendach über der Fläche ungleichmäßig gelichtet wird (s. Abb. 4).

Je nach Größe und Ausformung der zur Verjüngung vorgesehenen Fläche unterscheidet man

großflächig, wenn der Hieb auf der ganzen Fläche des Verjüngungsbestandes geführt wird,

zonenweise, wenn die Hiebsfläche mehrere Baumlängen breit ist,

streifenweise, wenn die Hiebsfläche in der Form eines Streifens mit einer Tiefe von einfacher bis doppelter Baumlänge angelegt wird,

saumweise, wenn die Tiefe des Hiebes noch schmäler ist und höchstens eine Baumlänge erreicht.

Entsprechend der Anlage des Hiebes spricht man z. B. von einem großflächigen Schirmhieb, einem streifenweisen Kahlhieb, einem Saumfemelhieb usw.

Der Baumbestand des Hochwaldes durchläuft von seiner Begründung bis zur Ernte verschiedene Stufen, die ihre speziellen Namen haben.

Naturverjüngung werden die auf natürli-

Abb. 3 Mittelwald. Vor drei Jahren war das Unterholz im Vordergrund eingeschlagen worden, neue Stockausschläge sind inzwischen angekommen. Darüber steht das Oberholz aus Eichen, die aus Samen hervorgegangen sind (Foto: Steuer)

che Weise durch Samen entstandenen Jungbestände genannt. Wurden die Pflanzen im Pflanzgarten nachgezogen und künstlich auf der Verjüngungsfläche eingebracht, so spricht man von *Kulturen*. In der Zeitspanne von der Bestandsbegründung bis die Pflanzen sich gegenseitig berühren („in Schluß kommen") wird von *Jungwuchs* gesprochen. Am Anschluß daran folgt die *Dickung*, das ist die Zeit, in der infolge Lichtmangel die unteren Äste und je nach Holzart, Standortgüte und Standraum eine gewisse Anzahl von jungen Bäumen absterben. Die nächste Stufe bildet das *Stangenholz*, in dem die Bäume einen Durchmesser in Brusthöhe bis etwa 20 cm erreichen. Der letzte Zeitabschnitt ist das *Baumholz* mit Stärken über 20 cm in Brusthöhe.

Bleiben beim Abtrieb eines Bestandes einzelne gutgeformte Stämme zur Erzielung von Starkholz oder aus landschaftlichen Gründen stehen, so nennt man sie *Überhälter* und spricht, wenn dies in großem Umfang geschieht, auch von *Überhaltbetrieb* (Abb. 5).

Eine besondere Form des Hochwaldes ist der *Plenterwald*. In ihm stehen alle Altersklassen auf engstem Raum beieinander, vom jüngsten Sämling über die verschiedenen Stangenholzstufen bis zu den auf ihrer Lebenshöhe stehenden Starkholzstämmen. Die Nutzung ist an keine Hiebsart gebunden. Der Plenterwald kennt weder Verjüngungsflächen noch Verjüngungszeiträume. Der Hieb erfolgt durch Entnahme einzelner Stämme, entweder alljährlich oder in gewissen Abständen. Vorrangiges Ziel ist die

Abb. 4 Saumfemelhieb mit teilweise freigestellten Verjüngungsgruppen (Tanne, Fichte). Das Kronendach des Altholzes ist weitgehend gelichtet (Foto: Cerny)

Pflege und Erziehung des einzelnen Baumes zu wertvollem Stammholz, was durch stete Auslese der Besten, ihre stetige Förderung und Ausnutzung des Lichtungszuwachses erreicht wird. Jungwuchs stellt sich überall dort ein, wo kleine Lücken entstanden sind, die genügend Licht einfallen lassen, um ein Wachstum zu ermöglichen. Besonders eignen sich Tannen-Fichten-Buchen-Mischbestände (Schattholzarten) für die Plenterwirtschaft (Abb. 6).

Abb. 5 Kiefern-Überhälter über Kiefern-Jungwuchs stellen, planmäßig ausgehalten, einen Kiefernüberhaltbetrieb dar. Er dient in erster Linie der Erzeugung von Starkholz (nach König)

Abb. 6 Im Plenterwald stehen Bäume jeden Alters, Sämlinge, Stangenhölzer und starke Bäume, auf engstem Raum beieinander (Foto: Steuer)

2 Der Baum

2.1 Erscheinungsbild der Bäume

Die gleichen Baumarten, die im Wald in Gemeinschaft aufwachsen, finden wir auch außerhalb des Waldes, vielfach einzeln oder in kleinen Gruppen im freien Feld, als Begleiter der Flüsse und Bachläufe, in Parkanlagen und als Alleebäume. Hier erwachsen sie mehr oder weniger frei, forstlich ausgedrückt im Freistand. Dadurch wird ihre äußere Gestalt beeinflußt, die sich völlig anders entwickelt als die Form bei einem Baum, der im dichten Schluß des Waldes, d. h. im geschlossenen Verband von Baumgemeinschaften heranwächst.

Der von frühester Jugend an freistehend aufgewachsene Baum kann seine Krone voll ausbauen. Kein Nachbar engt ihm den Wuchsraum ein oder entzieht ihm das Licht. Daher entfaltet er seine Krone mehr oder weniger mächtig ausladend, in der Regel mit tief herabreichenden, starken und zumeist weit ausgestreckten Ästen im unteren Teil. Dies zeigen die Abbildungen 7 und 8. Die Kuppelkronen frei erwachsener Laubbäume, die abgewölbten Kronen einzeln stehender Kiefern oder die spitzkegeligen Kronenformen der Fichte, fast immer reicht beim alleinstehenden Baum die Krone tief herab, oft beginnt sie schon wenig über dem Boden. Dabei stehen die unteren Äste weiter vor als die oberen, sie bleiben so im Lichtgenuß und sterben infolgedessen auch nicht ab. Wie der Stamm selbst werden sie von Jahr zu Jahr stärker.

Anders ist es bei dem im dichten Bestandsschluß stehenden Waldbaum. Ihm bleibt nicht der Raum, seine Krone frei zu entfalten. Eingeengt von frühester Jugend an, muß er sich mit dem begnügen, was er im scharfen Wettbewerb um Licht und Luft erobern kann. Die Kronenentwicklung nach der Seite wird gehemmt. Die zunehmend stärker beschatteten unteren Äste kümmern und sterben im Laufe der Zeit ganz ab. Mit fortschreitendem Höhenwachstum des Baumes, bei dem die Krone immer höher hinaufgeschoben wird, setzt sich dieses Absterben der Äste von unten nach oben fort. Die toten Äste trocknen früher oder später ab. Dieser Vorgang, als Schaftreinigung bezeichnet, ist für die Erzeugung von Nutzholz wegen der geringeren Astigkeit entscheidend.

Im Freistand werden meist stark abholzige, besonders kräftige aber kurze Schäfte gebildet, die sich vor allem bei Laubhölzern schon in geringer Höhe in starke Äste auflösen und wenig Stammholz, dafür aber viel Wipfel- und Astholz liefern. Demgegenüber bildet der im Bestandsschluß heranwachsende Waldbaum bei richtiger Pflege und Auslese einen vollholzigen, langen und geraden Schaft, der im unteren Teil in den äußeren Schichten mehr oder weniger astrein oder feinästig ist und auf den größten Teil seiner Länge gutes bis bestes Nutzholz liefert.

Zunächst ist es also der zur Verfügung stehende Wuchsraum, der die Baumgestalt bestimmt. Es kommen jedoch noch weitere Einflüsse wie geographische Breite, Klima, Temperatur, Feuchtigkeit, Luft, Wind und Boden, sowie Höhenlage hinzu. Besonders ins Auge fällt die formende Kraft klimatischer Extreme an der oberen Baumgrenze im Gebirge, die dort z. B. die Wetterfichten prägt. Schließlich sind auch noch die Erbanlagen, d. h. die durch erbliche Veranlagung bedingten Fähigkeiten, auf Umwelteinwirkungen in bestimmter Weise zu reagieren (SCHÄDELIN), von Einfluß. Wir kennen heute bei einer Reihe von Baumarten bestimmte Standortsrassen und Herkünfte, die sich in einem jahrtausendelangen Anpassungs- und Auslesekampf gebildet haben. Unterschiede wurden vor allem bei Fichte (Hochlage s. Abb. 9), bei Kiefern (schneebruchgefährdete südwestdeutsche Tieflandskiefer, spitzkronige Höhenkiefer, s. Abb. 10 und 11), bei der Lärche (Sudeten- und Alpenlärche) und bei der Stieleiche gefunden. Bei der Pflege und Verjüngung der Bestände wird darauf geachtet, daß sich solche Rassen durchsetzen, die bodenständig und widerstandsfähig sind und gute Stammformen aufweisen.

Im Winter verändern die Laubbäume und die Lärchen ihre Erscheinung. Die Blätter und die zarten Nadeln fallen ab. Die übrigen Nadelhölzer behalten ihre Nadeln. Die Schäden, die Schneefälle vor dem Laubfall verursachen können, zeigen, daß die Laubhölzer nicht darauf eingerichtet sind, die größeren Schnee- und Eislasten des Winters zu tragen. Gegen die Kälte selbst sind unsere Waldbäume sehr wenig empfindlich.

Stoffliche Veränderungen im Zellinnern, besonders die Umbildung von Stärke in Zucker, schützen sie und stehen in engem Zusammenhang mit der Winterruhe.

Die im Winter ihres grünen Gewandes beraubten Laubbäume bieten durch den klaren Einblick in ihren „Bauplan", in ihren Aufbau einen besonderen Reiz. Wir unterscheiden den Stamm, die Äste, die Zweige und die Triebe, wie man sowohl den letzten Höhenzuwachs (Höhentrieb) als auch die jüngste Verlängerung von Ästen und Zweigen (Seitentriebe) nennt. Unten am Stamm kann man nur den Ansatz der Wurzeln erkennen, der Hauptteil des Wurzelwerkes ist unsichtbar im Erdreich, wo er nicht nur der Verankerung des Baumes im Boden dient, sondern auch die Aufgabe hat,

Abb. 7 Freistehende Stieleiche: „Fürstin-Margarete-Eiche" im Fürstlich Hohenzollerischen Wildpark Josephlust bei Sigmaringen. Der Stamm teilt sich schon in geringer Höhe in starke, weitausladende Äste auf. Der Brusthöhenumfang beträgt etwa 7 m. Das Alter wird auf 250 Jahre geschätzt (Foto: Hockenjos)

aus dem Boden Wasser und Nährsalze aufzunehmen.

Äste und Zweige in ihrer Gesamtheit bilden die Krone, die vom Stamm ans Licht getragen wird. In ihren grünen Organen, den Blättern oder Nadeln, nehmen sie in der Vegetationsperiode Kohlendioxid aus der Luft auf und verarbeiten es mit Hilfe des Lichtes (Kohlensäureassimilation oder Photosynthese genannt) zu organischen Stoffen. Der Stamm, dem die Wurzeln Halt geben und der die Krone trägt, führt nach oben und unten einen Saftstrom, den aufsteigenden, mit dem die Nährsalze von den Wurzeln an die Krone befördert werden, den absteigenden, mit dem die von der Krone gebildeten organischen Stoffe zu den Wurzeln fließen.

2.2 Höhenwachstum

Das Höhenwachstum der Bäume ist zunächst gering, nimmt dann aber allmählich zu, um bis zu einem (nach Holzart und Standort unterschiedlichen) Maximum zu steigen. Die Periode des größten Höhenwachstums liegt bei unseren wichtigsten Waldbäumen in einem Alter zwischen 25 und 50 Jahren. Danach werden die Jahrestriebe kleiner; das Höhenwachstum nimmt langsam wieder

Abb. 8 Freistehende Fichte im Winter, mit kegelförmiger Krone, tief herabreichender, unten weitausladender Beastung (Foto: E. Hase)

Abb. 9 Schmale, spitze Hochlagenfichten im Hochgebirge, Forstamt Schliersee, Höhenlage 1 200 m (Foto: Steuer)

△ Abb. 10
Krumme Tieflands-
kiefern in Südwest-
deutschland
(Foto: Steuer)

Abb. 11   Spitzkroni-
ge Höhenkiefern mit
geraden Schäften
(Foto: Dimpflmeier)

ab. Man führt es darauf zurück, daß nach Erreichung eines gewissen Alters (Entwicklungshöhepunkt) der Stoffaustausch zwischen Wurzeln und Blättern zunehmend schwieriger wird.

In unserem Klima werden die Bäume nur mäßig hoch. Die größten Höhen unserer Nadelhölzer liegen um 55 m – eine Bestleistung, die nur selten erreicht wird. Demgegenüber sind in klimatisch besonders begünstigten Gebieten der Erde bei Nadelhölzern Baumhöhen bis zu 115 m zuverlässig gemessen worden.

2.3 Dickenwachstum

Dem in der gemäßigten Zone schroffen Gegensatz der zwei Hauptjahreszeiten Sommer und Winter muß sich die Vegetation anpassen. Vor Beginn der kalten Jahreszeit schließt der Baum sein Jahreswachstum ab; bis zum Frühjahr legt er dann eine Ruhepause ein.

Das Holzgewebe entsteht durch Zellteilung. Nur die Kambiumzellen sind zur Bildung neuer Holzzellen fähig. Als Kambium oder Bildungsschicht wird eine zwischen Bast und Holz liegende feine Schicht dünnwandiger, plasmareicher Zellen bezeichnet. Sie umkleidet alle lebenden Teile des Baumes, also nicht nur den Stamm, sondern auch Äste und Wurzeln. Bei der Teilungstätigkeit scheidet das Kambium fortdauernd nach innen Holzzellen, nach außen Rindenzellen ab und zwar Holzzellen in weit größerer Zahl als Rindenzellen.

Neue Zellen werden alljährlich während der Vegetationsperiode (Frühjahr bis Herbst) gebildet. Dabei entsteht aus den nach außen abgeschiedenen neugebildeten Zellen ein dünner Bastmantel, aus den nach innen abgeschiedenen ein neuer Holzmantel, der sich als „Jahrring" (im Querschnitt) um den ganzen Baum herumlegt. Die neugebildeten Holzzellen vergrößern von Jahr zu Jahr den Umfang des Stammes. Dabei entwickeln sich die von einer Kambiumzelle abgeschiedenen Holzzellen nach Form und Art völlig unterschiedlich, um bestimmte Aufgaben, wie Aufwärtsleitung des von den Wurzeln im Boden aufgenommenen Wassers, Stoffwechsel und Speicherung von Reservestoffen, ferner Festigung, erfüllen zu können.

Zu Beginn des Holzzuwachses im Frühjahr werden mehr dünnwandige und weitlumige Zellen gebildet, die in erster Linie der Wasserleitung dienen. Die später gegen Ende der Vegetationszeit entstehenden Zellen sind dickwandiger und englumiger und bewirken die Festigung des Baumes. Erstere nennt man Frühholz, letztere Spätholz. Da nach der Vegetationszeit Ruhe im Wachstum eintritt, folgt auf die dichten, meist einen klaren Abschluß bildenden, oft auch farblich verschiedenen Spätholzzellen ein unvermittelter Übergang zu dem lockeren Frühholz, dem neuen Wachstum im folgenden Jahr, wodurch der Jahrring auf Querschnitten durch das Holz deutlich sichtbar wird.

2.4 Holzaufbau

Bei den *Laubhölzern* dienen die *Gefäße* (Tracheen), die – Glied auf Glied übereinanderliegend – zusammenhängende Röhren mit runden oder ovalen Öffnungen bilden der Wasserleitung (s. Abb. 12, Darstellung A, B und C). Man nennt sie auch Poren. Beginnt das Frühholz mit einem Ring weiter Gefäße und folgen hierauf in plötzlichem Übergang wesentlich engere Gefäße des Spätholzes, so nennt man das Holz *ringporig* (s. Abb. 13). Bei solchen Hölzern zeichnet sich die Jahrringgrenze deutlich ab. Ringporiges Holz haben z. B. Eiche, Esche, Ulme, Edelkastanie, Akazie. Hölzer, bei denen die Unterschiede zwischen Früh- und Spätholzgefäßen (Poren) gering sind, sei es, daß die Öffnungen der Gefäße etwa gleiche Größe haben oder ihre Größe vom Frühholz zum Spätholz nur allmählich abnimmt, nennt man *zerstreutporig* (s. Abb. 14). Zu diesen Hölzern gehören u. a. Buche, Linde, Pappel, Nußbaum, Erle und Bir-

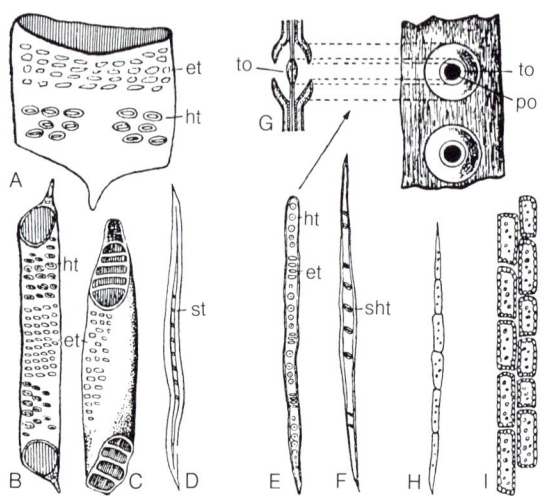

Abb. 12 Holzzellen (Holzfasern). (A) kurzes und weites Frühholzgefäß der Eiche; (B) Gefäß eines Laubholzes, ringförmig durchbrochen; (C) Gefäß eines Laubholzes, leiterförmig durchbrochen; (D) Libriformfaser; (E) Tracheide (Kiefer), Frühholz; (F) Tracheide (Kiefer), Spätholz; (G) Hoftüpfel, links Querschnitt, rechts Aufsicht; (H) Längsparenchym; (I) Teil eines Holzstrahls (mehrreihig), Querparenchym. Es bedeuten: (et) einfache oder Fenstertüpfel; (ht) Hoftüpfel; (st) Spalttüpfel; (sht) Spalthoftüpfel; (to) Torus; (po) Porus (nach König)

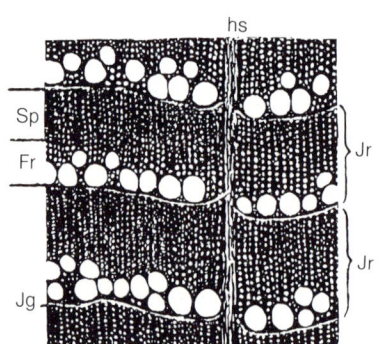

Abb. 13 Querschnitt durch Traubeneiche in 10facher Vergrößerung. Typisch ringporig. Es bedeuten: (Fr) Frühholz; (Sp) Spätholz; (Jg) Jahrringgrenze; (Jr) Jahrring; (hs) Holzstrahl (nach König)

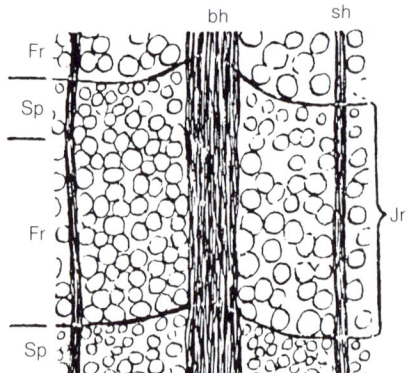

Abb. 14 Querschnitt durch Rotbuche in 30facher Vergrößerung. Typisch zerstreutporig. Es bedeuten: (Fr) Frühholz; (Sp) Spätholz; (Jr) Jahrring; (bh) breiter Holzstrahl; (sh) schmaler Holzstrahl (nach König)

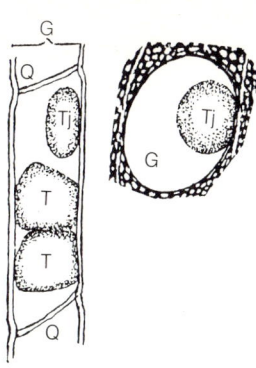

Abb. 15 Holzgefäße mit Thyllen (stark vergrößert). (I) Radialschnitt (Gefäß in Längsrichtung aufgeschnitten), (II) Querschnitt. Es bedeuten: (G) Gefäß; (Q) Gefäßquerwand; (T) vollausgebildete Thyllen, die den Gefäßhohlraum verstopfen; (Tj) noch in Bildung begriffene junge Thyllen (nach König)

ke. Manche Hölzer lassen die Gefäße und deren Anordnung auf den Schnittflächen schon mit bloßem Auge deutlich erkennen.

Die Nährstoffspeicherung im Holz übernehmen die Speicher- oder Parenchymzellen. Zu unterscheiden sind Längs- und Querparenchymzellen; aus letzteren bestehen die Holzstrahlen, auf die später noch näher eingegangen wird. Die Holzparenchymzellen sind die Träger des Lebens im Baum. Sie allein behalten das Protoplasma, den lebenden Inhalt, der bei der Neubildung in jeder Zelle enthalten ist, dann aber bei den übrigen Zellarten abstirbt. Die Längsparenchymzellen sind sehr kurze prismatisch geformte, dünnwandige Gebilde, die in der Hauptsache den Gefäßen anliegen (s. Abb. 12, Darstellung H).

Den größten Anteil am Aufbau der Laubhölzer haben die das Festigungs- oder Stützgewebe bildende Libriformfasern (auch Hart- oder Sklerenchymfasern genannt). Es sind dickwandige und schmale, beiderseits geschlossene und wenig Hohlraum enthaltende Gebilde, die mit ihren zugespitzten Enden untereinander fest verzahnt sind (s. Abb. 12, Darstellung D). Ihr Anteil am Holz ist weitgehend bestimmend für Raumgewicht und Festigkeitseigenschaften.

Erwähnt sei noch die bei vielen Laubhölzern auftretende *Thyllenbildung*. Thyllen, auch Füllzellen genannt, sind blasenförmige Wucherungen aus benachbarten Parenchymzellen in die Gefäße hinein (s. Abb. 15). Durch Verstopfen der Gefäße mit Thyllen findet ihre Funktion als Wasserleitbahn oft schon nach wenigen Jahren ein Ende. Thyllenbildung beeinträchtigt unter anderem die Durchtränkung des Holzes mit Imprägnierstoffen im Kesseldruckverfahren (roter Kern der Buche), weil die Gefäße mehr oder weniger verstopft sind.

Gegenüber den Laubhölzern ist bei den *Nadelhölzern* der Holzaufbau einfacher und auch regelmäßiger. Ein- und dieselbe Zellform übernimmt hier gleich zwei Funktionen: Wasserleitung und Festigung. Dies sind die *Tracheiden,* langgestreckte, an den verschmälerten Enden geschlossene Holzfasern von sehr unterschiedlicher (mit dem Baumalter steigender) Länge und vier- bis sechseckigem Querschnitt. Bei der Doppelaufgabe, die sie zu erfüllen haben, übernehmen die zuerst angelegten weitlumigen und dünnwandigen Frühholztracheiden (s. Abb. 12, Darstellung E) hauptsächlich die Wasserleitung, während die später gebildeten dickwandigen Spätholztracheiden (s. Abb. 12, Darstellung F) in erster Linie der Festigung des Holzkörpers dienen. In der Richtung der Stammachse sind auch die Tracheiden übereinandergelagert und fest miteinander verkittet. Ihre Anordnung in der Querrichtung ist sehr regelmäßig in vom Kambium zum Mark verlaufenden radialen Reihen (s. Abb. 16).

Dadurch, daß die Frühholztracheiden weitlumiger und dünnwandiger sind als die Spätholztracheiden, ist der Übergang von Früh- und Spätholz zumeist deutlich ausgeprägt, wobei aber auch die hellere Färbung des Frühholzes mitwirkt. Noch deutlicher hebt sich die

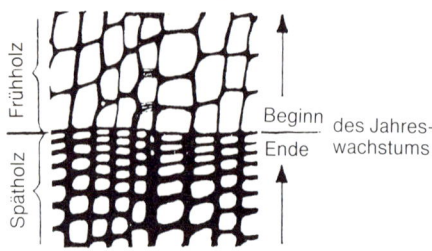

Abb. 16 Regelmäßige radiale Anordnung der Tracheiden (Tanne, 150fach vergrößert). An der Jahrringgrenze sind die Spätholztracheiden auffallend abgeplattet (nach König)

Grenze des Spätholzes des einen Jahres zum Frühholz des nächstfolgenden Jahres ab, also das Ende des vorausgehenden und der Anfang des nächsten Jahrringes.
Bei dem hohen Anteil, den die Tracheiden am Aufbau der Nadelhölzer haben, ist der Anteil der Parenchymzellen (als Längsparenchym) gering. Auch bei den Nadelhölzern sind die Parenchymzellen Träger des Lebens im Baum. Sie finden sich hier aber hauptsächlich als Querparenchym in den zahlreichen, aber schmalen und daher mit bloßem Auge kaum sichtbaren Holzstrahlen.
Bevor auf die bei Laub- und Nadelhölzern sehr ähnlichen Holzstrahlen eingegangen wird, sollen zunächst noch die in manchen Nadelhölzern vorhandenen *Harzgänge* behandelt werden. Harzgänge sind zwischen den Zellen liegende, sowohl längs wie quer zur Stammachse verlaufende, Harz enthaltende Hohlräume, die viel größer sind als die Hohlräume der Holzzellen. Sie entstehen durch Auseinanderweichen der sie umschließenden Parenchymzellen an ihrer seitlichen Berührungsebene (s. Abb. 17). Das in ihnen enthaltene Harz wird von den anliegenden Parenchymzellen ausgeschieden. Kiefer, Fichte, Douglasie und Lärche führen Harzgänge; bei der Tanne (wie auch bei anderen Arten der Gattung *Abies*) kommen Harzgänge nur in Wundgeweben vor, in normalem Holz jedoch nicht.

Die *Holzstrahlen* – früher Markstrahlen genannt – verlaufen bandförmig-strahlig von der Rinde in radialer Richtung ins Holz. Sie bestehen in der Hauptsache aus Holzparenchymzellen (s. Abb. 12, Darstellung I). Bei den Nadelhölzern sind sie schmal und nur einreihig; auch manche Laubhölzer wie Weide und Pappel haben sehr feine, einreihige Holzstrahlen. Demgegenüber besitzen Eiche und Rotbuche zum Teil Holzstrahlen, die in Breite und Höhe vielreihig und daher breit und hoch sind. Zwischen diese breiten „zusammengesetzten" Holzstrahlen sind auch noch zahlreiche feine, einreihige eingestreut, die aber mit bloßem Auge nicht zu erkennen sind.
Von *Scheinholzstrahlen* oder falschen Holzstrahlen spricht man, wenn eine Vielzahl feiner Einzelholzstrahlen in streifenförmiger Anordnung, aber ohne unmittelbare Berührung untereinander in andere Holzfasern eingebettet sind. Scheinholzstrahlen besitzen Hainbuche und in geringem Umfang Erle. Sie haben keinen Glanz und sind wenig deutlich abgegrenzt.
Nur wenige Holzstrahlen, die im Zusammenhang mit der ersten Bildungsschicht entstanden sind, gehen vom Mark des Baumes aus, sind also echte Markstrahlen. Die später entstandenen nehmen ihren Anfang irgendwo mitten im Holzkörper. Alle Holzstrahlen reichen aber bis in die Rinde, weil vom Kambium an der gleichen Stelle immer wieder Strahlenzellen gebildet werden. Die Holzstrahlen haben eine doppelte Aufgabe: sie vermitteln den Stoffaustausch in der Richtung von der Rinde zum Mark und umgekehrt, und sie dienen zugleich der Speicherung von Reservestoffen.
Alle Zellen stehen untereinander in Verbindung; sie bilden ein zusammenhängendes System. Dies ist nicht nur für die Gewebefestigkeit erforderlich, sondern vor allem für die Stoffbewegung von Zelle zu Zelle, ohne die der Organismus nicht zu leben vermag. Die Gefäße der

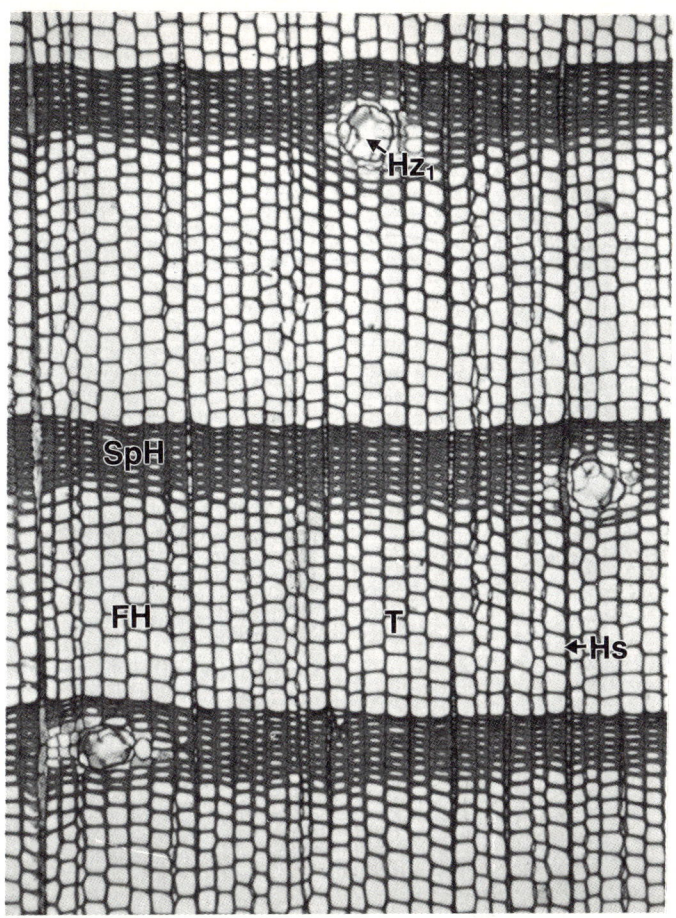

Abb. 17 Harzgang im Querschnitt von Kiefernholz (etwa 50fach vergrößert). Es bedeuten:
(Hz) Harzgang;
(SpH) Spätholz;
(FH) Frühholz;
(T) Tracheiden;
(Hs) Holzstrahl
(Foto: D. Grosser)

Laubhölzer (Tracheen) wie auch die Tracheiden der Nadelhölzer bilden zur Faserachse des Stammes parallel verlaufende, in sich zusammenhängende Leitbahnen und ermöglichen so die Wasserbewegung von den Wurzeln bis zur Wipfelspitze. Den Wasserdurchtritt von Zelle zu Zelle gestatten feine, nur mit einer dünnen Schließhaut besetzte, ventilartige Durchlaßstellen in den Zellwandungen, die elliptisch bis rund oder spaltenförmig sind und deren Querschnitte mit den benachbarten Zellen aufeinandertreffen. Diese Durchlaßstellen nennt man *Tüpfel* (s. Abb. 12, Darstellung G).

Die Haut der vom Kambium bei der Zellteilung abgeschiedenen neuen Holzzellen besteht zunächst nur aus Zellulose und Hemizellulosen. Nachdem sich die neuen Holzzellen zu ihrer endgültigen Gestalt und Größe entwickelt haben und die dünne Zellwand (Primärwand) durch eine im Inneren eingelagerte Verdickungswand (Sekundärwand) verstärkt ist, setzt die Verholzung ein. Durch sie wird die Dehnbarkeit der Zellwände bedeutend verringert, deren Durchlässigkeit für Wasser und darin kristalloid gelöste Salze jedoch nicht aufgehoben. Die Verholzung wird durch Einlagerung von *Lignin* und anderen Stoffen in Spalten und Hohlräumen der Zellwandschichten bewirkt; sie erfolgt stets noch im gleichen Jahr, in dem die Zellen gebildet wurden.

2.5 Verkernung

Mit dem Altern des Baumes tritt bei manchen Holzarten eine Veränderung der Holzsubstanz ein: Der zentral gelegene innere Stammteil verkernt. Das Alter, in welchem die Verkernung beginnt, ist nach Baumarten verschieden; es liegt zwischen 20 und 40 Jahren. Die Größe des verkernten Stammteiles ist ebenfalls nach Baumarten unterschiedlich und wechselt auch innerhalb desselben Stammes. Auch die Standortsverhältnisse (Klima, Boden, Lage) sind sowohl auf den Beginn als auch auf das Ausmaß der Verkernung von Einfluß.

Der Verkernung geht eine Ausschaltung der Holzzellen aus der Wasserbewegung im inneren Stammteil voraus. Ihre Fähigkeit, als Leitbahnen zu dienen, erlischt. Der das Leben tragende protoplasmatische Zellinhalt stirbt ab, da-

Abb. 18   Die Fichte bildet keinen Kern (Foto: Archiv Holz-Zentralblatt)

nach besteht dieser außer Funktion gesetzte innere Holzteil aus „totem" Gewebe. Manche Baumarten behalten auch noch im Alter lebende Parenchym-

Abb. 19   Eichen-Furnierstamm aus dem Spessart mit starker Verkernung; der Splint bildet nur einen schmalen hellen Ring (Foto: R. Geis)

zellen. Diese werden *Splintholz*bäume genannt, weil ihr Holz in allen Teilen des Stammquerschnittes splintartig ist. Demgegenüber werden Baumarten, die im Alter einen andersfarbigen Kern bilden als *Kernholz*bäume bezeichnet, während ein nur trockener, aber sonst nicht veränderter Kern *Reifholz* genannt wird (s. Abb. 18 und 19).

Diesem durch Veränderungen der inneren Holzschichten entstandenen Unterschied entsprechen die in der Praxis üblichen Bezeichnung *Kern* und *Splint*.

2.6 Unterscheidungsmerkmale des Holzes der hauptsächlichen heimischen Baumarten

Aufgrund des Aufbaues, der Anordnung und Größe der Poren, dem Übergang von Früh- und Spätholz, dem Jahrringverlauf, der Art der Holzstrahlen, dem Vorhandensein von Harzgängen, der Form der Tracheiden, der Kernbildung u. a. läßt sich das Holz der häufigsten heimischen Baumarten manchmal mit bloßem Auge, meist aber unter Zuhilfenahme einer einfachen Lupe, unterscheiden. Auf diese Unterscheidungsmerkmale wird bei der Besprechung der einzelnen Baumarten näher eingegangen.

Ein wertvolles Hilfsmittel für die Artbestimmung sind die mikrophotographischen Atlanten (z. B. „Die Hölzer Mitteleuropas ein mikroskopischer Lehratlas", D. Grosser, Berlin 1977: Springer Verlag), die Strukturbilder in charakteristischen Ausschnitten enthalten und es gestatten (über die beschränkte Zahl typischer Artmerkmale hinaus, die ein Bestimmungsschlüssel bietet), alle anatomischen Eigenschaften zu erfassen und mit der zu bestimmenden Holzprobe zu vergleichen. Die Betrachtung hat von drei aufeinander senkrecht stehenden Schnitten auszugehen, deren Flächen glatt mit scharfem Messer geschnitten oder sauber gehobelt sein müssen:

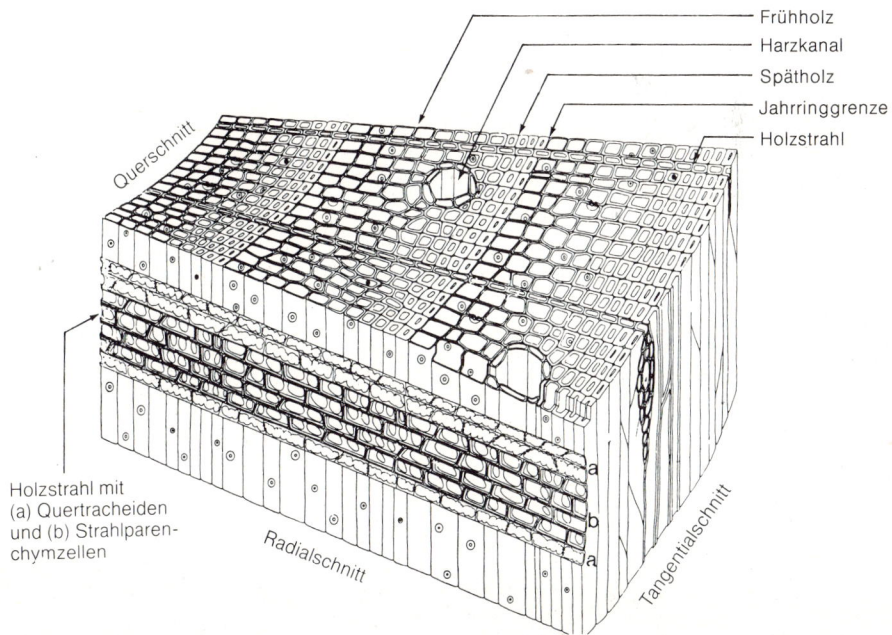

Abb. 20 Räumliche Darstellung eines Nadelholzes (Kiefer) (nach Giordano)

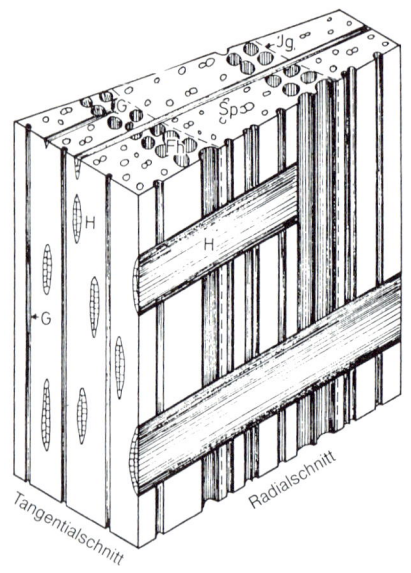

Abb. 21 Schematische Darstellung der Schnittrichtungen eines ringporigen Laubholzes mit charakteristischen makroanatomischen Erkennungsmerkmalen. (Fh) Frühholz; (G) Gefäß; (H) Holzstrahl; (J) Jahrring; (Jg) Jahrringgrenze; (Sp) Spätholz (nach Grosser)

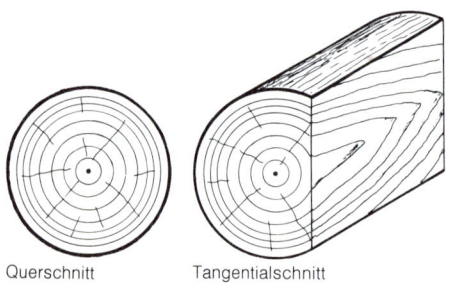 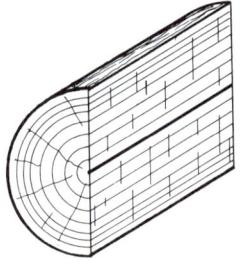

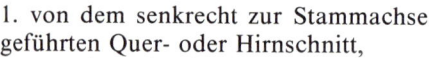

Abb. 22 Einfluß der Schnittrichtung auf die wechselvollen Bilder vom inneren Bau des Holzes (nach Grosser)

1. von dem senkrecht zur Stammachse geführten Quer- oder Hirnschnitt,
2. von dem durch die Stammachse in Richtung des Markstrahlenverlaufes geführten Radial- oder Spiegelschnitt und
3. von dem parallel zur Längsachse durch eine Tangente geführten Tangentialschnitt, der auch Sehnen- oder Fladerschnitt genannt wird.

3 Heimische und eingebürgerte wichtige Nutzholzarten

3.1 Nadelhölzer

3.1.1 Allgemeine Kennzeichnung

Die Nadelholzarten sind mit Ausnahme der Lärche immergrün, die Blätter nadelförmig. Die Lärche hat zarte Nadeln, alle anderen haben harte.

Der Aufbau des Holzes ist einfacher und weniger mannigfach als bei den Laubhölzern: fast nur (über 90 Prozent) Tracheiden (Tracheen und Libriformfasern fehlen). Anteilmäßig enthält es wenig Parenchymzellen. Längsparenchym ist spärlich, hauptsächlich in Begleitung der Harzgänge und an den Jahrringgrenzen. Holzstrahlen sind auf Quer- und Tangentialschnitten mit freiem Auge kaum zu erkennen, auf Radialschnitten als glänzende Querstreifen (Spiegel) teilweise gut sichtbar.

Kiefer, Fichte, Lärche und Douglasie haben Harzgänge. Bei Tanne und anderen Arten der Gattung Abies fehlen sie. Die Harzgänge erscheinen auf Querschnitten punktartig (hell), auf Längsschnitten strichförmig (gelblich bis dunkel), jedoch nie zahlreich; sie sind im allgemeinen nur mit der Lupe deutlich zu erkennen (bei Weymouthskiefer in angefeuchtetem Zustand auch mit bloßem Auge).

Die Jahrringgrenzen sind durch Verschiedenheit in Farbe und Dichte zwischen dem Spätholz des einen Jahres und dem Frühholz des folgenden scharf ausgeprägt.

3.1.2 Fichten

Die Gemeine Fichte oder Rottanne *(Picea abies [P. excelsa])* ist die herrschende Baumart der deutschen Alpen, der schwäbisch-bayerischen Hochebene und großer Teile der deutschen Mittelgebirge. Im Schwarzwald nimmt sie etwa ein Drittel der Waldfläche ein. Geringer ist ihre Verbreitung in den west-

Abb. 23 Die Zapfen der Fichte sitzen meist endständig an der Spitze vorjähriger Triebe im oberen Teil der Krone. Sie sind stets hängend und fallen als ganzes ab (Foto: F. Schmidle)

deutschen Gebirgen und im nordwestdeutschen Tiefland. Neben der Kiefer ist sie der verbreitetste heimische Waldbaum. Verschiedene, wahrscheinlich vererbliche Wuchsformen finden sich. Sie ist besonders auf ungeeigneten Standorten wie Böden mit hoch anstehendem Grundwasser, verdichteten Lehmen und Tonen, trockenen Kalkböden, austrocknenden Sonnhanglagen sehr sturmgefährdet.

Die Nadeln, einzeln auf einem Korkkissen sitzend, umgeben spiralig den Zweig. Die Länge der steifen, vierkantigen, stachelspitzigen, am Grunde verschmälerten, zumeist etwas gebogenen

Nadeln schwankt zwischen 15 und 25 mm, die Breite beträgt etwa 1 mm, die Farbe ist gleichmäßig dunkelgrün. Die bis 16 cm langen Zapfen hängen am Zweig und fallen (im Gegensatz zur Tanne) als Ganzes ab. Die Fruchtschuppen bleiben auch nach der Samenreife und dem Ausfliegen des Samens mit der Zapfenspindel fest verbunden. Die Deckschuppen der langgeflügelten Samen bleiben unter den Fruchtschuppen verborgen (Abb. 23).

Das Holz der Fichte ist gleichmäßig hellfarbig (gelblichweiß bis rötlichweiß); durch die feinen Holzstrahlen zeigt es vor allem auf den radialen Schnittflächen häufig Seidenglanz, es besitzt keine dunkle Kernfärbung. Der Übergang zwischen Früh- und Spätholz ist fließend. Die Jahrringgrenzen sind auf allen Schnitten deutlich erkennbar. Charakteristisch sind die feinen, nicht sehr zahlreichen Harzkanäle, die auf den Längsschnitten als dunkle Linien, auf den Querschnitten als kleine Punkte heller Färbung erscheinen, für das unbewaffnete Auge aber zumeist kaum sichtbar sind. Oft treten auch Harzgallen auf.

Hohe Elastizität und gute Festigkeitseigenschaften, verbunden mit geringem Gewicht (Rohdichte 0,30 bis 0,65, im Mittel 0,43 g/cm³), begründen die hervorragende Eignung des Fichtenholzes als Bauholz im Hochbau. Die geringe natürliche Dauerhaftigkeit bei Feuchtigkeit hat bei der fortgeschrittenen Technik der Holzkonservierung nur noch untergeordnete Bedeutung. Obwohl schwer imprägnierbar, kann das Fichtenholz durch richtige Schutzbehandlung bei seiner Verwendung im Wasser-, Brücken-, Erd- und Grubenbau, für Pfähle, Telegrafenstangen, Masten usw. für eine lange Gebrauchsdauer gesichert werden.

Das Fichtenholz ist gut spaltbar, schwindet nur mäßig, neigt aber zum Reißen und Werfen. Der Harzgehalt schwankt nach Alter und Standort.

Verwendungsgebiete: Bauholz, Möbel- und Bautischlerei, Absperrfurniere, Blindholz, Wagenbau, Kistenfabrikation, Spaltwaren, Holzwolleherstellung u. a. Wegen seiner guten Warnfähigkeit und Geradschaftigkeit, Druck- und Biegefestigkeit ist Fichte als Grubenholz im Bergbau beliebt. Als Zellstoffholz, ebenso zur Erzeugung von Holzschliff, wird es allen anderen einheimischen Hölzern vorgezogen. In großem Umfang findet es in der Plattenindustrie bei der Herstellung von Sperrholz, Tischlerplatten, Dämm- und Spanplatten Verwendung.

Besondere Bedeutung kommt ihm als *Resonanzholz* (Klangholz) für den Bau von Streichinstrumenten zu. Allerdings sind es nur wenige Waldbestände, die derartiges Holz liefern (Alpen, Bayerischer Wald, Böhmerwald, Riesengebirge). Hochwertiges Klangholz muß besonders gleichmäßig und feinjährig, bei nur geringem Spätholzanteil sein. Ferner werden vollkommene Astfreiheit und Harzarmut gefordert. Holz mit entsprechenden Eigenschaften ist nur bei alten Stämmen und nur auf bestimmten Standorten zu finden. Klangholz wird häufig am stehenden Stamm ausgewählt. Dabei wird aus dem Wurzelanlauf ein kleines Stück Holz herausgehauen, um die Gleichmäßigkeit und Feinjährigkeit beurteilen zu können.

Die große Vielseitigkeit der Verwendung stempelt Fichtenholz schlechthin zum Allround-Gebrauchsholz. Astreinheit, Geradschaftigkeit und Geradfaserigkeit, engringiger und gleichmäßiger Jahrringbau sind die Eigenschaften, die den Grad der Wertschätzung für höherwertige Verwendungszwecke bestimmen. Zu erwähnen ist noch die Gerbstoffhaltigkeit der Rinde, die früher zur Gerbrindegewinnung in der Saftzeit geschält und getrocknet wurde, um daraus den Gerbstoff auszuziehen. Eine ganz besondere Verwendung findet die junge Fichte als Weihnachtsbaum. Zwar machen ihr einige andere Nadelhölzer Konkurrenz, doch ist unsere heimische Fichte wie seit eh und je der weitaus häufigste Weihnachtsbaum. Dieser Brauch gibt die Möglichkeit, einen großen Teil der Anfälle bei der Jungwuchs- und Dickungspflege kostengünstig zu verwerten. Teilweise werden auch eigene Christbaumkulturen angelegt (z. B. unter Hochspannungsleitungen).

Aus der Gattung Fichte finden sich in unserem Bereiche neben der Gemeinen Fichte keine weiteren Arten von besonderer wirtschaftlicher Bedeutung. In England und Nordeuropa hat man in den letzten Jahrzehnten größere Flächen – bisher mit gutem Erfolg – mit Sitkafichte *(Picea sitchensis)* aufgeforstet. Sie stammt aus den westlichen Küstengebieten der USA von Alaska bis Kalifornien. Auffallend sind ihre flachen Nadeln mit scharf stechender Spitze. An den Boden stellt sie keine großen Anforderungen, und sie ist frosthart. Die Holzbeschaffenheit ist der der Gemeinen Fichte ähnlich.

Als Zierbäume in Parkanlagen und Gärten trifft man in Deutschland häufig die Serbische Fichte *(Picea omorica)* und vor allem blaunadelige Züchtungen der Stechfichte *(Picea pungens)*, fälschlich meist als Blautanne bezeichnet. Erstere kommt aus dem Balkan, letztere aus den westlichen Vereinigten Staaten.

3.1.3 Tannen

Die Weiß- oder Edeltanne, *Abies alba (A. pectinata)*, ist in Mittel- und Südeuropa heimisch. Natürlich kommt sie bei uns in den süddeutschen Mittelgebirgen vor. Sie gedeiht in Gegenden mit Niederschlägen ab 800 mm auch auf etwas schwereren Böden. Flache Kalkverwitterungsböden, Lagen mit Kältestau und trockene Sonnhänge entsprechen ihr nicht. Der Schaft ist vollholzig, gerade mit horizontalen, nur im oberen Kronenteil leicht ansteigenden Ästen.

Die Nadeln sind oberseits glänzend dunkelgrün, unterseits blaßgrün mit zwei weißlichen Längsstreifen, flach zusammengedrückt mit eingekerbter stumpfer Spitze, im unteren Teil verschmälert mit verbreiterter Haftscheibe.

Einzelnstehend. An seitlichen Zweigen sitzen die Nadeln zweizeilig kammartig längs des Zweiges, an Wipfeltrieben älterer Bäume stehen sie spiralig um den ganzen Zweig (Abb. 24). Vertrocknete Zweige behalten die Nadeln noch längere Zeit.

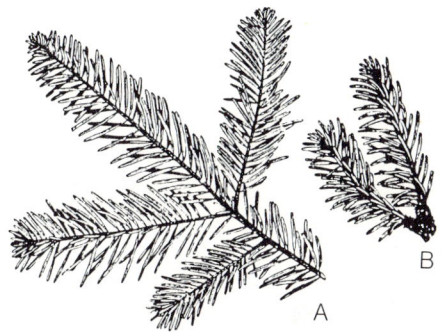

Abb. 24 Im Schatten bzw. im unteren Teil der Krone sitzen die Nadeln der Tanne gescheitelt (A), in der Wipfelregion hingegen umgeben sie den Zweig spiralig (B) (nach König)

Abb. 25 Bei Tanne stehen die Zapfen aufrecht. Am reifen Zapfen treten zwischen den Fruchtschuppen die Deckschuppen dreispitzig hervor. Zapfenbildung nur an Wipfeltrieben (Foto: F. Schmidle)

Abb. 26 Wipfeltrieb der Tanne mit Zapfenspindeln (Foto: Ä. Weidenbach)

Zapfen bis 17 cm lang, auf der Oberseite vorjähriger Zweige, nie an Zweigspitzen, einzeln stehend, kerzenartig aufgerichtet, also nicht hängend (Abb. 25). Die Deckschuppen treten zwischen den Fruchtschuppen dreispitzig hervor. Die Zapfen fallen nicht ganz ab, sondern zerfallen nach der Samenreife, wobei die großen Samen mit ihrem mantelförmig eingeschlagenen und verwachsenen Flügel zu Boden schweben. Die nackte Spindel bleibt nach dem Abfallen der Schuppen oft noch länger auf dem Zweig stehen (Abb. 26).

Das Holz ist gelblichweiß bis graurötlichweiß. Zwischen der breiten Splintholzzone und dem Reifholz besteht kein Farbunterschied. Letzteres ist im allgemeinen wasserärmer als der Splint; bisweilen wird aber auch ein sogenannter Naßkern ausgebildet. Auf bestimmten Standorten kommt vereinzelt auch Braunfärbung der Kernzone vor, bei der es sich jedoch nicht um eine krankhafte Erscheinung handeln soll (KNUCHEL 1947). Die Tanne besitzt wie bereits erwähnt im normalen Holz keine Harzgänge. Das Frühholz geht in der Regel plötzlich in das Spätholz über. Die Spätholzzone tritt durch die dickwandigen Zellen markant hervor, wodurch die Jahrringe deutlich abgegrenzt sind. Die einschichtigen Holzstrahlen bestehen nur aus Parenchymzellen, mit bloßem Auge nicht sichtbar.

Das Tannenholz ist weich (Rohdichte 0,31 bis 0,70, im Mittel 0,41 g/cm^3), ziemlich elastisch und infolge seiner hohen Holzstrahlen gut spaltbar. Daher eignet es sich vorzüglich zur Herstellung von Spaltwaren (Spankörben, gespaltenen Dachschindeln usw.). Zu Küferwaren, die in feuchten Räumen (Kellern usw.) Verwendung finden, wo das Holz ungeschützt ständiger oder wechselnder Feuchtigkeit ausgesetzt ist, eignet sich das Tannenholz besser als Fichtenholz. Nach Mitteilungen aus der Praxis ist es im Wasserbau dem der Fichte und auch der Kiefer überlegen. Daraus darf aber nicht auf große natürliche Dauerhaftigkeit geschlossen werden. In Berührung mit dem Erdboden unterliegt ungeschütztes Tannenholz recht bald der Zerstörung durch Pilze. Bei manchen Verwendungszwecken vermag die verhältnismäßig hohe Beständigkeit des Tannenholzes gegen Säuren und Alkalien die Lebensdauer günstig zu beeinflussen.

Tannenholz schwindet und arbeitet weniger als Fichtenholz, ist aber spröder und filziger, läßt sich weniger gut bearbeiten und splittert auch leicht. Im Möbelbau ist die Tanne besonders als Blindholz geschätzt und wird auch sonst ähnlich wie die Fichte verwendet. Bautechnisch (Hochbau) ist das Tannenholz der Fichte praktisch ebenbürtig. Bei entsprechenden Versuchen, die von der Materialprüfungsanstalt der Eidgenössischen Technischen Hochschule in Zürich durchgeführt wurden (BRUNNER und MAYER 1934), zeigte Fichte zwar im ganzen etwas höhere Festigkeitswerte, im einzelnen streuten aber die Werte so stark, daß bautechnische Gleichwertigkeit von Tanne und Fichte unterstellt werden kann. Auch in der Verwendung zu Telegrafenstangen und Masten wird kein Unterschied zwischen beiden Holzarten gemacht.

Als Grubenholz ist die Tanne gegenüber der Fichte weniger geschätzt. Das Warnvermögen ist weniger gut; bei Kappen (Querhölzern) aus Tannen sollen bisweilen überraschende Kurzbrüche vorgekommen sein. Es dürfte sich aber auf Ausnahmen beschränken; denn zu dem Begriff „Nadelgrubenholz" gehört auch die Tanne.

Auch als Faserholz wird die Fichte der Tanne vorgezogen. Letztere hat gröbere Fasern. Holzschliff aus Tanne nimmt leicht eine dunklere Färbung an und vergraut bei längerer Lagerung. Zudem hat die Tanne meist gröbere Äste, die auch noch besonders hart sind. Trotzdem wird die Tanne beim Faserholz nur ausnahmsweise aussortiert. Den Nachteilen steht die Harzfreiheit des Tannenholzes als Vorteil gegenüber.

Da die Tanne ihre Nadeln, auch wenn die Zweige schon vertrocknet sind, noch längere Zeit behält, ist sie als Weihnachtsbaum besonders geschätzt. Es muß jedoch der Weihnachtsbaum gar keine Weißtanne sein, um schlicht als „Tannenbaum" bezeichnet zu werden. In der Umgangssprache ist das Wort Tanne nicht allein auf Angehörige der Gattung *Abies* beschränkt. Die Fichte heißt in manchen Gegenden Rottanne, wir sprechen von der Norfolk- oder Zimmertanne *(Araucaria heterophylla)* oder der Douglastanne *(Pseudotsuga menziesii)* und anderen mehr.

Der Schnittholzhandel macht im allgemeinen keinen Unterschied zwischen Fichte und Tanne. Es ist aber üblich, besonders in Gegenden mit ausgedehnterem Tannenvorkommen, in Angeboten beide Holzarten zu nennen. Angeboten werden z. B. Fichten/Tannen- (abgekürzt Fi/Ta-)Bretter. Es kann alsdann Fichte oder Tanne oder beides geliefert werden. Wer nur Tanne oder nur Fichte haben will, muß dies bei seiner Anfrage bzw. bei den Abschlußverhandlungen besonders erwähnen und eine entsprechende Lieferung ausdrücklich vereinbaren.

Die Tanne ist seit langem eine bedrohte Holzart. Schon in der ersten Hälfte unseres Jahrhunderts sprach man von der Schädlichkeit von Trockenzeiten, von der Gefährdung durch die Tannenlaus, Rauchsäuren der Luft und strengen Winterfrösten und sah darin Ursachen des „Tannensterbens". Da sie andererseits waldbaulich zu den wertvollen Holzarten gehört, weil ihre Wurzeln auch schwere Böden aufzuschließen vermögen, war man seit langem bemüht, in anderen Arten der Gattung *Abies* Ersatz zu finden.

Versuche wurden angestellt mit *Abies procera (A. nobilis)*, der Edlen Tanne, die aus dem Kaskadengebirge von Kanada bis Kalifornien stammt. Leider zeigte sie sich anfällig gegen Blattläuse. Mehr bewährt hat sich *Abies grandis*, Küsten- oder Riesentanne, aus dem westlichen Nordamerika, die wenig anfällig gegen Schäden durch Krankheiten und Insekten ist und gut gedeiht. Gärtnerisch beliebt sind vor allem die Kolorado-Tanne *(A. concolor)* aus den Gebirgen von Kolorado bis Südkalifornien und die Nordmanns-Tanne *(A. nordmanniana)* aus dem Kaukasus und Kleinasien.

3.1.4 Kiefern

Alle Kiefernarten (Gattung *Pinus*) tragen an den Längstrieben nur in der ersten Jugend Nadeln. Auf den Kurztrieben sitzen die Nadeln zu 2 bis 5 gebüschelt in einer häutigen Scheide. Nach der Zahl der im Kurztrieb gebüschelten Nadeln teilt man die zahlreichen Kiefernarten, von denen es 70 bis 100 auf der Erde gibt, in Zweinadler, Dreinadler und Fünfnadler ein. Zu den Zweinadlern gehören aus dem mitteleuropäischen Bereich die Gemeine Kiefer oder Waldkiefer *(Pinus silvestris)*, die Schwarzkiefer *(P. nigra)*, die Bergkiefer oder Latsche *(P. mugo)*, ferner aus dem Mittelmeerraum die Pinie *(P. pinea)* und

dem westlichen Mittelmeergebiet die See- oder Strandkiefer *(P. pinaster)*.
Dreinadelige Kiefern sind bei uns nicht heimisch. Gelegentlich sieht man die aus dem Süden der Vereinigten Staaten stammende Gelbkiefer *(P. ponderosa)* und andere in Parkanlagen. Ein Dreinadler ist auch die das „echte" Pitchpine des Handels liefernde Pech- oder Sumpfkiefer *(P. palustris)* aus den östlichen USA.
Fünfnadelige Kiefern sind die in den Alpen heimische Zirbe oder Arve *(P. cembra)* und die aus Nordamerika eingebürgerte Weymouthskiefer *(P. strobus)*. Ferner ist im Balkan die Rumelische Kiefer *(P. peuce)* zuhause.
Ein allgemeines Kennzeichen des Holzes aller Kiefernarten ist die deutliche Kernbildung, ebenso das mehr oder weniger zahlreiche Vorhandensein großer (weiter) Harzgänge. Ferner sind die Holzstrahlen außer aus parenchymatischen Zellen (Holzstrahlenparenchym) auch aus oben und unten angelagerten tracheidalen Zellen aufgebaut, deren Wände bei den zwei- und dreinadeligen Arten gezackt, bei den Fünfnadlern glatt sind.

3.1.4.1 Zweinadelige Kiefern

Gemeine Kiefer (Pinus silvestris), auch Föhre, Forche und Forle genannt. Die Nadeln stehen im Kurztrieb zu je zweien in silberweißen Nadelscheiden. Sie sind auf ihrer ganzen Länge gedreht, spitz, steif, dunkelgrün, bläulich wachsbereift, 4 bis 5 cm lang. Die Äste stehen zu 4 bis 7 in Scheinquirlen (ohne Zwischenquirltriebe) Die Zapfen sind spitzkegelig bis 7 cm lang an hakenförmigem Stiel hängend (Abb. 27). Die Rinde in den oberen Stammteilen dünn, rötlich, abschilfernd, in den unteren Stammteilen mit dicker, brauner, schuppen- oder plattenförmig zerrissener Borke.
Das Kernholz hat frisch eine rötlichgelbe Farbe, dunkelt während der Austrocknung stark nach und nimmt dabei eine rotbraune Färbung an, die sich gegen den helleren (gelblichen) Splint deutlich abhebt. Oft sind nahezu zwei Drittel des Durchmessers verkernt. Die Kernzone ist wasserarm. Beim frischgefällten Holz entsteht, da der Splint sehr harzreich ist, auf Querschnitten in der Splintzone reicher Harzfluß.
Scharfer Übergang zwischen Früh- und Spätholz. Das gelbe bis hellbraune Spätholz hebt sich auf allen Schnitten deutlich ab. Die zahlreichen und großen Harzkanäle sind mit bloßem Auge auf den Querschnitten kaum, auf den Längsschnitten hingegen in der Regel gut zu erkennen.
Wie die Fichte im südlichen Teil Deutschlands, so ist die Kiefer im Norden die wichtigste Holzart. Sie gedeiht auch auf sehr armen Standorten; nicht geeignet sind Schneebruchlagen und Lagen mit hoher Luftfeuchtigkeit. Beim Bauholz hat sich das verschiedene, schwerpunktartige Vorkommen der Holzarten Kiefer und Fichte deutlich niedergeschlagen. Während man im Süden die Fichte als Bauholz bevorzugt, nimmt man im Norden weitgehend die Kiefer. Eine objektive, auf exakten Untersuchungen beruhende Bewertung stellt unsere wichtigsten Nadelhölzer Kiefer und Fichte in bautechnischer Hinsicht nahezu auf die gleiche Stufe. Im großen Durchschnitt ist Kiefernholz schwerer als Fichtenholz (Kiefer Rohdichte 0,30 bis 0,86, im Mittel 0,49 g/cm^3). Da das Gewicht für die mechanischen Holzeigenschaften weitgehend bestimmend ist, liegen entsprechend auch die Festigkeits-Mittelwerte für Kiefer höher als für Fichte. Kiefer schwindet ein wenig mehr als Fichte, „steht" aber besser, d.h. Kiefer neigt weniger zum Verwerfen und Verziehen. Das Kiefernholz ist mäßig hart, aber härter als Fichte, läßt sich trotzdem gut bearbeiten. Soweit kein Drehwuchs vorliegt, ist Kiefernholz ziemlich gut spaltbar, wird aber zu Spaltwaren weniger verwendet als Fichte und Tanne.
Die bevorzugte Verwendung des Kiefernholzes zu Erd- und Wasserbauten, Eisenbahnschwellen, Masten und Tele-

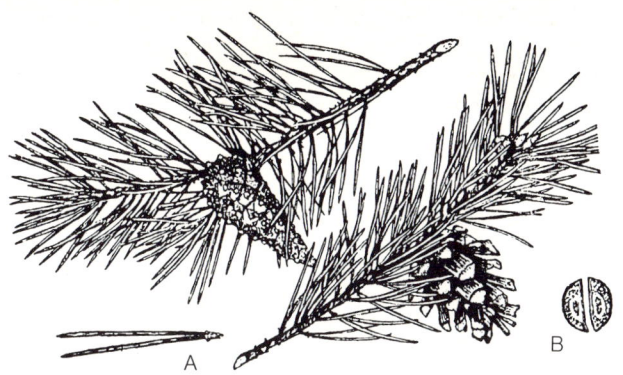

Abb. 27 Kiefernzweige mit Zapfen; verkleinert 1:3. (A) Nadeln (Kurztrieb); verkleinert 1:2; (B) Nadelquerschnitt; vergrößert etwa 1:5 (nach König)

grafenstangen, Rammpfählen, Spundbohlen, Waggonböden u. a. mehr beruht auf seiner Härte und seiner verhältnismäßig großen natürlichen Dauerhaftigkeit. Hinzu kommt, daß sich das Splintholz der Kiefer mit Schutzlösungen leicht tränken läßt. Im Kesseldruckverfahren werden Imprägnierstoffe bis in den Kern hinein aufgenommen. Durch diese günstigen Voraussetzungen für den Holzschutz kann unsere heimische Kiefer in der Widerstandsfähigkeit gegen pflanzliche und tierische Schädlinge den besten tropischen Harthölzern gleichwertig gemacht werden. Die Kiefer stellt auch das beste Grubenholz. Ihr Holz hat hohe Biegefestigkeit, neigt nicht zu Kurzbruch und besitzt bestes Warnvermögen. Im Möbelbau wird es für Massivmöbel, als Deckfurnier und wegen des guten Stehvermögens als Blindholz für Tischlerplatten usw. verwendet. In der Bauschreinerei ist Kiefer das bevorzugte Holz für Tür- und Fensterstöcke. Auch als Fußbodenholz und für sonstige Zwecke der Innenausstattung nimmt man in manchen Gegenden gerne Kiefer. Im Bootsbau hat unter den Nadelhölzern bestes engringiges Kiefernholz von jeher einen bevorzugten Platz eingenommen. Weitere Verwendungsgebiete sind Rahmen-, Leisten- und Rolladenfabrikation, Kisten- und Holzwolleherstellung (letzteres aus Holz mit schwächeren Abmessungen), Herstellung von Trockenfässern, kübelartigen Küchengeräten usw.

Zur Erzeugung von Weißschliff für Zwecke der Papierherstellung schied Kiefer wegen ihres hohen Harzgehaltes lange Zeit aus. Seit mehreren Jahrzehnten wird sie aber infolge des zunehmenden Bedarfes an Faserholz ebenfalls verwendet. Junges unverkerntes Holz (bis etwa 40jährig) läßt sich ohne Schwierigkeiten schleifen. Bei älterem verkerntem und harzreichem Holz lassen sich Schwierigkeiten wie Verschmieren der Schleifsteine durch Harz u. a. durch Zusätze zum Schleifwasser ausschalten. Zur Herstellung von Braunschliff hat die Kiefer schon immer Verwendung gefunden. Für den chemischen Aufschluß im Sulfitverfahren zur Gewinnung von Zellstoff ist sie weniger geeignet, sie wird besser im Sulfatverfahren aufgeschlossen.

Gütemerkmale hochwertigen Kieferholzes sind in erster Linie Astfreiheit (oder wenigstens Schwachastigkeit) und ein enger, möglichst gleichmäßiger Jahrringbau. Beide Eigenschaften stehen in enger Abhängigkeit vom Standort und lassen sich weitgehend durch Erziehung der Bestände beeinflussen. Zwischen innerer Astigkeit und Jahrringbau im innersten Stammteil bestehen seit langem bekannte Zusammenhänge. Die Zahl der Jahrringe auf der innersten Kreisfläche am Stockabschnitt gibt Aufschluß über die langsame oder rasche Jugendentwicklung. Holz mit engen Jahrringen ist im dichten Schluß des Bestandes langsam aufgewachsen, wo es nicht zur Bildung starker Äste kommen konnte und wo auch die natürliche Reinigung von Ästen im unteren Stammteil früh einsetzte. HILF gibt folgenden Anhalt zur Beurteilung der inneren Astigkeit der Kiefer nach der Zahl der Jahrringe auf einer innersten Kreisfläche von 5 cm Durchmesser am Stockabschnitt: 5 Ringe = grobastig, 12 Ringe = mittelastig, 20 Ringe = feinastig. Bei geasteten Kiefern spielt dieses Beurteilungsmerkmal keine Rolle.

Der Einfluß des Wuchsgebietes auf die Güte von Kiefernholz hat im Holzhandel zur Bildung von Herkunftsbezeichnungen wie z. B. Hauptsmoorwaldkiefer geführt. Wenn auch der Hauptsmoorwald bei Bamberg für seine qualitativ hochwertigen Kiefern bekannt ist, so ist die Herkunftsbezeichnung doch keine Garantie für eine bestimmte Güte. Nur genau beschriebene Gütemerkmale wie z. B. feinringig, astrein usw. können Sicherheit hinsichtlich der Beschaffenheit geben.

Das frische Kiefernholz, vor allem wenn es in der wärmeren Jahreszeit geschlagen wird, wird, solange sein Feuchtigkeitsgehalt noch über 20% hinausgeht, leicht von Bläuepilzen befallen. Das gilt für Rundholz wie auch für aus frischem Rundholz erzeugte Schnittware. Die Bläuepilze verursachen eine sich im wesentlichen auf den Splintteil beschränkende blaue bis schwärzliche Verfärbung des von ihnen befallenen Holzes. Sie zerstören die Zellwand nicht; deshalb erleidet das Holz auch keine Minderung in seinen technischen Eigenschaften. Verblautes Holz kann daher unbedenklich als Bauholz verwendet werden. Handelt es sich aber um Holz, das aufgrund seiner Beschaffenheit zu Verarbeitungszwecken geeignet ist, bei denen es auf die Erhaltung der reinen Farbe ankommt, dann bewirkt die Blaufärbung eine erhebliche Wertminderung.

Auch die Tränkung des Splintholzes im Kesseldruckverfahren mit öligen Imprägnierstoffen wird durch Bläuepilze ungünstig beeinflußt, weil die als Durchlaßkanäle von Zelle zu Zelle dienenden Hoftüpfel mit den Pilzhyphen verstopft sind. Dies hat insbesondere für Eisenbahnschwellen Bedeutung, die mit Teeröl durchtränkt werden sollen. Die Tränkung mit wäßrigen Schutzlösungen wird durch die Bläue nicht beeinträchtigt.

Durch frühzeitiges Fällen und schnellen Einschnitt des Rundholzes in der kalten Jahreszeit, sachgemäße Stapelung und Pflege der Schnittware, kann die Entstehung von Bläue weitgehend verhütet werden. Bei Späteinschlägen und Späteinschnitten wertvollen Kiefernstammholzes sollte von im Handel befindlichen Bläueschutzmitteln Gebrauch gemacht werden.

Österreichische Schwarzkiefer (Pinus nigra). Ihr Hauptverbreitungsgebiet ist der Alpenostrand und ostwärts bis zur Balkanhalbinsel. Der Baum ist raschwüchsig, harzreich und wärmeliebend, jedoch äußerst genügsam. Bewährt hat er sich bei der Aufforstung armer Böden und in Rauchschadensgebieten.

Die paarweise in gelbbraunen Scheiden sitzenden langen, fast schwarzgrünen Nadeln sind innen und außen weiß punktiert, am Rande fein gezähnt, an der Spitze mit gelblichem Schimmer. Sie haben eine Länge bis zu 15 cm (Abb. 28). Bei älteren Bäumen sind auch die oberen Stammteile verborkt. Die dunkle bis schwärzliche Borke zeigt im Alter tiefe Längs- und Querrisse. Die Zapfen werden länger als die der Gemeinen Kiefer (bis 8 cm), stehen horizontal ab und sind nach der Reife gelbbraun.

Das Holz besitzt hohe natürliche Dauerhaftigkeit, auch gute Festigkeitseigenschaften, ist aber gegenüber der Gemeinen Kiefer weniger geschätzt. Die Nut-

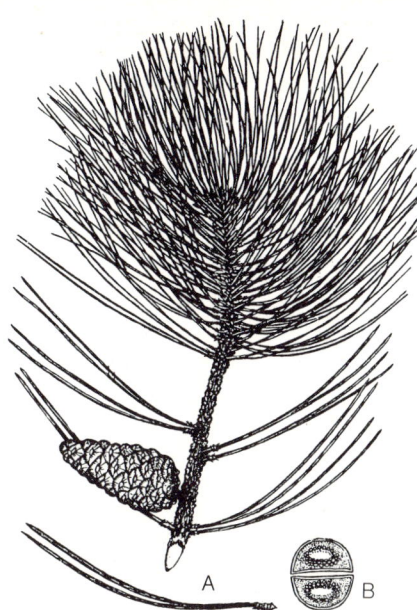

Abb. 28 Österreichische Schwarzkiefer, Zweig mit Zapfen (hochgestellt); verkleinert 1:3. (A) Nadeln; verkleinert etwa 1:2 (8 bis 15 cm lang); (B) Nadel-Querschnitt, stark vergrößert (nach König)

zung der Schwarzkiefernbestände Österreichs war von jeher hauptsächlich auf die Harznutzung abgestellt, wozu sie sich bestens eignen. Das Leben des Baumes wird durch die Harzung nicht bedroht, jedoch hat das Holz geharzter Bäume nicht die gleichen Eigenschaften wie das nicht geharzte. Letzteres ist schwer (Rohdichte 0,46 bis 0,70, im Mittel 0,58 g/cm^3), mäßig hart, zumeist grobjährig und schwer spaltbar.

In seinen mechanischen Eigenschaften entspricht das Holz etwa dem der Gemeinen Kiefer. Die Druckfestigkeit liegt etwas höher, Elastizität und Biegefestigkeit bleiben gegenüber der Gemeinen Kiefer um einiges zurück. In der natürlichen Dauerhaftigkeit ist es der Gemeinen Kiefer überlegen und kommt der Lärche nahe. Der breite Splint (bis über die Hälfte des Durchmessers) ist rötlichweiß, der Kern braunrot. Die Spätholzzonen glänzen kienig. Das Holz schwindet nur wenig, ist aber wegen seiner groben Struktur und der schwierigen Bearbeitung als Tischlerholz ungeeignet.

Hauptsächliche Verwendungsgebiete des Schwarzkiefernholzes sind Erd- und Wasserbauten, Brunnenröhren und ähnliche Bereiche, die höhere Anforderungen an die natürliche Dauerhaftigkeit stellen. Auch für den Bau von Behältern für chemische Lösungen (ausgenommen höher konzentrierte Säuren) ist es gut geeignet. Es entspricht auch den Anforderungen des Grubenbetriebes, doch ist es wegen seines hohen Gewichtes nicht beliebt. Eisenbahnschwellen aus Schwarzkiefer lehnt die Deutsche Bundesbahn ab.

Die *Bergkiefer (Pinus mugo)* in Mittel- und Südeuropa heimisch, kommt besonders in den Alpen und in Teilen der süddeutschen Mittelgebirge, sowie auf Hochmooren in mannigfachen Erscheinungsformen vor: als Baum wie auch als Strauch, ein- und mehrstämmig, aufrecht oder auch im unteren Teil dem Boden anliegend und sich dann knieförmig aufrichtend. Die aufrechte Form, die da und dort in Gruppen beisammensteht und Schafthöhen von 16 bis 20 m sowie Stärken bis 40 cm erreicht, wird „Spirke" genannt, die am Boden kriechende Form heißt „Latsche" oder „Legföhre".

Die Benadelung ist bei der Bergkiefer dichter und reicht tiefer als bei der Gemeinen Kiefer. Die Nadeln sind zu je zweien in einer Scheide, gleichfarbig dunkelgrün, dick, starr, stumpfspitzig, teils etwas gebogen, 2 bis 5 cm lang. Das Holz ist entsprechend dem langsamen Wachstum stets engringig und von hohem Harzgehalt. Holzwirtschaftlich hat es wenig Bedeutung. Die Latsche ist ein beliebter Zierstrauch im Garten. Aus den Nadeln gewinnt man durch Destillation „Latschenöl" für Parfümerien.

Die *Schirmkiefer* oder Pinie *(Pinus pinea)*, geradezu das Wahrzeichen des Mittelmeergebietes, fällt auf durch ihre breite, schirmförmige Krone. Sie wird zwischen 15 und 25 m hoch, hat 10 bis

20 cm lange Nadeln, 6 bis 9 cm große, kugelige Zapfen und eßbare Samen. Als Nutzholz kommt ihr keine große Bedeutung zu.

Die *See-* oder *Strandkiefer (Pinus pinaster)* ist im westlichen Mittelmeergebiet zuhause. Sie hat im vergangenen Jahrhundert bei der Aufforstung der Landes, der südfranzösischen Heidelandschaft an der Küste des Golfes von Biscaya, eine große Rolle gespielt und bildet heute dort geschlossene Wälder. Die Nadeln sind 10 bis 20 cm lang, mittelgrün, fest, die Zapfen 9 bis 18 cm groß. Der Schuppenschild (Apophyse) trägt einen Höcker mit vorstehendem Dorn. Das Holz hat große Ähnlichkeit mit dem der Gemeinen Kiefer und wird für gleiche Zwecke verwendet. Es ist sehr harzreich. Der Baum eignet sich gut zur Harzgewinnung.

3.1.4.2. Fünfnadelige Kiefern

Die *Zirbelkiefer*, auch *Zirbe* oder *Arve* genannt *(Pinus cembra)*, ist ein Baum der Alpen, Nordostrußlands und amerikanischer Hochgebirge. Sie steigt bis zur oberen Baumgrenze (Höhenlagen bis 2 700 m) hoch und trotzt dort oft mehrere Jahrhunderte den widrigen

Abb. 29 Zirbelkiefern. Die Äste der Zirbelkiefer sind an den Spitzen aufwärts gekrümmt (Foto: Ch. Maute)

Verhältnissen. Die Baumhöhe überschreitet selten 15 bis 18 m. Im Alter bildet sie eine unregelmäßige, breite, eiförmig gerundete Krone und entwickelt auch mehrere Wipfel. Die Äste stehen dicht und kräftig horizontal weg, die Spitzen aufwärts gekrümmt (Abb. 29). Die Nadeln befinden sich an Kurztrieben zu je fünf in braunen Scheiden. Sie sind dreikantig, haben auf den Innenseiten Wachsstreifen, eine stumpfe Spitze, sind von bläulichgrüner Farbe und 5 bis 8 cm lang.

Die Rinde ist in der Jugend silbergrau und wandelt sich im Alter zu graubrauner, tieflängsrissiger, mäßig dicker Schuppenborke. Die Zapfen, hellbraun, bis 8 cm lang, mit ungeflügelten, eßbaren Samen (Zirbelnuß) stehen aufrecht; bei Reife zerfallen sie.

Das Holz ist im Splint gelblichweiß, im Kern gelbrötlich bis rotbraun, nachdunkelnd, zumeist sehr engringig mit deutlich sichtbaren Jahrringen. Das Frühholz geht allmählich ins Spätholz über mit schmaler Spätholzzone, nicht glänzend. In der Gefügedichte von Früh- und Spätholz besteht nur geringer Unterschied. Das Holz enthält zahlreiche und große Harzgänge, ist weich (mild) und nur mäßig schwer (Rohdichte 0,37 bis 0,58, im Mittel 0,45 g/cm^3), feinfaserig und von einigermaßen gleichmäßiger Dichte. Es schwindet besonders wenig, läßt sich biegen und ist auch gut spaltbar.

Infolge seines feinen, weitgehend gleichmäßigen Gefüges war das Holz der Zirbelkiefer von jeher als Möbelholz, vor allem für rustikale Möbel geschätzt. Kunsttischler, Holzschnitzer und Bildhauer bevorzugen es als Werkstoff. Gleichermaßen gefragt ist Zirbelkiefer für Zwecke der Innenausstattung. Durch die meist reichlich vorhandenen, fest verwachsenen, hellrötlichbraunen, nach der Verarbeitung glänzenden Äste lassen sich bei Wand- und Deckenvertäfelungen, Türfüllungen usw. reizvolle Wirkungen erzielen.

In den Alpengebieten wird Zirbelkie-

Abb. 30 Zweig der Weymouthskiefer mit Zapfen (Foto: Schwierle)

fernholz gern zur Herstellung von Dachschindeln genommen. Ebenso dient es zur Fertigung von kübelartigen Behältern in der Hauswirtschaft. Auch im Wechsel zwischen Trockenheit und Nässe besitzt es hohe natürliche Dauerhaftigkeit.

Die *Weymouthskiefer* oder *Strobe (Pinus strobus)* hat ihre Heimat im Osten von Nordamerika. Nach Europa kam sie erstmals um 1705, nach Deutschland um 1750. Seit etwa 100 Jahren wird sie bei uns forstlich angebaut. In ihrer Heimat erreicht sie Schafthöhen bis zu 60 m, bei uns über 30 m. Sie ist sehr raschwüchsig und bildet im Bestandsschluß einen „tannenähnlichen" Stamm mit fast meterlangen freien Stammabschnitten zwischen den Astquirlen. Die Äste stehen in regelmäßigen Quirlen horizontal ab. Die Nadeln der Kurztriebe sind zu je fünf gebüschelt, fein gerieft, hellgrün mit an der Seite bläulichweißem

Schimmer, dünn und weich, 6 bis 10 cm lang. Die langgestreckten, 10 bis 15 cm langen, etwas gekrümmten hängenden Zapfen mit großen Schuppen sind in reifem Zustand braun, zumeist mit Harz überzogen. Nach Reife und Samenausflug bleiben sie oft noch lange am Baum hängen (Abb. 30).

Das Holz ist im Kern gelblich- bis rötlichbraun (nachdunkelnd), im Splint gelblichweiß, grobjährig. Die Spätholzbildung ist wenig ausgeprägt; die breiten Frühholzzonen gehen allmählich in die schmaleren, etwas dunkleren Spätholzzonen über. Die Jahrringe sind gut sichtbar. Harzgänge treten deutlich hervor; besonders fallen sie auf Längsschnitten als kurze dunkle Striche auf. Der Harzgehalt ist hoch. Die Verkernung beginnt früher und ist stärker als bei der Gemeinen Kiefer. Der Kernanteil älterer Bäume beträgt bis zu 85 Prozent.

Das sehr leichte Holz (Rohdichte 0,30 bis 0,46, im Mittel 0,37 g/cm^3) besitzt Eigenschaften, die es für manche Spezialverarbeitung besonders geeignet machen. Die Trocknung nach dem Einschnitt geht bei der Strobe wesentlich rascher vor sich als bei den meisten anderen Holzarten, und nach der Austrocknung unterliegt das Holz kaum noch Formveränderungen. Das gute Stehvermögen beruht auf der geringen Neigung zum Schwinden, Quellen und Reißen. Dabei ist das Holz sehr weich und läßt sich gut bearbeiten. Infolge dieser guten technischen Eigenschaften ist Strobe das ideale Blindholz, ein Werkstoff für die Modelltischlerei und andere Verwendungszwecke, bei denen es weniger auf mechanische Festigkeit, sondern mehr auf das Stehvermögen ankommt. Solche Verwendungszwecke sind u. a. Möbelbau, Türrahmen, Deckenverkleidungen, Schnitz- und Spielwaren, Särge.

Eine weitere wertvolle Eigenschaft des Weymouthskiefernholzes ist die gute Dämmung gegen Schall- und Temperatureinwirkung. Sein leichtes Gewicht und seine Formbeständigkeit machen es ferner geeignet für Kisten, Zündholz- und Bleistiftherstellung, zur Gewinnung von Holzwolle und schließlich zur Fertigung von Bienenkästen, wobei auch Schall- und Wärmeschutz besonders vorteilhaft sind. In der Erde und im Wasser besitzt Strobenholz (entgegen der oft anzutreffenden irrigen Annahme, es faule rasch), wahrscheinlich infolge seines hohen Harzgehaltes eine günstige Dauerhaftigkeit. Es läßt sich deshalb ohne weiteres zu Pfosten, Rebpfähle, Zaunlatten usw. verwenden. Auch in der Papierfabrikation findet schwaches Material Verarbeitung. Dagegen ist es als Bauholz wegen zu geringer Biegefestigkeit ungeeignet. Auch als Grubenholz läßt es sich nicht gebrauchen, da ihm Elastizität und Festigkeit und das so wichtige Warnvermögen fehlen. Bei Überbeanspruchung tritt plötzlicher Kurzbruch, vor allem an den Astquirlen, auf. Hier entstehen beim Einschneiden des Stammes auch leicht Einrisse. Um dies zu verhindern, empfiehlt es sich, Strobenstämme „Fußende voraus" einzuschneiden.

Die *Rumelische Kiefer (Pinus peuce)* ist eine im Balkan heimische Strobe, die bei uns manchmal in Gärten zu sehen ist. Ihre ziemlich steifen, 7 bis 12 cm langen Nadeln sind mehr oder weniger an die Zweige angedrückt. Die 8 bis 13 cm langen, 3 bis 4 cm dicken, hellbraunen Zapfen sitzen an kurzen Stielen. Da die Äste kurz sind, bleibt die Krone schmal, kegelförmig bis säulenförmig. In den Holzeigenschaften steht sie der Weymouthskiefer nahe.

3.1.5 Lärchen

Die *Europäische Lärche (Larix decidua)* ist ein sommergrüner Baum, der als einzige europäische Nadelholzart regelmäßig im Herbst die Nadeln abwirft. Sehr raschwüchsig und lichtbedürftig, neigt sie in Hanglagen und an windexponierten Plätzen zu einem im unteren Teil säbelförmig gekrümmten Schaft. Es steht nicht fest, ob der Säbelwuchs eine Eigentümlichkeit bestimmter Herkünfte ist oder ob er sich infolge der Besonderheiten des Standortes formt. Die Rinde ist grau, in der Jugend glatt, reißt im Alter auf und bildet eine dicke, starkschuppige Borke, deren Korkschichten karminrot gefärbt sind.

Die Äste sind regellos (schraubig) gestellt. Im unteren Schaftteil werden sie horizontal abgespreizt, im oberen sind sie aufwärts gekrümmt. Die weichen, schmalen, stumpfen, 20 bis 30 mm langen, hellgrünen Nadeln finden sich an den jungen Langtrieben einzeln spiralig angeordnet, an den Kurztrieben (Seitentrieben) und mehrjährigen Trieben zu 30 bis 40 in Büscheln vereinigt. Vor dem Abwurf verfärben sie sich goldgelb bis fuchsrot.

Abb. 31 Zweige von Lärche mit Zapfen; verkleinert 1:2 (nach König)

Die eiförmig abgestumpften, 2 bis 3,5 cm langen Zapfen sitzen an kurzen gekrümmten Stielen, wobei die Fruchtschuppen anliegen und die Samenflügel etwas herausragen (Abb. 31).

Natürlich kommt die europäische Lärche in vier Verbreitungsgebieten vor (Alpen, Karpaten, Sudeten und Südpolen). Durch künstlichen Anbau ist sie ab Mitte des 18. Jahrhunderts mehr und mehr über ganz Mitteleuropa bis nach Schottland und Norwegen verbreitet worden. Von den ersten bestandsweisen Anbauten ist in Württemberg noch ein kleiner Rest (etwa 200jährig) in Michelbach a. d. Bilz erhalten. Ein noch etwas älterer Rest findet sich im Forstamt Bamberg.

Solche Einzelerfolge und das bestechend rasche Jugendwachstum der Lärche verführten zu dem Glauben, in der Lärche die Holzart gefunden zu haben, die eine schnelle und bedeutende Rentabilitätserhöhung der Holzerzeugung sichere und die es ermögliche, den gerade damals befürchteten Gefahren des Holzmangels zu begegnen. Etwa ab 1835 wurden vielfach ohne Rücksicht auf Standort und ohne Beachtung der Wachstumsbedingungen dieser empfindlichen und lichtbedürftigen Holzart umfangreiche Anbauten vorgenommen. Mißerfolge infolge der Fehlvorstellung, daß die Lärche auf nahezu allen Standorten anbauwürdig sei, konnten nicht ausbleiben.

Heute weiß man, daß die Ursache des häufigen „Versagens" der Lärche in waldbaulichen Mißgriffen zu suchen ist. Aus der großen Anbauperiode, die nach einem so hoffnungsvollen Anlauf zahlreiche Enttäuschungen brachte, stammen noch viele unserer heutigen Althölzer, darunter solche befriedigenden bis hervorragenden Wuchses. Wieweit hier Fragen der Herkunft oder Rasse – Alpenlärche oder Sudetenlärche – eine Rolle spielen, ist noch nicht restlos geklärt. Für die Beurteilung dieses Fragenkomplexes sind vor allem die erfolgreichen Anbauten von großer Bedeutung. SCHOBER (1949) sagt in seiner eingehenden ertragskundlich-biologischen Arbeit mit Recht: Die hervorragenden Althölzer, zu denen manche Bestände herangewachsen sind, beweisen, daß die Lärche unter ihr zusagenden Wachstumsbedingungen befähigt ist, „auch außerhalb ihres natürlichen Verbreitungsgebietes qualitativ und quantitativ hochwertige Erträge zu liefern".

Mit Sicherheit läßt sich sagen, daß Lärchen auf gut durchlüfteten oder kiesiglehmigen Böden gedeihen. Auszuschließen sind dagegen Tieflagen, die zu Staunässe neigen oder frostgefährdet sind.

Die Lärche bildet ein sehr wertvolles und vielseitig verwendbares Holz. Der rötlichbraune Kern, dessen scharfe Grenzlinie zum Splint zumeist schon am frisch gefällten Stamm deutlich zu erkennen ist, tritt markant hervor. Die Verkernung beginnt bei der Lärche sehr früh. Der Anteil des Kerns ist größer als bei der Kiefer. Der gelblich gefärbte Splint nimmt im unteren Stammteil nur 10 bis 15 Prozent des Stammdurchmessers ein, er verbreitert sich allmählich nach oben, im mittleren Stammteil bis zu 25 Prozent.

Harzgänge finden sich zumeist einzeln, oft auch Harzgallen. Ältere Lärchen haben am Stammgrund vom Mark ausstrahlende, mit Harz gefüllte Risse (Harzrisse). Der Harzgehalt des Holzes ist geringer als bei Kiefer. Das Spätholz ist scharf ausgeprägt durch größere Dichtigkeit und Dunkelfärbung. Inner-

Abb. 32 Altlärchen am Prälatenweg im Salemer Wald, Bodenseegebiet (Foto: Rudigier)

halb des Jahrringes findet ein schroffer Übergang vom Frühholz zum Spätholz statt.

Infolge der großen Gewichtsunterschiede zwischen Früh- und Spätholz streut die Rohdichte in weiten Grenzen (0,20 bis 0,82 g/cm^3). Spätholz ist im Durchschnitt 50 bis 55 Prozent schwerer als Frühholz. Daher beeinflußt der Spätholzanteil die Rohdichte in besonderem Maße. Da der Spätholzanteil in erster Linie durch Klima und Standort bedingt ist, erklärt sich der Einfluß, den vor allem die Höhenlage des Wuchsgebietes auf die Rohdichte und damit auch auf die mechanischen Holzeigenschaften hat.

Nach Untersuchungen von BURGER an Lärchen aus dem natürlichen Verbreitungsgebiet in der Schweiz wird das schwerste Holz in mittleren Höhenlagen (1000 bis 1200 m) gebildet. In höheren Gebirgslagen erzeugt die Lärche ein leichteres Holz, und auch für tiefere Lagen wurde ein geringer Gewichtsrückgang festgestellt. Niedrige Rohdichten treten bisweilen auch bei sehr raschem Wuchs (breite Jahrringe mit hohem Frühholzanteil) auf (KRAHL-URBAN 1954). Infolge der aufgezeigten Unterschiede ist es nicht einfach, einen brauchbaren Durchschnittswert für die Rohdichte abzuleiten. Anhaltsweise können 0,55 bis 0,56 g/cm^3, vor allem für Lärchenholz mit mittelbreiten, einigermaßen gleichmäßigen Jahrringen, wie es für die meisten Verwendungszwecke erwünscht ist, angesetzt werden.

Auch in den Güteeigenschaften haben sich zwischen Holz aus dem natürlichen Verbreitungsgebiet (Alpen) und solchem aus künstlichen Anbaugebieten, sofern es einen gleichmäßigen Jahrringbau aufweist, keine ins Gewicht fallenden Unterschiede gezeigt. Nicht geschätzt bei Verarbeitern ist Holz mit breiten Jahrringen und hohem Frühholzanteil, da das leichte Frühholz sehr locker gebaut ist. Auch die Bundesbahn lehnt Schwellen von breitringigen Lärchen aus Tieflagen ab. Dagegen spielt der Jahrringbau bei der Verwendung als Bauholz keine Rolle, da auch Lärchenholz mit breiten Jahrringen den allgemein an Bauholz zu stellenden Festigkeitsansprüchen genügt.

Lärchenholz kann fast überall dort verwendet werden, wo auch Kiefer und Fichte Anwendung finden. Überlegen ist die Lärche allen heimischen Nadelhölzern, wo es um besondere Ansprüche an Elastizität und Festigkeit des Holzes geht. Das gleiche gilt hinsichtlich natürlicher Dauerhaftigkeit und Witterungsbeständigkeit. Hier steht die Lärche sogar gegenüber der Eiche nicht zurück. Im Gegensatz zur Kiefer wird das Lärchenholz durch die intensive, starke Verkernung nicht spröder (MAYER-WEGELIN 1955). Lärchenkernholz besitzt auch besondere Widerstandsfähigkeit gegen tierische Schädlinge. So wird es von der „Totenuhr" (*Anobium punctatum*), vor der keine Holzart sicher ist, kaum einmal angegriffen, während dieser Käfer Lärchensplintholz nicht selten zerstört. Vorsichtige Schreiner haben es daher früher vermieden, den schmalen Splint mitzuverarbeiten.

Durch die beherrschende Stellung, die das Furnier bzw. das Sperrholz und die Spanplatte im Möbelbau gewonnen haben, ist das Lärchenholz aus seiner früher häufigen Verwendung zu Massivmöbeln aller Art stark verdrängt worden. Die Verarbeitung von Lärchenfurnieren im Möbelbau vermag diesen Ausfall nicht auszugleichen. Beliebt ist die Lärche aber noch immer bei Naturholzküchen, Bauernstilmöbeln, Eckbänken usw. Für die Innenausstattung, zu Wand- und Deckenvertäfelungen, für Türen usw., ebenso für der Witterung ausgesetzte Bauteile wie Außentüren, Fenster, Balkone eignet sich die Lärche besonders gut, da sich durch die Farbkontraste zwischen Früh- und Spätholz optisch effektvolle Wirkungen erzielen lassen. Auch zu manchen Drechslerarbeiten ist Lärche gut zu gebrauchen. Das Holz ist polierfähig, aber wegen seines Harzgehaltes schwierig zu beizen.

Als Fußbodenbelag ist Lärche durch seine Härte (härter als Kiefer und Fichte) im Abnutzungswiderstand, aber auch in der Schönheit den anderen heimischen Nadelhölzern überlegen. Sehr gut ist es zu verwenden im Wasser-, Erd- und Brückenbau, zu Masten, als Spurlatten in Förderschächten, für Waggonböden. Es ist hoch säurebeständig und daher brauchbar für Silos, Bottiche, Fässer und sonstige Behälter für chemische Lösungen (jedoch nicht für alkoholische). Lärchenholz hat gute Eigenschaften für den Grubenbau, ist aber im Bergbau wegen seines gegenüber Kiefer und Fichte höheren Gewichtes weniger beliebt. Mit Schutzmitteln tränken läßt sie sich etwas weniger gut als die Kiefer.

Unter den bei der Lärche häufig vorkommenden Wuchsfehlern können Krummschaftigkeit mit exzentrisch ausgebildetem Querschnitt und Drehwuchs die Holzgüte in verarbeitungstechnischer Hinsicht ungünstig beeinflussen. Auch eingewachsene Trockenäste sind häufig, da sich die Lärche auf natürlichem Wege nur sehr unvollkommen von Ästen reinigt.

Lärchenholz ist an sich etwas weniger gut zu bearbeiten als Kiefern- und Fichtenholz und neigt auch mehr zum Reißen und Verziehen. Sein „Stehvermögen" wird nicht selten bemängelt, weswegen manche Verarbeiter Kiefer oder Fichte vorziehen. Bei diesen weniger guten Eigenschaften handelt es sich jedoch zumeist nicht um allgemeine Mängel, sondern um Fehler, die an einzelnen Hölzern auftreten.

Die erheblichen Unterschiede in der Dichte zwischen dem Früh- und Spätholz und die schroffen Übergänge bewirken bei Holz mit stark unregelmäßigen Jahrringbreiten oder sehr ungleichen Anteilen an Früh- und Spätholz Neigung zu Formveränderungen, da die verschieden dichten Gefügeschichten ungleich schwinden. Ähnlich kann der exzentrische Wuchs oder etwa vorhandener Drehwuchs die Neigung zu Formveränderungen verstärken. Diese individuellen Eigenschaften, die sich vorwiegend unter klimatischen und standörtlichen Einflüssen herausbilden, sind leider bei dieser Holzart nicht selten.

Bei der Lärche gilt es daher mehr als bei anderen Nadelholzarten, das Holz auszuwählen, dessen Struktur dem Verwendungszweck am besten entspricht. Nicht zu breiter und einigermaßen gleichmäßiger Jahrringbau, gerader oder nur wenig schräger Faserverlauf zeigen die guten Eigenschaften des Lärchenstammes und bieten Gewähr, daß es bei der Verarbeitung nicht zu Klagen kommt. Auch darf bei der Behandlung und Pflege nichts versäumt werden.

Lärchenholz trocknet verhältnismäßig langsam, weshalb Lärchenschnittware eine längere Trockenzeit als andere Nadelhölzer erfordert. Der Neigung zum Reißen und Verziehen muß schon bei der Stapeltrocknung der Schnittware entgegengewirkt werden. Der Abstand der Stapellatten ist kleiner zu wählen als es sonst üblich ist. Weiter ist auf ein gleichmäßiges, nicht zu rasches Trocknen im ganzen Stapel zu achten. Die Stapel sind sorgfältig gegen Sonne und gegen Regen zu schützen. Wo offene, gut luftdurchwehte Schuppen zur Verfügung stehen, wird wertvolle Lärchenschnittware am besten gleich unter Dach gestapelt. Die Rißbildung läßt sich auf diese Weise zumeist verhüten oder wenigstens auf ein Mindestmaß an kleinen Rissen herabdrücken.

Zu empfehlen ist der Einschnitt mit Rinde, da bei Entfernung der Rinde leicht Seitenrisse entstehen. Durch den Harzgehalt und die Härte des Lärchenholzes kommt es beim Einschnitt leicht zum Heißwerden und Verlaufen der Säge. Aus diesem Grunde ist auf ausreichenden und genauen Schrank der Sägeblätter zu achten. Da der Harzgehalt im unteren Stammteil am höchsten ist, ist es ratsam, Lärchenstämme „Zopfende voraus" ins Gatter zu schicken. Auf diese Weise kann der Harzansatz immer wieder rasch entfernt werden.

Die *Japanische Lärche (Larix kaempferi, [= leptolepis])* gehört zu den fremdländischen Baumarten, deren Anbauversuche bei uns als erfolgreich gewertet werden können. Ihr heimatliches Verbreitungsgebiet ist die japanische Insel Honshu. Von der europäischen Lärche unterscheidet sie sich durch die fast kupferrote Färbung der Langtriebe, die etwas kräftigere blaßgrüne bis blaugrüne Benadelung, die rötlichbraune, kleinschuppige Rinde und die in allen Schaftteilen waagerecht abstehenden Äste. Die breit eiförmigen Zapfen, bis über 3 cm lang, sind hellbraun mit rötlichem Schimmer. Die Zapfenschuppen liegen im Gegensatz zur europäischen Lärche nicht an, sondern stehen mit zurückgebogenen Spitzen rosettenartig ab. Die Japanische Lärche wächst im allgemeinen geradschaftiger als die europäische. Sie ist krebsfest und auch gegen andere Schadenseinwirkungen widerstandsfähig. Zu gutem Gedeihen benötigt sie höhere Luftfeuchtigkeit und genügend Bodenfrische. Dann entwickelt sie ein besonders rasches Jugendwachstum mit entsprechendem Massenzuwachs, dem jedoch ein rascher Abschwung folgt (SCHOBER). Ihre Verkernung setzt ebenfalls sehr früh ein und wird ähnlich groß wie bei der europäischen Lärche. Kernfärbung rotbraun, Splint gelblichweiß. Das Holz ist etwas leichter (nach TRENDELENBURG 1937 0,46 g/cm^3 für württembergische Herkünfte). Mit Gewichtsstreuungen je nach Witterungsablauf und Standortsverhältnissen ist zu rechnen. Die Festigkeitseigenschaften kommen an die des Holzes der europäischen Lärche nicht heran und dürften zwischen denen für Kiefer und Fichte liegen.

Kreuzungen zwischen der europäischen und der japanischen Lärche sind möglich (*Larix eurolepis*). Sie liegen mit ihren Eigenschaften in einem breiten Rahmen zwischen den Eltern und haben sich im allgemeinen gegen Pilze und Insekten widerstandsfähig gezeigt.

3.1.6 Douglasie

Die *Douglasie (Pseudotsuga menziesii)* ist im westlichen Nordamerika zwischen British Columbia und Kalifornien bis Nordmexiko heimisch und dort ein verbreiteter Baum. Ihr rasches Wachstum und ihr hochwertiges Holz mit schokoladebraunem Kern machten sie zu einer vielversprechenden ausländischen Baumart. Ab dem letzten Drittel des vorigen Jahrhunderts wurde sie in größerem Umfang bei uns angebaut. Die Erwartungen wurden jedoch durch die Douglasienschütte *(Rhabdocline pseudotsugae)* und das Auftreten der Douglasien-Wollaus *(Adelges cooleyi)* gedämpft.

In ihrer Heimat tritt sie, was bei dem sehr großen und standörtlich verschiedenen Verbreitungsgebiet nicht erstaunen kann, in verschiedenen Klimarassen auf. Sie lassen sich einteilen in zwei Groß-Varietäten: Die grüne Küstendouglasie *(var. menziesii„* früher *var. viridis)* mit großen und grünen Nadeln wächst an den Westhängen der Küstengebirge und ist für uns die allein geeignete Form, während die Kolorado-Douglasie *(var. glauca)* aus den Rocky Mountains mit kürzeren, blaugrünen Nadeln forstlich bei uns keine Bedeutung hat.

Im Aussehen ähnelt die Douglasie der Fichte. Häufig wird auch von Douglasfichte oder -tanne gesprochen. An den großen, eiförmigen, scharf zugespitzten, glänzendbraunen Knospen ist sie jedoch leicht zu erkennen, ebenso an der grauen, mit zahlreichen blasenförmigen Harzbeulen übersäten Rinde. In der zuerst glatten Rinde bilden sich in höherem Alter tieffrissige Schuppen mit gelblichen Korkschichten (Abb. 33).

Die Benadelung ist locker; die weichen, schlanken, stumpfspitzigen Nadeln mit zwei weißlichen Längsstreifen stehen einzeln; die Mittelrinne ist auf der nach unten gedrehten Oberseite vertieft, auf der Unterseite erhöht. Die Nadeln und die Rindenbeulen verströmen beim Zerreiben einen kennzeichnenden, aromatischen, orangenartigen Balsamgeruch.

◁ Abb. 33 Douglasien im Kaskadengebirge in den USA (Foto: Archiv Holz-Zentralblatt)

Die 4 bis 12 cm langen, länglich-ovalen, zimtbraunen, hängenden Zapfen zerfallen nicht. Die tief-dreispitzigen Deckschuppen mit einem nadelartigen Mittelzipfel ragen zwischen den Fruchtschuppen weit hervor.
In Nordamerika erreicht der Baum Höhen bis zu 100 m und Durchmesser bis zu 2 m und mehr. Bei uns ist die Leistung in Höhe und Stärke der Fichte wenigstens gleichwertig, wobei die Douglasie aber wesentlich früher als die Fichte entsprechende Abmessungen erreicht.
Das Holz der Douglasie ist im Kern hellrötlich bis rotbraun gefärbt, im Splint gelblichweiß. Es ähnelt im Aussehen sehr dem Lärchenholz und verkernt frühzeitig und stark. Die Spätholzzonen sind breit und gut erkennbar. Der Harzgehalt ist gering. Auch in den Eigenschaften (Festigkeit, Elastizität, Dauerhaftigkeit) hat das Holz mit dem der Lärche Ähnlichkeit. Es eignet sich deshalb gut zu Pfählen verschiedener Art, wie auch im Wasser- und Brückenbau, als Schwellen und Masten, im Schiff- und Waggonbau, für Silos, Holzpflaster, Außenverschalungen, Fenster, Türen und als Bauholz. Die Rohdichte des bei uns gewachsenen Douglasienholzes beträgt nach TRENDELENBURG und BURGER durchschnittlich 0,49 g/cm³; sie entspricht also etwa unserem Kiefernholz. Ähnlich wie bei der Lärche wechseln auch bei der Douglasie die Holzeigenschaften nach Jahrringbreite und Spätholzanteil unter standörtlichen Einflüssen. Es empfiehlt sich deshalb, in der Auswahl des Holzes auf den Verwendungszweck zu achten. Engringiges, weiches leichteres, gelbes Holz läßt sich besser bearbeiten als breitringiges, dunkles, härteres und schwereres.
Durchforstungsanfälle sind gut brauchbar als Grubenholz. Untersuchungen (ZIMMERMANN) ergaben gutes Warnvermögen und eine der Kiefer überlegene Tragfähigkeit. Dagegen ist Douglasienholz für die Zellstoffherstellung weniger geschätzt als Fichte und Tanne.
Ein Nachteil ist die häufig vorkommende Astigkeit. Auf natürlichem Wege reinigt sich die Douglasie auch bei enger Bestandserziehung nur schlecht. Diesem Nachteil kann durch frühzeitige Astung begegnet werden. Die Douglasie erträgt ohne Gefahr auch Grünastung, doch soll sie stufenweise unter Vermeidung starker Eingriffe in die grüne Krone erfolgen (MAYER-WEGELIN).

3.1.7 Eibe

Der *Eibe (Taxus baccata)* begegnen wir heute als Waldbaum nur noch selten. Sie steht unter gesetzlichem Schutz. Wegen ihres zähen Holzes war sie im Mittelalter für die Anfertigung von Armbrüsten und Bögen sehr gesucht. Da sie nur sehr langsam wächst, wurde sie ein Opfer der Übernutzung, so daß nur noch einzelne, teilweise bis tausendjährige Bäume übrig blieben. Häufig findet sie sich jedoch in Parkanlagen und Gärten, zumeist als Strauchform. Sie besitzt große Ausschlagsfähigkeit. Alle Teile der Pflanze mit Ausnahme des roten, fleischigen Samenmantels sind giftig. Auch die Samenkerne enthalten für Mensch und Tier gefährliches Gift.
Die flachen Nadeln haben im Aussehen und in ihrem zweizeilig gekämmten Sitz am Zweig eine gewisse Ähnlichkeit mit denen der Tanne, sind aber weicher, vorn zugespitzt und kurzgestielt, oberseits glänzend dunkelgrün, unterseits gleichmäßig gelblichgrün und 2 bis 3 cm lang. Die rotbraune, im Alter graubraune Rinde blättert periodisch flachschuppig ab. Die Eibe bildet keine Zapfen; ihre Frucht ist eine Scheinbeere. Der eirund zugespitzte Samen ist von einem fleischigen Samenmantel von scharlachroter Färbung umhüllt (Abb. 34).
Das Holz ist feinfaserig, meist engringig und schmiegsam mit schmalen, etwas wellig verlaufenden Jahrringen. Der Kern ist braunrot, der Splint gelblich-

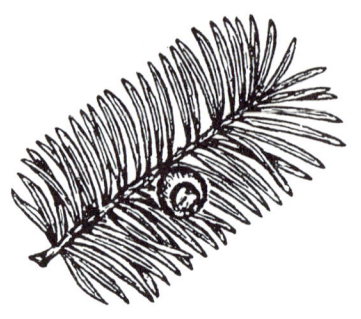

Abb. 34 Zweig von Eibe mit Frucht (Scheinbeere); verkleinert 1 : 1,5 (nach König)

weiß. Eibenholz wäre sicher vielseitig verwertbar, doch um nutzholztaugliche, für gewerbliche Verarbeitung genügend starke Stämme in ausreichender Zahl heranzuziehen, bedarf es bei dem außerordentlich langsamen Wuchs der Eibe mehrerer Jahrhunderte. In größerem Umfang scheidet daher ihr Anbau im Wirtschaftswald aus.

3.2 Laubhölzer

3.2.1 Allgemeine Kennzeichnung

Kennzeichen der Laubhölzer sind die in die Grundmasse des Holzes stets mehr oder weniger zahlreich eingestreuten Gefäße, die den Nadelhölzern fehlen. Auf Querschnitten erscheinen die Gefäße als „Poren", auf Längsschnitten sind die in ihrer Längsrichtung angeschnittenen Gefäße als sogenannte Porenrillen („Nadelrisse") meist deutlich zu erkennen. Die nicht exakte Bezeichnung „Nadelrisse" geht darauf zurück, daß die angeschnittenen Gefäße so aussehen, als wäre das Holz mit einer Nadel angeritzt.

Je weitlumiger die Gefäße (Poren) eines Holzes sind, desto deutlicher sind diese Porenrillen zu erkennen. Bei manchen Arten sieht man sie mit freiem Auge, meistens werden sie jedoch erst bei Benutzung einer Lupe sichtbar. Größe (Weite) und Anordnung im Zusammenhang mit Größe, Bau und Aussehen (Glanz) der Holzstrahlen (und deren Sichtbarkeit auch auf den Querschnitten) sind ein gutes Bestimmungsmerkmal. Aus der einheitlichen oder nahezu einheitlichen Weite der Gefäße (Poren) und deren Anordnung innerhalb der Früh- und Spätholzzonen erkennt man, ob es sich um ein ringporiges oder zerstreutporiges Holz handelt. Im Abschnitt 2.4 „Holzaufbau" wurde auf diesen Unterschied näher eingegangen. Die bessere oder schlechtere Sichtbarkeit der Jahrringgrenzen und deren Verlauf (rund oder wellig, mit oder ohne Einbuchtungen an den Holzstrahlen) geben ebenfalls Arthinweise, ebenso das Vorhandensein oder Fehlen eines Farbunterschiedes zwischen Kern und Splint. Harzgänge fehlen bei Laubhölzern.

3.2.2 Eichen

In Mitteleuropa sind die *Stieleiche (Quercus robur [Q. pedunculata])* und die *Traubeneiche (Q. petraea [Q. sessiliflora]),* die sich sehr ähnlich sind und zahlreiche Übergänge bilden, heimisch. Erstere ist ein Baum des Tieflandes (charakteristisch für die Auwälder) und der Vorberge und bei uns häufiger anzutreffen. Sie gedeiht auf schweren, feuchten Böden, die sie mit ihrer tiefgehenden Wurzel aufschließt. Gegen Winterkälte ist sie weniger empfindlich als die Traubeneiche, stellt aber höhere Lichtansprüche. Demgegenüber ist die Traubeneiche mehr ein Baum des Hügellandes, sowie warmer, trockener Hänge und bringt auch auf ärmeren Böden (Spessart, Pfälzer Wald) hervorragende Wuchsleistungen.

In ihrer reinen Form hat die Stieleiche sehr kurzgestielte, fast sitzende Blätter, die am Grunde geöhrt und in der Blattform ungleichmäßig gelappt sind. Die Blattseitennerven enden teilweise in den Einbuchtungen. Die hellbraunen, eiförmigen, schwach kantigen Knospen sind nicht so lang und so spitz wie bei der Traubeneiche und sitzen gehäuft an den Triebenden. Die Johannistriebe sind rötlich bis purpurrot. Die länglich eiförmige, 2 bis 3 cm lange Frucht (Eichel)

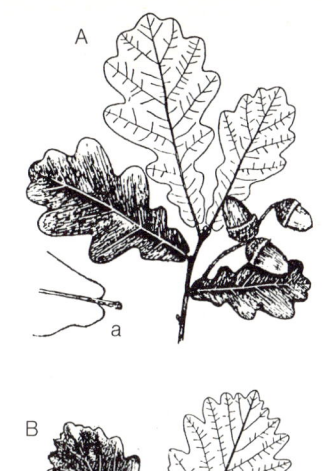

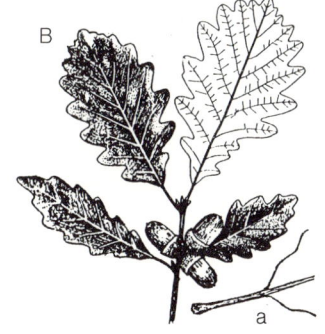

Abb. 35 Eichen. (A) Stieleiche; (B) Traubeneiche. (a) Darstellung des Blattgrundes als eines der unterscheidenden Merkmale der beiden heimischen Eichenarten. Die Stiele der Blätter wie auch der Früchte sind unterschiedlich lang, die Stieleiche hat gestielte Früchte (nach König)

sitzt im langgestielten Fruchtbecher (Abb. 35). Ab dem 10. bis 20. Jahr bildet die Stieleiche eine dicke, graubraune Borke mit tiefen und unregelmäßigen Längsrissen. Ihre Schaftform ist im Bestandesschluß in der Regel gerade, walzenförmig mit hoch angesetzter Krone.
Die Traubeneiche hat langgestielte, am Grund keilförmig verschmälerte (nicht geöhrte), gleichmäßig gelappte Blätter. Die Blattseitennerven enden nur in den Ausbuchtungen. Die Knospenschuppen sind gelbbraun mit grauer Spitze und stärker bewimpert als bei der Stieleiche. Die Eicheln sitzen in ungestielten Bechern stets zu drei und mehr zusammen und sind zumeist etwas gedrungener als bei der Stieleiche. In der Borke unterscheiden sich die beiden Arten nicht. Der Schaft ist im Gegensatz zur Stieleiche meist durchlaufend, d. h. er geht weniger stark in die Äste. Die Krone, regelmäßiger als bei der Stieleiche, hat etwa Eiform. Rinde und Holz sind bei beiden Arten stark gerbstoffhaltig.
Am leichtesten lassen sich die Eichenarten nach den Früchten (Eicheln) unterscheiden. Im blattlosen Winterzustand ermöglichen die Knospen die Artenerkennung. Demgegenüber bereitet die sichere Unterscheidung des Holzes der beiden Arten außerordentliche Schwierigkeiten.
Das Holz beider Arten ist im Splint gelblichweiß, im Kern dunkel. Es dunkelt nach und variiert dabei im Ton, wobei u. a. auch Einwirkungen der Sonnenbestrahlung auf die Schnittflächen von Einfluß sind. Frische Schnittflächen haben oft einen rötlich schimmernden Ton, der sich aber an der Luft bald verliert. Die Art läßt sich nach der Farbe des Holzes nicht bestimmen. In der Eiche haben wir ein typisch ringporiges Holz mit deutlichem Unterschied in der Größe der Poren von Früh- und Spätholz. Das Jahreswachstum beginnt mit einem Kranz weiter Poren, was die Jahrringgrenzen ziemlich deutlich hervortreten läßt. Die weiten Frühholzporen sind auf den Querschnitten mit bloßem Auge zu erkennen, die engen Spätholzporen nicht. Der Übergang vom Frühholz zum Spätholz desselben Jahres ist bei der Stieleiche häufiger weniger schroff als bei der Traubeneiche. Auch ist der Frühholz-Porenkreis bei der Stieleiche zumeist mehrreihig (bis fünfreihig) und daher breiter als bei der Traubeneiche, die in der Regel nur einen ein- bis zweireihigen Frühholz-Porenkreis ausbildet. Weiter haben bei der Stieleiche die Poren häufig elliptische Form, während die Poren der Traubeneiche runder und auch kleiner sind.
Beide Eichenarten besitzen schmale und sehr breite (zusammengesetzte) Holzstrahlen. Die breiten Holzstrahlen sind auch auf Hirn- und Tangential-

schnitten zu erkennen; auf Radialschnitten erscheinen sie als auffallende glänzende „Spiegel". Der meist schmale Splint ist wenig dauerhaft. Er wird von Pilzen und auch tierischen Schädlingen leicht angegriffen und rasch völlig zerstört. Deshalb empfiehlt es sich, das Splintholz der Eiche nicht mitzuverarbeiten oder es dort, wo das Holz rund verbaut wird, sorgfältig zu konservieren. Am Stammfuß ist der Splint oft wesentlich breiter als in den übrigen Stammteilen.

Für die Güteeinstufung hat die Eichenart (Stiel- oder Traubeneiche) nicht die Bedeutung, die ihr in der Praxis manchmal zugemessen wird. In der Beurteilung der Qualität spielen vor allem die Begriffe „mild" und „hart" eine Rolle. Als „mildes" Holz gilt solches mit schmalen Jahrringen. Dieses läßt sich leicht und glatt hobeln, gut beizen und polieren; es ist auch in der Zeichnung gleichmäßiger und schöner als das breitringige „harte" Eichenholz. Mildes Holz erzeugt allerdings nicht nur die Traubeneiche, vor allem bringt sie nicht auf allen Standorten diese geschätzte Eigenschaft hervor. Da die berühmten und wertvollen Eichen des Spessarts Traubeneichen sind, entstand teilweise die irrige Meinung, daß nur sie die hervorragenden milden Qualitäten bilden können. Einerseits wachsen auch außerhalb des Spessarts Traubeneichen, die nicht im entferntesten die Güte der Spessarteiche erreichen. Andererseits finden sich bei den berühmten slawonischen Eichen ebenfalls hervorragend milde Qualitäten, und bei diesen handelt es sich um Stieleichen.

Die enge Abhängigkeit der Holzhärte von der Rohdichte ist seit längerem bekannt. Mit der Rohdichte steigt die Härte. In verschiedenen Untersuchungen (HUBER 1941) wurde festgestellt, daß bei gleicher Jahrringbreite das Holz der Traubeneiche schwerer ist als das der Stieleiche. TRENDELENBURG (1939) fand, daß der Unterschied der beiden Eichenarten im Holzgewicht bei Jahrringbreiten über 1,5 mm beträchtlich ist, dagegen unter einer Ringbreite von 0,8 mm verschwindet. Wieweit hier Standorteinflüsse eine Rolle spielen, ist schwer zu sagen.

Die von JANKA (1915) getroffene Feststellung, daß die Traubeneiche im allgemeinen engere Jahrringe bildet als die Stieleiche, konnte TRENDELENBURG an Hand des von ihm ausgewerteten Materials bestätigen. Dazu passen Härteuntersuchungen, die MAYER-WEGELIN (1950) an fast hundert in Ringbreiten und Substanzgehalt verschiedenen Eichenholzproben unter gleichzeitiger Feststellung von Rohdichte, Jahrringbreite und Spätholzprozent sowie entsprechender Ermittlung der Härteverteilung durchführte. Er kam zu dem Ergebnis, daß die Härte sowohl des Frühholzes als besonders auch des Spätholzes bei engringigem Eichenholz sehr niedrig liegt. Mit zunehmender Ringbreite steigt sie an, jedoch nur bis zu Ringbreiten von 3 mm; darüber bleiben die Werte gleich. Auch das Spätholz wird mit engeren Jahrringen weicher.

Die Feststellung, daß dieses „Milderwerden" des Eichenholzes erst unterhalb einer Jahrringbreite von 3 mm beginnt, läßt erkennen, daß die Jahrringbreite, die in erster Linie eine Funktion des Standortes und der Erziehung ist, nicht nur den Unterschied in der Rohdichte von Stiel- und Traubeneiche herabmindert bzw. bei schmalen Ringen sogar völlig aufhebt, sondern auch die Milde des Holzes maßgebend beeinflußt. *Mildes Eichenholz, sei es von Trauben- oder Stieleiche, ist erst bei schmalen Jahrringbreiten zu erwarten.*

Für die beiden Eichenarten werden die Werte der Hirnhärte wie folgt angegeben: Brinellhärte in kg/mm^2 Traubeneiche 6,6 bis 6,9, Stieleiche 6,4. Dabei ist zu beachten, daß sich diese Angaben auf einen großen Durchschnitt beziehen. Die Rohdichte beider Arten schwankt zwischen 0,39 und 0,93 g/cm^3 und beträgt im Mittel 0,65 g/cm^3.

Für den Möbelbau, für Holzschnitzereien und ähnliches ist das engringige, milde Holz besser geeignet. Das gilt sowohl für die Massivverarbeitung als auch ganz besonders für die Gewinnung von Furnieren. Speziell für die Furniererzeugung muß als weiteres Gütemerkmal auch noch die Gleichmäßigkeit des Jahrringbaus hinzutreten. Während früher für Furnierzwecke Holz mit Jahrringbreiten bis höchstens 2 mm (beste Güte um 1 mm) als geeignet galt, wird heute auch Holz mit Jahrringbreite bis zu 3 mm zu Furnieren aufgearbeitet.

Als Merkmale bester Güte bei Furniereiche gehören zu Engringigkeit und gleichmäßigem Jahrringbau auch noch gleichmäßige (hellgelbe) Farbe, ausreichende Stammstärke und -länge, Astreinheit (auch von eingewachsenen Klebästen) und das Freisein von sonstigen, die Furniertauglichkeit beeinflussenden Fehlern (Überwallungen, Rosen, Krebs usw.). Schwacher Drehwuchs hebt die Furniertauglichkeit nicht auf. Furniere aus Stämmen mit starkem Drehwuchs gelten nicht als vollwertig. Nach H. SCHULZ (1954) soll Rechtsdrehwuchs weniger nachteilig sein als Linksdrehwuchs.

Das harte Eichenholz ist das bessere Material für tragende und stark beanspruchte Teile. In den Festigkeitseigenschaften und in der Dauerhaftigkeit ist das harte Eichenholz dem milden überlegen. Es läßt sich gut verwenden als Bauholz im Hoch- und Tiefbau, im Schiffsbau, als Grubenholz, zu Eisenbahnschwellen, in der Bautischlerei, in der Wagnerei, im Maschinenbau, als Werkzeugholz, als Faßholz, zu Parkettböden usw. Überall da, wo es auf besondere Tragkraft und höchste Dauerhaftigkeit ankommt, ist das harte Eichenholz am Platze.

Eichenrundholz aus der Winterfällung sollte bis Ende Mai eingeschnitten werden, weil bei längerer Lagerung leicht Vergrauen auftritt. Durch rechtzeitiges Bestreichen der Hirnenden (auch Meßring) mit Pasten, die den Luftzutritt hemmen und dadurch die Austrocknung verzögern, kann die stark wertmindernde Braunstreifigkeit verhütet und zugleich der Entstehung von Rissen entgegengewirkt werden.

Zur Verhinderung von Trockenrissen ist die Rinde bis hin zum Einschnitt zu belassen. Der Einschnitt erfolgt ohne Rinde, die Schnittware wird unverzögert gestapelt. Zuvor werden die Bretter von anhaftenden Sägespänen gesäubert.

Bei der *Mooreiche* handelt es sich um einheimische Eichen, die über Jahrhunderte im Moor oder Wasser lagen und dadurch eine schwarzgraue bis graugrüne Färbung annahmen. Diese Färbung geht auf eine Verbindung des im Eichenholz enthaltenen Gerbstoffes mit dem Eisengehalt des Wassers zurück. Mooreichenholz ist außerordentlich hart und hat eine große Neigung zu Rißbildung. Der Trockenprozeß muß daher durch besondere Maßnahmen (Abdecken usw.) sehr überlegt gehemmt werden. Rißfreies Material zur Anfertigung von Luxusmöbeln und Furnieren ist sehr gesucht.

Die *Flaumeiche (Quercus pubescens)* kommt bei uns in der Oberrheinebene und in Thüringen vor, sonst ist sie in West- und Südeuropa wie auch in Anatolien zuhause. Sie hat bei uns nur wenig wirtschaftliche Bedeutung. Die glänzend dunkelgrünen, auf der Unterseite filzig behaarten Blätter ähneln denen der ihr nahestehenden Traubeneiche. Das Holz zeichnet sich durch besondere Härte und Dauerhaftigkeit aus. Es ist dicht und fest und läßt sich schwer spalten. In der Elastizität bleibt es hinter der Traubeneiche zurück. Die Rohdichte beträgt etwa 0,72 g/cm^3. Die zumeist sehr schmalen Jahrringe sind durch scharf abgegrenzte Porenzonen des Frühholzes deutlich zu erkennen. Der Splint ist breit. Wegen seiner natürlichen Dauerhaftigkeit findet das Holz bevorzugt Verwendung im Wasser- und Schiffsbau.

Die *Zerreiche (Quercus cerris)* ist in Südeuropa (Österreich, Ungarn, Spanien bis Kleinasien) verbreitet. Bei uns trifft man sie in Parkanlagen. Die Blätter sind spitzlappig, von schmalen Nebenblättern begleitet, die Knospen und Zweige behaart, die Eicheln schlank. Das nur schwach verkernte, grobfaserige Holz ist wenig wertvoll und eignet sich sowohl als Bauholz wie als Werkholz wenig.

Die *Roteiche (Quercus rubra)*, die bei uns verbreiteste ausländische Eiche, kommt aus Nordamerika. Ihr Anbau ist in den letzten Jahrzehnten stets gestiegen. Sie ist raschwüchsig und zeigt selbst auf den geringsten Laubholzböden noch gute Wuchsleistungen. Bemerkenswert ist ihre geringere Empfindlichkeit gegen Frost- und Rauchschäden. Auch von Pilz- und Insektenschäden ist sie weit weniger bedroht als die heimischen Arten, wird aber gerne vom Wild verbissen.

Durch die starke Wurzelaktivität und das leicht zersetzliche Laub ist sie waldbaulich wertvoll. Die Blattform weicht von unseren Eichenarten völlig ab: breit buchtig gelappt, die Ausbuchtungen sind in Haarspitzen ausgezogen. Vor dem Laubfall färben sich die Blätter leuchtend rot. Die Rinde, dünn und glatt, ist fast buchenähnlich und bis zu etwa 40 Jahren sehr gerbstoffrei. Die kurze, breite Eichel hat einen ockerfarbenen, abwischbaren Flaum und einen flachen Fruchtboden.

Das Holz ist stark verkernt, die Kernfärbung leicht braun mit rosarotem Schimmer. Die mechanischen Eigenschaften des in Deutschland gewachsenen Roteichenholzes wurden inzwischen genau untersucht. Die Rohdichte (0,52 bis 0,87, im Mittel 0,65 g/cm^3) entspricht im Mittelwert etwa den heimischen Arten. Die Druckfestigkeit liegt bei der der Stieleiche oder etwas höher. In der Elastizität und Biegefestigkeit ist es dem heimischen Eichenholz weit überlegen. Als Nachteil erscheint, außer der stärkeren Neigung zum Schwinden und Reißen, die gegenüber den heimischen Eichen zurückbleibende Dauerhaftigkeit. Vor allem hat das Kernholz nicht genügend Abwehrstoffe; es läßt sich aber gut mit Schutzmitteln tränken.

Als Bauholz kann es wie heimische Eichen verwendet werden, ebenso ist es brauchbar für Wagner- und Stellmacherarbeiten wie auch zum Innenausbau. Die Verwendung für feinere Verarbeitungen wird durch die Neigung zu Formveränderungen, Reißen, die gröbere Struktur und die dunklere rötliche Farbe beeinträchtigt. Infolge seiner Neigung zum Reißen, Werfen und Verziehen verlangt das Roteichenholz schon im runden Zustand, mehr jedoch noch als Schnittware bei der Trocknung besondere Sorgfalt. Als Faßholz ist es nicht geeignet.

3.2.3 Rotbuche

Die *Rotbuche (Fagus silvatica)* ist neben der Eiche unser wichtigster Laubbaum. Sie liebt tiefgründige basenreiche Böden, jedoch keine Staunässe. Ihr Anteil an der Gesamtbestockung (12 Prozent) übersteigt den aller anderen im deutschen Wald vertretenen Laubhölzer, weshalb jährlich nennenswerte Mengen eingeschlagen werden. Das Blatt, spitzeiförmig, ganzrandig. schwachwellig und nach der Spitze zu oft etwas gezähnt, ist oberseits glänzend dunkelgrün, unterseits hellgrün und in der Jugend fein behaart bzw. bewimpert. Die langen, spitzen, zimtbraunen Knospen stehen ab. Abarten mit purpurnen bis dunkelroten Blättern nennt man „Blutbuchen". Die dreikantigen Früchte (Bucheckern) findet man zu zweien, seltener zu dreien in einer stacheligen, vierkantigen Fruchthülle; sie enthalten Öl als Speicherstoff (Abb. 36).

Der walzenförmig gerade Schaft der Buche bildet im Bestandesschluß eine hochangesetzte Krone. Zwieselbildung kommt häufig vor. Die Äste streben schräg aufwärts. Die auch im Alter glatte graubraune bis hellgraue Rinde fällt nicht ab. Borke entwickelt sich nur ausnahmsweise. Verborkte Stämme, in den äußeren Holzschichten oft wimmerig gewachsen, nennt man „Steinbuche".

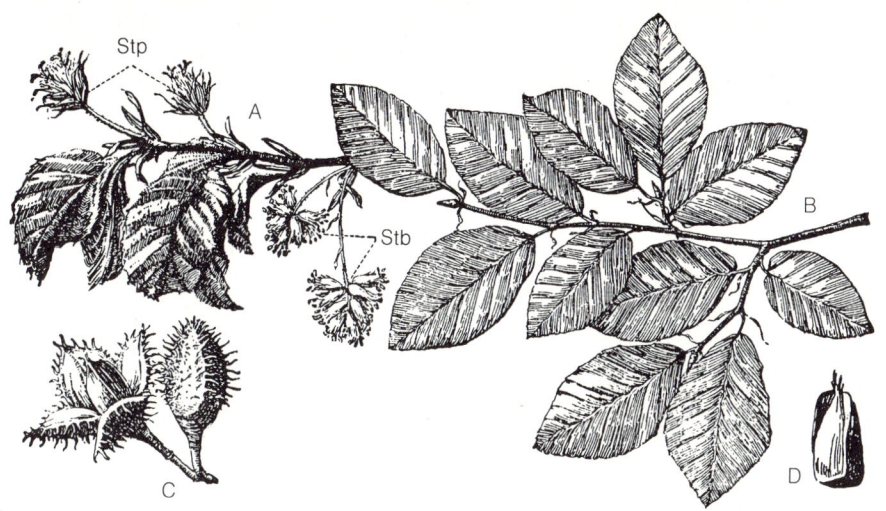

Abb. 36 Buche, verkleinert. (A) Junger Zweig mit Staub- (Stb) und Stempelblüten (Stp); (B) Älterer Zweig; (C) Geschlossener und geöffneter Fruchtbecher; (D) Frucht (nach Schmeil)

Das Holz der Rotbuche ist in trockenem Zustand blaß gelbrötlich und hat normalerweise keinen Kern, d. h. der inneren (Reifholz-)Zone fehlt die abweichende Färbung. Häufig tritt im Stamminnern aber eine kernartige Verfärbung (Rotkern) auf, die standörtlich bedingt früher oder später einsetzt. Hierbei werden die Gefäße mit Thyllen verstopft und das Holz läßt sich nicht oder nur ungenügend imprägnieren. Der Splint ist breit. Die Spätholzzonen sind teils etwas dunkler als die Frühholzzonen; die Abgrenzung der Jahrringe ist meist nicht leicht zu erkennen.

Die Buche gehört zu den zerstreutporigen Hölzern. Ihre Porenweite nimmt vom Frühholz gegen das Spätholz hin nur allmählich und nicht sehr wesentlich ab. Sie besitzt schmale und breite Holzstrahlen. Die breiten sind auf den Querschnitten als schmale Linien, auf Radialschnitten als glänzende Bänder von wechselnder Breite und Färbung (zumeist rötlich), auf Tangentialschnitten als kurze spindelförmige Striche zumindest bei Lupenbenutzung zu erkennen.

Das spezifisch schwere Rotbuchenholz (Rohdichte 0,49 bis 0,90, im Mittel 0,68 g/cm^3) zeichnet sich durch große Härte, gute Druckfestigkeit, hohe Schub- und Scherfestigkeit und ausreichende Zugfestigkeit aus. Auch besitzt es gute Festigkeit gegen Stoß und Reibung. In Farbe und Struktur ist es weitgehend gleichmäßig. Es läßt sich gut bearbeiten, in gedämpftem Zustand auch biegen, nimmt Politur und Beize leicht an und ist (ausgenommen Rotkern) mit Imprägniermitteln gut zu durchtränken.

Infolge der kurzen Faser, des oft wimmerigen Faserverlaufes und des in frischem Zustand hohen Wassergehaltes hat Rotbuchenholz aber auch einige unerwünschte Eigenschaften. Bei Feuchtigkeitswechsel ist es wenig dauerhaft, d. h. es wird (ungeschützt) leicht von Pilzen angegriffen und schnell zerstört. Rotbuche ist weiter ein „unruhiges" Holz, es „arbeitet" mehr als andere Hölzer, schwindet verhältnismäßig stark und ist daher auch mehr Formveränderungen unterworfen. Während der Austrocknung entstehen leicht Risse.

Die nachteiligen Eigenschaften können durch technische Maßnahmen weitgehend gemildert oder auch ganz ausgeschaltet werden. Die teerölimprägnierte Eisenbahnschwelle aus Rotbuche steht in der Liegedauer gegenüber Schwellen aus anderen Holzarten nicht zurück. Der Neigung zum Arbeiten und Reißen kann bis zu einem gewissen Grad begegnet werden, indem man das Holz einem Dämpfungsprozeß unterwirft. Wenn das Holz noch nicht zuviel von seiner natürlichen Feuchtigkeit verloren hat, läßt sich durch sachgemäßes Dämpfen eine gleichmäßig schöne, fleischrote Farbe erzielen.

Eine wichtige Rolle spielt die Buche bei der Holzvergütung. Preßvollholz (Lignostone) und Preßschichtholz, Formschichtholz, Formsperrholz, Stauchbiegeholz und andere vergütete Holzwerkstoffe werden vornehmlich aus Rotbuche hergestellt. Die industrielle Verwertung der Buche hat in wenigen Jahrzehnten eine geradezu stürmische Aufwärtsentwicklung genommen. Ursprünglich fast ausschließlich Brennholz, ist Buche heute einer der bedeutendsten Rohstoffe der Holzindustrie. Das Stammholz wird zu Sperrholz, im Karosseriebau, in der Möbel- und Bauschreinerei, der Wagnerei, im Schiffbau, im Waggonbau, zu Biegeerzeugnissen, Schuhleisten, kleinen und großen Holzwaren der verschiedensten Art, zu Fässern, Kisten, Eisenbahnschwellen, Parkettfußböden und zu noch unzähligen weiteren Bedarfszwecken verarbeitet. Die schwächeren Dimensionen sind ein wichtiger Rohstoff in der Spanplatten- und Zellstoffproduktion. Ein großer Teil der nach dem Viskoseverfahren hergestellten Kunstfasern wird aus Rotbuchenholz gewonnen. Als Grubenholz ist es weniger geeignet.

Frisches Buchenholz verstockt leicht. Diese Erscheinung beruht zunächst auf einer Braunfärbung des der Luft ausgesetzten Holzes, der sehr rasch Pilzbefall und Weißfäule nachfolgt. Durch einen Schutzanstrich der Hirnenden, der Astabhiebstellen und sonstiger rindenfreier Stellen kann das Verstocken hinausgezögert werden. Die sicherste Maßnahme ist jedoch, das Rundholz möglichst rasch vor Frühjahrsbeginn aus dem Wald abzufahren, es anschließend gleich einzuschneiden und sorgfältig zu stapeln. Verstockungsgefahr droht auch der Schnittware, solange sie mehr als etwa 24 Prozent Feuchtigkeit enthält. Schnittholz ist deswegen so zu stapeln, daß Luft von allen Seiten an das Holz heran kann und daß der untere Teil der Stapel genügend Bodenfreiheit hat.

Die Trocknung darf aber wegen der Entstehung von Rissen nicht zu sehr beschleunigt werden. Deshalb stapelt man luftig, verwendet aber dünnere Stapellatten und schützt die Stapel vor unmittelbarer Sonneneinstrahlung. Zusätzlicher Hirnendenschutz, Einschlagen von Stahlwellenbändern in die Enden von Kernbohlen, kann vorteilhaft sein.

Sobald die Schnittware einen Trockenheitsgrad erreicht hat, bei dem ein Verstocken nicht mehr zu befürchten ist, sollte sie in luftige Schuppen umgestapelt oder, wenn sie im Freien belassen werden muß, sorgfältig abgedeckt werden. Ohne Regenschutz im Freien lagerndes Buchenschnittholz wird bald von Weißfäule hervorrufenden Pilzen befallen.

Zur Vermeidung von Rissen ist das Buchenstammholz in Rinde zu belassen. Auch der Einschnitt soll mit Rinde vorgenommen werden.

3.2.4 Hainbuche

Die *Hainbuche (Carpinus betulus)* auch Weißbuche, Hagebuche, Hornbaum und Hornbuche genannt, ist in Mittel- und Südeuropa sowohl ein Baum der Berge wie der Ebene; sie steigt im Gebirge bis zu 900 m. Im Osten, Ostpreußen und Litauen, bildet sie auch reine Bestände, ansonsten kommt sie zumeist einzeln eingesprengt oder in kleinen Horsten vor. Nur ausnahmsweise erreicht sie Stammdurchmesser von mehr als 35 bis 40 cm.

Die Blätter, eiförmig zugespitzt, scharf doppelt gesägt, kahl, stehen streng zweizeilig an kurzen Stielen (Abb. 37). Ihre zahlreichen, parallelen Seitennerven verlaufen längs von Blattfalten (Abb.

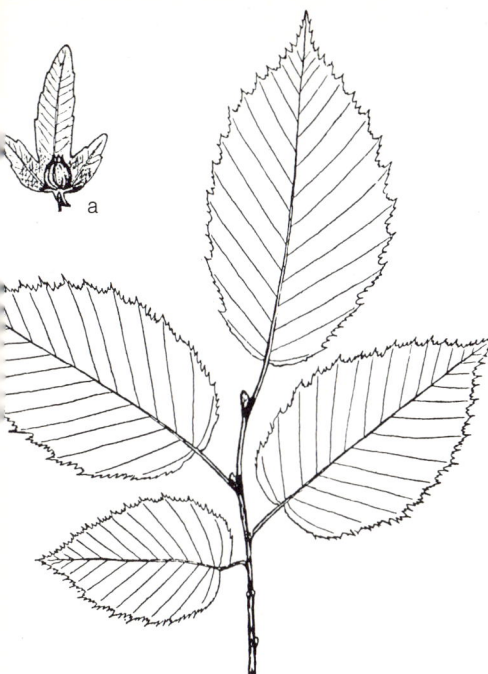

Abb. 37 Junger Trieb von Hainbuche mit Blättern; verkleinert 1:2,5. (a) Frucht in der Fruchthülle; verkleinert 1:2 (nach König)

Abb. 38 Zweig mit Fruchtkätzchen von Hainbuche (Foto: H. Laßwitz)

38). Die braungrünen, angedrückten Knospen sind kurz zugespitzt, die Schuppen oben behaart, unten bewimpert. Die Frucht ist ein eirundes geripptes Nüßchen, von dreilappiger, blattähnlicher Fruchthülle umgeben.

Die dünne, helle Rinde (ähnlich der der Rotbuche) hat dunkle Stellen, nur selten und auch dann nur wenig ist sie verborkt, bei älteren Stämmen etwas aufreißend. Die Stämme fallen auf durch Spannrückigkeit, längsläufige, wulstige Ein- und Ausbuchtungen, derentwegen die Stammquerschnitte nicht regelmäßig rund sind.

Das weiße bis gelblichweiße oder grauweiße Holz hat keinen Kern und ist zerstreutporig. Die Poren, mit bloßem Auge nicht sichtbar, findet man einzeln oder zu mehreren in radialer Anordnung. Zwischen Früh- und Spätholzporen besteht in der Weite wenig Unterschied, ebenso weicht das Spätholz in der Färbung nur wenig vom Frühholz ab, weswegen der grobwellige Jahrringverlauf nicht deutlich hervortritt. Die Holzstrahlen (falsche Holzstrahlen) haben keinen Glanz, sind auf Radialschnitten breit-bandförmig und gut sichtbar, auf Tangentialschnitten als feine Linie von dunklerer Färbung mit bloßem Auge nicht zu erkennen.

Das Weißbuchenholz ist schwer (Rohdichte 0,50 bis 0,83, im Mittel 0,79 g/cm^3), dicht, sehr hart, stoßfest und zäh. Es läßt sich schwer spalten, ist auch nicht leicht zu bearbeiten, schwindet stark, neigt zum Werfen und Verziehen und reißt auch leicht. Jedoch hat es einen hohen Abnutzungswiderstand sowie gute Beständigkeit gegen Säuren und Alkalien, ist beiz- und polierfähig. Im Trockenen und unter Wasser ist es dauerhaft, dagegen wird es im Wechsel von Nässe und Trockenheit rasch von Pilzen zerstört.

Im Holz der Weißbuche haben wir ein wertvolles Spezialholz mit sehr vielseitigen Verwendungsmöglichkeiten im Maschinenbau, für Wagner und Drechsler, für Werkzeuge wie Hobel, Hobelbänke,

Schrauben, Spindeln, Holzhämmer, Hammer- und Axtstiele, Zapfenlager, Leimzwingen, ferner für Schuhleisten, Schuhstifte, Dübel, Kegel, Maßstäbe, Mechanik von Klaviertasten wie überall, wo es auf Stoß und Reibung beansprucht wird. Dagegen eignet es sich nicht als Bau- und Tischlerholz.

Besonders geschätzt ist die reinweiße Farbe, die aber nur erhalten bleibt, wenn das Holz zeitgerecht gefällt und eingeschnitten und die Schnittware sorgfältig behandelt wird, d. h. Einschlag im Winter, Einschnitt mit Rinde(!) spätestens im Frühjahr, Stapelung mit Schutz gegen Sonne, starken Wind und Schlagregen sowie Hirnendenschutz durch deckende Anstriche oder Benagelung (Beklebung) mit Leisten. Bedroht ist das Weißbuchenholz auch durch Verstocken und Rißbildung. Die Entstehung von Trockenrissen nach dem Einschnitt kann wirksam verhütet werden, wenn die Austrocknung der Bretter oder Bohlen in der ersten Phase (etwa bis zum Zustand der Fasersättigung) durch Aufrechtstapelung, Zopfende nach unten, erfolgt. Das Verfahren ist bei Ahorn näher beschrieben und kann dort nachgelesen werden.

Wo ein schneller Abtransport aus dem Wald mit sofortigem Einschnitt nicht möglich ist, empfehlen sich die gleichen Schutzmaßnahmen (Belassen der Rinde, Schutzanstriche) wie bei der Buche beschrieben.

3.2.5 Esche

Die *Gemeine Esche (Fraxinus excelsior)* ist über ganz Europa verbreitet. Sie liebt humose, tiefgründige, feuchte Standorte, gedeiht aber auch auf den trockenen Böden der Kalkgebirge. Sie hat gegenständige, unpaarig gefiederte Blätter mit 9 bis 15 (meist 11) länglichen, zugespitzten, sägezähnigen, kahlen Fiederblättchen. Die Knospen sind kohligschwarz, leicht filzig. Die Endknospe ist

Abb. 39 Esche, (A) blühender Zweig; (B) Einzelblüte; (C) Zweig mit vorjährigen Früchten; verkleinert 1:2 (nach Schmeil)

groß, eiförmig; die kleineren, halbkugeligen Seitenknospen stehen teils schief gegenständig ab. Die Frucht, eine längliche (einsamige) geflügelte Nuß, hängt zu mehreren in Büscheln (Abb. 39).

Der in der Regel schlanke, zylindrische, gerade Schaft erreicht auf zusagenden Standorten Höhen bis 35 m. Die lichte Krone hat in der Jugend Eiform. Die in jungen Jahren graugrüne glatte Rinde wird im Alter zur graubraunen bis schwärzlichen, netzrissigen Borke.

Die Esche wird zu den Kernhölzern gezählt, obwohl ein Farbunterschied zwischen Kern und Splint nicht die Regel ist. Die Verkernung erfolgt teilweise durch Verstopfen der Gefäße mit Thyllen ohne gleichzeitige Ablagerung von Farbstoffen. Es finden sich aber auch Eschen mit markanter brauner Kernfärbung, hauptsächlich bei älteren Bäumen (über 60 bis 70 Jahre). Daneben kommt bei Esche bisweilen eine vom Braunkern abweichende Art der Kernfärbung vor, bei der man annimmt, daß Pilzinfektionen eine Rolle spielen. Dieser Falschkern geht von einer Infektionsstelle aus, liegt häufig nicht mittig im Stamm, und der Querschnitt zeigt oft zackige Formen.

Das Holz der Esche ist typisch ringporig. Die Frühholzgefäße sind in tangentialen Reihen mit meist scharfem Übergang vom Frühholz zum Spätholz angeordnet. Die großen Frühholzporen sind auf allen Schnitten mit unbewaffnetem Auge gut sichtbar. Die kleinen Spätholzporen stehen einzeln oder zu mehreren in radialen Reihen. Der Größenunterschied zwischen Früh- und Spätholzporen macht die Jahrringe sehr deutlich. Die Holzstrahlen treten auf Radialschnitten wenig hervor (Unterscheidung von Esche und Eiche).

Das Eschenholz ist hochelastisch, zäh, fest, biegsam und tragkräftig. Mittelschwer (Rohdichte 0,48 bis 0,82, im Mittel 0,65 g/cm^3), schwindet es wenig und ist auch völlig geruchfrei. Es liefert ein hervorragendes Wagnerholz, eignet sich für Biegezwecke und ist schlechthin das Holz für Sport- und Turngeräte (Ski usw.). Wo hohe Ansprüche an Elastizität und Festigkeit gestellt werden, ist es besonders gesucht. Im Waggonbau liefert Esche das Material für tragende Teile, im Maschinenbau wird es gebraucht, für Werkzeugstiele gilt es als sehr geeignet. Als Möbelholz findet Esche massiv und als Furnier vielseitige Verwendung. Für letzteren Zweck wird ebenso wie für Innenausstattung das engringige, milde Holz bevorzugt.

Ähnlich wie bei der Eiche ist die Jahrringbreite bei der Esche ein Kennzeichen für die Holzgüte. Mit zunehmender Jahrringbreite und einem entsprechend höheren Spätholzanteil steigt die Rohdichte, und solches Holz besitzt höhere Festigkeitswerte. Nicht bestätigt hat sich die verbreitete Annahme, daß der braune Kern der Esche (echter Braunkern) spröder sei. Er ist vielmehr in seinen technischen Eigenschaften dem weißen Splintholz durchaus gleichwertig.

Zwar ist Eschenholz weniger empfindlich als andere Laubholzarten. Trotzdem empfiehlt sich eine sorgfältige Behandlung bei Einschnitt und Stapelung, wenn Farbverschlechterungen und Risse vermieden werden sollen. Die wertbestimmende helle Farbe wird am sichersten erhalten, wenn auch bei Esche der Einschnitt rasch an den Wintereinschlag anschließt. Zur Verhütung von Rissen bleiben Rundholz und Schnittware in Rinde.

Eschenherkünfte von nährstoffreichen, feuchten Auwaldungen werden als „Wassereschen", solche von trockenen Kalkböden als „Kalkeschen" bezeichnet. Sie zeigen unterschiedliche Eigenschaften in der Holzbeschaffenheit, in der Wurzelbildung und in der Blattentwicklung, die sich weitervererben, weshalb angenommen wird, daß es sich um Standortrassen handelt. Gebräuchlich ist weiterhin die Bezeichnung „Gartenesche" für im Freistand erwachsene Eschen. In der Regel haben diese breite Jahrringe mit hohem Spätholzanteil, also schweres und festes Holz. Die Bezeichnung „Olivesche" bezieht sich auf Hölzer mit bisweilen im Kern auftretenden, streifig braunen Verfärbungen, die eine gewisse Ähnlichkeit mit der feinwellig gestreiften Maserung des Ölbaumholzes *(Olea europaea)* haben.

Die im Möbelhandel angewandte Benennung des Sen-Holzes als „Sen-Esche" ist irreführend. Die in Japan und Korea heimische Holzart Sen gehört zu einer anderen Pflanzenfamilie, weswegen der Beiname Esche nicht angehängt werden sollte, auch wenn Senholz weißem Eschenholz ähnlich ist.

3.2.6 Ahorn

Die große Gattung *Acer* mit etwa 200 Arten ist in Deutschland von Natur aus nur mit drei Baumarten vertreten.

Der *Bergahorn (Acer pseudoplatanus)* ist in Mittel- und Südeuropa, besonders in den Gebirgen daheim. Er liebt luftfeuchte Standorte mit mineralkräftigen, tiefgründigen, lockeren und frischen Böden. Hauptsächlich tritt er in Einzel-

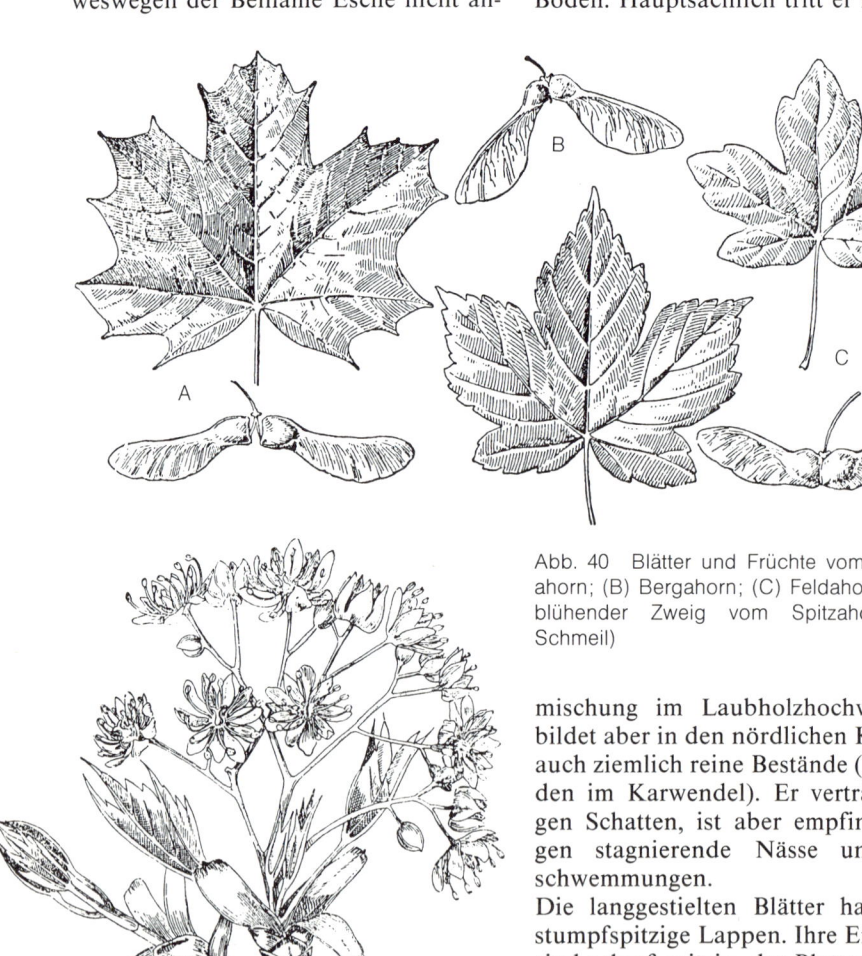

Abb. 40 Blätter und Früchte vom (A) Spitzahorn; (B) Bergahorn; (C) Feldahorn und (D) blühender Zweig vom Spitzahorn (nach Schmeil)

mischung im Laubholzhochwald auf, bildet aber in den nördlichen Kalkalpen auch ziemlich reine Bestände (Ahornböden im Karwendel). Er verträgt mäßigen Schatten, ist aber empfindlich gegen stagnierende Nässe und Überschwemmungen.

Die langgestielten Blätter haben fünf stumpfspitzige Lappen. Ihre Einschnitte sind scharf spitzig, der Blattrand ist regelmäßig gekerbt bzw. sägezähnig (Abb. 40). Die Knospen sind gekreuzt gegenständig, die grünen Schuppen schwarzbraun gerändert; die Seitenknospen stehen ab. Nach der Blattentfaltung blüht er in hängenden Trauben. Die Frucht besitzt zwei in einem spitzen Winkel zueinanderstehende Flügel.

Im Bestandsschluß hat der Bergahorn in der Regel einen schlanken Schaft mit hellbrauner Rinde, die im Alter stückweise abblättert. Im Freistand wächst er zu einem mächtigen Baum mit oft spannrückigem Stamm, starken Ästen und breit ausladender Krone heran (Abb. 41).

Das weiße bis gelbliche Holz ist schön gemasert und hat keine Kernfärbung. Die fast gleichgroßen Poren sind regelmäßig über den ganzen Jahrring verteilt (typisch zerstreutporig). Durch die etwas dunklere Färbung der schmalwandigen Spätholzzonen sind die Jahrringe gut zu erkennen. Die 1 bis 2 mm breiten, gerade verlaufenden Holzstrahlen treten meist deutlich hervor, auf Tangentialschnitten als feine, kurze, dunkler erscheinende Striche, auf Radialschnitten als seidenglänzende, querbandige Streifen. Das Holz ist mittelschwer (Rohdichte 0,46 bis 0,75, im Mittel 0,59 g/cm^3), hart, gleichmäßig dicht, zäh, elastisch und ziemlich biegsam. Es schwindet nur mäßig, ist leicht zu bearbeiten, zu spalten und gut zu polieren, neigt aber sehr zum Reißen und Verziehen, besonders während der Trocknung. Im Wechsel von Nässe und Trockenheit ist es nicht dauerhaft. In trockenem Zustand wird es von Insekten selten angegriffen.

Im Möbelbau, für Innenausstattung, für Drechsler-, Wagner-, Werkzeugmacher- und Schnitzarbeiten sowie auch für Spezialverarbeitungen wie Küchengeräte u. a. ist es sehr beliebt. Das schöne, helle Bergahornholz wird häufig zur Herstellung von Tischplatten verwendet, insbesondere für Wirtshaustische, die häufig gescheuert werden. In ausgesuchter Güte wird Bergahornholz aus dem Hochgebirge im Geigenbau verar-

Abb. 41 Bergahorn auf dem Großen Ahornboden im Karwendelgebirge (Foto: Löbl)

beitet. Böden, Zargen und Hälse werden daraus hergestellt. Bevorzugt ist der sogenannte „Vogelahorn", eine Spielart mit flammend gemasertem Holz.

Ahornholz ist unter den heimischen Hölzern das empfindlichste. Dem muß durch besondere Behandlung und Pflege des Rund- und Schnittholzes Rechnung getragen werden. Voraussetzung ist rechtzeitiger Einschnitt. Das Stammholz aus der Winterfällung soll bis spätestens Ende April eingeschnitten sein; Einschnitt mit Rinde.

Auch der *Spitzahorn (Acer platanoides)* ist ein europäischer Baum, aber mehr der Ebene und des niederen Berglandes. Er ist weiter nach Norden, jedoch weniger hoch im Gebirge als der Bergahorn und nicht soweit nach Süden verbreitet. An den Boden stellt er geringere Ansprüche. Obwohl feuchtigkeitsliebend und weniger empfindlich gegen Nässe begnügt er sich auch mit trockenem Sandboden.

Abb. 42 Spitzahorn, Zweigspitze mit Früchten (Foto: A. Plösser)

Die langgestielten Blätter mit 5 bis 7 in feine Spitzen ausgezogenen Lappen haben stumpfe Einschnitte; die Blattstiele enthalten Milchsaft (Abb. 40). Die rötlichen Knospen mit fein bewimperten Schuppen sind gekreuzt gegenständig. Die Blüte findet vor der Laubentfaltung in halbaufrechten bis aufrechen, leuchtend hellgrünen Dolden statt. Die Frucht hat zwei Flügel, die in stumpfem Winkel zueinanderstehen (Abb. 42).

Schaft und Krone entwickeln sich im Bestandesschluß und Freistand dem Bergahorn ähnlich; die Krone ist lichter belaubt. Die dunkle, im Alter schwärzliche Rinde mit feinen Längsrissen blättert, im Gegensatz zum Bergahorn, nicht ab.

Das Holz ist dem des Bergahorns sehr ähnlich und besitzt etwa die gleichen Eigenschaften. Etwas schwerer (Rohdichte 0,52 bis 0,78, im Mittel 0,62 g/cm³) weicht es vor allem in der Farbe des äußeren Splints ab (gelblichweiß bis rötlichweiß). Es eignet sich für ähnliche Verwendungen wie Bergahorn, liefert allerdings kein Tonholz. Im allgemeinen gilt das Spitzahornholz als weniger wertvoll und liegt gewöhnlich im Preis niedriger (bis zu 20 Prozent). Bezüglich Behandlung und Pflege des Rund- und Schnittholzes gilt das gleiche wie beim Bergahorn.

Der *Feldahorn (Acer campestre)* auch Maßholder genannt, erreicht nur auf ihm zusagenden Standorten größere Höhen und Stärken. Auf geringen Böden entwickelt er sich nur strauchartig. Die Blätter sind kleiner als bei den beiden zuvor behandelten Arten, mit fünf stumpfen Lappen (Abb. 40). Die zweiflügelige Frucht ist kleiner als bei Spitz- und Bergahorn, die Flügel sind waagerecht gestreckt. Die graubraun gefelderte Borke hat Ähnlichkeit mit der des Birnbaums.

Das feste, sehr zähe, schwere Holz (mittlere Rohdichte 0,68 bis 0,69 g/cm³) ist rötlichweiß gefärbt. Die Holzstrahlen fallen wenig auf, und die Jahrringe sind nicht scharf markiert. Für Drechsler-, Tischler- und Schnitzarbeiten ist das Holz vorzüglich geeignet. Besonders geschätzt ist die durch wimmerigen Verlauf der Holzfasern oft sehr schöne Maserung im Wurzelstock und im unteren Stammteil.

Neben den behandelten Ahornarten haben sich bei uns ein paar Fremdlinge, vor allem in Gärten, Parkanlagen und Alleen eingebürgert.

Der *Eschenblättrige Ahorn (Acer negundo)* hat langgestielte Blätter mit drei bis fünf (meist fünf) grob gesägten Fiederblättchen, von denen das mittlere länger gestielt, breiter und oft unregelmäßig gelappt ist. In seiner Heimat Nordamerika erreicht er Höhen bis zu 20 m und Durchmesser bis 60 cm. Als Garten- und Parkbaum, in Deutschland beliebt in Zierformen mit gelbgrünen Blättern, bleibt er demgegenüber im Wuchs zurück. Holzwirtschaftlich hat er bei uns keine Bedeutung.

Der *Zuckerahorn (Acer saccharum)* stammt aus dem Osten Nordamerikas, wo er als Nutzholzerzeuger und für die Zuckergewinnung aus seinem Saft besondere wirtschaftliche Bedeutung hat. Bei uns findet man ihn häufig in Parkanlagen. Seine Blätter haben in der Form große Ähnlichkeit mit denen des Spitzahorns. Die Blattstiele sind lang und von rötlicher Färbung. Die Frucht ist ein ovales Nüßchen mit aufrechten, sichelförmig nach innen gekrümmten Flügeln. Freistehend ist der Wuchs ähnlich unseren heimischen Ahornarten mit kräftigem Schaft und sperriger, weit ausladender Krone.

Der *Silberahorn (Acer saccharinum)* auch Weißer Ahorn genannt, ist ebenfalls in Nordamerika heimisch und bei uns wegen seiner schönen Belaubung ein beliebter Park- und Straßenbaum. An seinen zierlichen, auf der Unterseite silbrigweißen, fünflappigen, scharf eingeschnittenen, rotgestielten Blättern ist er leicht zu erkennen. In den technischen Eigenschaften steht sein Holz hinter dem von Berg- und Spitzahorn zurück.

3.2.7 Ulme

Die drei heimischen Ulmenarten Feldulme, Bergulme und Flatterulme sind leicht zu verwechseln, zumal es zahlreiche Abarten und Kreuzungen gibt. Bei allen Arten sind die zweizeilig wechselständig angeordneten Blätter am Blattgrund auffallend unsymmetrisch, am stärksten bei der Flatterulme, am geringsten bei der Bergulme ausgeprägt.

Das Blatt der Feldulme (größte Breite in der Mitte) hat meist einen längeren Stiel als die Blätter der anderen Arten und erinnert an das Blatt der Hainbuche (Abb. 43). Demgegenüber besitzt das in der Umrißform sehr variable Blatt der Bergulme eine gewisse Ähnlichkeit mit dem Blatt der Hasel (Abb. 44). Seine Form ist oft auffallend dreispitzig, die größte Breite liegt im oberen Drittel. Während bei der Feld- und Bergulme im oberen Teil stets einzelne Blattnerven gegabelt sind, fehlen bei der Flatterulme diese Endgabelungen. Das Blatt der Feldulme ist daran kenntlich, daß es unterseits in den Nervenwinkeln meist gebartet ist. Die Blattoberseite ist glatt, der Rand kerbig gesägt. Die Bergulme hat dagegen oberseits rauhe, unterseits kurzbehaarte Blätter ohne gebartete Nervenwinkel; der Blattrand ist scharf doppelt gesägt. Das Blatt der Flatterulme ist in Form und Größe dem der Bergulme sehr ähnlich, oberseits kahl, unterseits kurz behaart (Abb. 45).

Die Knospen sind bei der Feldulme dunkelbraun, glänzend, eiförmig spitz, nur in den Deckschuppen am Rande gewimpert, bei der Bergulme schwarzbraun, stumpf, rostrot behaart, bei der Flatterulme hellbraun, lang kegelförmig, spitz mit eingekerbter Spitze. Die Frucht ist eine Flügelnuß in Büscheln, bei Feld- und Bergulme kurzgestielt, bei Flatterulme kleiner und an langem Stiel flatterig gebüschelt (Abb. 46).

Alle heimischen Ulmenarten, besonders Feld- und Bergulme liefern wertvolles Nutzholz. Sie lieben frische bis feuchte, tiefgründige, mineralkräftige Böden, wobei die Feldulme am anspruchsvoll-

Abb. 43 Feldulme; verkleinert 1:2,5

Abb. 44 Bergulme; verkleinert 1:3,5

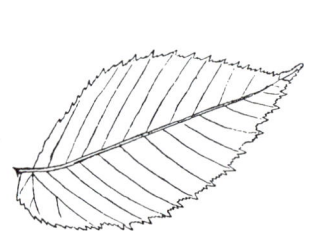

Abb. 45 Blatt von Flatterulme; verkleinert 1:3

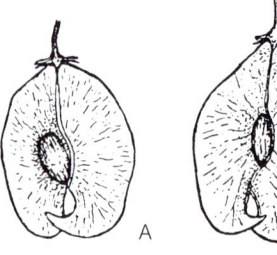

Abb. 46 Ulmenfrüchte (in Büscheln sitzend): (A) Feldulme, (B) Bergulme, (C) Flatterulme

sten, die Flatterulme am genügsamsten ist. Im Wärmebedarf steht ebenfalls die Feldulme an der Spitze, die auch weniger weit nach Norden verbreitet ist. Ulmen finden sich fast ausschließlich als Mischhölzer im Laubhochwald, besonders in Flußtälern (Auwäldern), aber auch in der Ebene und den Vorbergen. Im Bestandesschluß entwickeln sie vollholzige Stämme mit kräftigen Kronen. Die Rinde der Feldulme ist dunkelbraun mit längsrissiger, korkreicher, nicht abschuppender Borke. Die Bergulme hat schwarzbraune, tief längsrissige, fast eichenähnliche Borke. Bei der Flatterulme blättert die hellgraubraune Borke in dünnen, gekrümmten Schuppen ab. Im Stamminnern liegt zwischen der wasserreichen Splintschicht und dem dunkleren oder helleren braunen Kern eine Zwischenschicht, die wasserärmer als der Splint, jedoch ohne Kernfärbung ist.

Hinzuweisen ist noch auf die Gefährdung der Ulmen durch das „Ulmensterben", eine Krankheit, hervorgerufen durch den Pilz *Ceratocystis ulmi* und verbreitet durch den Ulmensplintkäfer, die in Europa erstmals nach 1918 auftauchte und die Ulmenvorkommen sehr stark verminderte. Nach einer vorübergehenden Beruhigung trat sie Mitte der sechziger Jahre erneut auf und hält bis heute mit sich verstärkender Tendenz an.

Die *Feldulme (Ulmus minor),* auch Feldrüster, Rotulme oder Rotrüster genannt, hat einen schokoladebraunen Kern; der schmale, etwa ein Drittel des Stammdurchmessers einnehmende Splint ist gelblichweiß gefärbt. Das Holz ist ringporig. Die kleineren Spätholzporen sind in unterbrochenen einfachen Wellenlinien angeordnet. Sie erscheinen auf Querflächen als Bänder, die wesentlich schmäler sind als die dazwischen liegenden dunkleren Bänder des Festigungsgewebes. Holzstrahlen werden auf Querschnitten als helle Linien wenig deutlich, auf Tangentialschnitten als feine dunkle Striche, auf Radialschnitten als kurze, hellbraune, glänzende Flekken erkennbar.

Die *Bergulme (Ulmus glabra),* auch Bergrüster und Haselulme genannt, ist im Holz von der Feldulme kaum zu unterscheiden. Der gelblichweiße Splint hat ein ähnliches Ausmaß wie bei der Feldulme, der Kern ist blaßbraun. Der Farbunterschied zwischen Früh- und Spätholz ist weniger deutlich. Die Spätholzporen sind in stärker zusammenhängenden, mehrreihigen Wellenlinien angeordnet.

Die *Flatterulme (Ulmus laevis),* die auch Flatterrüster, Weißulme, Basrüster oder Bastulme genannt wird, hat einen breiteren Splint als die vorbeschriebenen Arten. Der gelblichweiße Splint umfaßt mindestens zwei Drittel des Stammdurchmessers. Die hellbraune Kernfärbung ist weniger lebhaft als bei den anderen Arten. Das Holz ist ringporig, die Frühholzporen sind zu mehreren (2 bis 3) radialen Gruppen angeordnet. Die Spätholzporen bilden Bänder von etwa gleicher Breite wie die dunklen Zonen des dazwischen liegenden Festigungsgewebes. Die Jahrringgrenzen sind gut sichtbar, die feinen Holzstrahlen fallen wenig auf. Das Holz zeigt oft eine schöne Maserung.

Am meisten geschätzt ist das Holz der Feldulme, obwohl das Holz der Bergulme etwa gleichwertig ist, lediglich in der Härte um ein geringes zurücksteht und etwas leichter gespalten werden kann. In der durchschnittlichen Rohdichte sind sich diese beiden Arten ebenfalls gleich (0,48 bis 0,82, im Mittel 0,64 g/cm^3). Demgegenüber hat die Flatterulme weniger dichtes Holz, steht in Gewicht und Festigkeitseigenschaften etwas zurück (Rohdichte im Mittel 0,62 g/cm^3), besitzt aber eine um 45 Prozent höhere Spaltfestigkeit. Im Wert kommt sie an Feld- und Bergulme nicht ganz heran, ist aber im Möbelbau wegen ihrer häufig schönen Maserung beliebt.

Feld- und Bergulme haben ein sehr hartes und elastisches Holz, das sich mäßig gut bearbeiten läßt und nur wenig schwindet. In gedämpftem Zustand läßt es sich gut biegen. Besonders hervorzuheben ist die große Dauerhaftigkeit bei Bodenkontakt und unter Wasser, die Flatterulme ausgenommen, kommt sie der der Eiche nahe. Zu Konstruktionshölzern im Hoch-, Tief- und Wasserbau, als Wagnerholz, zu Werkzeugstielen, im Boot-, Schiff- und Waggonbau, im Möbelbau, massiv und als Furnier, für Parkettherstellung, zu Täfelungen und sonstigen Zwecken des Innenausbaus und in der Drechslerei (hier auch Wurzelholz) ist Ulme beliebt und findet vielseitige Anwendung. Vorzüglich eignet sich Ulmenholz für Wasserräder, Holzrohre, Hockeyschläger, Gewehrschäfte u. ä. Weiter nimmt man es zur Herstellung vergüteter Hölzer wie Lignostone und Stauchbiegeholz.

Bei Angeboten und Nachfragen, die Ulmen-Rund- und -Schnittholz betreffen, empfiehlt es sich, da in den Eigenschaften vor allem zur Flatterulme gewisse Unterschiede bestehen, genau anzugeben, welche Art gemeint ist. Man wird sich dadurch Mühe und Ärger ersparen. In frischem Zustand enthält Rundholz von Ulme viel Wasser (bis 150 Prozent). Die Austrocknung geht langsam vor sich; auch besteht die Gefahr der Rißbildung während der Trocknung. Bei längerer Lagerung dunkelt Ulme in der Farbe nach, und zwar bei lagerndem Rundholz mehr als bei Schnittholz. Um Rissen und Verfärbung vorzubeugen, empfiehlt es sich, das Ulmenrundholz bald nach der Fällung einzuschneiden. Da die Gefahr des Befalls durch Insekten („Wurm") besteht, ist es vor dem Einschnitt zu entrinden.

3.2.8 Birke

Als Bäume sind in Europa zwei Birkenarten heimisch. Die *Weißbirke (Betula pendula)* auch Hängebirke, Gemeine Birke und Warzenbirke genannt, hat meist hängende, warzigrauhe (harzige) Langtriebe mit rautenförmigen, unterseits hellen, in der Jugend klebrigen Blätter (Abb. 47). Bei der *Haarbirke (Betula pubescens)* auch Moorbirke oder Ruchbirke genannt, sind die in der Jugend flaumig-behaarten (nicht harzigen) Zweige nicht hängend, die Blätter unterseits behaart, die Blattform (variabel) im allgemeinen eiförmig (Abb. 48). Erstere hat eikegelförmige, spitze, braune, letztere etwas gebogene, behaarte und leicht klebrige, ebenfalls braune Knospen. Die Birke blüht meist kurz vor dem Laubausbruch. Die männlichen Blütenkätzchen, schlank, walzenförmig, hängen an der Spitze vorjähriger Triebe (Abb. 49).

Die Rinde der Weißbirke fällt auf durch ihre weiße Farbe, bei der Haarbirke geht die Färbung mehr ins Graue. Die Borkenbildung setzt bei der Weißbirke früher ein und geht auch höher am Stamm hinauf als bei der Haarbirke.

Das Holz der beiden Arten läßt sich praktisch nicht voneinander unterscheiden. Es handelt sich um Splintholzbäume mit zerstreutporigem Holz von gelblicher oder rötlichweißer bis hell bräunlicher Farbe. Häufig zeigt es Braunflecken (Markflecken). Die Jahrringe sind mehr oder weniger deutlich zu sehen. Die Poren sind zu mehreren (2 bis 4) in radialen Gruppen leiterförmig verbunden bzw. durchbrochen. Auf Längsschnitten erscheinen sie als feine Porenrillen. Die Holzstrahlen lassen sich nur mit der Lupe erkennen.

An mechanischen Eigenschaften sind hervorzuheben: langfaserig, mittelschwer (Rohdichte 0,46 bis 0,82, im Mit-

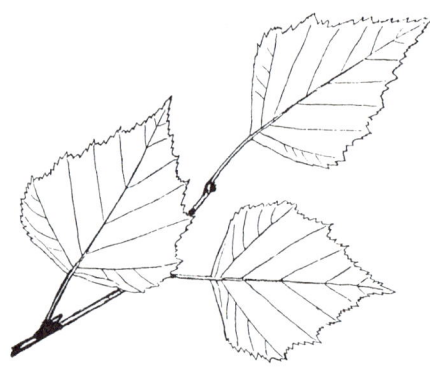

Abb. 47 Blätter der Hängebirke; verkleinert 1:2 (nach König)

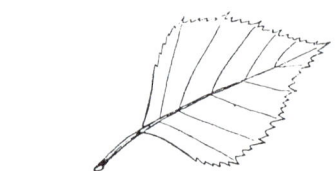

Abb. 48 Blatt von Haarbirke; verkleinert 1:2 (nach König)

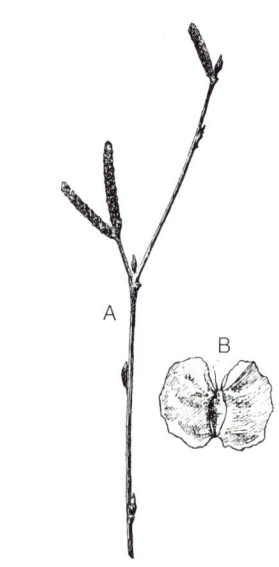

Abb. 49 (A) Stück eines Birkenzweiges im Winter (⅔ nat. Gr.); (B) Frucht der Birke; vergrößert 1:10 (nach Schmeil)

tel 0,61 g/cm³), fein, ziemlich weich, etwas atlasglänzend, schwer spaltbar, zäh, biegsam und elastisch. Das Holz schwindet stark und neigt zum Werfen und Verziehen.

Bevorzugte Verwendung findet es in der Wagnerei und Drechslerei, zu Spulen für Nähmaschinenfäden, im Maschinenbau u. a. Auch zu Messerfurnier ist Birke sehr geeignet. Stämme mit schöner Maserung sind in der Möbelherstellung, insbesondere für Schlafzimmereinrichtungen wie auch für Wandverkleidungen und Deckentäfelungen sehr geschätzt. Ferner wird Birke in der Stuhl- und Tischfabrikation, zur Zündholzherstellung, für Holzschuhe, Kochlöffel und zu manchem anderen Zweck verwendet.

Als Bauholz ist Birkenholz wegen geringer Tragfähigkeit kaum geeignet. Wenig dauerhaft ist es im Wechsel von Nässe und Trockenheit, dagegen bewährt es sich unter Wasser. Frisches Birkenholz verstockt leicht. Bemerkenswert ist, daß Drehwuchs bei Birke nur selten vorkommt.

Heute nicht mehr sehr häufig ist die Verwendung der Birkenzweige zu Reisigbesen. Die für diese Nutzung bestimmten Bäume wurden „geschneidelt"; einzelne Äste wurden gekappt und die an den Aststummeln erscheinenden Schößlinge im zweiten Jahr geerntet.

Die äußerst lichtbedürftigen Birkenarten wachsen in der Jugend sehr rasch und stellen an den Boden keine hohen Ansprüche. Gut gedeihen sie auf nicht zu feuchtem Lehm, halten sich aber

Abb. 50 Birken im Moor (Foto: Henneberger)

auch auf ungünstigen Standorten wie Mooren, Sanden usw. (Abb. 50). Sie verbreiten sich rasch durch zahlreichen vom Winde verwehten Samen und finden sich einzeln oder truppweise auf Verjüngungsflächen ein. Besonders eignen sie sich als Vorwald bei Neuaufforstungen in frostgefährdeten Lagen, sind aber auch als Mischholz wertvoll.

Mit Rücksicht auf die Gefahr der Verstockung soll Birke möglichst früh gefällt und ohne Zwischenlagerung eingeschnitten werden. Verzögert sich der Einschnitt, so bietet die Wasserlagerung oder Berieselung sicheren Schutz. Ähnlich wie bei der Buche kann das Verstocken der Stammhölzer auch durch einen chemischen Schutzanstrich der Enden wie der Astabhiebstellen und rindenfreien Plätze hinausgezögert werden. Birke soll mit Rinde eingeschnitten werden.

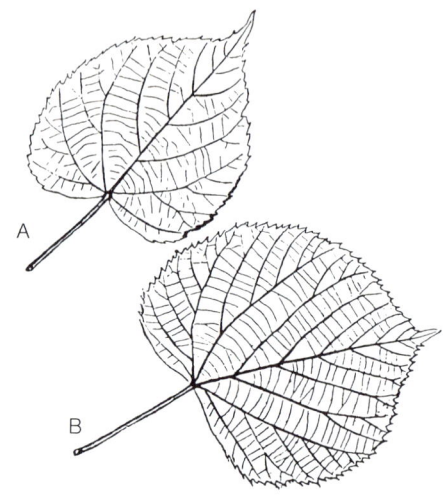

Abb. 51   Blätter von Linden. (A) Winterlinde, (B) Sommerlinde; verkleinert 1:2,5 (nach König)

3.2.9 Linde

Zwei heimische Lindenarten sind zu unterscheiden: die *Winterlinde (Tilia cordata)* auch Steinlinde genannt und die *Sommerlinde (Tilia platyphyllos)* auch Großblättrige Linde genannt. Erstere hat kleinere, unterseits blaugrüne, in den Aderwinkeln rostrot bärtige, letztere unterseits grüne, in den Aderwinkeln weißbärtige Blätter. Die Form der Blätter ist bei beiden Arten rundlich oder schief dreieckig, am Grund schief herzförmig und hier bei der Winterlinde etwas tiefer eingeschnitten als bei der Sommerlinde. Der Blattrand ist ungleich gesägt (Abb. 51). Die grünbraunen bis rotbraunen, meist etwas behaarten Knospen sind bei der Winterlinde kleiner. Die in der Jugend glatte und lange glatt bleibende Rinde ist grünlichgrau und wird später zur flachrissig schwärzlichen Borke.

Für den forstlichen Anbau im Mischbestand eignet sich am besten die Winterlinde. Diese wächst zwar etwas langsamer als die Sommerlinde, ist aber weniger anspruchsvoll an den Boden und bildet bessere Stammformen. Im Bestandsschluß wird sie geradschaftig mit langem astreinem Stamm, da sie sich nahezu vollkommen auf natürlichem Wege von Ästen reinigt.

Die Sommerlinde findet sich da und dort als Einsprengling im Laubhochwald, ist aber mehr die „Dorflinde", wie wir sie mit teilweise sehr hohem Alter in Burghöfen, Schloßgärten und auf Dorfplätzen kennen. Im Freistand entwickeln beide Arten kurze, dicke Schäfte und tief herabreichende Kronen; ganz besonders gilt dies für die Winterlinde (Abb. 52). Sie schätzen nicht allzu sauren oder anmoorigen, mäßig feuchten Boden.

Die Linden gehören zu den Reifholzbäumen; ihr weißes, bei älteren Bäumen schwach gelbliches bis hellbräunliches, zerstreutporiges Holz weist keinen Unterschied zwischen Kern und breitem Splint auf. Die im Früh- und Spätholz ziemlich gleichmäßig verteilten Poren sind auf den Querschnitten mit bloßem Auge nicht zu erkennen; auf Längsschnitten erscheinen sie als feine Porenrillen. Die Jahrringe treten wenig deutlich hervor. Die zahlreichen, mehrschichtigen, ungleich breiten Holzstrah-

Abb. 52 Wenngleich die Dorflinden meistens Sommerlinden sind, trifft man da und dort, wie hier bei Heiligenberg im Bodensee-Hinterland, auch eine Winterlinde als einzeln stehenden Baum. Sie liefert das für Schnitzzwecke unübertreffliche Holz, aus dem schon Tilman Riemenschneider, Veit Stoß und Meister HL ihre großen Werke schufen (Foto: W. Hockenjos)

len sind auf Tangentialschnitten als feine Striche nur unter der Lupe sichtbar, auf Radialschnitten als schwach glänzende Linien schon mit bloßem Auge zu erkennen. Das gleichmäßig dichte, mittelschwere (Rohdichte 0,34 bis 0,58, im Mittel 0,49 g/cm^3), weiche, zähe, mäßig biegsame Holz läßt sich leicht spalten. Es schwindet stark, arbeitet aber trotzdem wenig. Im Freien ist es von geringer Dauerhaftigkeit.

Hervorragend eignet sich Linde zu Blindholz und zu Absperrfurnieren. Sie läßt sich leicht und glatt bearbeiten, hat einen schönen Glanz und war daher stets ein beliebter Werkstoff für Drechsler und Schnitzer, besonders für die Bildschnitzerei. Die berühmtesten Werke deutscher Holzschnitzerei (Tilmann Riemenschneider, Veit Stoß u. a.) sind aus Lindenholz. Auch als Modellholz, zu Zeichenbrettern, feinen Kisten, Küchengeräten, im Instrumenten- und Orgelbau, für Bilderrahmen und Spielwaren ist Linde geschätzt. Ebenso eignet sie sich als Bleistiftholz und zur Zündholzfabrikation, ferner für Spalterzeugnisse und zur Holzstoff- und Holzwollefabrikation.

Infolge seiner geringen natürlichen Dauerhaftigkeit wird Linde nicht als Bauholz verwendet. Leicht unterliegt sie Insektenangriff. Bei langer Lagerung tritt am Rundholz Grünfärbung auf, die nicht auf Pilze, sondern auf Eisen-Gerbstoff-Reaktion zurückgeht. Auch wird das Lindenstammholz von Bläuepilzen befallen.

Abb. 53 Blatt der Edelkastanie; verkleinert 1:4 (nach König)

3.2.10 Edelkastanie

Die *Edelkastanie (Castanea sativa)* auch Eßkastanie genannt, ist in Asien beheimatet, aber schon seit Jahrhunderten im südlichen Europa, insbesondere im Mittelmeergebiet, eingebürgert; sie wurde auch weiter nach Norden, soweit Wein gedeiht, vor allem an Rhein und Donau verbreitet.

In der Stammform hat sie gewisse Ähnlichkeit mit der Eiche, erreicht bei uns aber nicht ganz deren Höhe. Im Bestandesschluß bildet sie lange Stämme mit hoch angesetzten, schmalen Kronen. Im Freistand wird sie sperrig und kurzschaftig. Sie liebt frische, tiefgründige, feuchte, kalkarme Böden und wächst in der Jugend rasch. Infolge ihres guten Ausschlagvermögens wurde sie forstlich teilweise auch im Niederwaldbetrieb bewirtschaftet, wobei Rebstöcke, Faßreifen, Spazierstöcke und Gerbmittel gewonnen wurden.

Die großen langen zugespitzten, am Rand gezackten kahlen glänzenden Blätter haben eine dunkelgrüne Oberseite und eine blaßgrüne Unterseite. Die Seitennerven verlaufen in die Blattzähne (Abb. 53). Die eiförmigen kleinen, an der Spitze einwärts gebogenen gelbgrünen bis gelbbraunen Knospen mit am Rande dunkelbraunen flaumhaarigen Schuppen stehen seitlich der Blattnarbe. Die rotbraunen Zweige sind etwas kantig.

Die Früchte, als Maronen bekannt, zu dreien in eine stachelige Hülle eingeschlossen, schmecken vor allem geröstet gut und werfen in den Mittelmeergebieten einen hohen Ertrag ab. Die in der Jugend olivbraune, glatte Rinde wird später tiefgrau mit weißen Flecken; alte Bäume haben eine dunkelbraune, tiefrissige Borke.

Das Holz hat einen braunen, nachdunkelnden Kern und einen sehr schmalen weißlichen Splint. Es ist typisch ringporig. Der Übergang vom Früh- zum Spätholz ist scharf. Die großen, offenen Frühholzporen sind mit bloßem Auge deutlich zu erkennen. Die kleinen Spätholzporen sind in unregelmäßigen, radialen, teils gegabelten Linien angeordnet. Die Jahrringe kommen durch die unterschiedliche Porengröße von Früh- und Spätholz klar zum Ausdruck. Die zahlreichen, feinen, einreihigen Holzstrahlen sind ohne Lupe bestenfalls auf Radialschnitten als niedrige Spiegel zu erkennen. Daher ist das Holz auch leicht von der Eiche zu unterscheiden. Es ist übrigens das einzige ringporige Holz mit einreihigen Holzstrahlen.

Durch seine schwache, flammenartige Zeichnung und den feinen Glanz gefällt das Holz. Es ist nur mittelschwer (Rohdichte im Mittel etwa 0,53 g/cm^3), jedoch ziemlich hart und von mittlerer Biegsamkeit. Im Mittelmeergebiet wird es gern als Bauholz genommen. Auch für Erd- und Wasserbauten, zu Schwellen und als Schiffbauholz findet es Verwendung. Im Wasser und in der Erde, desgleichen im Trockenen ist es dauerhaft, wofür der hohe Gerbstoffgehalt mitbestimmend sein dürfte. Für Bauteile dagegen, die dem Wechsel von Nässe und Trockenheit ausgesetzt sind, eignet es sich nicht.

Infolge seiner guten Spaltbarkeit (vor allem in mittlerem Alter) bevorzugt man es in Italien für Faßdauben. Brauchbar ist es auch zu Biegezwecken, wie zu Schnitz- und Drechslerarbeiten. Es schwindet nur gering und neigt auch wenig zum Werfen und Verziehen. Als Möbelholz steht es mit seiner zarten Zeichnung hinter anderen für diesen Zweck geschätzten Hölzern nicht zurück. In den Mittelmeerländern wird aus Edelkastanie auch Zellstoff gewonnen.

3.2.11 Walnuß

Die *Walnuß (Juglans regia),* auch Echte Walnuß oder Gemeine Walnuß und Walnußbaum genannt, stammt aus Persien. Sie ist schon so lange bei uns eingebürgert, daß sie vielfach zu den heimischen Baumarten gezählt wird. Hauptsächlich wegen der Nüsse wird sie bei uns angepflanzt, doch liefert sie auch wertvolles Nutzholz.

Die bei uns herangewachsenen Walnußbäume bieten ein in der Farbe weniger geschätztes Holz als die Herkünfte aus Frankreich, Italien und vor allem aus dem Kaukasus. Außerdem erreichen sie in unserem Klima selten starke Dimensionen; denn die Walnuß ist ein Baum des warmen Klimas, der bei uns nur in milden Gegenden gedeiht, dabei aber weder in Stammstärke noch in Fruchtertrag an das herankommt, was er in warmen Gebieten leistet. Zum Anbau im Wald eignet sich die Walnuß nicht, weil sie keinen Bestandesschluß erträgt. Im Freistand erwächst sie kurzschaftig mit starken, schräg aufstrebenden und weit ausladenden Ästen.

Die großen zusammengesetzten Blätter haben 5 bis 9 ovale, kurz zugespitzte, ganzrandige oder nur wenig ausgeprägt gezähnte Fiederblättchen (Abb. 54). Die großen, kugeligen Endknospen sind filzhaarig, die kleinen Seitenknospen kahl. An den olivgrünen Zweigen treten verstreut weiße Lentizellen auf. Das Mark ist, wie bei allen Juglans-Arten, quergefächert, die Farbe des Markes hell bzw. schmutzigweiß. Die in der Jugend aschgraue Rinde wird später schwarzgrau und geht im Alter in eine tief längsrissige Borke über.

Abb. 54 Blatt von Walnuß; verkleinert 1:8 (nach König)

Das Kernholz wechselt in der Farbe je nach Alter und Standort zwischen mattbraun und schwarzbraun, oft dunkelstreifig (gewässert), schwach glänzend. Der breite Splint ist grauweiß; das Holz hat weite, aber verstreute Poren. Sie erscheinen auf Längsschnitten als deutlich sichtbare Porenrillen. Die Jahrringe verlaufen leicht wellig und undeutlich; auf Tangentialschnitten treten sie teilweise durch dunklere Färbung schwach hervor. Holzstrahlen werden mit bloßem Auge nicht erkannt. Das feinfaserige, mittelharte und mittelschwere (Rohdichte 0,45 bis 0,75, im Mittel 0,64 g/cm^3), zähe aber wenig elastische Holz wird hauptsächlich im Möbelbau und für Innenausstattungen verwendet. Es ist leicht spaltbar, läßt sich gut bearbeiten und besitzt beste Beiz- und Polierfähigkeit.

In der Farbe gut ausfallendes Holz wird hauptsächlich zu Furnieren verarbeitet. Die Wurzelstöcke älterer, gesunder Stämme ergeben vielfach schöne Maserfurniere. Deshalb werden solche Stämme zur Gewinnung des Wurzelstockes ausgegraben. Sehr geeignet ist Nußbaum für Gewehrschäfte, altbekannt die Verwendung beim Drechseln und Schnitzen. Das Holz arbeitet und schwindet nur mäßig und hat wenig Neigung zum Reißen.

Durch vorsichtiges Dämpfen kann die Farbe verbessert werden. Wenn man die Stämme etwa ein Jahr in Rinde lagert, verbessert sich die Farbe ebenfalls, der in der Nußbaumrinde enthaltene Farbstoff zieht während der Lagerzeit in den Splint ein und gibt diesem die beliebte hellbraune Färbung. Dieser Prozeß ist beendet, wenn sich die Rinde von selbst vom Holz ablöst.

Die *Schwarznuß (Juglans nigra)* stammt aus dem östlichen und mittleren Nordamerika und wird in Mitteleuropa seit etwa 250 Jahren angepflanzt. Sie erträgt mehr Schatten als die Echte Walnuß und ist daher auch als Waldbaum geeignet. Das sehr lange Blatt hat 13 bis 25 am Rand fein gesägte Fiederblätter, das endständige Fiederblatt fehlt oft. Die hellbraunen, drüsig behaarten Zweige werden später kahl. Im Unterschied zur Echten Walnuß ist das Mark braun. Das Holz ist etwas leichter (im Mittel 0,56 g/cm^3) und auch grobfaseriger, der Kern dunkler. Im wesentlichen wird es für gleiche Zwecke verwendet wie die Echte Walnuß, im Möbelbau wegen der dunkleren Farbe sogar vorgezogen.

3.2.12 Robinie

Die *Robinie (Robinia pseudacacia)* auch Scheinakazie oder Falsche Akazie genannt, kommt aus dem östlichen Nordamerika und Mexiko, wurde vor über 300 Jahren nach Europa gebracht und ist seit der zweiten Hälfte des 18. Jahrhunderts in Deutschland eingebürgert. Sie ist raschwüchsig und erzeugt ein wertvolles, vielseitig verwendbares Holz. Als Stickstoffsammler verbessert sie den Boden, durch ihr verzweigtes, tiefgehendes Wurzelsystem eignet sie sich besonders gut zur Festlegung von Hängen, Eisenbahnböschungen, Rutschflächen usw.

Die unpaarig gefiederten Blätter stehen zwischen zwei in Dornen umgewandelten Nebenblättern (Abb. 55). Die stark

Abb. 55 Blatt von Robinie; verkleinert 1:3 (nach König)

duftenden Blüten hängen in weißen Trauben, die Frucht befindet sich in schwarzbraunen, leicht gewellten Hülsen (Schoten). Die grob-netzige dicke Rinde bildet frühzeitig Borke.

Das grüngelbe bis grünlichbraune Kernholz dunkelt an der Luft nach. Der hellgelbliche Splint ist sehr schmal. Bei diesem typisch ringporigen Holz sind die Poren mit bloßem Auge sichtbar. Die größeren Frühholzporen sind im Kern mit Thyllen verstopft, im Splint offen. Die wenig auffallenden Holzstrahlen lassen sich auf Radialschnitten als schwachglänzende, bandartige Flecken erkennen. Die Jahrringe treten deutlich hervor. Das Robinienholz ist sehr schwer (Rohdichte 0,54 bis 0,87, im Mittel 0,71 g/cm^3), hart, sehr elastisch, zäh, scherfest und schwer spaltbar. Es schwindet nur wenig, läßt sich gut bearbeiten und polieren und ist höchst dauerhaft.

Beste Eignung besitzt es zu allen Bauzwecken über und unter der Erde, im Wasser, in feuchten Kellern usw. Besonders ausgezeichnet ist es durch günstige Eigenschaften für die Verwendung im Bergbau; hervorgehoben werden seine

Warnfähigkeit und seine Druckfestigkeit. Härte und Zähigkeit machen es zu einem guten Wagner- und Geräteholz (Axt- und Schaufelstiele). Stämme mit stärkeren Durchmessern ergeben schöne Furniere für die Möbelherstellung. Auch für Drechslerarbeiten ist das Holz geeignet. Bereits im Alter von 10 bis 15 Jahren läßt es sich zu Zaun- und Weinbergpfählen wie zu Grubenstempeln verwenden.

3.2.13 Platane

In Deutschland kommen drei Platanenarten vor, die *Morgenländische Platane (Platanus orientalis)*, die aus dem südlichen Balkan und aus Vorderasien stammt, die *Amerikanische Platane (Platanus occidentalis)*, die in Nordamerika heimisch ist, und die *Gewöhnliche Platane (Platanus acerifolia)*, die als Kreuzung der Morgenländischen und der Amerikanischen Platane angesehen wird. Letztere ist bei uns am meisten verbreitet. Sie wird durch Stecklinge vermehrt. Mit ihren breit ausladenden Ästen und der dichten Belaubung ist die Platane ein beliebter Schattenspender, dem man in vielen Parkanlagen und häufig als Alleebaum begegnet. Nur wenig empfindlich gegen verschmutzte Luft, gedeiht sie auch in Großstädten. Erkannt wird sie leicht daran, daß die Rinde in unregelmäßigen Schuppen abblättert, so daß der Stamm von gelben, grünen und grauen Farbflecken überdeckt ist. In der Jugend ist sie raschwüchsig; infolge ihres hohen Lichtbedürfnisse eignet sie sich nicht als Waldbaum (Abb. 56).

Abb. 56 Platanenallee in Tübingen
(Foto: Helga Meyer)

Abb. 57 Blatt der ahornblättrigen Platane; verkleinert 1:5 (nach König)

Abb. 58 Zweigende der Platane mit Fruchtstand. Die kugeligen Früchte pendeln an langen Stielen (Foto: H. Laßwitz)

Die großen, handförmig gelappten Blätter ähneln denen des Spitzahorns, unterscheiden sich von diesem aber durch wechselständige Blattstellung (bei Ahorn gegenständig) und die tütenförmigen Nebenblätter (Abb. 57). Blüten und kugelige Frucht hängen an langen Stielen herab (Abb. 58).

Die Platane gehört zu den Kernholzbäumen mit deutlichem Farbunterschied zwischen Kern und Splint. In den Holzeigenschaften ist der Unterschied zwischen den einzelnen Arten nicht sehr groß. Das zerstreutporige Holz hat Jahrringe, die als deutlich dunkle Linien hervortreten. Es ist dicht und schwer (Rohdichte 0,40 bis 0,67, im Mittel 0,55 g/cm^3), mittelhart und außerordentlich zäh. Es läßt sich schwer spalten, neigt sehr zum Reißen und verstockt auch leicht. Man gebraucht es für Tischler- und Drechslerarbeiten, für Innenausstattungen, Täfelungen, zur Herstellung von Sportgeräten (besonders Tennisschlägern), Kisten und auch als Wagnerholz. Im Freien unter Feuchtigkeitswechsel ist es wenig dauerhaft.

3.2.14 Roßkastanie

Einer der prächtigsten Bäume in Alleen und Anlagen ist die Roßkastanie *(Aesculus hippocastanum)*. Ihre Heimat ist Asien und Nordgriechenland. Seit dem 16. Jahrhundert wird sie in Europa angebaut. Der vollholzige, häufig drehwüchsige Stamm bleibt meist kurz und löst sich bald in starke Äste auf, wodurch er eine breite, runde, fast kugelige Krone bildet. Mit seiner dichten Belaubung, großen fünf- bis siebenzählig gefingerten Blättern (Abb. 59), spendet

Abb. 59 Blatt von Roßkastanie; verkleinert 1:9 (nach König)

der Baum reichen Schatten. Die braunen Knospen sind stark klebrig. Die Blüten stehen aufrecht in Rispen (Abb. 60). Die Frucht ist von einer stacheligen Fruchthülle umgeben, die bei der Reife zerspringt (Abb. 61). In Wäldern trifft man die Roßkastanie nur vereinzelt an Bestandsrändern. Sie wächst rasch und braucht viel Kronenraum und Licht.

Abb. 60 Roßkastanienzweig mit „Blütenkerze" (Foto: Holder)

Abb. 61 Die noch nicht voll ausgebildeten, stacheligen Früchte der Roßkastanie am Zweig (Foto: I. Autenrieth)

Das Holz hat keinen Kern, schwankt in der Farbe zwischen hellgelb und bräunlich und ist teilweise etwas geflammt. Die zerstreuten Poren sind nur mit der Lupe sichtbar, die Jahrringe treten wenig hervor. Das feine, leichte (Rohdichte 0,47 bis 0,58, im Mittel 0,52 g/cm^3), lockere, weiche, schwammige Holz hat wenig Elastizität und Festigkeit. Da es wenig arbeitet, ist es als Blindholz für Möbel und Türen bestens geeignet. Durch sein gleichmäßiges Gefüge läßt es sich für gröbere Schnitz- und Drechslerarbeiten gebrauchen. Ferner wird es im Klavierbau, zu leichten Kisten, Holzschuhen verwendet. Ungeeignet ist es wegen geringer Dauerhaftigkeit als Bauholz. Seine Neigung, leicht zu verstocken und zu vergrauen sowie die schon erwähnte Drehwüchsigkeit sind Mängel, die seine Verwendung stark einschränken.

3.2.15 Wildobstbäume

Wildobstbäume sind zwar selten und erzeugen keine großen Holzmassen, aber wegen der Güte ihres Holzes werden sie sehr geschätzt.

Abb. 62 Blatt vom Holzbirnbaum; verkleinert 1:1,5 (nach König)

Der *Birnbaum (Pyrus communis)* auch Holzbirne genannt, hat eiförmige, fein gesägte, auf der Oberseite dunkelgrüne, glänzende, auf der Unterseite hellere Blätter (Abb. 62). Bei der wilden Form enden die zuerst gelblichen und glänzenden Zweige in Dornen. Das zerstreutporige Holz hat im allgemeinen keine abweichende Kernfärbung. Es ist ziemlich gleichmäßig hellrötlichbraun gefärbt, oft geflammt und bisweilen schön geadert, ohne Glanz. Hart und schwer (Rohdichte 0,67 bis 0,75, im Mittel 0,70 g/cm³), feinfaserig und dicht, ist das Holz jedoch nur wenig elastisch. Es läßt sich gut bearbeiten, schneiden und polieren, ist aber schwer spaltbar. Dämpfen des frischen Holzes ergibt eine schöne, gleichmäßig hellrote Färbung.

Verwendet wird es vornehmlich für feine Arbeiten im Möbelbau, sowie für alle Arten von Meßinstrumenten und Zeichengeräten, für die Formbeständigkeit und Maßtreue verlangt wird. Schön gemaserte und gesunde Stämme und starke Maserknollen werden zu Furnieren gemessert. Da das Holz leicht verstockt und reißt, ist es vor und nach dem Einschnitt sachgemäß zu behandeln. Es ist auf Fällung im Winter und möglichst raschen Einschnitt Wert zu legen.

Der *Holzapfel (Malus sylvestris)* kommt in Deutschland überall in Laubmischwaldungen und Gebüschen vor. An den Kulturäpfeln ist sein Erbgut nur gering beteiligt, sie gehen vorwiegend auf den *Johannisapfel (Malus pumila)* zurück,

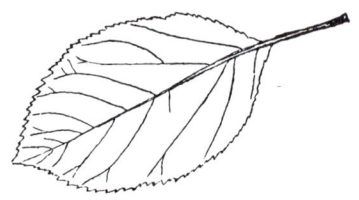

Abb. 63 Blatt von Wildapfel; verkleinert 1:2 (nach König)

der aus Südeuropa stammt. Die Blätter sind bis auf die derbere Zahnung denen des Birnbaumes ähnlich (Abb. 63). Der Stamm zeigt einen rotbraunen, streifigen (gewässert) Kern. Der breite Splint ist rötlichweiß bis hellbraun.

Das zerstreutporige Holz ist dicht, hart, fest und schwer (Rohdichte im Mittel 0,72 g/cm³) mit ähnlichen Eigenschaften wie Hainbuchenholz. Man verwen-

det es als Tischler-, Drechsler- und Schnitzerholz. Zur Furniergewinnung ist es weniger geeignet. Es besitzt geringeres Stehvermögen als Birnbaum und neigt auch mehr zum Reißen. Durch das Dämpfen des noch feuchten Holzes wird (ähnlich dem Birnbaum) eine warme rötliche Färbung erzielt. Bezüglich der Pflege der Schnittware gilt das gleiche wie bei der Birne.

Abb. 64 Blatt von Vogelkirsche (wilder Kirschbaum); verkleinert 1:2,5 (nach König)

Die *Süßkirsche (Prunus avium),* auch Vogelkirsche genannt, kommt verbreitet in unseren Wäldern vor und fällt durch ihre grauschimmernde Ringelborke auf. Im Bestandesschluß entwickelt sie schlanke, gerade, walzenförmige und weitgehend astfreie, starke Stämme mit hochangesetzten, eiförmigen Kronen. Die oval-länglichen, zugespitzten Blätter sind am Rand sägezähnig und unterseits weichhaarig (Abb. 64), am Blattstiel haben sie zwei große, rote Drüsen. Das Kernholz ist hellbraun, der Splint schmal, gelblich bis rötlichweiß. Das Holz ist feinfaserig, hart, mäßig schwer (Rohdichte im Mittel 0,55 g/cm³), zäh unf fest. Es läßt sich schwer spalten, aber gut bearbeiten und polieren. Die Holzstrahlen sind auf dem Hirnschnitt als feine Streifen, auf den Radial- und Tangentialschnitten als etwas über 1 mm hohe Spiegel zu sehen. Oft ist das Holz gestreift und geflammt. Im Möbelbau wird es massiv und als Furnier verarbeitet. Ferner ist es beliebt in der Innenausstattung und brauchbar zur Herstellung von Instrumenten aller Art und von Ziergeräten. Beim Dämpfen des frischen Holzes ergibt sich eine schöne und gleichmäßige, mahagoniartige dunkelrote Farbe.

Die *Elsbeere (Sorbus torminalis)* findet sich vereinzelt in unseren Laubwäldern, vor allem auf Kalkböden. Sie wächst verhältnismäßig langsam und erreicht nur mittlere Höhen und Stärken. Die breit-eiförmig gebuchteten Blätter mit spitzen Lappen und spitzen Einschnitten haben etwas Ähnlichkeit mit Ahornblättern (Abb. 65), sind aber wechselständig (Ahorn gegenständig) und fiedernervig (Ahorn handnervig). Der Blattrand ist ungleich gesägt, die Blattoberfläche lebhaft dunkelgrün, die Unterseite hellgrün. Im Herbst färben sich die Blätter rot.

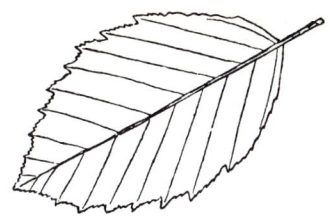

Abb. 66   Blatt der gemeinen Mehlbeere; verkleinert 1:2,5 (nach König)

Abb. 65   Blatt vom Elsbeerbaum; verkleinert 1:3 (nach König)

Das Holz, teils mit, teils ohne abweichende Kernfärbung ist rötlichgelb und dunkelt nach. Fein, gleichmäßig, dicht, schwer (Rohdichte im Mittel etwa 0,70 bis 0,72 g/cm³), hart, aber biegsam, außerordentlich zäh und elastisch, ziemlich dauerhaft, schwindet es nur mäßig und neigt wenig zum Werfen und Verziehen. Es eignet sich zur Herstellung von Meß- und Zeichengeräten, für Bildhauer- und Drechslerarbeiten, im Maschinenbau und überall dort, wo Teile stark beansprucht sind. Auch als Möbelholz ist es brauchbar. Da es leicht verstockt, ist es frühzeitig zu fällen und rasch einzuschneiden. Der Neigung zum Reißen ist durch pflegliche Behandlung sowohl des Rund- wie des Schnittholzes zu begegnen.

Die *Mehlbeere (Sorbus aria)* wächst teils als Strauch, teils als Baum bis 15 m Höhe. Die Blätter sind rundoval, grob doppeltgezahnt, oberseits dunkelgrün, unterseits weißfilzig (Abb. 66). Die schwarzbraune Rinde zeigt häufig weiße Flecken, die Borke bildet sich oft erst in höherem Alter. Das zerstreutporige Holz ist im Kern rotbraun und streifig (gewässert), im breiten Splint hellgelb bis rötlich. Es besitzt gutes Stehvermögen, ist mittelschwer, sehr fest und zäh sowie ziemlich dauerhaft. Ähnlich wie die Elsbeere wird es im Geräte- und Instrumentenbau, bei Bildhauer- und Drechslerarbeiten sowie in der Wagnerei für Hammerstiele und Werkzeughefte gebraucht. Zu bearbeiten ist es besser als Elsbeere und kann daher bei entsprechenden Abmessungen auch als Möbelholz verwendet werden. Bisweilen tritt es an die Stelle von Ahorn.

Die *Gemeine Eberesche (Sorbus aucuparia)*, auch Vogelbeere genannt, findet sich mit ihren bescheidenen Ansprüchen an den Boden, bei uns zumeist

Abb. 67   Blatt der gemeinen Eberesche (Vogelbeere); verkleinert 1:2,5 (nach König)

durch Vögel verbreitet, von der Ebene bis zur Baumgrenze. Mit ihren dichten Doldentrauben korallenroter, bitter schmeckender Beeren ist sie im Spätsommer ein Schmuck für den Wald. Die unpaarig gefiederten Blätter haben 9 bis 15 fest sitzende, längliche, scharf gesägte Fiederblättchen (Abb. 67). Die in der Jugend glatte, hellgraue Rinde mit schmalen, rostbraunen Lentizellen wird im Alter zur längsrissigen, schwärzlichgrauen Borke. Das zerstreutporige Holz hat einen hellbraunen bis rotbraunen Kern und einen breiten, rötlichweißen Splint. Es ist mittelschwer, fest, dicht, zäh, biegsam und ziemlich elastisch. Schwer spaltbar, schwindet es nur mäßig und ist wenig dauerhaft. Durch die schöne Zeichnung und den auf den Längsschnitten hervortretenden Glanz in Verbindung mit guter Beiz- und Polierfähigkeit ist es bei stärkeren Dimensionen zu Tischlerarbeiten gut geeignet. Zu verwenden ist es auch in der Sperrholzherstellung, ebenso lassen sich Furniere schälen, die wenig zu Haarrissen neigen. Allerdings fallen stärkere Stämme nur selten an; ältere Bäume sind häufig kernfaul. In der Hauptsache wird das Holz zu Wagner-, Drechsler- und Schnitzarbeiten genommen.

3.2.16 Erlen

Die *Schwarzerle (Alnus glutinosa)* auch Roterle genannt, ist in Tieflagen die häufigste Begleiterin der Bach- und Flußläufe, nimmt aber auch im Laubwald, besonders in Auwäldern einen wirtschaftlich nicht unbedeutenden Platz ein und tritt in Niederungsmooren und Brüchen bestandsbildend auf. Sie liebt feuchte, lockere und tiefgründige, humose Lehmböden und meidet saure und trockene Böden.

Das Blatt der Schwarzerle ist im Umriß rundlich oder verkehrt eiförmig, an der Spitze abgerundet und etwas ausgerandet, der Blattrand ungleich gesägt. Die Blattoberseite hat dunkelgrüne Färbung, die Unterseite ist klebrig (Abb. 68). Klebrig sind auch die eiförmigen,

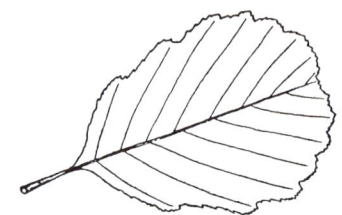

Abb. 68 Blatt von Schwarzerle; verkleinert 1:2,5 (nach König)

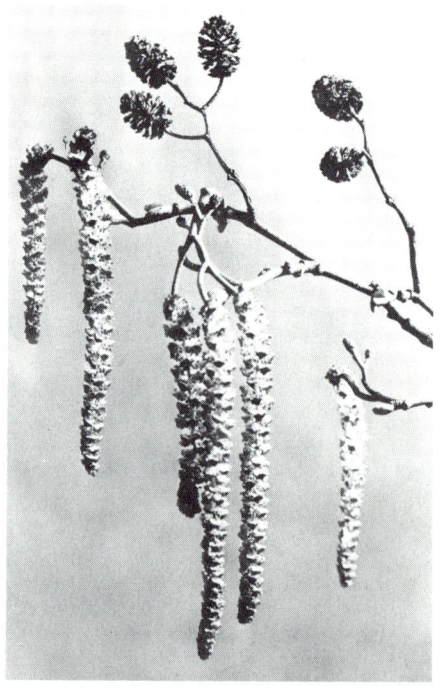

Abb. 69 Die braunen männlichen Kätzchen der Schwarzerle hängen an den Spitzen vorjähriger Triebe. Daneben sind die kleinen weiblichen Kätzchen zu sehen, aus denen sich nach der Befruchtung die Fruchtzapfen entwickeln. Oben sind noch die länglich-runden bis kugeligen Fruchtzapfen am Zweig, aus denen die geflügelten Samennüßchen im vorangegangenen Winter ausgefallen sind (Foto: Schnierle)

braunvioletten, bräunlich bereiften Knospen. Der Baum blüht vor dem Laubausbruch in schon im Herbst an den Spitzen letztjähriger Triebe angelegten Kätzchen; die männlichen hängen, die weiblichen sitzen fest zu 2 bis 3 am

Ende der obersten Seitenzweige (Abb. 69). Die verholzenden Fruchtzapfen sind länglichrund oder kugelig. Die zunächst graugrünliche, glatte Rinde wird später zur dunkelbraunen bis schwarzbraunen längsrissigen Schuppenborke.

Das grobfaserige, leichte bis mittelschwere Holz (Rohdichte 0,36 bis 0,60, im Mittel 0,49 g/cm³) ist weich, jedoch ziemlich fest und elastisch. Es läßt sich gut und glatt bearbeiten und läßt sich leicht spalten, es ist gut zu färben, beizen und polieren, schwindet wenig und reißt nicht. Im Wechsel von Nässe und Trockenheit ist es nicht sehr dauerhaft, dagegen zeigt es im Wasser große Widerstandsfähigkeit. Leicht verstockt es. Seine Färbung ist rötlichweiß bis bräunlichrot ohne abweichende Kernfärbung. Die zerstreut angeordneten Poren sind auf den Längsschnitten meist als Porenrillen erkennbar. Spärliche, breite Scheinholzstrahlen ohne Glanz sind auf Radialschnitten als Bänder und Flecken, auf Tangentialschnitten als dunkle Streifen auch mit bloßem Auge sichtbar. Die gleich nach der Fällung auftretende, leuchtend rotgelbe Färbung des Schwarzerlenholzes kommt unter Einwirkung des Luftsauerstoffes zustande und verschwindet im Laufe der Austrocknung.

Verwendet wird Schwarzerle hauptsächlich als Blindholz, zu Absperr- und Außenfurnieren, zur Herstellung von Kisten, insbesondere Zigarrenkisten, ferner zu Schnitz- und Drechslerarbeiten, für Musikinstrumente (Hand- und Mundharmonikas), zur Herstellung von Holzschnitten, Hutformen, Zier- und Bilderleisten, als Modellholz, zu Haus- und Küchengeräten, Spielwaren, Bleistifthüllen usw. Sie eignet sich für den Erd- und Wasserbau, nicht dagegen für den Hochbau. Zur Verhütung des Verstockens gelten die für Buche und Hainbuche aufgezeigten Behandlungsregeln und Schutzmaßnahmen.

Bei der *Weißerle (Alnus incana)* sitzen die Blätter im Gegensatz zur Schwarzerle auf behaarten Stielen und sind auch in der Jugend nicht klebrig. In der Form sind sie breit-oval bis eiförmig spitz, scharf (doppelt) gesägt, in der Jugend auf beiden Seiten dicht mit weichen Haaren besetzt, später oberseits dunkelblaugrün (Abb. 70). Die helleren Knospen haben eine stumpfe Spitze und sind undeutlich behaart. Die silbergraue, glatte Rinde wird erst im Alter etwas rissig, bildet aber keine ausgesprochene Borke.

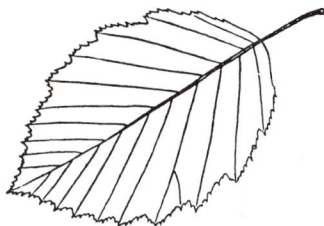

Abb. 70 Blatt von der Weißerle; verkleinert 1:2,5 (nach König)

Das rötlichweiße Holz ist etwas heller als das der Schwarzerle. Die weniger zahlreichen Holzstrahlen sind schärfer ausgeprägt und setzen sich (im Gegensatz zur Schwarzerle) in die Bastschicht fort. Der Unterschied der Holzeigenschaften der beiden Arten ist nicht allzu groß. Die Weißerle hat ein feineres, aber wenig festes Holz. Es schwindet und reißt mehr. Sicher steht es hinsichtlich der Güte hinter dem Holz der Schwarzerle zurück, wird aber für manche Verwendungszwecke (z. B. Leistenfabrikation) gern genommen.

Da Weißerle weit seltener vorkommt, ist zu vermuten, daß ihre Verwendungsmöglichkeiten noch nicht restlos geklärt sind. Sie findet sich vorwiegend an Flußläufen und in Auwäldern mittlerer Höhenlagen und wurde in jüngerer Zeit häufiger angebaut. Das Interesse an einer günstigen Verwendung dürfte daher wachsen. Wer jedoch für seine Bedarfszwecke nur Schwarzerle haben will, der sollte dies ausdrücklich fordern.

3.2.17 Pappeln

In Deutschland heimische Pappelarten sind die Schwarzpappel, die Silberpappel und die Aspe. Hinzu kommt noch die Graupappel, die als natürlicher Bastard zwischen Silberpappel und Aspe gilt. Daneben gibt es einige eingeführte Arten und zahlreiche Bastardpappeln, die aus natürlichen und künstlichen Kreuzungen mit eingeführten Ausländern entstanden sind. Seit den dreißiger Jahren hat der Anbau der Pappel zur Erhöhung der Holzerzeugung, vor allem auch außerhalb des Waldes, zunehmend Interesse gefunden. Aus den Bastardpappeln wurden leistungsfähige „Wirtschaftspappeln" ausgewählt; daneben wurden und werden planmäßig neue „Wirtschaftspappeln" gezüchtet.

Von einzelnen Bäumen gewinnt man auf dem Wege der vegetativen Vermehrung durch Stecklinge eine sehr einheitliche Nachkommenschaft, die Klon genannt wird. Die Unterschiede der Klone liegen weniger in der äußeren Form und Gestalt von Blättern und Zweigen als vielmehr in der Raschwüchsigkeit, in der Baumform oder in den Bodenansprüchen.

Gute Wuchsleistungen sind nur auf frischen, mineralkräftigen Böden zu erwarten. Dichte und saure Böden sind für den Pappelanbau ungeeignet. Die besten Standorte sind feuchte und lockere Niederungsböden. Zeitweilige Überschwemmungen verträgt die Pappel ohne Schaden zu nehmen, dagegen ist sie gegen stagnierende Nässe empfindlich.

Das Pappelholz ist zerstreutporig. Die feinen, aber sehr zahlreichen Gefäße sind einzeln, meist aber zu mehreren (2 bis 7) in radialen Reihen einigermaßen gleichmäßig über den ganzen Jahrring verteilt. Die Jahrringe sind deutlich abgesetzt, auch wenn sich Früh- und Spätholz nur wenig unterscheiden. Mit der Lupe sind die Gefäße auf dem Querschnitt als Poren, auf Längsschnitten als feine Porenrillen zu erkennen. Durch die vielen Gefäße ist der Porenanteil am Holzvolumen recht hoch. Daraus erklärt sich, daß Pappelholz bis zur vollen Sättigung sehr viel Wasser aufnehmen kann und der Wassergehalt frischgefällten Pappelholzes sehr hoch liegt (bis 180 Prozent). Der Porenraum bestimmt aber auch die Rohdichte. Pappelholz gehört zu den leichtesten der bei uns wachsenden Nutzhölzer, lediglich Weymouthskiefer ist noch leichter.

Bei allen Pappelarten ist das weiße bis gelblichweiße Holz des Splints sehr breit. Die Aspe hat keinen gefärbten Kern; alle übrigen Sorten sind im Kern deutlich etwas dunkler gefärbt. Die Kernfärbung ist bei Silber- und Graupappel gelbbraun bis braun mit zuletzt oft rötlichem Schimmer; bei der Schwarzpappel und deren Hybriden hat das frischgefällte Holz einen hellbraunen bis braunen Kern. Bei letzteren verblaßt jedoch während der Trocknung die Kernfärbung, wonach der Farbunterschied zwischen Splint und Kern weitgehend verwischt ist.

Das leichte Pappelholz (Rohdichte 0,37 bis 0,52, im Mittel 0,41 g/cm^3) hat eine weitgehend gleichmäßige Struktur. Es neigt wenig zum Werfen und Verziehen. Bei der Pappel sinkt beim Trocknen das Frühholz nicht stärker ein als das Spätholz, wie dies bei den meisten Holzarten, besonders beim Nadelholz der Fall ist. Dadurch drücken sich bei der Verwendung als Unterlage die Spätholzschichten nicht durch das Furnier.

Bedeutendster Verbraucher von Pappelholz ist die Sperrholzindustrie, da es sich als Schäl- und Blindholz wie kaum eine andere heimische Holzart eignet. Daneben gibt es infolge seiner günstigen Eigenschaften noch zahlreiche andere Verwendungsmöglichkeiten. Es ist leicht preßbar, eignet sich für Bremsklötze, Kupplungsbeläge bei Transportbändern, Riemenscheiben, Schleifscheiben für Glasverarbeitung und andere Zwecke, die einen hohen Abnutzungswiderstand verlangen. Beliebt ist es für die Herstellung von Reißbrettern, Tischplatten, Küchengeräten und Spielwaren. In der orthopädischen Industrie findet es wegen seiner Leichtigkeit im Prothesenbau Verwendung.

Da es geruchlos ist, wird es gern für Verpackungskisten und sonstige Behälter von Lebens- und Genußmitteln, Zigarrenkisten, Faßspunde u.ä. genommen. Aspe eignet sich besonders zur Herstellung von Holzdraht, Spankörben, Holzgeweben aller Art und feiner Holzwolle. Hierfür lassen sich auch schwächere Durchmesser verarbeiten. Für die Herstellung von Streichhölzern und Streichholzschachteln werden alle Pappelarten verwendet; auch hier hat Aspenholz, da es etwas dichter, fester, elastischer und leichter zu spalten ist als Silber- und Schwarzpappelholz, Vorteile. Die vorteilhafte Eigenschaft der Pappeln nicht zu splittern, macht sie bevorzugt brauchbar für den Fahrzeugbau zu Füllungen, Kraftwagenböden usw.

Ohne alle Verwendungsmöglichkeiten vollständig zu erfassen, sei noch darauf hingewiesen, daß die Pappeln der Papier- und Zellstoffindustrie als wertvoller Rohstoff dienen. Sie können sowohl mechanisch wie auch chemisch verarbeitet werden.

Wie schon erwähnt, enthält saftfrisches Pappelholz sehr viel Wasser. Bei Lagerung in Rinde trocknet es nur langsam aus und ist selbst nach Monaten noch so feucht, daß es ohne vorheriges Dämpfen zu Furnieren geschält werden kann. Beim Einschneiden zu Brettern empfiehlt es sich nicht, solange zu warten, bis es den größten Teil der Feuchtigkeit verloren hat. Stark abgetrocknete Stämme schneiden sich schlechter als noch feuchte.

Die *Schwarzpappel (Populus nigra)* kommt nur noch vereinzelt in Auwäldern der Flußtäler vor. In den Bodenansprüchen ist sie genügsamer als die Schwarzpappelbastarde, weshalb sie durch die schnellerwüchsigen Bastarde nicht restlos verdrängt wird. Sie bildet einen sich bald in starke, weit ausgebreitete Äste auflösenden Schaft.

Eine Eigenart ist die häufige Bildung von Maserkröpfen, die durch jährlich sich auf beschränktem Raum in großer Zahl entwickelnde Knospen entstehen, eine sogenannte Knospensucht. Um die dabei entstehenden und teilweise bald wieder absterbenden Stiftästchen müssen sich die im Zuge des Dickenwachstums folgenden Holzfasern herumschlingen und bilden eine lebhafte Maserung. Solche „Maserpappeln" sind für die Furnierherstellung begehrt.

Die Blätter sind in der Form rhombisch oder breit-dreieckig, lang zugespitzt, am Grunde abgestutzt oder breit-keilförmig. Der Rand ist stumpf gesägt bis fein gekerbt, die Blattoberseite dunkelgrün, die Unterseite mattgrün. Der Blattrand hat einen durchsichtigen Saum; die etwa 4 cm langen Blattstiele sind dünn (Abb. 71). Die in der Jugend grauen

Abb. 71 Blatt von Schwarzpappel; verkleinert 1 : 2,5 (nach König)

Zweige haben einen hellgelben Schimmer. Die Knospen sind gestreckt-kegelförmig, spitz, rötlich-dunkelbraun, die Seitenknospen an der Spitze etwas auswärts gekrümmt, kahl und klebrig. Die Rinde, in der Jugend aschgrau, verborkt frühzeitig und weit den Stamm hinauf. Die bräunliche bis schwärzliche Borke hat tiefe und breite Längsrisse.

Die *Schwarzpappelbastarde* lassen sich nur schwer unterscheiden. Die Kanadische Schwarzpappel *(Populus deltoides)* und die Karolina-Pappel *(Populus angulata)* kommen aus dem östlichen Nordamerika und gehören zu den Stammeltern der Bastarde (Kreuzungen mit der europäischen Schwarzpappel *[P. nigra]*), auch als „Kanadische Pappeln" bezeichnet. Diese Arten haben dreieckig-eiförmige oder länglich-eiförmige, zugespitzte Blätter (Abb. 72). Dreieckige Blattform mit mehr oder weniger ge-

Abb. 72 Blatt von *Populus deltoides* var. *monilifera* Henty, eine nordamerikanische Schwarzpappelart, die zu den Stammeltern der verschiedenen Schwarzpappelbastarde gehört; verkleinert 1:2,5 (nach König)

radem Blattgrund haben auch die Bastarde „Serotina" und „Robusta", während die Blätter von „Gelrica" am Grund etwas keilförmig sind. Die Bastardpappel „Marilandica" hat rhombisch-eiförmige Blätter mit länglich auslaufender Spitze, am Grunde stark keilförmig. Die Blüten sitzen in hängenden Kätzchen.

Auch in der Schaftform unterscheiden sich die Sorten. Bei „Marilandica" stehen die Äste auffallend horizontal. „Gelrica" und „Regenerata" bilden durchgehende, gerade Schäfte mit mäßig ausladender Krone, „Serotina" ist durch stärker ausladende Kronenbildung gekennzeichnet. Gute Stammformen hat „Robusta". Der gerade durchgehende Schaft mit den dünnen, nahezu quirlständigen, ziemlich steil gestellten Ästen und der entsprechend schmalen, fast fichtenähnlichen Krone der Robusta-Pappel kennzeichnet die Verwandtschaft dieser Pappelkreuzung mit der Säulenpappel (Abb. 73).

Die *Säulenpappel (Populus nigra* „Italica") auch Pyramidenpappel genannt, ist eine Abart (Varietät) der Schwarzpappel, die bei uns vor allem im Südwesten entlang von Straßen und Bachläufen häufig angepflanzt ist. Sie kommt fast nur in männlichen Individuen vor. Bei weiblichen Bäumen ist der säulenförmige Wuchs weniger ausgeprägt. In ihrer Blattform und sonstigen Merkmalen hat sie viel Ähnlichkeit mit der Schwarzpappel (Abb. 74). Der Stamm geht meist bis zum Wipfel durch, ist aber vielfach abholzig und spannrückig. Ihr Holz ist etwas schwerer und härter. Soweit die Spannrückigkeit nicht entgegensteht, läßt sie sich zu gleichen Zwecken verar-

Abb. 73 Robustapappel, etwa 16jährig als Straßenbepflanzung (Foto: Archiv Holz-Zentralblatt)

Abb. 74 Blatt einer Säulenpappel; verkleinert 1:2,5 (nach König)

beiten wie die Schwarzpappel.

Die *Aspe (Populus tremula)*, auch Espe und Zitterpappel genannt, ist in Europa und Nordasien heimisch. Bei uns kommt sie häufig an Ufern und in Buschgruppen vor. Sie wächst zwar auf allen Böden, auch den schlechtesten, wirtschaftlich befriedigende Ergebnisse sind von ihr aber nur auf mineralkräftigen, frischen und tiefgründigen Böden zu erwarten.

Die Blätter der Kurztriebe sind rund bis eiförmig, oft etwas zugespitzt, der Blattrand ist unregelmäßig grob gesägt (Abb. 75). Der in der Länge etwa der Blatt-

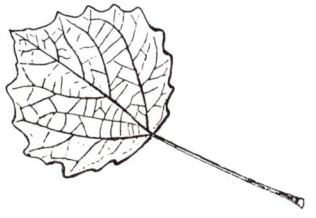

Abb. 75 Blatt von Aspe (Zitterpappel); verkleinert 1:2,5 (nach König)

spreite entsprechende dünne Stiel ist an der Seite etwas zusammengedrückt. Die Blattoberseiten sind dunkelgrün, glatt, die Unterseiten hellgraugrün, jedoch weder behaart noch filzig. Die geraden, spitzen, einwärts gekrümmten, gelb- bis rotbraunen Knospen sind kahl, glänzend und klebrig. Der Baum blüht vor dem Laubausbruch. Die Kätzchen sitzen an der Spitze vorjähriger Triebe, werden nach dem Aufblühen 7 bis 12 cm lang, die männlichen mit purpurfarbenen Staubblättern, die weiblichen mit purpurroten, geteilten Narben.

Die Zweige sind meist kahl und graugrün. Die Rinde bleibt in der Jugend lange glatt, weißgrau mit zahlreichen dunklen, rautenförmigen Korkwülsten. Im Alter wird sie zu einer längsrissigen, harten, dunkelgrauen Borke.

Die *Silberpappel (Populus alba),* auch Weißpappel genannt, ist in Süd- und Mitteleuropa verbreitet; häufig findet sie sich in den Auwaldungen des Rheins und der Donau. Sie liebt naßfeuchte, frische, mittel- bis tiefgründige Böden. Dank einer guten Schattenfestigkeit gedeiht sie auch in Mischung mit anderen Laubhölzern. Im Bestandsschluß entwickelt sie eine verhältnismäßig schmale Krone, im Freistand breitet sie sich stärker aus.

Pappeln erreichen im allgemeinen kein hohes Lebensalter; die Silberpappel übertrifft die anderen Arten und kann ein Alter bis 400 Jahre erreichen. Alte Bäume sind aber in der Regel kernfaul. An den Kurztrieben sitzen lederartige, elliptisch-eiförmige Blätter, die am Blattrand grob gezähnt sind. Gegenüber den Blättern der Langtriebe bestehen Formverschiedenheiten wie sie in Abb. 76 gezeigt werden. Langtriebe und Stockausschläge haben handförmig gelappte Blätter. Die Oberseite ist dunkel-

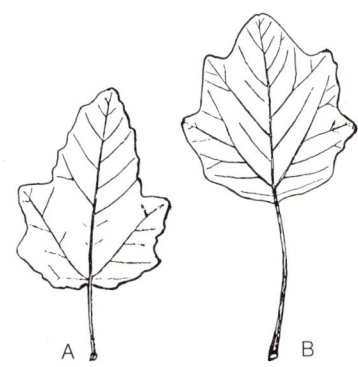

Abb. 76 Blätter von Weißpappel (Silberpappel): (A) Blatt von einem Kurztrieb; (B) Blatt von einem Langtrieb; verkleinert 1:2,5 (nach König)

grün, glänzend, die Unterseite weißfilzig. Die Knospen sind kleiner als bei der Aspe, spitzkegelförmig, etwas abstehend, ganz oder mindestens an der Basis weißfilzig.

Die weißgraue Rinde bleibt ähnlich wie bei der Aspe lange glatt und wird im Alter zur schwärzlichgrauen, tieflängsrissigen Borke.

Die *Graupappel (Populus canescens)*, wie schon erwähnt eine natürliche Kreuzung zwischen Aspe und Silberpappel, ist bei uns hauptsächlich in Schleswig-Holstein und in den Rhein- und Donau-Auen verbreitet. In Mischung mit anderen Laubhölzern erzeugt sie walzenförmige, gerade, durchgehend astreine Schäfte mit hoch angesetzten Kronen. In der Gesamtwuchsleistung bleibt sie hinter den Schwarzpappelkreuzungen zurück, besitzt aber größere Schattenfestigkeit und bildet nur geringe Wurzelbrut. Hervorzuheben sind auch ihre Sturmfestigkeit und die gute Qualität ihres Holzes.

Die Blätter der Kurz- und Langtriebe sind in der Form verschieden, wie auch allgemein Form und Größe der Blätter häufig wechseln. Die Kurztriebblätter sind eirund mit vorgezogener Spitze, auf der Unterseite hellgrün und kahl. Die Blätter der Langtriebe, Wurzeltriebe und Stockausschläge haben herzförmige, unregelmäßig grob gezähnte oder gekerbte, am Rande bewimperte, auf der Unterseite dicht graufilzig behaarte Blätter. Die langen, weißbehaarten Blattstiele sind abgeplattet. Die Rinde ist der der Aspe und Silberpappel ähnlich.

3.2.18 Weiden

Die Weiden sind auf der ganzen nördlichen Erdhalbkugel vertreten, vornehmlich in den kühleren Gebieten. Von den vielen Arten, die an Flüssen, Teichen, auf Meeresdünen, Wiesen und Weiden, aber auch im Wald anzutreffen sind, haben nur die Baumweiden eine gewisse holzwirtschaftliche Bedeutung, eine geringe Zahl von Arten, die unter zusagenden Boden- und Umweltbedingungen zu stattlichen Bäumen heranwachsen. Die meisten Arten erreichen nur Strauchform von einigen Metern Höhe bis hinunter zu den für das Hochgebirge charakteristischen Kriechformen.

Die Weidenblätter haben bis auf einige Ausnahmen die typische, schmale Lanzettform. Sie stehen wechselständig an kurzen Stielen. Am Grunde des Blattstieles sitzen kleine Nebenblätter, die aber bei den meisten Arten schon bald abfallen. Die Blüten befinden sich in schräg aufwärts gerichteten Kätzchen. Die Zweige mit den hübschen, weißen, jungen Blüten sind ein beliebtes Schmuckreisig. Da sie den Bienen im Frühjahr erste Nahrung bieten, sollte das Abreißen der Blütenzweige unterlassen werden. Im Gegensatz zu den Pappeln sind die Weiden Insektenblütler, d.h. die Bestäubung der weiblichen Blüten erfolgt nicht durch den Wind, sondern durch Insekten, hauptsächlich durch Hummeln und Bienen.

Die Ausbildung der Früchte ist bei Weide und Pappel sehr ähnlich. Die kleinen, mit Haarschopf versehenen Samen sitzen in Kapseln, die bei der Reife aufspringen. Die Knospen sind von einer gekielten Schuppe kapuzenartig umhüllt. Wie die Pappeln werden auch die Weiden hauptsächlich durch Stecklinge vermehrt.

Das zerstreutporige Holz der Baumweiden ist grobfaserig und leicht (Rohdichte 0,34 bis 0,60, im Mittel 0,52 g/cm^3), biegsam, aber nur begrenzt elastisch, auch nicht fest und wenig widerstandsfähig gegen Witterungseinflüsse. Es kann leicht gespalten werden, läßt sich mäßig gut bearbeiten und beizen. Der schmale Splint ist weiß bis gelblichweiß, der Kern hellrötlich bis dunkelbraun, auf Längsschnitten fein glänzend, bei der Bruchweide graugestreift (gewässert). Die Poren sind auf allen Schnitten mit bloßem Auge zu sehen. Ohne Hilfsmittel sind Pappel- und Weidenholz fast nicht zu unterscheiden. Unter dem Mikroskop zeigen sich jedoch markante Unterschiede. So sind die Holzstrahlen bei Pappel einschichtig und bestehen fast nur aus gleichen Zellen, während bei der Weide die Holzstrahlen-Randzellen mehrfach höher sind als die inneren Zellen und außerdem hochkant stehen.

Als Blindholz und ebenso für Furnierplatten ist das Weidenholz dem Pappelholz etwa gleichwertig, die Struktur ist eher noch gleichmäßiger. Auf Weide können Edelfurniere unmittelbar, d. h. ohne mit Blindfurnier abzusperren, aufgebracht werden. Weidenholz ist glatter als Pappel zu schälen: Die Schälfurniere bekommen eine weniger wollige Oberfläche durch angerissene Faserbündel. Besonders gute Schäleigenschaften hat das Holz der Dotterweide. Die Verwendungsmöglichkeiten für Weidenholz sind neben der Verarbeitung in der Sperrholzindustrie im wesentlichen dieselben wie für Pappelholz. Es eignet sich zur Zündholzfabrikation, zu orthopädischen Zwecken, für Tischplatten, Zeichenbretter, Holzschuhe, Tennisschläger und sonstige Sportgeräte. Ebenso bewährt es sich als Faserholz. Für die Behandlung des Weidenholzes gilt das gleiche, was bei der Pappel gesagt wurde.

Die *Silberweide (Salix alba),* auch Uferweide und Weißweide genannt, ist in erster Linie als Nutzholz geeignet. Das gleiche gilt für ihre Abart, die wegen ihrer dottergelben Zweige Dotterweide oder Goldweide genannt wird *(Salix alba* var. *vittelina).* Die Blätter der Silberweide sind lanzettförmig, an den Enden zugespitzt, am Rande fein gesägt. Der Blattstiel ist kurz und hat am oberen Teil 1 bis 2 Drüsen. Die graugrüne Oberseite ist bei älteren Blättern glatt oder nur wenig behaart, die Unterseite weißsilbrig behaart (Abb. 77). Die kleinen geraden Knospen sind rötlichgelb, die Seitenknospen angedrückt.

Die walzenrunden Zweige haben eine mattgrüne bis olivbraune Farbe. Die zunächst glatte Rinde wird bei älteren Bäumen zur hellbräunlichgrauen, längs-

Abb. 77 Blatt von Silberweide; verkleinert 1:2 (nach König)

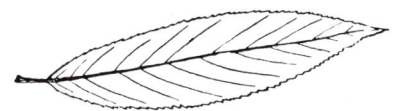

Abb. 78 Blatt von Dotterweide; verkleinert 1:2 (nach König)

rissigen Borke. Die Dotterweide unterscheidet sich deutlich durch die gelbe oder mennigrote Färbung ihrer Triebe. Bei den auf der Oberseite gelbgrünen Blättern tritt das Weiße der Unterseite weniger intensiv hervor (Abb. 78). Die etwas größeren, gelbgrünen Knospen sind fein behaart.

Bei der *Bruchweide (Salix fragilis),* auch Knackweide genannt, sind die Ansätze der jungen Zweige sehr schwach und brechen, wie der Name sagt (fragilis = zerbrechlich) leicht ab. Wuchsleistung

Abb. 79 Blatt von Bruchweide; verkleinert 1:2 (nach König)

und Holzqualität bleiben hinter der Silberweide zurück.

Die Blätter sind etwas größer als bei der Silberweide und gewöhnlich schief zugespitzt (Abb. 79). Am Blattstiel sitzen ebenfalls Drüsen. Die Blattoberseite ist dunkelgrün glänzend, die Unterseite heller bis blaugrün. Die eiförmigen Knospen sind an der Spitze abgerundet; die Färbung wechselt von Rotbraun über Grün bis Schwärzlich.

Die schwach kantigen Triebe sind in der Jugend gelblichgrün, später graugrün. Die Rinde älterer Stämme wird zur dicken, hellgrauen bis dunkelbraunen, längsrissigen Borke.

4 Die Nutzung und Ausformung des Holzes

4.1 Die Holzernte

Ehe Holz in Sägewerken eingeschnitten oder in Werken der Holzindustrie oder in Handwerksbetrieben verarbeitet werden kann, muß im Wald festgelegt sein, welche Bäume entnommen werden können. Ferner müssen diese Bäume gefällt und verkaufsfähig hergerichtet werden. Die Entnahme der Bäume richtet sich nach waldbaulichen Gesichtspunkten.

4.1.1 Die Nutzungsarten

Jüngere Bestände werden gepflegt, man sagt, sie werden durchforstet. Zu diesen Hiebsmaßnahmen zählen die regelmäßigen Entnahmen von Bäumen vom Stangenholzalter bis zur Einleitung der Verjüngung, die der Pflege wertvoller Bestandsglieder dienen, besonders solcher, die bis zum Ende des Bestandeslebens bleiben sollen. Im weiteren soll der Bestand durch diese Pflege gegen drohende Gefahren wie Sturm, Naßschnee usw. gefestigt werden. Schädliche, fehlerhafte, kranke Bäume werden entfernt, dichte Gruppen aufgelockert, Mischhölzern wird der notwendige Lebensraum gegeben.

Bei den alten Beständen, die zur Nutzung heranstehen, haben Hiebseingriffe, sog. Verjüngungshiebe, den Zweck, Jungbestände nachzuziehen. Das kann auf sehr verschiedene Weise geschehen. Durch den Schirmhieb und den Femelhieb will man vor allem die natürliche Verjüngung fördern. Bei ersterem wird das Kronendach des Bestandes gleichmäßig, bei letzterem ungleichmäßig gelichtet, so daß Wärme, Licht und Niederschläge auf den Boden kommen und ihn so vorbereiten, daß herabfallender Samen ein Keimbett findet.

Beim Kahlhieb, bei dem alle Bäume der Fläche geschlagen werden, wird die Verjüngung überwiegend auf künstlichem Wege vorgenommen, d. h. die Begründung des neuen Bestandes erfolgt durch Pflanzung. Großkahlschläge sind wegen des fehlenden Schutzes durch den Altbestand von Nachteil für den Boden, für das Wachstum der jungen Pflanzen und für die Bestandsentwicklung. Wenn überhaupt Kahlschläge geführt werden, dann sind sie auf Streifenbreite (25 bis 50 m Breite) oder Saumbreite (15 bis 25 m Breite) zu beschränken, so daß noch ein gewisser Seitenschutz durch den Altbestand gegeben ist.

4.1.2 Grenzen der Mechanisierung

Günstige Voraussetzungen für einen rationellen Einschlag und eine zweckmäßige Aufarbeitung des Holzes bietet zweifellos der Kahlschlag. Auf begrenzter Fläche fallen große Mengen Holzes an. Das Befahren der Hiebsfläche wird nicht durch stehenbleibende Bäume behindert. Der Einsatz großer Maschinen bietet sich an. In Ländern mit extensiver Forstwirtschaft, in denen starke Eingriffe in den Wald, also Kahlhiebe die Regel bilden, haben sich deshalb in der Holzernte hochmechanisierte Verfahren entwickelt (Abb. 80), die zu beachtlichen Leistungen bei der Fällung führten. Solche Rationalisierungsmaßnahmen lassen sich jedoch nicht ohne weiteres auf mitteleuropäische Verhältnisse mit den Gegebenheiten eines intensiven Waldbaus übertragen.

Der Verjüngungszeitraum eines Bestandes, von den ersten einleitenden Hieben bis zum endgültigen Abräumen, kann hier 40 Jahre, manchmal sogar länger dauern. Auf der Hiebsfläche ist während dieses Zeitraumes beim Fällen und beim Rücken sorgfältiges, die waldbaulichen Gegebenheiten beachtendes Arbeiten notwendig.

Der Zeitraum der Durchforstungen dauert 60 Jahre und mehr. In dieser Zeit ist bei den Hiebsarbeiten, beim Einschlag und beim Ausrücken der ausscheidenden Bäume, noch mehr als bei den Verjüngungshieben darauf zu ach-

Abb. 80 Hochmechanisierte Holzernte bei einem Kahlhieb mit einer Holzerntemaschine, die fällt und entastet (Werkfoto: Valmet)

Abb. 81 Ein etwa 70jähriger Fichtenbestand, der auf eine Altdurchforstung wartet. Bei der verhältnismäßig dichten Bestockung besteht die Gefahr der Beschädigung des bleibenden Bestandes (Foto: L. Postler)

ten, daß der bleibende Waldbestand nicht beschädigt wird (Abb. 81). Jede Rindenverletzung verschafft Pilzen Eingang in das Bauminnere. Vor allem Schäden beim Rücken sind häufig Ursache von Stammfäule, die das wertvollste untere Stammteil des Baumes zerstört.

In gleicher Weise wie der verbleibende Bestand, sind auch die Bäume, die entnommen werden, schonend zu behandeln. Sie müssen ohne Beschädigung zu Fall gebracht und überlegt aufgearbeitet werden. Die Fällarbeiten sind so auszuführen, daß unnötige Holzverluste vermieden werden und die Aushaltung der Stämme den Anforderungen des Marktes entspricht.

4.1.3 Die Durchführung des Holzeinschlages

Im allgemeinen wird der Holzeinschlag in der Bundesrepublik durch den Waldeigentümer mit den von ihm beschäftigten Waldarbeitern durchgeführt. Die Fällung im Eigenbetrieb ist die Regel. Daneben kommt auch der Käuferhieb vor, bei dem der Käufer des Holzes die Durchführung des Einschlages übernimmt. In einem Kaufvertrag werden die genauen Bestimmungen hinsichtlich Einschlag, Kaufmenge, Preis und Pflichten des Käufers festgelegt.

In jüngerer Zeit hat auch der Unternehmerhieb besonders bei Durchforstungen und bei der Aufarbeitung von Katastrophenanfällen an Bedeutung gewonnen. In diesem Falle überträgt der Waldbesitzer den Einschlag eines Hiebes mit Hilfe eines Werkvertrages an einen Einschlagsunternehmer.

Jede dieser Arten der Durchführung des Hauungsbetriebes hat ihre günstigen und ihre nachteiligen Seiten. Wichtig ist in jedem Falle eine laufende Kontrolle der Arbeiten, daß der Schutz des Waldes und die fehlerfreie Aufarbeitung des eingeschlagenen Holzes gewährleistet sind.

Dem Einschlag geht das Kennzeichnen, das ist das Auszeichnen derjenigen Bäume, die zu fällen sind, voraus. Jeder zu entnehmende Stamm sollte möglichst nach zwei Seiten und zwar jeweils in gleichen Himmelsrichtungen kenntlich gemacht werden. Vorteilhafter als „Risse" (mit einem besonderen Reißer) oder „Schalme" (mit einem kleinen Beil) sind Farbtupfer mit der Sprühdose, da die Bäume auf diese Weise unverletzt bleiben und der Hieb erforderlichenfalls ohne Schaden für das Holz zurückgestellt werden kann.

Die Zeit der Durchführung des Holzeinschlages ist vorwiegend das Winterhalbjahr. Insbesondere werden wertvolle Hölzer wie Kiefernschneideholz, das nicht verblauen darf, und Laubhölzer, vor allem Buche, die Gefahr läuft zu verstocken, außerhalb der Saftzeit eingeschlagen. Vorteilhaft ist es, Hiebe über Jungwuchs bei Schneelage zu führen, da dann die jungen Pflanzen durch den Schnee einen gewissen Schutz gegen die Fällarbeiten haben. Durchforstungen, vor allem in jüngeren Beständen, können dagegen auch in den Sommer verlegt werden, da die schwachen Hölzer leicht austrocknen.

In den höheren Gebirgslagen macht eine hohe Schneedecke den Einschlag im Winter unmöglich. Deshalb wird dort die Fällung auf die Sommermonate verlegt. Wenn die in diesen Lagen vorherrschenden Fichten und Tannen beim Einschlag sofort entrindet werden, ist die Sommerfällung unbedenklich. Bei empfindlichen Hölzern (Kiefer, Buche) sollte dagegen die Fällung auf den Spätherbst verschoben werden.

4.1.4 Fällung, Aufarbeiten

Wenn oben darauf hingewiesen wurde, daß die waldbaulichen Gegebenheiten, d.h. kleinflächige und naturnahe Bewirtschaftung, in der deutschen Forstwirtschaft einer Mechanisierung Grenzen setzen und deshalb eine hochmechanisierte Holzernte, wie sie nur der Kahlschlag gestattet, nicht möglich ist, so heißt das nicht, daß die Einführung rationellerer Arbeitsverfahren vernachlässigt werden könnte. Es ist eine Mechanisierung anzustreben, die sich den besonderen Anforderungen anpaßt. Wie dies geschehen kann, läßt sich bei der Betrachtung der Teilvorgänge der Holzernte (Fällung, Aufarbeiten und Rücken) schildern.

Die Fällung umfaßt alle Arbeiten der Holzhauer vom Bestimmen der Fällrichtung über das Beibeilen oder Beisägen der Wurzelanläufe, über die Anlage von Fallkerb und Sägeschnitt, bis der Baum zu Fall gebracht ist und am Boden liegt. Zur Aufarbeitung gehört das Zurichten des Stammes und die Bildung marktgerechter Sorten. In das Rücken sind alle Tätigkeiten eingeschlossen, die mit dem Verbringen des Holzes an die Lkw-fahrbare Waldstraße oder an einen Aufarbeitungsplatz an der Waldstraße zusammenhängen.

Zwischen den einzelnen Teilvorgängen der Holzernte sind die Grenzen fließend. Sie werden von der Art des Arbeitsverfahrens und den eingesetzten Arbeitsmitteln beeinflußt. So wird z. B. das Entasten heute noch zumeist vor dem Rücken in unmittelbarem Zusammenhang mit dem Fällen durchgeführt. Auch die übrige Aufarbeitung erfolgt in vielen Fällen unmittelbar im Anschluß an das Zufallbringen im Bestand. Erst die verkaufsfertig entasteten, vermessenen und eingeteilten Stämme werden zur Straße gerückt. Bei der Teilarbeit Entrinden hat es sich dagegen eingebürgert, daß sie nach dem Rücken an die Waldstraße mit fahrbaren Entrindungsmaschinen oder nach dem Transport zum Holzplatz des Käufers mit stationären Maschinen bewerkstelligt wird.

4.1.4.1 Rotteneinteilung

Am Anfang des Fällens steht die Frage der Rottenbildung. Seit längerer Zeit steht fest, daß große Rotten aus vielen Waldarbeitern wie auch Rotten aus einer ungeraden Zahl von Mitgliedern in der Leistung ungünstig sind. Durch viele Untersuchungen ist inzwischen geklärt, daß die Zweimannrotte selbst bei sehr starkem Holz die besten Voraussetzungen für eine rationelle Holzfällung mit sich bringt. Bei schwachen Beständen (Durchforstungen) teilt sie sich in zwei Einmannrotten auf.

Beide zur Zweimannrotte gehörenden Arbeiter müssen sämtliche Arbeiten, die beim Fällen und Aufarbeiten vorkommen, ausführen können. Bei stärkerem Holz wird nach dem Fallkerb der Fällschnitt angelegt, hat er eine gewisse Tiefe, setzt man die Keile und keilt nach (Abb. 82). Die Zusammenarbeit richtig einteilen zu können, erfordert entsprechende praktische und theoretische Kenntnisse sowie Berufserfahrung. Jeder der beiden Arbeiter führt in genügendem Abstand vom anderen, so daß keine Unfallgefahr gegeben ist, alle diese Arbeiten am einzelnen Baum allein aus.

Beim Einsatz einer Arbeitskolonne, einer größeren Zahl von Waldarbeitern an einem Hiebsort, z. B. beim Unternehmereinsatz, ist darauf zu achten, daß in Zweimannrotten gearbeitet wird. Häufig neigt eine Vielmannrotte zur Arbeitsteilung. Einzelne Arbeiter machen nur

Abb. 82 Setzen der Keile bei starkem Holz; der Fällschnitt hat eine bestimmte Tiefe erreicht, die Motorsäge steckt mit dem Schwert im Schnitt (Werkfoto: Stihl)

Motorsägenarbeit (Fallkerb und Sägeschnitt), andere entasten, dritte vermessen usw. Es wird angenommen, daß durch diese Spezialisierung, die Fertigkeit in der Teilarbeit erhöht wird. Dabei wird aber übersehen, daß jeder Arbeiter erneut zu jedem Stamm hingehen muß, um dort seine Arbeit auszuführen. Dadurch erhöhen sich die Laufwege beachtlich, ungünstig ist auch die einseitige Arbeitsbelastung. Selbst wenn die einzelne Teilarbeit besser und schneller beherrscht wird, wird die Leistung insgesamt nicht gesteigert.

4.1.4.2 Fällungswerkzeug

Motorsäge. Die Arbeitsleistung hängt nicht zuletzt von einer guten Werkzeugausrüstung ab. Zum wichtigsten Werkzeug hat sich in den letzten drei Jahrzehnten die Motorsäge entwickelt (Abb. 83). Sie trägt dazu bei, die an sich schwere Waldarbeit zu erleichtern und anstrengende Sägearbeiten zu verkürzen. Teilweise führt man mit ihr auch Arbeiten durch, die bisher der Axt vorbehalten waren. So wird heute der Fallkerb fast ausschließlich mit der Motorsäge geschnitten. Auch das Entasten, insbesondere bei stärkeren Astdurchmessern wird mit der Motorsäge ausgeführt. Ein gesundheitlicher Nachteil der Kettensäge war die starke Vibration durch den laufenden Motor während der Arbeit. Die Entwicklung des Antivibrationsgriffes hat diesen Mangel gemindert.

Der Umgang mit der Motorsäge will gelernt sein, sowohl die Führung beim Sägen wie auch die Pflege der Kette und die Instandhaltung der Säge. Wer zuvor noch nicht mit der Motorsäge gearbeitet hat, sollte daher zunächst unbedingt an einem Motorsägenlehrgang teilnehmen, um die nötige Fertigkeit und Sicherheit in der Sägetechnik zu erwerben, aber auch um sich die notwendigen Kenntnisse in der Unfallverhütung und in der Pflege der Säge anzueignen.

Abb. 83 Das Hauptarbeitsgerät des Waldarbeiters ist heute die Motorsäge. Im Bild wurden die Wurzelanläufe hinten am Stamm beigeschnitten und der Fallkerb angelegt. Der Arbeiter führt gerade den Sägeschnitt aus (einige Zentimeter höher als die Fallkerbsohle). Der Arbeiter ist vorschriftsmäßig mit Schutzhelm, Gehörschutz, Gesichtsschutz, Handschuhen und Schuhen mit Sicherheitskappen ausgerüstet (Werkfoto: Stihl)

4.1.4.3 Das übrige Werkzeug bei der Holzfällung

Das älteste Holzhauerwerkzeug ist die *Axt.* Mit ihr allein ließe sich – früher geschah dies auch – die ganze Fällung durchführen. Das Hauen mit der Axt kostet aber viel Kraft. Daher wurde die Axtarbeit in jüngerer Zeit immer mehr beschränkt. Die Motorsäge trat, wie

Abb. 84 Entastet wird heute weitgehend mit der Motorsäge (Werkfoto: Stihl)

Abb. 85 Die Axt, das älteste Holzhauerwerkzeug, wird heute hauptsächlich zum Entasten in nicht zu stark astigen Beständen verwendet. Das Bild zeigt eine Iltisaxt mit Kuhfußstiel (Foto: Forstkultur)

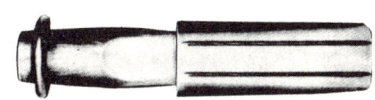

Abb. 86 Die Spaltaxt – hier die süddeutsche Form – dient zum Spalten von Schichtholz und zum Eintreiben der Keile beim Fällen und Spalten (Foto: Forstkultur)

Abb. 87 Der Fällkeil besteht aus einem Duraluminiumschuh mit Holzeinsatz und Ring (Foto: Forstkultur)

oben schon erwähnt, vielfach an die Stelle der Axt. Nachdem die Axt heute im wesentlichen nur noch zum Entasten in nicht zu stark astigen Beständen verwendet wird, spielt ihre Treffsicherheit und rasche Führung die Hauptrolle. Es hat sich deshalb weitgehend die leichte Iltisaxt (etwa 1 000 g) mit einem kurzen (etwa 70 cm), geschwungenen und am Ende mit einem Knauf versehenen Kuhfußstiel durchgesetzt (Abb. 85).

Wo Schichtholz und kurzes Industrieholz gespalten werden müssen, wird eine *Spaltaxt* benötigt. Sie hat ein höheres Gewicht (bis 3,2 kg ohne Stiel) und einen längeren Stiel (etwa 80 cm), um beim Spaltvorgang die nötige Wucht zu entwickeln. Das Blatt ist keilförmig ausgebildet, damit sie das Holz in Längsrichtung auseinandertreibt (Abb. 86).

Keile braucht man zu verschiedenen Zwecken. Als *Sägeschnittkeile* aus Kunststoff oder Leichtmetall dienen sie dazu, den Sägeschnitt offenzuhalten. Sie sind klein und leicht und lassen sich bequem in der Tasche mitführen. Neben der Schlagfläche sitzt ein kleiner Dorn, der sich beim Einschlagen neben der Schnittfläche am Stamm festhält, so daß er nicht verlorengeht.

Mit den *Fällkeilen* (Abb. 87) lenkt man den Stamm beim Zufallbringen in die richtige Fallrichtung. Sie bestehen aus einem Duraluminiumschuh mit Holzeinsatz und Ring. Wenn eine Spaltaxt griffbereit ist, verwendet man diese, um den Keil einzutreiben, da sie mehr Kraft entwickelt. Der Fällkeil kann auch als *Spaltkeil* zum Längsspalten von Schichtholz gebraucht werden. Bei sehr zähen und starken Hölzern wird daneben noch ein weiterer Spaltkeil genommen, der einen größeren Keilwinkel hat und die Spaltstücke besser spaltet.

4.1.4.4 Aufarbeitungsgeräte und -maschinen

Die vorstehend genannten Werkzeuge dienen in der Hauptsache der Fällung. Hinzu kommen die Geräte, die bei der Aufarbeitung benötigt werden. Die wesentlichen Tätigkeiten sind hierbei das

Entrinden, das Vermessen und das Einschneiden. Zur seltener werdenden *Handentrindung* benutzt man das *Schäleisen,* mit dem die Rinde stoßend abgelöst wird. Das etwa dreieckige Eisenteil mit der Fassung für den Griff besteht aus Stahlblech. Die Schneide darf nicht zu scharf sein, da das Eisen sonst ins Holz geht. Die Gesamtlänge von Eisen und Stiel soll etwa 1,30 m betragen. Ein Gummiknauf, der auf das Stielende aufgesteckt wird, macht das stoßende Führen für die Hand angenehmer.

Maschinenentrindung. Die Maschine hat bisher in der Holzhauerei am meisten bei der Entrindung Eingang gefunden, weil sich die Voraussetzungen für ihren Einsatz bei dieser Teilarbeit, die nur für Nadelholz in Frage kommt, am leichtesten und in waldschonender Weise schaffen ließen. Laubholz wird im allgemeinen nicht entrindet.

Bei Stammholz kommt Entrindung an der Waldstraße oder im Werk in Frage. Das Holz wird am Fällort entastet und sortimentsweise ausgehalten. Beim Ausrücken aus dem Bestand entstehen dadurch keine höheren Aufwendungen als dies bei entrindetem Holz der Fall ist. Andererseits schützt die Rinde das Holz vor Verschmutzung. Nach dem Entrinden ist es sauberer.

Die *Waldentrindung* paßt sich den in Deutschland gegebenen Strukturverhältnissen der Sägeindustrie besser an (Abb. 88). Kleinere und mittlere Sägewerke, für die die Beschaffung einer Entrindungsanlage nicht wirtschaftlich ist, können weiterhin mit entrindetem Holz versorgt werden. Die Gefahr der Schädlingsvermehrung läßt sich besser kontrollieren. Das Holz trocknet aus und wird leichter für den Transport. Die Rindenabfälle werden in den Bestand geblasen und verursachen kein Beseitigungsproblem.

Für die *Werksentrindung*, die nur bei Unternehmen mit entsprechenden Produktionskapazitäten möglich ist, sprechen die bessere Auslastung der Maschinen und die gleichmäßige Entrindungsqualität (Abb. 89). Nach den bisherigen Erkenntnissen werden sich Werksentrindung und Waldentrindung nebeneinander weiterentwickeln.

Mobile *Stammholzentrindungsmaschinen* arbeiten mit Lochrotoren, die im allgemeinen den Durchgang von Stämmen bis 66 cm Durchmesser am stärkeren Ende, bei manchen Konstruktionen auch bis 72 cm, erlauben. Die Stammlänge kann bis 24 m betragen. Die Stämme werden nach dem Rücken in Poltern neben der Waldstraße abgelegt. Der La-

Abb. 88 Einsatz der mobilen Entrindungsanlage „Klosterreichenbach" an der Waldstraße (Werkfoto: HSM)

Abb. 89 Entrindungs-, Einteil- und Sortieranlage eines größeren Sägewerkes. In der Mitte des linken Bilddrittels ist der Lochrotor mit Stachelwalzen zu sehen (Foto: Steuer)

dekran der Entrindungsmaschine greift Stamm um Stamm und führt ihn zu synchron laufenden Paaren von Stachelwalzen, die den Stamm in den Lochrotor führen und vorschieben.

Der Lochrotor ist ein sich rasch drehender Ring, besetzt mit Messern, die durch Fliehgewichte an den Stamm angedrückt werden (Abb. 90). Spiralförmig wird die Rinde abgelöst. Nach dem Passieren des Lochrotors schiebt sich der Stamm auf einen Aufnahmetisch, von dem er hydraulisch abgekippt oder mit dem Kran erfaßt und neben der Straße (oder auch beidseitig) auf einem neuen Polter entrindeter Stämme abgelegt wird.

Schwachholzentrindungsmaschinen für langes und kurzes Industrieholz arbeiten auf ähnliche Weise. Bei diesem Sortiment ist die Tendenz zur Werksentrindung etwas größer als beim Stammholz. Die Papierindustrie kauft aus Gründen der Frische und des Weißgehaltes das schwache Nadelholz weitgehend in Rinde. Die Holzwerkstoffindustrie ist sowohl an entrindetem wie an unentrindetem Holz interessiert. So werden auch hier Wald- und Werksentrindung noch längere Zeit nebeneinander bestehen.

Das schwache Nadelholz kommt vorwiegend aus Durchforstungsbeständen. Um das Holz ohne Rückeschäden unter

Abb. 90 Lochrotor mit Entrindungsmessern (Foto: Archiv Holz-Zentralblatt)

Ausnutzung von Maschinen (Schwachholzschlepper, Rückewagen) ausbringen zu können, ist die Aufgliederung der Bestände durch 3,0 bis 3,5 m breite Rückeschneisen im Abstand von etwa 30 m notwendig. Kurzholz wird von den Arbeitern am Fällort eingeschnitten, von Hand zur Rückegasse gebracht und im Rauhwurf aufgesetzt. Der Rückewagen bringt es zur Lkw-fahrbaren Straße, wo die Entrindung erfolgt.

Bei Industrieholz lang empfiehlt sich das Goldberger Verfahren. Zu den Rückegassen laufen in 12 bis 15 m Abstand

1,2 m breite Seillinien in Winkeln von 45° oder 60°. Die Stämme werden unter genauer Einhaltung der Fällrichtung fischgrätenartig zur Seillinie gefällt und entastet. Mit einer Seilwinde werden sie unter Mithilfe eines zweiten Mannes im Choker-System an der Seillinie zusammengezogen und auf dieser zur Rückegasse vorgeschleift. Dort nimmt sie der Schwachholzschlepper auf und rückt sie zur Straße, wo die Maschinenentrindung ähnlich wie beim Stammholz vorgenommen wird.

Die Leistung bei der maschinellen Entrindung ist abhängig von gut geschultem Personal, insbesondere von einem erfahrenen Maschinenführer. Ebenso sind eine überlegte Planung des Einsatzes und eine sorgfältige Arbeitsvorbereitung wichtig. In der Stammholzentrindung sind bei Zweimannbedienung unter Berücksichtigung der Nebenzeiten wie Fahrten von Polter zu Polter, Einnahme der Arbeitsstellung, Wechsel zur Transportstellung und Aufsuchen des nächsten Einsatzortes je nach Stärke des Holzes Stundenleistungen von 25 bis 35 m³ möglich. Rechnet man mit einer jährlichen Einsatzzeit von etwa 1000 bis 1200 Entrindungsstunden, so können zwischen 25000 und 40000 m³ Nadelstammholz entrindet werden. Bei Industrieholz kurz kann unter gleichen Voraussetzungen mit einer Jahresleistung von 35000 m³, bei Industrieholz lang mit einer von 15000 m³ gerechnet werden.

4.1.4.5 Vermessungswerkzeuge

Zur *Längenmessung* des entasteten und am Boden liegenden, eventuell handentrindeten Stammes wird seit langem der Reißmeter verwendet, mit dem sich je Meter ein Anriß anbringen läßt. Alle fünf Meter wird der Anriß durchkreuzt, so daß die Gesamtlänge leichter auszuzählen ist. Das Vermessen mit dem Reißmeter erfolgt gewöhnlich als eigener Arbeitsgang.

Seit einigen Jahren hat sich bei der Längenmessung das automatisch aufrollbare Bandmaß eingebürgert. In diesem Fall geschieht die Vermessung in Zusammenhang mit dem Entasten – mit der Axt oder mit der Motorsäge. Der Holzhauer befestigt das an seinem Gürtel hängende und von dort ausrollende Bandmaß mit einem Dorn am Stammfuß und zieht es aus, während er entastend am Stamm entlanggeht. Dabei kann er durch Andrücken des Maßbandes an den Stamm jederzeit die Länge ablesen und sie markieren.

Abb. 91 Mit dem Reißmeter wird die Länge des Holzes gemessen. An der Seite des Griffes ist ein Reißer, mit dem ein Anriß angebracht wird (nach Forstkultur)

Wo die Feststellung des *Zopfdurchmessers* von Bedeutung ist wie z.B. bei der Klasseneinteilung der Heilbronner Sortierung oder bei der Schwellensortierung, führt der Holzhauer eine Zopfkluppe bis 40 cm Durchmesser, am vorteilhaftesten aus Leichtmetall, mit sich. Die *Kluppen* (Abb. 92) zur Ermittlung des Festgehaltes gestatten die Feststellung von Mittendurchmessern von einem Meter und mehr. Die Meßgeräte, mit denen die Verkaufsunterlagen ermittelt werden, müssen amtlich geeicht sein und alle zwei Jahre nachgeeicht werden.

Abb. 92 Der Durchmesser des Rundholzes in der Mitte oder am Zopf wird mit der Kluppe ermittelt. Vorteilhaft ist die abgebildete Leichtmetallkluppe (nach Forstkultur)

4.1.4.6 Zusatzgeräte

Der Stamm, der aufgearbeitet wird, muß gedreht werden, damit man z.B.

Abb. 93 Um den Stamm zu drehen oder anzuheben, wird der Wendehaken benutzt. Durch den Ring wird ein kräftiger Hebel gesteckt (nach Forstkultur)

94), der vermehrt auch anderwärts z. B. bei der Motorsägenarbeit Verwendung findet. Durch seine günstige Form und Hebelwirkung läßt er sich vielseitig verwenden.

Ein heute zur Holzfällung gehörendes Gerät ist der *Greifzug* (Abb. 95). Er wird sowohl zum Zufallbringen von Hängern, zur Sicherung des Einhaltens der Fallrichtung bei schräg gewachsenen Bäumen, insbesondere in der Nähe von Straßen, Eisenbahnlinien, Gebäuden oder Strom- und Telefonleitungen wie auch zum Anheben oder Absenken von schweren Lasten eingesetzt oder zum

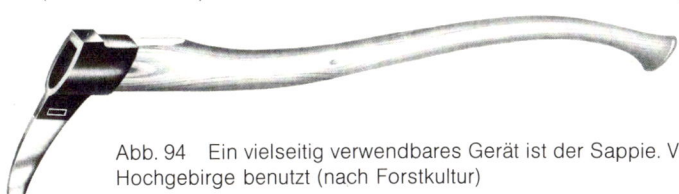

Abb. 94 Ein vielseitig verwendbares Gerät ist der Sappie. Vorwiegend wird er im Hochgebirge benutzt (nach Forstkultur)

beim Entasten an die andere Seite herankommt. Hänger müssen zu Fall gebracht werden. Beim Einschneiden ist ein leichtes Anheben erforderlich. Für all diese Tätigkeiten sind mehrere Zusatzgeräte in Gebrauch.

Da ist zunächst der *Wendehaken*. Er besteht aus einem Haken mit Ring. Durch den Ring wird ein kräftiger Hebel gesteckt, dann läßt sich der Wendehaken zum Drehen und Anheben von Stämmen vorteilhaft benutzen. Der Haken soll nicht zu groß und schwer sein, der Ring weit. Der Hebel, etwa 7 cm stark und 1,30 m lang, wird aus einer gut getrockneten Weichlaubholzstange (Aspe) hergestellt. Er gehört wie der Wendehaken zur Standardausrüstung.

Vorteilhaft ist es, den Stamm mit zwei leichten Wendehaken zu drehen – ein Mann kann halten, einer kann nachgreifen – als zu zweit mit einem schweren Wendehaken sich gegenseitig zu behindern (Abb. 93).

Zum Drehen, Ziehen und Anheben des Holzes wird im Gebirge der *Sappie* (auch Sapine genannt) gebraucht (Abb.

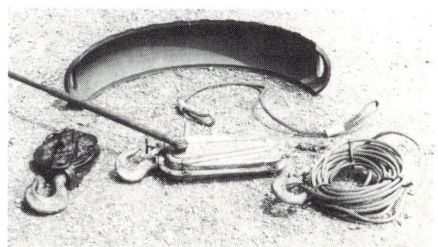

Abb. 95 Greifzug mit Anhängeseil und Baumschutz (aus altem Autoreifen), Umlenkrolle und Zugseil mit Haken (Foto: Steuer)

Spannen von Tragseilen bei Seilanlagen verwendet.

Zwei abwechselnd greifende Klemmbackenpaare, die nach dem Prinzip der Froschklemmen funktionieren, führen das Seil durch das Gerät bzw. halten es fest. Eine eingebaute Überlastsicherung blockiert das Gerät bei zu hoher Belastung. Durch das Einschalten von Rollen nach dem Prinzip des Flaschenzuges kann die Zugkraft vervielfacht werden. Das Gerät wird in drei Ausführungen mit 0,75 t, 1,5 t und 3,0 t Zugleistung geliefert.

4.2 Neue Wege beim Rücken und Aufarbeiten des Holzes

Um das gefällte Holz mit dem Lastkraftwagen zu den Be- und Verarbeitungswerken bringen zu können, muß es zuerst aus dem Bestand geschafft werden.

Noch weitgehend üblich ist das *sortenweise Rücken,* wie es oben bei der Darlegung der Teilvorgänge der Holzhauerei geschildert wurde. Im Bestreben, die Aufarbeitung rationeller zu gestalten, wurden in den letzten Jahren zunehmend Versuche durchgeführt, *Rohschäfte* oder *Ganzbäume* zu rücken. Im ersten Fall werden die Bäume am Fällort entastet oder auch nur grob entastet und bis zum geringst möglichen, noch wirtschaftlichen Zopfdurchmesser ausgehalten. Dieser ganze Schaft wird anschließend einzeln oder zu mehreren zur Lkw-fahrbaren Straße geschleift. Im zweiten Fall werden die Bäume unentastet mit der Krone oder auch nur teilweise entastet zur Waldstraße gerückt (Abb. 96).

Abb. 96 Die Ganzbäume wurden an die Waldstraße gerückt und werden jetzt zu einem Platz transportiert, wo sie mit Maschinen weiter aufgearbeitet werden (Foto: Archiv)

Das Ziel ist bei beiden Verfahren, Teilarbeiten wie Entasten oder vollkommenes Entasten, Entrinden, Vermessen und Einschneiden vom Fällort weg an Plätze zu verlegen, wo Maschinen für diese Arbeiten eingesetzt werden können. Wirtschaftlich läßt sich diese Verlagerung nur durchführen, wenn der Platz der weiteren Aufarbeitung dort liegt, wo der Transport vom Einschlagsort zur Verarbeitungsstätte ohnehin unterbrochen wird. Es bieten sich daher drei Aufarbeitungsplätze an:
1. die Waldstraße, wo mobile Aufarbeitungsmaschinen die nötigen Teilarbeiten übernehmen;
2. ein vorübergehend benutzter, entsprechend hergerichteter Platz, auf dem halbstationäre Maschinen wie z. B. die des österreichischen Holzerntezuges eingesetzt werden;
3. ein fester Aufarbeitungsplatz, sog. „Holzhof", in oder am Wald oder beim Verarbeitungswerk, der mit ortsfesten Maschinen eingerichtet ist.

Die Waldstraße wird heute weitgehend bei der Waldentrindung durch Maschinen in Anspruch genommen. Zeitweilige Aufarbeitungsplätze im Wald sind in der Bundesrepublik über das Versuchsstadium noch nicht hinausgekommen. Ortsfeste Aufarbeitungsplätze bestehen bereits in größerer Zahl, sowohl vom Waldbesitz errichtet, als auch von holzwirtschaftlichen Unternehmen in Verbindung mit einem holzverarbeitenden Betrieb geführt. Sie haben sich durch die Konzentration bei Aufarbeitung und Aufmessung den anderen Verfahren gegenüber überlegen gezeigt.

Allerdings sind verschiedene Grundsätze zu beachten. Die Jahreskapazität soll wenigstens 25 000 m^3 betragen. Für die Aufnahmekapazität sind zwei Maschinenaggregate entscheidend: die Entrindungsanlage und der Portalkran (Abb. 97). Sie sollten zu 80 bis 90% ihrer Kapazität ausgenutzt sein. Bei der Wahl des Standortes ist das Problem der Versorgung mit Holz zu berücksichtigen. Der *Holzhof* soll günstig zum Wald lie-

Abb. 97 Holzhof mit Entrindungsanlage (rechts oberhalb der Bildmitte) und Portalkran (Foto: Müller)

gen, aus dem das Holz bezogen wird. Er muß sich nicht im Zentrum oder Schwerpunkt eines Waldgebietes befinden, doch sollte das benötigte Holz aus den Waldungen des Nahverkehrsbereiches (max. 50 km) angefahren werden können. Besonders vorteilhaft ist eine Region mit hohem Bewaldungsprozent. Anschluß des Holzhofes an die Schiene ist wünschenswert. Besonderes Augenmerk ist der Sortierung und der Weitergabe der erzeugten Sorten zu widmen. Feinsortierung erhöht den Gewinn, günstiger Absatz von Massensorten spart Kosten.

4.3 Rücken des Holzes

Die menschliche Arbeitskraft, sicher die teuerste Energiequelle, wird nur noch ausnahmsweise beim Rücken in schwachen Beständen beansprucht, um Industrieholz, vor allem Kurzholz, vom Fällort an die Rückeschneise vorzuschaffen.

Durch die Verwendung von Handrückekarren läßt sich diese Arbeit wesentlich erleichtern. Das Pferd, ein sehr vorteilhaftes Rückemittel (Abb. 98), vor allem auf kürzere Entfernung (bis 100 m) steht infolge des Rückganges der Pferdehaltung in der Landwirtschaft nur noch selten zur Verfügung.

Das heute und wohl auch künftig häufigste Rückemittel ist der Schlepper. Zunehmend hat sich der Einsatz von für die Rückearbeit ausgerüsteten Allradschleppern herkömmlicher Bauart und von speziellen Forstschleppern mit Knicklenkung durchgesetzt.

4.3.1 Rückeschlepper

Einfache landwirtschaftliche Schlepper eignen sich wenig zum Ausrücken von Holz. Schlepper in der schweren Arbeit der Holzernte im hindernisreichen Gelände, durch Anhängelasten ungünstig beschwert, bedürfen einer Reihe von Änderungen und zusätzlichen Ausstat-

Abb. 98 Auch heute noch sind Zugtiere sehr brauchbare Gehilfen beim Rücken (Foto: H. Deuchert)

tungen (Abb. 99). Notwendig sind Motorleistungen von mehr als 37 kW bis 65 kW, zuschaltbarer Vorderradantrieb, verstärkte Achsen, hydraulische Lenkhilfe, große Bodenfreiheit, besonderer Bodenschutz, breite Reifen, ausreichend große Vorderräder, Schlepperseilwinde; all das braucht ein Rückeschlepper, um geländegängig, robust, wendig und steigfähig zu sein. Günstig sind ein relativ langer Radstand und eine ausgeglichene Gewichtsverteilung (vorne:hinten = 1:2 bis 1:1) zum Anheben der Stämme beim halb schwebend Rücken oder beim Anbau von Rückeaggregaten. Letzteres läßt sich verbessern durch eine Frontseilwinde oder durch Gewichte.

Spezialforstschlepper haben eine Knicklenkung, wobei der vordere Schlepperteil bis ca. 45° gegen den hinteren gewinkelt werden kann (Abb. 100). Durch diese Bauweise können die Vorderräder große Durchmesser haben, da sie nicht unter das Fahrzeug geschwenkt werden, und der Wenderadius bleibt klein. Große Räder erlauben eine gute Bodenfreiheit, eine breite Spur erhöht die Fahrsicherheit. Die Schlepper erhalten dadurch eine hohe Geländegängigkeit. Die Ausstattung mit Sturzbügel und Schutzgitter sowie der Anbau eines Rückeaggregates sind serienmäßig.

Erst das *Rückeaggregat* macht einen Schlepper für das Ausrücken von Langholz wie von Schichtholz vollkommen tauglich. Es besteht hauptsächlich aus einer Vorrichtung zum Anheben und Tragen der Stämme, einem Panzerschild als Schutz gegen anlaufende Stämme,

Abb. 99 Für die schwere Arbeit des Holzrückkens werden Schlepper mit zusätzlicher Ausrüstung benötigt. Landwirtschaftliche Schlepper eignen sich nur bedingt (Foto: Archiv)

Abb. 100 Spezialforstschlepper mit Knicklenkung, Schutzgitter, Panzerschild, Bergstütze, Doppeltrommelseilwinde (Foto: Steuer)

einer Eintrommel- oder Doppeltrommel-Seilwinde, einer Bergstütze für den Seilzug und einer Steuereinrichtung. Durch einen angehängten *Rückewagen,* der ähnliche Aufgaben wie ein Rückeaggregat erfüllt, läßt sich auch ein einfacher Schlepper noch wirtschaftlich in der Holzernte einsetzen. Zum Rücken von Stammholz bedarf der Rückewagen einer Seilwinde, einer Hebevorrichtung, die das Ende des zu rückenden Stammes hochhält, einer Stützvorrichtung und eines Schutzschildes. Nachteilig ist die geringe Wendigkeit, vor allem beim Zurücksetzen.

Für das Rücken von Kurzholz haben sich *Kombinationsrückezüge* bewährt, die aus einem schweren Allradschlepper herkömmlicher Bauart über 37 kW mit einer leistungsfähigen Hydraulikanlage, einem geländegängigen Spezialrückewagen sowie einem hydraulischen Ladekran bestehen. Der Kran kann auf der Deichsel des Rückewagens oder am Heck des Schleppers montiert werden. Er muß geeignet sein, Schichtholz in 1 und 2 m Länge und Schwachholz in Kranlängen zu manipulieren (Abb. 101). Der Rückezug läßt sich vorteilhaft auf 3 m breiten, in 25 bis 30 m Abstand

Abb. 101 Kombinationsrückezug mit Knicklenkung zum Ausrücken von Schwachholz in Kranlängen (Werkfoto: Valmet)

angelegten Rückegassen einsetzen, die Kreisverkehr zulassen. Das auszurückende Holz wird von Hand oder mit dem Seil an die Rückegassen vorgerückt oder mit dem Kran im Bestand aufgenommen.

4.3.2 Seilbringung

Wo das Vorrücken des Holzes an Schneisen und Lagerplätze usw. die menschliche Kraft übersteigt und in schwierigem, steilem Gelände (besonders im Hochgebirge), das nicht befahren werden kann, wird eine Seilanlage zum Rücken zu Hilfe genommen.

Zur Seilanlage gehört eine Seilwinde, die selbstfahrbar ist, sich an Hängen am Seil selbst aufziehen kann oder auf einem Schlepper aufgesattelt und mit ein oder zwei Seiltrommeln ausgestattet ist. Ferner werden benötigt: ein Zugseil (10 bis 15 mm Durchmesser), ein Rückholseil (6 bis 8 mm Durchmesser) und ein Tragseil (15 bis 20 mm Durchmesser), sowie Hilfsseile zum Verspannen und zum Befestigen der Seilsättel.

Die Verwendung von Seilanlagen kann in drei verschiedenen Verfahren erfolgen:

1. *Am Boden schleifend* wird das Holz mit der Seilwinde, am Zugseil angehängt, zur Rückegasse oder Waldstraße gerückt. Das Zugseil wird, vor allem wenn das Holz breit im Bestand liegt, von Hand ausgezogen. Liegt es auf einem Streifen, der sich als Rücketrasse eignet, so kann das Rückholseil zum Ausziehen des Zugseiles verwendet werden. Dieses Verfahren ist verhältnismäßig einfach. Es bedarf keiner großen Arbeitsvorbereitung und erfordert nur geringen Aufwand beim Auf- und Abbau. Es läßt sich in allen Geländeformen anwenden. Dagegen hat es keine hohe Leistung, kostet viel Kraft, reißt den Boden auf und birgt die Gefahr der Verletzung der stehenbleibenden Stämme.

Die beiden folgenden Verfahren eignen sich hauptsächlich für steiles Gelände.

2. Das *Kopfhochverfahren* arbeitet mit Motorseilwinde, Tragseil, Zugseil und

Abb. 102 Beim „Kopfhochverfahren" wird der Stamm am vorderen Ende durch das Zugseil angehoben und bergauf gezogen (Foto: Holtmann)

Rückholseil. Es dient vorwiegend dem Ausziehen von Stammholz hangaufwärts. Auf einer Trasse wird das Tragseil mit Hilfsseilen und Seilsätteln an stehenbleibenden Bäumen ausgespannt. Das Zugseil läuft über einen auf dem Tragseil aufgesetzten Laufwagen und wird vom Rückholseil ausgezogen. Von jeder Stelle der Trasse aus kann das Holz seitlich herangeholt werden. Unter der Trasse wird es am vorderen Ende hochgehoben und aufwärts bewegt. Das rückwärtige Ende schleift am Boden oder hängt frei in der Luft über dem Boden (Abb. 102), je nach Höhe des Tragseiles. Auch dieses Verfahren kann noch als einfach bezeichnet werden. Die Wahl der Trasse, Auf- und Abbau werfen keine großen Probleme auf. Boden und verbleibender Bestand werden geschont, und auch das ausgerückte Holz leidet keinen Schaden.

3. Das *Freischweb-Verfahren* erfordert dagegen mehr Planung und Vorbereitung. Benötigt werden Motorseilwinde, Tragseil, Zugseil, Rückholseil sowie eine Laufkatze, deren Haltevorrichtung eine Zweipunktaufhängung erlaubt und an jedem Punkt der Seiltrasse zum Aufnehmen des Holzes abgelassen werden

kann. Die Stämme schweben etwa parallel zum Tragseil. Das Verfahren wird hauptsächlich zum Transport von Berg zu Tal angewandt. Es erfordert eine sorgfältige Trassenwahl. Auf- und Abbau benötigen Zeit.

Seilanlagen, die in einem Arbeitsgang das Holz seitlich zum Tragseil heranziehen, hochheben und längsfördern können, werden auch Seilkräne genannt. Man unterscheidet Lang- und Kurzstreckenseilkräne. Erstere haben eine Reichweite bis 2000 m, letztere werden zur Bringung zwischen 150 und 400 m eingesetzt. Langstreckenseilkräne finden in Deutschland kaum mehr Verwendung, da sie bei den gegebenen waldbaulichen Voraussetzungen wirtschaftlich nicht einsetzbar sind. Dagegen wurden Kurzstreckenseilkräne in den vergangenen Jahren im Hochgebirge vermehrt eingesetzt.

Vor allem fahrbare Seilkräne, die auf einen Lkw oder auf ein Universal-Motorgerät montiert sind, ausgestattet mit Trommeln für Tragseil, Zugseil und Rückholseil sowie ausfahrbarem oder kippbarem Mast bis zu 8,50 m Höhe als Tragseilstütze fanden Verwendung. Die verstärkte Erschließung der Gebirgswaldungen durch Straßen hat den Seilkränen in den Spezialforstschleppern eine Konkurrenz gebracht, da diese durch kombiniertes Rücken, Beiziehen mit der Motorseilwinde aus nicht befahrbaren Waldorten und Weiterfahren mit an einem Ende angehobenem Holz auch in schwierigem, steilem Gelände gute Leistungen bringen. Die Arbeit der Seilkräne ist jedoch für den Boden schonender.

4.4 Pflegliche Behandlung des Holzes

Das Holz ist ein universeller und geradezu kostbarer Rohstoff. Dieser Bedeutung entsprechend muß es behandelt werden. Durch Fehler und Unachtsamkeiten bei der Fällung und dem anschließenden Zurichten kann der in hundert und mehr Jahren herangewachsene Baum in seiner Güte gemindert und gar für Nutzzwecke völlig unbrauchbar werden. Diese Wertminderungen und Verluste an einem so bedeutsamen Rohstoff können vermieden werden, wenn die nötige Sorgfalt bei der Aufarbeitung und Behandlung des Holzes beachtet wird.

4.4.1 Das fachgerechte Fällen der Bäume

Bei der Fällung gibt es mancherlei Verlustquellen. Je gründlicher die Fällungstechnik von den Holzhauern beherrscht wird, um so seltener entstehen Schäden und um so höher wird die Nutzholzausbeute sein.

Vor dem Zufallbringen des Baums wird die Fallrichtung festgelegt. Dabei ist einerseits auf das Gelände, die Abfuhrrichtung, die Neigung des Baumes, die Windrichtung und Windstärke Rücksicht zu nehmen. Andererseits sind Schäden am verbleibenden Bestand und am Jungwuchs zu vermeiden, wie auch der fallende Stamm selbst keinen Schaden erleiden darf. Starke Stämme in Hanglagen werden möglichst bergauf geworfen, um den Fallweg zu verkürzen. Unbedingt muß vermieden werden, daß der Stamm auf einen anderen querliegenden Baum aufschlägt, da er dabei häufig bricht. Bei Frost ist besondere Vorsicht geboten, da die Bruchgefahr erhöht ist.

Ist die Fallrichtung unter Beachtung aller Faktoren bestimmt, so kommt es darauf an, daß sie genau eingehalten wird. Ausschlaggebend für die Sicherung der Fallrichtung ist der sachgemäß angelegte Fallkerb. Höhe und Tiefe richten sich nach dem Stockdurchmesser, der Neigung des Baumes, der Kronenausladung, der Form des Stammquerschnittes und den Wurzelanläufen. Im allgemeinen genügt bei Nadelholz eine Fallkerbtiefe von einem Fünftel des Stockdurchmessers, bei Laubholz von einem Drittel. Höhe zu Tiefe des Fallkerbes sollen sich wie zwei zu drei,

Abb. 103 Richtig angelegter Fallkerb und vorschriftsmäßig geführter Sägeschnitt sichern die Fallrichtung des Baumes und verhindern das Aufreißen des Stammfußes. Der „Bart", der aus dem Stock – nicht aus dem Stamm – herausreißen soll, wird nach dem Fallen des Baumes abgeschnitten oder abgehauen (nach König)

besser noch wie eins zu zwei verhalten, um möglichst wenig Verlust am astreinen Stammantel zu haben.

Um ein seitliches Aufreißen des Stammes im zähen Splintholz zu vermeiden, wird an den Außenseiten des Fallkerbes der „Splinthieb" geführt. Mit einem kräftigen Hieb der Axt oder leichten Schnitt der Motorsäge wird der Splint seitlich durchtrennt.

Normalerweise wird der Fallkerb vor dem Sägeschnitt angelegt, um eine sichere Führung des Baumes beim Fällen zu gewährleisten und ein Aufreißen des Stammes zu verhindern. Muß man hängende Stämme in Richtung ihrer Neigung werfen, so ist die Gefahr des Aufreißens besonders groß. Solche Stämme wie auch Stämme mit einseitiger Kronenausbildung, die in Fallrichtung stark ziehen, sind unbedingt vor dem Sägeschnitt auf der Fallkerbseite tief einzukerben. Geht die Fallrichtung entgegen der Hangrichtung, so wird der Sägeschnitt zuerst geführt und der Fallkerb danach gehauen, wenn der Stamm hochgekeilt ist. An stark windigen Tagen sollte das Fällen von Bäumen unterbleiben.

Der Sägeschnitt soll etwa zwei Finger breit über der Fallkerbsohle liegen. Dann bleibt der „Bart" (auch „Grat" oder „Waldhieb" genannt) am Stamm (Abb. 103). Bei einem Sägeschnitt in Höhe der Fallkerbsohle oder gar tiefer besteht die Gefahr, daß Späne aus dem Stamm gezogen werden. Der Waldbart wird sofort nach dem Zufallbringen abgesägt oder abgehauen.

Das Abschneiden der Wurzelanläufe erfolgt nach neueren Untersuchungen besser erst nach dem Fällen. Jedenfalls sollten die Wurzelanläufe vor oder nach dem Fällen entfernt werden, da am Ende walzenförmig ausgeformte Stämme leichter zu rücken sind und sich günstiger transportieren und lagern lassen.

4.4.2 Verhindern von Schäden am liegenden Holz

Die wichtigste Voraussetzung für die weitgehende Vermeidung von Schäden am geschlagenen Holz ist der rechtzeitige Beginn des jährlichen Einschlages im Spätherbst oder Vorwinter und die Beendigung möglichst bis März. Von besonderer Bedeutung ist diese Forderung, wie schon früher erwähnt, bei solchen Holzarten, die mit Beginn der warmen Jahreszeit rasch Schädigungen durch Pilzbefall oder Rißbildung wie z. B. Kiefer und Buche ausgesetzt sind. Da Werthölzer am empfindlichsten durch solche Wertminderungen getroffen werden, sollten Hiebe mit Werthölzanteilen stets an den Anfang der Einschlagsaison gelegt werden. In gleicher Weise ist dafür zu sorgen, daß solche Hölzer rasch verkauft werden.

Diese Forderungen richten sich an den Waldbesitz. Nicht weniger wichtig ist es, daß der Holzkäufer das rechtzeitig geschlagene Holz aus dem Walde herausschafft, es einschneidet und auf dem Stapelplatz oder durch technische Trocknung sorgfältig weiterbehandelt.

Wenn das Holz erst im Sommer abgefahren und eingeschnitten wird oder wenn es zwar noch im Winter abgefahren wird, aber bis in den Sommer hinein auf dem Holzplatz liegenbleibt, dann treten die Lagerschäden genau so ein, als wenn das Holz erst in der warmen Jahreszeit eingeschlagen wird. Demgegenüber ist ein verspäteter Einschlag mit unmittelbar anschließender Abfuhr und unverzögertem Einschnitt sogar vorteilhafter. Lagerschäden lassen sich am sichersten verhüten, wenn die Zeit zwischen Fällung und Einschnitt möglichst kurz gehalten wird.

4.4.2.1 Mantelrisse bei Nadelholz

Als Folge einer zu raschen Austrocknung des Rundholzes nach der Fällung entstehen besonders beim entrindeten Nadelholz leicht Mantelrisse, die mitunter in den Kern eingreifen. Die Gefahr des Auftretens tiefer Mantelrisse ist besonders groß, wenn Holz aus Frühjahr- oder Sommerfällung, das mit Rücksicht auf den im berindeten Zustand drohenden Käferbefall gleich entrindet werden muß, längere Zeit lagert. Ist das Holz dabei (z.B. an Südhängen oder bei Kahlschlägen) direkter Sonnenbestrahlung ausgesetzt, dann trocknet es an der Oberfläche so schnell und intensiv aus, daß die Wasserverdunstung in den inneren Holzteilen nicht Schritt zu halten vermag. Die Folge sind unterschiedliche Spannungen und Risse.

Zu den wichtigsten vorbeugenden Maßnahmen gehört auch hier die Fällung im Winter. Wird das Holz maschinell entrindet, so empfiehlt es sich, die Entrindung erst kurz vor Verkauf und Abfuhr vorzunehmen. Nach der Entrindung ist das Holz schattig zu lagern, z.B. unter Bestandsschirm oder in Stapeln, die nötigenfalls mit Reisig abgedeckt werden.

4.4.2.2 Aufreißen von Hirnflächen

Beträchtliche Wertminderungen können während der Waldlagerung von Stammholz dadurch auftreten, daß im Verlauf der ersten Austrocknung die Hirnflächen aufreißen. Laubhölzer neigen mehr zum Aufreißen als Nadelhölzer; vor allem Buche ist sehr anfällig. Nach entsprechenden Untersuchungen besteht ein Zusammenhang zwischen Rissen und Standort. So sind schnellwachsende Buchen stärker rißgefährdet als langsam gewachsene. Mit zunehmender Hangneigung sinkt infolge des dadurch unregelmäßigen Holzaufbaues die Häufigkeit der Risse im Bestand.

Die Hindernisse treten bald nach der Fällung des Baumes mehr oder weniger deutlich in Erscheinung. Temperaturen um den Gefrierpunkt scheinen das Aufreißen zu begünstigen. Im lebenden Baum vorgebildete Kernrisse reichen

Abb. 104 Infolge zu rascher Austrocknung gerissene Buchenabschnitte (Foto: W. König)

selten bis zum Mantel des Stammes. Aus ihnen können aber dann leicht die gefürchteten Spaltrisse entstehen, wenn die Austrocknung der Hirnenden zu rasch vor sich geht (Abb. 104).

Als wirksame Gegenmaßnahme hat sich das altbekannte Verfahren des Einschlagens von sogenannten S-Haken (Abb. 105) in die gefährdeten Hirnflächen bewährt. Bei vergleichenden Untersuchungen ergab sich, daß zusätzliche Risse auftreten, wenn die Haken von der ausgesprochenen S-Form abweichen und mehr die Form eines „Z" annehmen. Befriedigende Erfahrungen hat man auch mit dem Einschlagring gemacht, einem ringförmigen Bandeisen, das um die Markröhre herum in die Hirnenden eingeschlagen wird (Abb. 106 und 107). Rißmindernde Wirkung hat verzögertes Austrocknen durch Lagerung des Stammholzes im Bestandesschatten. Allerdings wird dabei die Gefahr des Verstockens erhöht. Es empfiehlt sich darum, die Hirnflächen des in der wärmeren Jahreszeit lagernden Holzes mit einem als Verstockungsschutz entwickelten Überzug zu versehen, der gleichzeitig durch Verhindern zu rascher Austrocknung risseminderd wirkt.

Nicht zuletzt sollte bei der Aushaltung der Buche vermieden werden, die Stämme unnötig in Abschnitte zu zerlegen. Jeder Trennschnitt erhöht die Gefahr des Aufreißens. Wo es Qualitätsunterschiede erforderlich machen, einen Stamm nach verschiedenen Teilen zu bewerten, sollte überlegt werden, ob diese Teile getrennt werden müssen. Zumeist reicht es aus, einen sog. „Klammerstamm" auszuhalten – einen Stamm, der nur auf dem Papier (in der Holzaufnahmeliste) in Teile zerlegt ist. Die zwei- oder dreifache Nummer am stärkeren Ende kennzeichnet die verschiedene Bewertung.

Maßnahmen zur Verhinderung des Aufreißens sind stets rasch zu ergreifen, sie sind unmittelbar nach der Fällung auszuführen. Deshalb müssen sie durch den Waldbesitzer durchgeführt werden. Bis der Holzverkauf abgewickelt ist und der Käufer die Verfügungsgewalt über das Holz erhält, ist es für solche Maßnahmen meist zu spät.

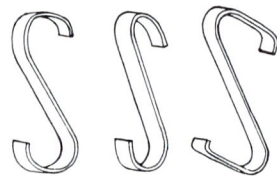

Abb. 105 Verschiedene Formen von S-Haken; je eckiger die Haken sind, desto geringer ist ihre rißmindernde Wirkung (nach König)

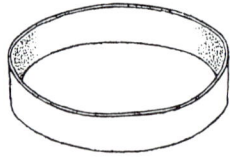

Abb. 106 Einschlagringe werden um die Markröhre herum in das Holz eingeschlagen; eine rißmindernde Wirkung wurde experimentell bestätigt (nach König)

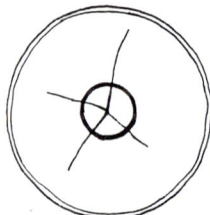

Abb. 107 Der Einschlagring trennt die Markstrahlen und verhindert so das Weiterlaufen der Risse (nach König).

4.4.2.3 Risseschutz sommergefällten Laubholzes

Die beste Fällzeit ist der Spätherbst und der Winter. Aus mancherlei Gründen muß jedoch verschiedentlich von dieser allgemeinen Regel abgewichen werden. In solchen Fällen sind besondere Maßnahmen zu ergreifen, um Güteminderungen zu verhindern, die in der stärkeren Rißneigung und in der erhöhten Pilzgefährdung bestehen. Beide bestehen nur so lange, bis das Holz ausgetrocknet ist.

Zur Beschleunigung der Austrocknung ohne Rißgefahr hat sich bei sommergefälltem Laubholz die sogenannte Transpirationsmethode bewährt. Sie besteht darin, daß die Stämme nach der Fällung zunächst nicht entastet und nicht in Abschnitte zerlegt werden. Sie bleiben vielmehr noch einige Zeit (etwa 4 Wochen) mit belaubter Krone liegen. Durch die dabei fortschreitende Kronenverdunstung und den fehlenden Wassernachschub aus den Wurzeln wird dem Stamm rasch und ziemlich gleichmäßig viel Feuchtigkeit entzogen. Entsprechende Untersuchungen bestätigen, daß dieses Verfahren eine spannungsfreie Austrocknung stark beschleunigt.

Eine rasche Austrocknung wird auch durch das flecken- oder streifenweise Entfernen der Rinde („Anschalmen", „Plätzen", „Flecken" oder „Reppeln") erreicht. Dabei darf nicht zuviel Rinde entfernt werden, weil sonst das Austrocknen zu schnell vor sich geht und dadurch Risse entstehen.

Mit diesen Maßnahmen läßt sich die Austrocknung beschleunigen und können Risse verhütet werden. Sie heben aber nicht die Forderung auf, vor allem in der warmen Jahreszeit die Frist zwischen Fällung und Einschnitt im Werk so kurz wie möglich zu halten.

Unter den Gefahren, die das Rundholz in der Zeitspanne der Lagerung im Wald zwischen Fällung und Abfuhr bedrohen, spielen auch verschiedene Pilzschäden wie z. B. Rotstreifigkeit bei der Fichte, Bläue bei der Kiefer, Verstocken bei der Buche und Vergrauen bei der Eiche eine Rolle. Wie den Rissen ist diesen zumeist bedeutenden Wertverlusten durch Fällung im Winterhalbjahr, Förderung der Austrocknung, luftige Lagerung und rasche Abfuhr zu begegnen. Die vorstehend genannten Schäden werden im Abschnitt 7.8.1 pflanzliche Holzschädlinge behandelt (s. S. 237ff.).

4.5 Die Vermessung des Holzes

Damit über stehendes oder gefälltes Holz verfügt werden kann, muß es in eine Maßeinheit gebracht werden.

4.5.1 Die Maßeinheiten des Rohholzes

Die Maßeinheit beim Rohholz ist der Kubikmeter (m^3). Dieser Kubikmeter kann mit fester Holzmasse völlig ausgefüllt sein; dann spricht man vom Festmeter (Fm). Sind dagegen in den Raum eines Kubikmeters Holzstücke eingelegt, rund oder gespalten, so daß zwischen ihnen Hohlräume bleiben, so spricht man vom Raummeter (Rm). Daneben gibt es noch die Möglichkeit, den Festgehalt des Holzes nach der Zahl zu berechnen (Stück), wie es bei Stangen geschieht, oder das Holz nach dem Gewicht (Kilogramm) zu vermessen, wie teilweise beim Industrieholz verfahren wird.

Für die forstliche Erfolgsrechnung und Buchführung ist es jedoch notwendig, von einem einheitlichen Maß auszugehen. Das ist der Kubikmeter fester Holzmasse, kurz Festmeter genannt. Wurde das Holz in Raummeter, Kilogramm oder Stück erfaßt, so müssen diese Einheiten für die Zwecke der Verbuchung durch Umrechnungszahlen in Festmeter umgewandelt werden.

Die Rinde bleibt bei der Inhaltsermittlung außer Betracht. Langholz wird ohne Rinde gemessen. Entweder wird die Rinde einschließlich des Bastes an der Meßstelle beseitigt (Meßring) oder die Vermessung erfolgt erst nach der Entrindung. Bei den übrigen Arten der Vermessung (Raummeter, Stückzahl, Gewicht) wird der Rindenanteil in den Umrechnungszahlen berücksichtigt.

4.5.2 Die Inhaltsermittlung von liegendem Holz

Wie sich bei einem Blick in den Bestand zeigt, sind die Bäume, selbst wenn sie gleich alt sind und der Standort sehr einheitlich ist, in Höhe, Stärke und

Form sehr unterschiedlich. Das gleiche läßt sich an einem Stapel Stammholz beobachten. Mißt man die Durchmesser eines Baumes vom Stammfuß bis zum Gipfel in kurzen Abständen, so stellt man sowohl am gleichen Stamm wie gegenüber anderen Bäumen sehr ungleichmäßige Durchmesserveränderungen fest. Dazu kommt, daß der Baumquerschnitt nicht immer kreisförmig, sondern häufig oval ist.

Wollte man den Inhalt eines Stammes ganz genau ermitteln, so ließe sich dies nur auf physikalischem Wege ermöglichen. Er müßte unter Wasser getaucht werden, so daß der Inhalt an der Menge des verdrängten Wassers ermittelt werden könnte. Daß ein solches Verfahren in der Praxis nicht anwendbar ist, bedarf keiner Begründung. Es läßt sich nicht umgehen, bei der Inhaltsermittlung eines Baumschaftes von einem dem Stamm möglichst nahe kommenden Körper auszugehen und Fehler geringen Umfangs in Kauf zu nehmen.

Am nächsten kommt die Stammform mit ihrer im allgemeinen leichten Ausbauchung der Form eines Paraboloides (Abb. 108). Die Formel Mittelfläche × Länge, auch HUBERsche Formel genannt, wird daher heute allgemein für die Ermittlung des Inhaltes von Langholz verwendet. Diese Formel ergibt ziemlich genaue Ergebnisse für normal geformte Stämme. Bei sehr vollholzigen Schäften kommt sie zu einem zu hohen, bei sehr abholzigen Schäften zu einem zu kleinen Inhalt.

Daher sieht die forstliche Handelsklassensortierung (abgekürzt = ForstHKS) von 1969 (wie es 1936 schon bei der Homa = Holzmeßanweisung der Fall war) vor, daß der Festgehalt unregelmäßig geformter Stämme abschnittsweise ermittelt wird (Berechnung in Sektionen), z. B. bei einem 18 m langen Stamm geht man von zwei Stücken zu 9 m aus und stellt den Durchmesser bei 4,5 und 13,5 m fest. Es ist dazu nicht erforderlich, den Stamm in Teile zu zerlegen.

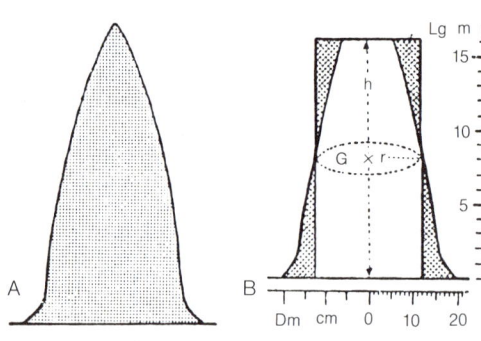

Abb. 108 (A) Die Stammform ähnelt am meisten der Form eines Paraboloids; (B) die Inhaltsermittlung erfolgt nach der Formel Mittelfläche × Länge; in der Abbildung ist die Länge stark verkürzt (nach König)

4.5.2.1 Der Inhalt von Langholz

Nach der Verordnung über gesetzliche Handelsklassen für Rohholz wird der der Inhaltsermittlung bei Langholz zugrunde zu legende Mittendurchmesser in der Stammitte (halbe Stammlänge) bis zu 19 cm Durchmesser ohne Rinde durch einmaliges waagerechtes Kluppen, wie der Stamm im Walde liegt, ermittelt; ab 20 cm Durchmesser ohne Rinde werden zwei, zueinander senkrecht stehende Messungen (möglichst des kleinsten und des größten Durchmessers) vorgenommen (Abb. 109).

Wird der Durchmesser ausnahmsweise in Rinde gemessen, so ist ein der durchschnittlichen Rindendicke entsprechender Abzug zu machen und der Abzug zu erwähnen. Da die Dicke der Rinde von Holzart zu Holzart und nach Alter und Standort wechselt, empfiehlt es sich, die Rindendicke im Hieb durch Probekluppungen festzustellen.

Beim Messen des Durchmessers und der Berechnung des Mittels wird nach unten auf ganze Zentimeter abgerundet.

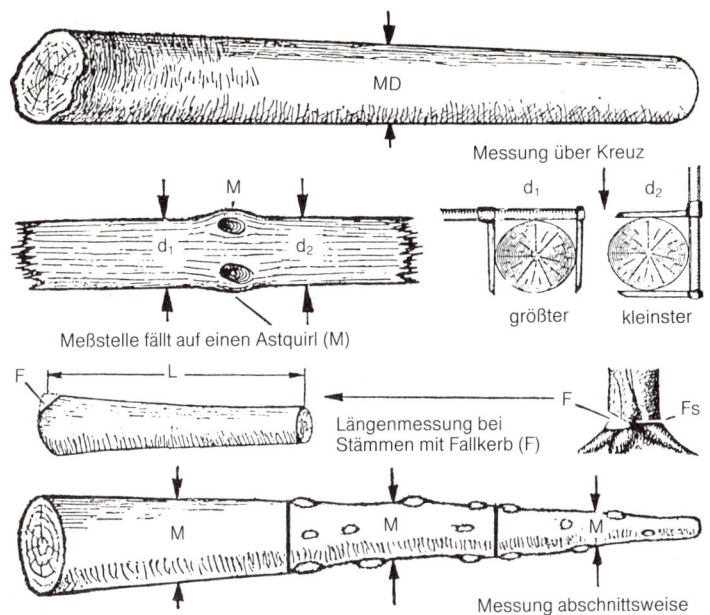

Abb. 109 Messung von Langholz. (MD) Mittendurchmesser; (M) Meßstelle; (F) Fallkerb; (L) Länge; (Fs) Fällschnitt (nach König)

Diese forstübliche Abrundung kommt dem Käufer weit entgegen.
Beispiel: Der Durchmesser eines 20 m langen Stammes ist auf der schmalsten Seite (D_1) 23,3 cm, der auf der breitesten Seite (D_2) 28,8 cm. Die mittlere Querfläche des Stammes weicht demnach stark von der Kreisform ab; sie ist exzentrisch. Aus beiden Messungen ist nun das Mittel zu nehmen, wobei aber nicht 23,3 + 28,8 = 52,1 d.h. 52 : 2 = 26 gerechnet werden darf. Die Rechnung muß lauten: 23,3 = 23 cm, 28,8 = 28 cm; (23 + 28) : 2 = 25,5; 25,5 = 25 cm. Bei 26 cm Mittendurchmesser hätte dieser Stamm einen Inhalt von 1,062 Fm, bei 25 cm hat er einen solchen von 0,982 Fm.
Fällt die Stammitte, wo der Durchmesser gemessen werden soll (Meßstelle), auf einen Astquirl oder auf einen sonstwie unregelmäßig gearteten Stammteil, z.B. eine Beule, so wird gleich weit oberhalb wie unterhalb der Stammitte, wo die Unregelmäßigkeit beendet ist, je eine Durchmessermessung vorgenommen – bis zu 19 cm Durchmesser ohne Rinde je einmal waagerecht gekluppt, ab 20 cm Durchmesser ohne Rinde mit zwei senkrecht zueinander stehende Messungen.
Bei unentrindetem Holz sind zwei Meßringe erforderlich, oder es ist, wie oben angegeben, ein Rindenabzug vorzunehmen. Auch hier gilt: Bei den Einzelmessungen und beim Mittel ist immer auf ganze Zentimeter abzurunden.
Beispiel: An der Meßstelle oberhalb ergeben sich 27,7 und 29,4 cm; (27 + 29) : 2 = 28 cm. Bei der Meßstelle unterhalb werden 28,1 und 30,5 cm gemessen; (28 + 30) : 2 = 29 cm; daraus errechnet sich das Mittel (28 + 29) : 2 = 28,5, das bedeutet 28 cm.
Bei Langholz Heilbronner Sortierung und bei Schwellen ist auch der Zopfdurchmesser zu ermitteln. Er wird durch einmaliges waagerechtes Kluppen, wie der Stamm im Walde liegt, gemessen. Auch der Zopfdurchmesser wird ohne Rinde angegeben. Wird der Zopf in Rinde gemessen, so ist, wie

oben dargelegt, ein Abzug vorzunehmen.

Die Längenmessung beginnt immer am stärkeren Ende, bei Stämmen mit Fallkerb in der Mitte des Fallkerbs. Bei Langholz, das nach der Mittenstärkensortierung oder nach der Heilbronner Sortierung aufgenommen wird, ist bei der Längenmessung ein Übermaß von 1 vom Hundert zu geben. Diese Bestimmung ist dadurch begründet, daß die Langhölzer bei der Bearbeitung im allgemeinen in Abschnitte zerlegt werden. Würde man Langhölzer genau auf volle Meter einmessen, so könnten die Abschnitte, da durch die Schnittfugen Holz verlorengeht, nicht auf volle Meter ausgehalten werden. Bei der Feststellung der Stammitte wird dieses Längenübermaß nicht berücksichtigt.
Beispiel: Bei einem Langholz von 12 m Länge sind 12 cm Übermaß zu geben. Der Mittendurchmesser wird jedoch bei 6 m und nicht bei 6,06 m gemessen.
Bei der Heilbronner Sortierung wird der Stamm, sofern Draufholz ausgehalten wird, mit Einschluß des Draufholzes vermessen und die Mitte aus der Gesamtlänge abzüglich Übermaß berechnet.
Beispiel: Langholz 4. Klasse erlaubt ein Draufholz bis 14 cm Zopfdurchmesser. Ein Stamm, der bei 16 m Länge 17 cm Zopf hat, kann daher bis 19 m – dort hat er 14 cm Zopf – ausgehalten werden. Das Übermaß beträgt 19 cm. Der Mittendurchmesser wird bei 9,5 m ermittelt.

4.5.2.2 Der Inhalt von Stangen

Stangen zählen zwar zum Langholz. Bei ihrem geringen Inhalt und weil sie meist in großer Zahl anfallen, wäre eine Inhaltsberechnung im einzelnen nach der HUBERschen Formel außerordentlich umständlich. Daher geht man bei ihrer Inhaltsermittlung von Erfahrungszahlen für Gruppen zu 100 Stück in annähernd gleichen Längen und Durchmessern aus. Der Durchmesser wird 1 m über dem stärkeren Ende in Rinde gemessen.

Bei Laubholz bleibt die Länge unberücksichtigt; bei Nadelholz ab 7 cm Durchmesser mit Rinde erfolgt die Gruppeneinteilung (Stärkeklassen) auch nach Längenstufen bis zu einer Zopfstärke von 2 cm.
So haben z. B. in der Stangenklasse P 2.31 mit einer Stärke von 12 bis 13 cm (1 m vom stärkeren Ende) und einer Länge von 9 bis 12 m (bei 2 cm Zopfstärke) 100 Stück einen Inhalt von 7 Fm ohne Rinde; bei 70 Stück errechnen sich dementsprechend 4,9 Fm ohne Rinde.

4.5.2.3 Der Inhalt von Industrieholz kurz

Industrieholz kurz (auch „Schichtholz" genannt, weil es aufgeschichtet wird), wird nach dem Raummaß gemessen. Man setzt es in Stöße, deren Inhalt sich aus der Länge der Scheite oder Rundlinge, der Höhe und der Breite ergibt.

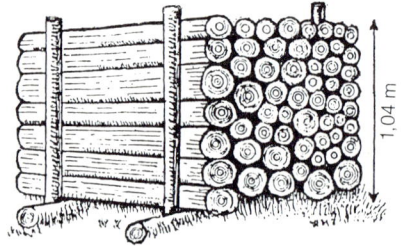

Abb. 110 In Raummetern ordnungsgemäß aufgesetztes Schichtholz auf Unterlagen; Höhenübermaß 4% (nach König)

Werden 2 m lange Rundlinge zu einem Stoß von 1,50 m Höhe und 14 m Breite aufgesetzt, so errechnen sich 2 × 1,5 × 14 = 42 Rm. Die Holzstöße erhalten ein Übermaß von 4 vom Hundert, gleichgültig, ob sie mit oder ohne Rinde aufgesetzt sind (Abb. 110).

4.6 Die Vermessung nach Gewicht

Daß Holz nach dem Gewicht vermessen werden kann, ist eine neue Bestimmung der Verordnung über gesetzliche Handelsklassen, die die frühere Holzmeßanweisung (Homa) nicht kannte. Die Ermittlung des Gewichtes kann bei Rohholz entweder *lufttrocken* (lutro) oder *absolut trocken* (atro) erfolgen.

Beim Lufttrocken-Verfahren wird das Holz aus dem Bestand an einen luftigen Platz ausgerückt, der Gewähr gibt, daß es bis zur Abfuhr lufttrocken (höchstens 20% Feuchte) wird. Die Feststellung des Gewichtes wird ladungsweise nach der Abfuhr im Werk oder auf einer öffentlichen Waage vorgenommen.

Beim atro-Verfahren ist es ebenfalls zu empfehlen, das Holz beim Ausrücken aus dem Bestand an einen Platz bei der Waldstraße zu bringen, wo es weiter abtrocknen kann. Auf diese Weise vermindert sich das Transportgewicht. Bei der Abfuhr wird das Gewicht waldtrocken in gleicher Weise auf einer öffentlichen Waage oder auf der Waage des Werkes festgestellt. Zugleich werden in ausreichender Zahl an verschiedenen Stellen der Ladung Probehölzer ausgewählt. Es ist darauf zu achten, daß diese Hölzer repräsentiv für die gesamte Ladung sind.

Für die Trockengehaltsmessung werden aus den Probehölzern Sägespäne mit einer Motorsäge entnommen. Die Sägeschnitte werden als halbe Querschnitte jeweils bis zum Mark in entsprechendem Abstand von den Enden der Hölzer geführt. Sämtliche Probespäne einer Ladung werden in einem Behälter aufgefangen und luftdicht verschlossen. Möglichst am gleichen Tag soll die Trockengehaltsmessung vorgenommen werden. Die Probespäne werden gewogen, anschließend im Darrschrank getrocknet und bei erneutem Wiegen das Darrgewicht festgestellt. Mit Hilfe des ermittelten prozentualen Gewichtsverhältnisses der gedarrten zu den feuchten Proben wird das absolute Trockengewicht der gesamten Ladung errechnet.

Bei der Gewichtsvermessung kann der genaue Kaufpreis erst nach der Abfuhr beim Wiegen bzw. nach der Ermittlung des Verhältnisses waldtrockener zu absolut trockener Ladung festgestellt werden. Deshalb wird der Verkauf üblicherweise als Vorverkauf (s. Arten der Verkäufe, Abschnitt 6.1) abgewickelt. Auch die Stücklohnabrechnung der Waldarbeiter, die Entlohnung der Rücker usw. kann erst nach der Ermittlung des Gewichtes vorgenommen werden. Verzögert sich die Abfuhr, so können die Abrechnungen nicht abgeschlossen werden. Dies ist ein gewisser Nachteil des Verkaufs nach Gewicht.

Bisher wird die Gewichtsvermessung nur in geringem Umfang und ausschließlich bei geringwertigem Industrieholz (Buchen- und Laubspanholz) angewandt. Der Vorteil des Verfahrens liegt darin, daß das Einschneiden und Aufsetzen ins Raummaß bzw. das aufwendige stückweise Vermessen des schwachen Holzes vermieden wird.

4.7 Die Inhaltsermittlung stehender Bäume

Da sich bei stehenden Bäumen der Mittendurchmesser kaum genau feststellen läßt, kann zur Ermittlung des Inhaltes die HUBERsche Formel nicht verwendet werden. In diesem Falle geht man von einer Walze aus, die aus einer Querfläche in Höhe des Brusthöhedurchmessers und der Baumhöhe berechnet wird, um sie mit einer „Formzahl" zu reduzieren. Der Brusthöhendurchmesser wird bei 1,3 m Höhe über dem Boden am Stamm mit der Kluppe gemessen. Bei geneigtem Gelände ist die Messung von der Bergseite her vorzunehmen.

Zum Messen der Baumhöhen gibt es verschiedene Geräte, die vom Verhältnis der Seiten und Winkel in ähnlichen Dreiecken ausgehen. Sie arbeiten nach den gleichen Prinzipien wie Neigungs- oder Gefällemesser (Abb. 111).

Aus dem Brusthöhendurchmesser $d^{1,3}$ wird die zugehörige Querschnittsfläche des Baumes $g = \pi \left(\dfrac{d^{1,3}}{2}\right)^2$ errechnet.

Durch die Multiplikation mit der Baumhöhe h kommt man zu dem Inhalt der Walze von der Größe $g \cdot h$. Diese Walze

Abb. 111 Höhenmesser mit Visiervorrichtung. Hinter der Scheibe ist ein Pendel angebracht, das durch einen Druckknopf festgestellt werden kann und auf vier Kreisbögen (je nach Entfernung) den Höhenwert abzulesen gestattet (nach Forstkultur)

ist mit Sicherheit größer als der Schaftinhalt des Baumes. Es gilt nun festzustellen, in welchem Verhältnis der Schaftinhalt v zur Walze steht. Diese Verhältniszahl wird Formzahl genannt ($f = \frac{v}{g \cdot h}$). Man kann die Formzahl für den Schaftinhalt, den Bauminhalt oder den Derbholzinhalt ermitteln und hat damit die Schaft-, die Baum- oder die Derbholzformzahl. (Derbholz ist die oberirdische Holzmasse über 7 cm Durchmesser mit Rinde. In der Rohholzsortierung wird dieser Begriff nicht mehr gebraucht, wohl aber noch in der Forsteinrichtung.)
Durch zahlreiche genaue Inhaltsermittlungen an gefällten Bäumen hat man solche Formzahlen gefunden und Durchschnittswerte errechnet. In Übersichten wurden die Formzahlen der verschiedenen Holzarten zusammengestellt, wobei es sich als notwendig erwies, sie nach Höhen zu ordnen, da sie mit steigender Höhe fallen.
Man muß sich vor Augen halten, daß die Formzahlen im Einzelfall ein mehr oder weniger genaues Ergebnis liefern, da es sich um Durchschnittswerte handelt. Nicht entsprechen können sie bei Bäumen, die im Freistand erwachsen sind. Die Berechnung des Inhaltes stehender Bäume nach der Formel $v = g \cdot h \cdot f$ kommt am ehesten zu einem genauen Ergebnis, wenn man mehrere in normalen Bestandsverhältnissen erwachsene Bäume untersucht, so daß sich Unterschiede ausgleichen können.

Die *Massentafeln* vereinfachen die Ermittlung des Inhaltes eines stehenden Baumes. Es handelt sich um Tafeln, die für verschiedene Holzarten aufgestellt wurden und in denen, nach Durchmessern und Höhen geordnet, die Berechnung des Inhaltes durchgeführt ist, so daß man diesen nach Feststellung des Brusthöhendurchmessers und der Höhe unmittelbar entnehmen kann.
In manchen Fällen genügt die Schätzung des Inhaltes eines stehenden Baumes. Um eine gewisse Sicherheit im Schätzen zu erwerben, sollte man die Gelegenheit zum Üben möglichst oft nutzen und mit dem Inhalt des gefällten Stammes in Vergleich setzen. Im übrigen kann man sich dabei mit Faustformeln behelfen. Rundet man z.B. in der Formel $v = \frac{\pi}{4} \cdot d^2 \cdot h \cdot f$ den genauen Wert von $\frac{\pi}{4} = 0{,}785$ auf 0,8 auf, so erhält man
$v = 0{,}8 \cdot d^2 \cdot f$.
Bei Fichte, Tanne, Buche und Eiche beträgt die Derbholzformzahl für h = 25 m etwa 0,5, womit sich die einfache Rechnung $v = d^2 \cdot 0{,}8 \cdot 25 \cdot 0{,}5$, also $v = 10\, d^2$ ergibt. Dabei drückt man d in Metern aus.
Beispiel: d = 36 cm = 0,36 m; dann ist $v = 10 \cdot 0{,}1296 = 1{,}3\ m^3$.
Bei Kiefer und Lärche ist die Derbholzformzahl für h = 25 m = 0,45. Geht man hier von einer Baumhöhe von 28 m aus, so kommt man ungefähr zur gleichen Rechnung $v = 10\, d^2$.
Wenn h größer als 28 m oder kleiner als 25 m ist, dann ist der aus $10\, d^2$ errechnete Inhalt bei Fichte, Tanne, Kiefer und Lärche je Meter um 3% zu erhöhen oder zu kürzen, bei Eiche und Buche um 5%.

4.8 Die Ermittlung der Holzmasse von Beständen

Das zeitraubendste Verfahren der Ermittlung der Masse von Beständen ist das Kluppen der Brusthöhendurchmesser in Abstufungen von 2 zu 2 oder von

4 zu 4 cm. In einem Aufnahmeheft werden die Stammzahlen jeder Holzart und Stärkestufe erfaßt. Nach der Kluppung erfolgt die Höhenmessung, wobei man an einer aussagekräftigen Zahl von Bäumen der verschiedenen Stärkestufen die Höhen ermittelt. Diese Durchschnittswerte werden in ein Koordinatensystem eingetragen, so daß sich eine Höhenkurve ergibt, die es erlaubt, die durchschnittlichen Höhen der einzelnen Stärkestufen zu entnehmen.

Zur Massenberechnung wird ein Formblatt erstellt, in das die Zahlen der einzelnen Stärkestufen wie die der Höhenkurve entnommenen Höhen, Inhalt eines Stammes und Anzahl der Stämme eingetragen werden. Der Stamminhalt wird der Massentafel entnommen. Durch Multiplikation mit der Stammzahl erhält man die Masse jeder Stärkestufe, aus der Summe der Stärkestufen die Gesamtmasse des Bestandes.

Um daraus die Masse des eingeschlagenen Bestandes abzuleiten, ist von dieser Gesamtmasse der sogenannte Ernteverlust abzusetzen. Er besteht in erster Linie aus dem „Rindenentgang", der dadurch entsteht, daß das eingeschlagene Holz ohne Rinde vermessen wird. Ferner ergeben sich Differenzen beim Aushalten und Vermessen gefällten Holzes durch das Abrunden auf ganze Zentimeter, durch das Übermaß, durch die Vermessung der Länge ab halbem Fallkerb und anderes mehr. Die Differenz zwischen der Massenermittlung des stehenden Bestandes und dem daraus aufgearbeiteten Rohholz wechselt in der Größe. Im Durchschnitt kann sie mit 10 bis 12% veranschlagt werden.

Etwas einfacher wird das Verfahren, wenn man Probestämme im Bestand auswählt, von deren Inhalt man auf die Masse einer größeren oder kleineren Gruppe schließt, für die sie nach Brusthöhendurchmesser, Höhe und Form als Mittel entsprechen.

Häufig ermittelt man die Masse eines Bestandes durch Schätzung. Vor allem das Probeflächenverfahren wird hierzu angewandt. Man wählt Teilflächen aus, die in ihrer Bestockung und in ihrer Ausformung ein Abbild des Gesamtbestandes geben. Je ungleichmäßiger der Bestand ist, desto mehr Probeflächen sind erforderlich.

Hilfreich bei der Schätzung sind Ertragstafeln. Sie sind das Ergebnis eingehender Untersuchungen in reinen, gleichaltrigen Beständen der einzelnen Holzarten, die in tabellarischen Übersichten zusammengestellt wurden. Meist geben sie, nach fünf Ertragsklassen gestaffelt, in Altersstufen von 5 Jahren aufgegliedert, die Derbholzmasse, den Zuwachs und die Höhe der Vorerträge je Hektar an. Daneben enthalten sie andere Angaben wie mittlere Höhe, Stammzahl, Stammgrundfläche u. a. Zumeist berücksichtigen die Ertragstafeln die Art der Bewirtschaftung der Bestände wie mäßige, mittelstarke oder gestaffelte Durchforstung, wobei sie im ersteren Falle geringere, im letzteren höhere Vorerträge enthalten.

Wichtig ist es, wenn man eine Ertragstafel als Hilfe bei der Massenschätzung benutzt, genau zu prüfen, ob sie für die gegebenen Verhältnisse paßt. Zunächst ist festzustellen, welcher Ertragsklasse ein Bestand zuzuordnen ist. Diese wird am Alter und an der Höhe festgestellt. Man überprüft dazu mehrere herrschende Bäume, zählt die Jahrringe am tief abgeschnittenen Stock und schlägt soviel Jahre dazu, wie die junge Pflanze vermutlich gebraucht hat, um die Stockhöhe zu erreichen, und mißt die Höhe. In den Tabellen der Ertragstafel findet man mit den Angaben von Alter und Höhe die entsprechende Ertragsklasse. Die Ertragstafel geht von einer normalen Bestockung aus, einem Bestockungsgrad 1,0. Sie setzt einen geschlossenen Bestand voraus. Sind Lücken in einem Bestand vorhanden, haben sich z. B. Schneebruchlöcher gebildet, so muß der geringere Bestockungsgrad berücksichtigt werden. Die Schätzung des Bestockungsgrades ist nicht einfach; meist werden Lücken überbewertet. Es empfiehlt sich deshalb eine Probefläche, die den Bestandsverhältnissen entspricht, auszuwählen und zu kluppen. Aus dem Vergleich der Stammgrundfläche der Probefläche mit den Angaben der Ertragstafel läßt sich der Bestockungsgrad leicht ermitteln.

Beispiel: Wenn man im bayerischen Hochgebirge die Masse eines reinen Fichtenbestandes von 8,3 ha Fläche ermitteln will, so sind zunächst das Alter und die Höhe festzustellen. Das Alter wird wie oben angegeben an den Jahrringen von Stöcken herrschender Bäume gezählt und in diesem Falle mit 120 Jahren festgestellt. Mit dem Höhenmesser wird eine Höhe von 29,5 m ermittelt. Aus beiden Zahlen wird in der Ertragstafel von Gutenberg, die als geeignet für das Hochgebirge gilt, die Ertragsklasse I entnommen. Auf einer Probefläche von 1,6 ha wird eine Stammgrundfläche von 79 m^2 aufgrund der Kluppung errechnet, das sind je ha 49,4 m^2. Die Grundfläche im Alter 120 beträgt laut Ertragstafel 61,0 m^2. Der Bestockungsgrad ist demnach $\frac{49,4}{61,0}$, rund 0,8. Die Derbholzmasse gibt die Ertragstafel mit 716 Fm ohne Rinde an. Die Masse des Bestandes errechnet sich daraus mit 716 · 0,8 · 8,3 = 4754 Fm ohne Rinde.

5 Die Sortierung von Rohholz

Bei einer Ware, die vom Verkäufer an den Käufer übergeht, ist es notwendig, daß die Eigenschaften so weit wie möglich klar und durch eindeutige Begriffe festgelegt sind. Die Partner eines Kaufvertrages müssen hinsichtlich der Abmessung und hinsichtlich der Qualität wissen, in welchen Grenzen die einzelnen Eigenschaften liegen; denn der Wert der Ware und damit auch der Preis wird durch diese Eigenschaften bestimmt.

Holz ist ein Erzeugnis der Natur, die ihre Vielfalt auch in diesem Produkt offenbart. In seinen Eigenschaften gleicht kein Stück Holz dem anderen. Die Merkmale, die für die Bewertung des Rohholzes von Bedeutung sind, können einzeln oder zu mehreren gemeinsam auftreten. Deutliche Grenzen innerhalb der einzelnen Eigenschaften, die die Einordnung in ein Sortierungsschema erleichtern würden, lassen sich kaum finden. Alle Eigenschaften streuen in weiten Grenzen. Mit Sicherheit muß aus dieser Tatsache geschlossen werden, daß bei höheren Qualitätsanforderungen eine persönliche Besichtigung und Wertung vorgenommen werden sollte. Es kann den Holzkäufern nicht eindringlich genug nahegelegt werden, bei der Lieferung des Holzes den Termin des Vorzeigens, der sogenannten Überweisung, und bei Verkäufen mit Ausgebot die Möglichkeit der Besichtigung wahrzunehmen. Auf die Bedeutung der Überweisung wird im Kapitel 6 „Der Verkauf des Rohholzes" noch näher eingegangen.

Auch wenn, wie hiermit angedeutet ist, das Rohholz nur unter Schwierigkeiten in ein Sortierungssystem eingepaßt werden kann, ist es notwendig, Holzsorten zu bilden, die die Ware Holz nach Abmessungen und Gütemerkmalen ordnen und in Klassen einteilen.

Abb. 112 Zum Verkauf abfuhrbereit gelagertes Fichten/Tannen-Langholz, nach Heilbronner Sortierung sortiert. Der Schnee erschwert das Erkennen der Holzeigenschaften. Vor einer Besichtigung für die Versteigerung oder Überweisung sind die Stämme daher abzukehren (Foto: German Hasenfratz)

Sorten sind Hölzer gleicher Art und Beschaffenheit. Von einer brauchbaren Sortierung ist zu fordern, daß sie leicht durchführbar und nachprüfbar sowie für einen größeren Bereich über einen langen Zeitraum einheitlich ist.

Diesen Grundsatz hat sich für das alte deutsche Reichsgebiet die „Verordnung über die Aushaltung, Messung und Sortenbildung des Holzes in deutschen Forsten" vom 1. April 1936, allgemein bekannt unter der Bezeichnung „Homa" weitgehend zu eigen gemacht. Nach der Entstehung der Europäischen Gemeinschaft wurde schon bald über die Einführung einheitlicher Sortierungsvorschriften für alle EG-Staaten verhandelt. Am 23. Januar 1968 hat der Rat der Europäischen Gemeinschaften eine Richtlinie zur Angleichung der Rechtsvorschriften der Mitgliedsstaaten für die Sortierung von Rohholz erlassen (Amtsblatt der Europäischen Gemeinschaften vom 6. 2. 1968, S. 12).

Als besonderer Grund für diese Richtlinie wird die Steigerung des innergemeinschaftlichen Handels mit Rohholz hervorgehoben, der sich auf mehrere Millionen Festmeter beläuft. Ziel der Richtlinie ist eine Harmonisierung der Rechtsvorschriften auf diesem Gebiet, die nicht nur den innergemeinschaftlichen Handel erleichtern, sondern es auch ermöglichen soll, für Rohholz eine vergleichbare Statistik über die Produktion, den Handel, den Verbrauch und die Preise der Gemeinschaft aufzustellen. Zugleich wird festgelegt, daß Rohholz innerhalb der Gemeinschaft nur dann als „EWG-sortiertes Rohholz" in den Verkehr gebracht werden darf, wenn es einer der Sortierungen nach dem Anhang der Richtlinien entspricht.

Am 25. Februar 1969 trat das „Gesetz über gesetzliche Handelsklassen für Rohholz" (BGBl. I, S. 149) an die Stelle des „Gesetzes über die Marktordnung auf dem Gebiete der Forst- und Holzwirtschaft" vom 16. Oktober 1935. Die „Verordnung über gesetzliche Handelsklassen für Rohholz" (BGBl. I, S. 1075) mit der Anlage zu §1 der Verordnung, kurz „Forst-HKS" genannt, folgte am 31. Juli 1969 und löste die „Homa" ab. Damit war in der Bundesrepublik der EWG-Richtlinie entsprochen worden.

Zu den vorstehenden gesetzlichen Regelungen kommen verschiedene die Sortierung betreffende Ergänzungen. So gab der Holzmarktausschuß des Deutschen Forstwirtschaftsrates zur einheitlichen Anwendung der Rohholzsortierungsvorschriften als Empfehlung zusätzliche verwaltungs- und betriebsinterne Sonderbestimmungen. Der Erlaß des Bundesministeriums für Ernährung, Landwirtschaft und Forsten vom 22. 7. 1970, Az. V 3 – 5377.3 (Min. Bl. BML 1970, S. 124) regelt die Meß- und Umrechnungszahlen, der Erlaß von gleicher Stelle vom 5. 3. 1974, Az. 613 – 5374.3 (Min. Bl. BML 1974) änderte die Meß- und Umrechnungszahlen für Stangen. Schließlich ist das Gesetz über Einheiten im Meßwesen in der Fassung vom 6. 7. 1973 (BGBl. I, S. 720) nebst Verordnung vom 27. 11. 1973 (BGBl. I, S. 1761) beim Vermessen und den Maßeinheiten zu beachten.

5.1 Grundlegende Bestimmungen des Gesetzes und der Verordnung über gesetzliche Handelsklassen

Rohholz ist gefälltes, entwipfeltes und entastetes Holz, auch wenn es entrindet, abgelängt oder gespalten ist.

Für Rohholz werden gesetzliche Handelsklassen für die Sortierung der Holzarten oder Holzartengruppen nach der Stärke, Güte und dem besonderen Verwendungszweck, die in der Folge näher erläutert werden, eingeführt. Die Verwendung der Handelsklassen ist freigestellt. Die Forst-HKS läßt demnach im Gegensatz zur Homa die Möglichkeit offen, von den gesetzlichen Handelsklassen abweichend zu sortieren. Davon wird in der Bundesrepublik Deutschland kaum Gebrauch gemacht. Im Interesse eines überschaubaren Marktes sollte, wie oben bereits dargelegt, die Sortierung einheitlich sein. Es ist deshalb wünschenswert, daß der gesamte deutsche Waldbesitz nur nach Handelsklassen sortiert.

Wird Rohholz als gesetzliche Handelsklasse angeboten, verkauft oder sonst in den Verkehr gebracht, dann muß es der dafür vorgeschriebenen Sortierung entsprechen; es muß, wie in der Forst-HKS festgelegt, gekennzeichnet, bezeichnet und vermessen sein. Wer Rohholz als Handelsklasse anbietet oder verkauft, ohne daß es den festgelegten Anforderungen entspricht, handelt ordnungswidrig. Die Ordnungswidrigkeit kann mit einer Geldbuße bis zu 20 000 DM geahndet werden.

Zu der Einführung, Kennzeichnung, Bezeichnung sowie Messung und Mengenberechnung der Handelsklassen haben die einzelnen Bundesländer ergänzende oder erläuternde Bestimmungen erlassen. Sie sind in der 1975 herausgegebenen Broschüre „Die Rundholzsortierung in der Bundesrepublik Deutschland" des DRW-Verlages Weinbrenner-KG, Stuttgart, enthalten.

In erster Linie wird das Rohholz nach allgemeinen Gesichtspunkten sortiert, die den Bedürfnissen aller Be- und Verarbeiter Rechnung tragen. Diese Sortierung stützt sich auf die Abmessungen (Länge und Stärke) und die Gütekriterien. Nur in besonderen Fällen erfolgt die Sorteneinteilung nach dem Verwendungszweck. Bei den Schwellen erfordern die Abmessungen eine Berücksichtigung der späteren Verwendung. Industrieholz ist als Holz geringer Stärke für mechanische oder chemische Aufschließung vorgesehen, wobei eine Stärkeklasseneinteilung entfällt, dagegen Gütemerkmale berücksichtigt werden.

Wesentliche Änderungen gegenüber der Homa hat die Forst-HKS nicht gebracht. Sie verzichtete, von Schwellen und Industrieholz abgesehen, auf die Aushaltung weiterer Gebrauchssorten. Die Unterscheidung von Nutzholz und Brennholz wurde aufgegeben. Für den Holzverkauf entfiel die von den erweiterten Verwendungsmöglichkeiten für schwache Hölzer in jüngster Zeit überholte Derbholzgrenze. Die Einteilung der hauptsächlichen Sorten wie Langholz, Stammholz, Stangen und Schichtholz blieb bei den bis dahin geübten „mehr oder weniger objektiven Maßstäben" der Stärke und der Güte. Die Güteklassen A, B und C wurden übernommen, die Beschreibung ihrer Kriterien etwas korrigiert.

Zusammenfassend ist festzustellen, daß

sowohl Waldbesitz als auch Holzwirtschaft bei der Sortierung des Holzes ihre Gepflogenheiten seit 1936 im wesentlichen beibehalten konnten.

5.2 Die Handelsklassen

In der Anlage zu §1 der Verordnung über gesetzliche Handelsklassen (Forst HKS) ist festgelegt, nach welchen Merkmalen Handelsklassen zu bilden sind. Getrennt nach Holzarten oder Holzartengruppen, die jeweils zu bezeichnen sind, sind drei Sortierungsarten, die Stärkesortierung, die Gütesortierung und die Sortierung nach dem Verwendungszweck möglich.

5.2.1 Stärkesortierung

Die Stärke des Holzes, ein seit altersher üblicher Begriff der Forst- und Holzwirtschaft für die Dicke, ist ein wichtiger Faktor für die weitere Verarbeitung.

5.2.1.1 Langholz

Die Forst-HKS bezeichnet Stammholz und Stangen als Langholz, wobei Stammholz in Stämme (in ganzer Länge) und Stammteile (gekürztes Stammholz = Abschnitte) unterteilt wird. Das Langholz wird nach dem Festgehalt (aus Länge und Mittendurchmesser) berechnet und nicht ins Schichtmaß aufgesetzt. Stangen sind schwache Langhölzer. Der Übergang von schwachem Stammholz zu Stangen ist fließend.
Das Langholz kann auf drei verschiedene Arten sortiert werden:
Mittenstärkesortierung,
Heilbronner Sortierung und
Stangensortierung.

5.2.1.1.1 Mittenstärkesortierung

Das Stammholz (Stämme und Stammteile) wird auf ganze Meter, halbe Meter oder Zehntelmeter abgelängt und nach dem Mittendurchmesser ohne Rinde in folgende Stärkeklassen eingeteilt:

Klasse	Mittendurchmesser ohne Rinde
L 0	unter 10 cm
L 1 a	10 bis 14 cm
L 1 b	15 bis 19 cm
L 2 a	20 bis 24 cm
L 2 b	25 bis 29 cm
L 3 a	30 bis 34 cm
L 3 b	35 bis 39 cm
L 4	40 bis 49 cm
L 5	50 bis 59 cm
L 6	60 cm und mehr

Über die Klasse L 6 hinaus können unter Fortsetzung derselben Staffelung weitere Klassen gebildet werden. Die Unterteilung in Unterklassen kann entfallen oder auf alle Klassen erweitert werden.

▼ *Zusatzbestimmungen der Bundesländer zur Mittenstärkesortierung*

Baden-Württemberg
Nach der Mittenstärkesortierung (L) wird mit Ausnahme der Fichte, Tanne und Douglasie sämtliches Nadel- und Laubholz sortiert.
Über Klasse L 6 werden in Baden-Württemberg keine Klassen gebildet. Die Unterteilung in Unterklassen unterbleibt bei Laubstammholz vollständig, bei Nadelholz ab Klasse L 4.

Bayern
Die Stammholzstärkeklassen 0 mit 3 sind für alle Holzarten nach Unterklassen a und b zu trennen. Für die Stärkeklassen 4 und mehr entfällt eine Unterteilung. Über die 6. Klasse hinaus werden keine weiteren Stärkeklassen gebildet.
Wird Fichten/Tannen/Douglasien-Stammholz in besonderen Fällen (z.B. im Hochgebirge oder bei Seilbringung) nicht als Langholz Heilbronner Sortierung, sondern als „Blochholz" ausgehalten, kommt die Mittenstärkesortierung zur Anwendung. Blochholz ist grundsätzlich

nach den Güteklassen A, B, C (D) zu sortieren. Der Mindestzopf beträgt i. d. R. für Sägerundholz (Klasse L 1 b/2 a aufwärts) 14 cm o. R., für Profilzerspanerholz Klasse L 1 a – 1 b (2 a) 11 cm m. R. Es gelten die Meßzahlen der Mittenstärkesortierung.

Hessen
Über die Klasse L 6 hinaus werden unter Fortsetzung derselben Staffelung die Klassen L 7, L 8 und L 9 gebildet. Ab Klasse L 4, bei Eiche ab Klasse L 5, entfällt die Unterteilung in Unterklassen a und b.
Stammholz ist zusätzlich nach Güteklassen (Ziff. 5.22) zu sortieren.
Stammteile verschiedener Güteklassen werden bei gleichem Käufer nur gesondert vermessen, jedoch nicht voneinander getrennt. Lediglich das Holz der Güteklasse D sollte der Sortenklarheit wegen auch bei gleichem Käufer abgeschnitten werden. In begründeten Fällen sind Ausnahmen zulässig.

Schwachholz lang. Bei Schlägen, in denen ausschließlich oder weit überwiegend schwaches Langholz bis 19 cm Mittendurchmesser o. R. anfällt und nach Festgehalt verkauft wird, kann den Stärkeklassen L 0, L 1 a und L 1 b ein S wie folgt vorangestellt werden:
- SL 0   bis 9 cm
- SL 1 a   10 bis 14 cm
- SL 1 b   15 bis 19 cm

(Das in den Schwachholzschlägen mit anfallende Stammholz ab 20 cm Mittendurchmesser o. R. erhält die normale Stärkebezeichnung L 2 a, L 2 b usw.)
Schwachholz lang muß mindestens den Güteklassen B oder C entsprechen. Es kann zusätzlich nach den Güteklassen B und C (nicht D) sortiert werden. Schwachholz lang ohne Gütebezeichnung wird statistisch der B-Qualität zugerechnet. – Verkauf auch nach Stückzahl zulässig.

Niedersachsen
Bei Stammholz wird die Stärkeklasse L 0 nicht ausgehalten (Ausnahme Schwachholz lang). Unterteilungen in Unterklassen a und b werden nur bei den Klassen L 1 bis L 3 vorgenommen. Über die Klasse L 6 hinaus werden keine weiteren Klassen gebildet, d. h. auch Stämme mit über 69 cm Mittendurchmesser fallen in die Klasse L 6.

Nordrhein-Westfalen
Stammholz der Stärkeklasse L 0 ist nicht auszuhalten. Über die Klasse L 6 hinaus sind keine weiteren Klassen zu bilden.

Rheinland-Pfalz
Der Anfall der Stärkeklasse L 0 ist beim Stammholz bei L 1 a zu erfassen, nicht jedoch beim Grubenholz. Grubenholz wird sortiert als Grubenlangholz L 0 7 – 9 cm, L 1 10 – 19 cm, L 1 a 10 – 14 cm, L 1 b 15 – 19 cm. Unsortiertes Grubenlangholz ist nach der überwiegenden Menge in die vorstehenden Stärkeklassen einzuordnen.
Bei Laubstammholz zugelassene Stärkeklassen: 1, 2, 3 usw.

Saarland
Wo zur Massenermittlung noch Kubiktabellen benutzt werden, erfolgt die Ablängung des Stammholzes zweckmäßigerweise nach ganzen Metern, halben Metern und geraden Zehntelmetern.

Schleswig-Holstein
Bei Langholz wird die Stärkeklasse L 0 nicht ausgehalten.
Bei Industrie-Langholz kann L 0 ausgehalten werden. Unterteilungen in Unterklassen a und b werden nur bei den Klassen L 1 bis L 3 vorgenommen.

5.2.1.1.2 Heilbronner Sortierung
Das Stammholz (Stämme und Stamm-

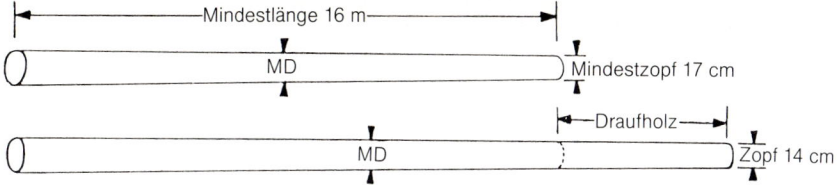

Abb. 113 Die Aushaltung von Draufholz bei der Heilbronner Sortierung am Beispiel der Handelsklasse H4/EWG (nach König)

teile) wird auf ganze Meter abgelängt und, nach Mindestlänge und Mindestzopfdurchmesser ohne Rinde gemessen, bei der vorgeschriebenen Mindestlänge in folgende Stärkeklassen eingeteilt:

Klasse	Mindestlänge	Mindestzopf-durchmesser ohne Rinde
H 1	8 m	10 cm
H 2	10 m	12 cm
H 3	14 m	14 cm
H 4	16 m	17 cm
H 5	18 m	22 cm
H 6	18 m	30 cm

Das Stammholz kann über den angegebenen Mindestzopfdurchmesser hinaus in größeren Längen ausgehalten werden (Draufholz), jedoch darf dabei nicht die Zopfstärke der nächst niederen Klasse unterschritten werden (Abb. 113).

▼ *Zusatzbestimmungen der Bundesländer zur Heilbronner Sortierung*

Baden-Württemberg
Für Langholz der Klassen H 1 bis H 6 wird in der Regel auf Gütesortierung verzichtet. In Ausnahmefällen, z. B. bei tiefbeasteten Solitärstämmen oder ringschäligen Weißtannen, kann Güteklasse C ausgehalten werden.
Nach Heilbronner Sortierung (H) werden Fichte, Tanne und Douglasie sortiert,

Draufholz kann bis zum Zopf der nächstniederen Klasse, ab Klasse H 5 jedoch höchstens bis zu einer Länge von 4 m ausgehalten werden.

Bayern
1. Langholz
Fichten/Tannen/Douglasien-Stammholz wird in der Regel nach der Heilbronner Sortierung entsprechend der HKS als Langholz (H) sortiert. Bei Sägerundholz (Ziff. 4.1) wird auf die Aushaltung von Draufholz verzichtet.

2. Gütebeurteilung
2.1 Die Heilbronner Sortierung ist eine reine Abmessenssortierung.
Für Langholz der Klassen H 1 mit H 6 entfällt daher grundsätzlich eine Beurteilung der Güte.
In Ausnahmefällen kann Langholz mit durchgehend sehr groben Mängeln (z. B. bei starkem und tiefgehendem Befall durch holzzerstörende Insekten, ringschälige Tannen) in Güteklasse C sortiert werden.
HC ist aber streng auf solche Ausnahmefälle zu beschränken.
2.2 Langholz muß gesund sein.
Leichte Verfärbungen im Stammzentrum sowie Faulstellen am Wurzelanlauf sind jedoch zulässig, da sie den Gebrauchswert im allgemeinen nicht beeinträchtigen.
Schadhafte Erdstammteile werden, wenn die Fäule aufgrund örtlicher Erfahrung nicht tiefgeht, soweit not-

wendig durch Abtrennen von bis zu maximal 1 m langen Teilstücken gesundgeschnitten.
Bei weiter fortgeschrittener Fäule werden Teilstücke als Abschnitte HL entsprechender Güteklasse ausgehalten und getrennt vermessen. Die Mindestlänge soll für mitgehende Abschnitte in Langholzlosen 4 m betragen.

3. Abschnitte
Bei der Heilbronner Sortierung anfallende Stammteile (Abschnitte) und Stämme, die nicht als Langholz (H) ausgehalten werden können, werden nach Mittenstärken sortiert und durch Voranstellen des Buchstaben H vor die entsprechende Stärkeklasse bezeichnet (z. B. HL 2 b).
Es gelten die Meßzahlen für Abschnitte Heilbronner Sortierung..
Stammholz wird grundsätzlich in Güteklassen eingeteilt.
Unter 18 m lange Stammteile, die einen um wenigstens 6 cm größeren Zopfdurchmesser haben als ihre Länge in Meter beträgt, sind in der Regel nicht als Langholz (H), sondern als Abschnitt (HL) auszuhalten. Z. B. ist ein Stammteil von 17 m Länge und 23 cm Zopfdurchmesser nicht als H 4, sondern als HL entsprechender Stärkeklasse zu behandeln.

4. Aushaltung und Transportlängenbegrenzung
Aus Gründen des Transportes und der maschinellen Entrindung wird Langholz (H) grundsätzlich nicht länger als 21 m ausgehalten.
Grundsätzlich wird je Stamm nur ein Langholz (H) ausgehalten.
An das Langholz (H) anschließende Stammteile werden als Abschnitte (HL) entsprechender Güteklasse sortiert und abgetrennt.
Abweichungen von dieser Regelung müssen mit dem Holzkäufer fest vereinbart sein.
4.1 Für Sägerundholz im herkömmlichen Sinne gelten die Einschränkungen, daß Langholz Klasse H 1 nicht ausgehalten, Langholz Klasse H 2 nur dann ausgehalten wird, wenn es bei normalen Stammholzhieben mit anfällt. Der Mindestzopf beträgt für Langholz Klasse H 2 und für Abschnitte HL 14 cm o. R.
4.2 Für schwaches Fichten/Tannen/ Douglasien-Stammholz (sog. Profilzerspanerholz) gilt folgende besondere Regelung:
● Als Profilzerspanerholz werden nur die Klassen H 1 und H 2 sowie HL 1 a und HL 1 b ausgehalten.
● Im Schwachholzhieb mitanfallende Klassen H 3 bzw. HL 2 a können in begrenztem Umfang als Profilzerspanerholz ausgehalten werden.
● Der Mindestzopf beträgt einheitliche 11 cm m. R.

Baden-Württemberg, Bayern, Hessen
Stammteile nach Heilbronner Sortierung werden nach Ziff. 1.11 sortiert und durch Voranstellen des Buchstaben H vor die entsprechende Stärkeklasse bezeichnet (z. B. HL 2 b).

Hessen
Die Heilbronner Sortierung wird im Staatswald nicht angewendet. Das gilt in aller Regel auch für den Körperschaftswald und den staatlich beförsterten Privatwald.
Das maschinelle Nummernbuch nach dem Verfahren der Staatsforstverwaltung kann bei Heilbronner Sortierung nicht geschrieben werden.

Niedersachsen, Nordrhein-Westfalen, Saarland, Schleswig-Holstein
Die Heilbronner Sortierung wird nicht angewendet.

Rheinland-Pfalz
Fichten-, Tannen- und Douglasien-Stammholz kann nach Heilbronner Sortierung ausgehalten werden.
Eine Güteklassenausscheidung (A, B, C, D) darf jedoch nicht vorge-

nommen werden. Es gibt also nur eine reine Heilbronner Stammholzqualität H 1 bis H 6. Diese soll von geringen Fehlern abgesehen gesund, nicht allzu abholzig, nicht ringschälig und drehwüchsig, im unteren Stammteil nicht mit sehr zahlreichen groben Ästen oder mit sehr zahlreichen, auf den ganzen Stammumfang verteilten stärkeren Durchfallästen besetzt sein.

Bei der Heilbronner Sortierung anfallende Stammteile (Abschnitte) und Fichten-, Tannen-, Douglasien-Stammholz, das die oben beschriebene reine Heilbronner Stammholzqualität nicht hat, also Stammholz der Güteklasse A, C und D, ist nach Mittenstärken zu sortieren und als Stammholz A, B, C, D – L 1 a bis 6 zu bezeichnen.

Danach sind auch die Meßzahlen für Abschnitte Heilbronner Sortierung nicht mehr zu verwenden.

Anmerkung zur Heilbronner Sortierung
Aus den Zusatzbestimmungen wird ersichtlich, daß die Heilbronner Sortierung nur in Baden-Württemberg und Bayern sowie teilweise in Rheinland-Pfalz und nur bei der Holzartengruppe Fichte, Tanne und Douglasie angewandt wird. Auf eine Güteklassenausscheidung wird verzichtet, doch stellen die drei Länder an die Qualität des Langholzes unterschiedliche Anforderungen. Ferner wird in Bayern kein Draufholz ausgehalten, dort ist auch die Aushaltungslänge auf 21 m begrenzt.

Die Unterschiede in der Aushaltung bringen es mit sich, daß die Preisstatistiken der betroffenen Länder bei Fichten/Tannen-Douglasien-Langholz Heilbronner Sortierung nicht verglichen werden können.

5.2.1.1.3 Stangensortierung

Die Stangen werden nach dem Durchmesser mit Rinde 1 m über dem stärkeren Ende, Nadelholz ab 7 cm Durchmesser mit Rinde zusätzlich nach der Länge bis zu einer Zopfstärke von 2 cm mit Rinde, in folgende Stärkeklassen eingeteilt:

Klasse	Durchmesser mit Rinde	Länge (bei Nadelholz)
P 1	6 cm und weniger	
P 2	7 bis 13 cm	
P 2.1	7 bis 9 cm	über 6 m
P 2.11	7 bis 9 cm	über 6 bis 9 cm
P 2.12	7 bis 9 cm	über 9 m
P 2.2	10 bis 11 cm	über 9 m
P 2.3	12 bis 13 cm	über 9 m
P 2.31	12 bis 13 cm	über 9 bis 12 m
P 2.32	12 bis 13 cm	über 12 bis 15 m
P 2.33	12 bis 13 cm	über 15 m
P 3	14 cm und mehr	

Bei entrindeten Stangen ermäßigen sich die angegebenen Durchmesser um 1 cm. Die Unterteilung der Klasse P 2 in Unterklassen sowie die weitere Unterteilung in Unterklassen können entfallen. Nadelholzstangen, welche die erforderliche Länge nicht haben, fallen in die nächst niedere Klasse oder Unterklasse.

▼ *Zusatzbestimmungen der Bundesländer zur Stangensortierung*

Bayern
Die Klasse P 3 wird nur bis zu einem Durchmesser von 16 cm m. R. über dem stärkeren Ende ausgehalten.

Hessen
P 3 14 bis 17 cm Durchmesser m. R. (1 m über dem stärkeren Ende) über 12 m lang.
Stangen werden im Staatswald nach Stück verkauft.

Niedersachsen
P 3 14 bis 17 cm Durchmesser m. R.
Stangen der Stärkeklassen P 2.1 und P 2.3 werden nicht ausgehalten.

Nordrhein-Westfalen
Die Stangensortierung in der Fas-

sung vom 6. 12. 1973 ist in den staatlichen Forstbetrieben des Landes Nordrhein-Westfalen ab 1. Oktober 1974 mit nachstehenden Einschränkungen anzuwenden:
1. Langholz der Handelsklasse P 1 ist als Nebennutzung zu verwerten.
2. Bis auf weiteres sind
bei Nadel-Langholz die Handelsklassen P 2, P 2.1, P 2.3, P 2.33 und P 3 nicht sowie
bei Laub-Langholz nur die Handelsklassen P 2.11, P 2.2 und P 2.31 zu verwenden.
3. Langholz mit einem Durchmesser von 14 cm und mehr, 1 m über dem stärkeren Ende, – Handelsklasse P 3 – ist stets als Stammholz – L – auszuhalten.

Rheinland-Pfalz
Stangen können nach Stück oder Fm o. R. verkauft werden. Laubstangen werden nach den Klassen P 2 (ohne Unterklassen) und P 3 sortiert. Längen sind als Sortierungsmerkmal nicht vorgesehen. Langholz mit einem Durchmesser mit Rinde – 1 m über dem stärkeren Ende – von 17 cm und mehr ist als Stammholz (Grubenlangholz, Industrielangholz) auszuhalten.
Stangen der Klasse P 1 sind unter Nebennutzungen zu buchen.

Saarland
Von der Aushaltung der Sortimente P 2 (Nadelholzstangen von 7 bis 13 cm Durchmesser m. R., ohne Längensortierung) und P 2.3 (Nadelholzstangen von 12 bis 13 cm Durchmesser mit Rinde, über 9 m Länge ohne weitere Differenzierung) ist im Saarland in der Regel abzusehen.
Im allgemeinen sind Stangen der Klasse P 3 ab 17 cm m. R. als Stammholz auszuhalten.

Schleswig-Holstein
Die Klasse P 1 wird nicht ausgehalten. Die Unterteilung der Unterklassen der Klasse P 2 entfällt.
Die Klasse P 3 wird nur in Stärken von 14 bis 17 cm m. R. ausgehalten.

Anmerkung zur Stangensortierung
Bei den Stangen klären weder die Forst-HKS noch die Zusatzbestimmungen der Länder, ob die Kürzung am Stockende z. B. durch Abschneiden eines Industrieholzes zulässig ist. Der Begriff „Stange" setzt handelsüblich das Vorhandensein der ganzen Länge, also einschließlich des Stockendes voraus. Am unteren Ende gekürzte Stangen sind mithin nicht handelsüblich und daher nicht zulässig. Eine Kürzung ist nur dann vertretbar, wenn sie dem „Gesundschneiden" bei vorliegendem Wildverbiß, Stockfäule usw. dient.

5.2.1.2 Schichtholz
Schichtholz wird nach dem Durchmesser mit Rinde am schwächeren Ende in folgende Klassen eingeteilt:

Klasse		Durchmesser mit Rinde
S 1	Rundlinge	3 bis 6 cm
S 2	Rundlinge	7 bis 13 cm
S 2.1	Rundlinge	7 bis 9 cm
S 2.2	Rundlinge	10 bis 13 cm
S 3	Rundlinge sowie	14 cm und mehr
S 3.1	Spaltstücke	14 bis 19 cm
S 3.2	daraus	20 cm und mehr

Bei Schichtholz ohne Rinde vermindern sich die genannten Durchmesser um 1 cm. Die Unterteilung der Klassen S 2 und S 3 in Unterklassen kann entfallen.

Achtung: Schichtholz als Rohholzsortiment hat nichts mit den Schichthölzern aus dem Bereich der Holzwerkstoffe zu tun (Brettschichtholz, Furnierschichtholz, Formschichtholz).

▼ *Zusatzbestimmungen der Bundesländer zur Schichtholzsortierung*

Baden-Württemberg
Schichtholz (S) wird als Industrieholz (einschließlich dem sogenannten Schichtnutzholz) oder als Brennholz aufbereitet. Die Unterteilung der Klassen S 2 und S 3 in Unterklassen entfällt. Das Schichtholz wird von den Abnehmern in der Regel gemischt von 7 bis 20 cm am schwächeren Ende abgenommen, daher ist eine getrennte Aufbereitung der Klassen S 2 und S 3 (auch bei Industrieholz) nur auf besonderen Wunsch der Abnehmer vorzunehmen. Auf die neue Grenze S 2 (bis 13,9 cm) zu S 3 (ab 14,0 cm) wird aufmerksam gemacht.
Schichtholz kann danach entweder ohne Stärkeklassen oder unterteilt nach Stärkeklassen aufbereitet werden.

Bayern
Schichtholz wird im allgemeinen bis 2 m lang, ausnahmsweise bis 3 m lang, jedoch nicht länger ausgehalten. Die Schichtholzsortierung ist nur anzuwenden, wenn die dort festgelegten Stärkezäsuren für die Verwertung von Bedeutung sind. Nach Bedarf kann Schichtholz zusätzlich nach den Güteklassen A, B, C, D sortiert werden. Die Sortierung nach den Industrieholz-Güteklassen N, F, K bleibt ausgeschlossen.

Hessen
Die vorstehende Schichtholzsortierung nach Stärken wird im Staats- und Körperschaftswald sowie im staatlich beförsterten Privatwald nicht angewendet; statt dessen erfolgt die Sortierung nach Industrieholz (Ziff. 3.2) oder nach Schichtholz SV.

Schichtholz SV (V = Verwendung).
Im Schichtmaß aufgesetzte fertige oder teilfertige Verwendungssortimente, rund oder gespalten, in der Regel bis 3 m lang, die auf Käuferwunsch in besonderen Dimensionen (Länge, Stärke) aufgearbeitet werden und einen deutlich höheren Preis als Industrieholz vergleichbarer Qualität erbringen oder erwarten lassen.
Das Schichtholz SV umfaßt z. B. folgende Verwendungsarten:
- SV 1 Weidepfähle,
- SV 2 Zaunpfosten,
- SV 3 Zaunknüppel (für Zaunlatten, Staketen),
- SV 4 Baumpfähle, Rebpfähle,
- SV 5 Grubenstempel, Baustempel,
- SV 6 Kaminholz,
- SV 0 sonstige Verwendungsarten.

Niedersachsen
Schichtholz wird in Nutz-Schichtholz (NS) und Brenn-Schichtholz (BS) unterteilt.

Nordrhein-Westfalen
Schichtholz ist nicht zur chemischen oder mechanischen Aufschließung vorgesehenes in Schichtmaßen aufgesetztes Holz.
Die Handelsklassen 2 und 3 können zusammengefaßt werden. Statistisch werden nur die nachstehenden Klassen ausgewiesen:

Klasse	Durchmesser mit Rinde
S 1	3 bis 6 cm
S 2	7 bis 13 cm
S 3	14 cm und mehr
S 2–3	7 cm und mehr

Leicht anbrüchiges, grobastiges, krummes oder stark anbrüchiges, jedoch gewerblich verwendbares Holz ist auch dann, wenn es nicht zur mechanischen oder chemischen Aufschließung vorgesehen ist, als Industrieholz der Handelsklassen IF bzw. IK auszuhalten.

Rheinland-Pfalz

Durchmesser mit Rinde	Art und Handelsklasse des Holzes	
7 bis 19 cm	Grubenstempel unsort.	S 2/3.1
14 bis 19 cm	Grubenstempel	S 3.1
7 bis 13 cm	Grubenstempel	S 2
	Grubenholz	
7 cm und mehr	Schichtnutzholz unsort.	S 2/3
14 cm und mehr	Nutzrollen unsort.	S 3
20 cm und mehr	Nutzrollen	S 3.2
14 bis 19 cm	Nutzrollen	S 3.1
14 cm und mehr	Nutzscheit	S 3
7 bis 13 cm	Nutzknüppel	S 2
	Schichtnutzholz (Daubholz, Werkholz, Wolleholz, Kistenholz sind hier einzuordnen: diese Bezeichnungen dürfen nicht mehr verwendet werden)	
7 cm und mehr	Brennholz unsort.	S 2/3
	Brennholz (Scheit, Rollen, Knüppel gemischt!)	
7 cm und mehr	Anbruch	S 2/3
	Brennholz (Scheit, Rollen, Knorren, Knüppel gemischt!)	
14 cm und mehr	Rollen	S 3
14 cm und mehr	Scheit	S 3
7 bis 13 cm	Knüppel	S 2
	Brennholz	

Saarland
Es gelten vorläufig im Saarland:

neu	bisher
S 1	Reiserknüppel
S 2	Brennknüppel
S 3	Brennscheit
S 2/3	Brennknüppel und -scheit gem.
S 2 D	Brennknüppel-Anbruch
S 3 D	Brennscheit-Anbruch
S 3 KO	Knorren
S 1 Z	Nutzreiserknüppel
S 2 Z	Nutzknüppel
S 3 Z	Nutzscheit; Rollen

Schleswig-Holstein
Schichtholz wird nur als Industrieschichtholz (IS) und bis zu einer Länge von höchstens 3 m ausgehalten.
Die Unterteilungen der Klassen S 2 und S 3 entfallen. Die Klassen S 2 und S 3 können zu S 2–3 zusammengefaßt werden.
Die Klasse S 1 wird nicht ausgehalten.

5.2.2 Gütesortierung

Nach der EWG-Richtlinie richtet sich die Sortierung nach Güteklassen nach folgenden Kriterien:
Krümmung: Die Krümmung wird gemessen, indem man die Pfeilhöhe – in Zentimetern ausgedrückt und auf den nächstliegenden Zentimeter abgerundet

– durch jenen Abstand teilt, der die beiden Enden der Krümmung trennt, in Metern mit einer Dezimalstelle ausgedrückt. Die Krümmung wird in Zentimetern pro Meter ausgedrückt.

Drehwuchs: Dieser Fehler ist der in Zentimeter pro Meter Länge ausgedrückte und auf den nächstliegenden Zentimeter abgerundete Abstand zwischen der Faserrichtung und einer zur Langholzachse parallel laufenden Linie. Der Drehwuchs wird in Zentimetern pro Meter ausgedrückt.

Abholzigkeit: Die Abholzigkeit wird festgelegt, indem man die Differenz zwischen den Durchmessern des Langholzes in einem Abstand von 1 m der beiden Enden – in Zentimetern gemessen und nach unten abgerundet – durch die in Metern mit einer Dezimalstelle ausgedrückte Entfernung zwischen den Durchmessern teilt. Die Abholzigkeit wird in Zentimetern mit einer Dezimalstelle pro Meter ausgedrückt.

Nicht überwachsene, gesunde (helle) oder kranke (schwarze) *Äste.* Der Astdurchmesser wird in Millimetern an der schwächsten Stelle gemessen.

Überwallungen, Beulen.
Exzentrischer Kern.
Reaktionsholz: Zugholz für Laubhölzer, Druckholz für Nadelhölzer. Unregelmäßigkeiten des Umrisses.
Ringschäle, Kernriß, Frostriß.
Stammtrockenheit und kleine Risse, die durch die Trocknung entstanden sind.
Farbliche Veränderungen.
Andere Schäden, verursacht durch Schadorganismen.

Wie die „Homa" enthält auch die Forst-HKS die Güteklassen A, B und C, wozu die über die EWG-Richtlinie hinausgehende Güteklasse D kommt. Die ersteren werden als A/EWG, B/EWG und C/EWG bezeichnet, wobei der Zusatz EWG wegfallen kann. Bei Verwendung der Bezeichnung A, B und C handelt es sich grundsätzlich um EWG-sortiertes Holz. Die Güteklasse D ist in der EWG-Richtlinie nicht vorgesehen. Deshalb darf bei D weder der Zusatz EWG hinzugefügt, noch darf es als EWG-sortiert bezeichnet werden.

Seit etwa Mitte der fünfziger Jahre wurde die Erfassung präziser und meßbarer Gütemerkmale beim Rohholz fachlich diskutiert. Leider folgten die Bestimmungen der Forst-HKS jedoch nicht den Vorschlägen, die Güteklassen faßbar abzugrenzen, sondern blieben bei Begriffen, die weitgehende Manipulationen der Güteklassenausscheidung zulassen. Die fehlende Meßbarkeit ließ die Unsicherheit der Aushaltung bestehen, die besonders bei konjunkturellen Schwankungen in Erscheinung trat. Dadurch wurde zugleich die Uneinheitlichkeit der Sortierung gefördert, und Vergleiche der Betriebsstatistiken wurden erschwert.

Neben anderen haben besonders W. KNIGGE, H. LÖFFLER und H. SCHULZ Untersuchungen durchgeführt, die es erlauben, die in der Forst-HKS angesprochenen Gütekriterien eindeutig zu erfassen und Grenzen zu setzen, die die Einwertung in die Güteklassen klären. Auf sie wird bei der Besprechung der Güteklassen im nachfolgenden näher eingegangen, um durch diese Erläuterungen dazu beizutragen, die Einheitlichkeit und Dauer der Gütesortierung zu stützen.

▼ *Der Gütesortierung haben die Länder Baden-Württemberg und Bayern allgemeine Zusatzbestimmungen vorangestellt:*

Baden-Württemberg
Die Güteklassen A, B, C und D gelten nur für Stammholz.

Bayern
Zusammenfassungen von Stärke- und Güteklassen sind möglich. Bei Rohholzverkäufen im grenzüberschreitenden Verkehr dürfen sie nur gemacht werden, wenn entsprechen-

de Vereinbarungen mit dem Käufer getroffen wurden.
Für Rohholz werden folgende Güteklassen gebildet:

5.2.2.1 Güteklasse A/EWG
Gesundes Holz mit ausgezeichneten Arteigenschaften, fehlerfrei oder nur mit unbedeutenden Fehlern, die seine Verwendung nicht beeinträchtigen.

▼ *Zusatzbestimmungen der Bundesländer zur Güteklasse A/EWG*

Niedersachsen
A-Holz wird nicht unter Stärkeklasse L 2 b ausgehalten.

Alle Bundesländer
Folgende, statistisch der Güteklasse A zuzurechnende, die Eignung charakterisierende Bezeichnungen können verwendet werden:

Furnierholz F ist gesundes, gradschaftiges, vollholziges, astreines oder fast astreines sowie beulen- und rosenfreies oder fast rosenfreies Holz. Jahrringbau und Farbe sollen den bei den einzelnen Holzarten zu stellenden Anforderungen entsprechen. Geringe Fehler im Stammzentrum sind zulässig.
Bei den einzelnen Holzarten sind folgende Abmessungen und zusätzliche Gütemerkmale üblich:
● Eiche: Mindestmittendurchmesser im allgemeinen 35 cm o. R., Mindestlänge im allgemeinen 2,00 m; mildes Holz, gleichmäßiger nicht grobringiger Jahrringbau.
● Buntlaubholz: Mindestmittendurchmesser im allgemeinen 30 cm o. R., Mindestlänge im allgemeinen 2,00 m.
● Nadelholz: Mindestmittendurchmesser im allgemeinen 30 cm o. R., Mindestlänge im allgemeinen 2,00 m, harzarm; bei Kiefer im Stammzentrum nicht grobringiger Jahrringbau, außer bei nachweisbar rechtzeitiger Ästung.

Teilfurnier TF ist Holz, das mindestens zu einem Drittel seines Volumens für Furnierzwecke geeignete Teilstücke enthält.

Bayern
Schneide- und Schälholz SS muß, von geringen Fehlern im Stammzentrum abgesehen, gesund, ast- und beulenfrei oder fast ast- und beulenfrei sowie in der Regel geradschaftig sein. Es darf nur gering drehwüchsig sein. Bei den einzelnen Holzarten sind folgende Abmessungen und zusätzliche Gütemerkmale üblich:
● Fichte, Tanne: Mindestmittendurchmesser 35 cm o. R., Mindestlänge 2,40 m; frei von Druckholz und ausgedehnten Kernrissen.
● Kiefer: Mindestmittendurchmesser 35 cm o. R., Mindestlänge 2,40 m; gleichmäßiger, im Stammzentrum nicht grobringiger Jahrringbau außer bei nachweisbar rechtzeitiger Ästung, einschnürige Krümmung bis 2 cm/m ist zulässig.
● Lärche, Douglasie: Mindestmittendurchmesser 25 cm o. R., Mindestlänge 2,40 m; grobringiger und ungleichmäßiger Jahrringbau sowie einschnürige Krümmung bis zu 3 cm/m – bei Lärche auch exzentrischer Kern – sind zulässig.
● Strobe: Mindestmittendurchmesser 25 cm o. R., Mindestlänge 2,40 m; gleichmäßiger Jahrringbau, gesunde Äste sind zulässig.
● Eiche, Buche: Mindestmittendurchmesser 30 cm o. R., Mindestlänge 2,40 m; bei Buchenschälholz ist ein gesunder, zentraler Kern (Rotkern, nicht Spritz- oder Graukern) bis 12 cm Durchmesser zulässig.
● Sonstiges Laubholz: Mindestmittendurchmesser im allgemeinen 25 cm o. R., Mindestlänge 2,40 m.

Abb. 114 Starke Kiefer, in einen reinen Schneideholzabschnitt (links) und in ein B-Stück zerlegt. Vor dem Schnitt ist zu prüfen, ob es nicht vorteilhafter ist, ein Teilschneideholz auszuhalten, um dem Käufer die Möglichkeit der besseren Ausnutzung des Stammes zu geben
(Foto: Archiv Holz-Zentralblatt)

Teilschneide- und Teilschälholz TS ist Holz, das mindestens zu einem Drittel seiner Länge Teilstücke von Schneide- und Schälholz enthält, die bei Laubholz mindestens 1,60 m, bei Nadelholz mindestens 2,40 m lang sein müssen.
Bei Kiefer, Lärche und Douglasie sind auch Mittendurchmesser ab 15 cm o. R. zulässig. Bei Buche ist ein über 12 cm starker Kern zulässig, soweit die Verwendung als Schälholz nicht beeinträchtigt wird.
Der nicht wertholzhaltige Teil darf Holz der Güteklasse C oder D nicht enthalten.

Stammwerkholz W ist Fichten- und Tannenstammholz mit einem Mindestmittendurchmesser von 35 cm o. R., das zum Musikinstrumentenbau (Tonholz) und für die Herstellung von Holzwaren (z. B. Holzdraht) geeignet ist.
Stammwerkholz ist geradschaftig, ohne Druckholz, ohne Wurzelanlauf, äußerlich astrein oder fast astrein, beulenfrei oder fast beulenfrei, gut spaltbar. Es hat gleichmäßigen, nicht grobringigen Jahrringbau. Geringer bis mäßiger Drehwuchs ist zulässig, außer bei Tonholz. Kernfäule sowie Kernrisse oder Ringschäligkeit im Inneren der unteren Stammabschnittsfläche schließen bei sonstiger Eignung die Stammwerkholztauglichkeit nicht aus.
• Klasse 1: 75 bis 100% der Masse stammwerkholztauglich
• Klasse 2: 50 bis 75% der Masse stammwerkholztauglich
• Klasse 3: bis zu Hälfte der Masse stammwerkholztauglich.
Die Bezeichnungen F, TF, SS, TS, W werden für sich allein verwendet. Voranstellen des Buchstaben „A" als Hinweis ihrer statistischen Zugehörigkeit zur Güteklasse A ist nicht erforderlich.

Hessen
Schneide- und Schälholz SS muß, von geringen Fehlern im Stammzentrum abgesehen, gesund, ast- und beulenfrei oder fast ast- und beulenfrei sowie in der Regel geradschaftig sein. Es darf nur gering drehwüchsig sein. Bei den einzelnen Holzarten sind folgende Abmessungen und zusätzliche Gütemerkmale üblich:
• Fichte, Tanne: Mindestmittendurchmesser 35 cm o. R., Mindestlänge 2,40 m; frei von Druckholz und ausgedehnten Kernrissen.
• Kiefer: Mindestmittendurchmesser 25 cm o. R., Mindestlänge 2,40 m; gleichmäßiger, im Stammzentrum nicht grobringiger Jahrringbau außer bei nachweisbar rechtzeitiger Ästung, einschnürige Krümmung bis 2 cm/m ist zulässig.
• Lärche, Douglasie: Mindestmittendurchmesser 25 cm o. R., Mindestlänge 2,40 m; grobringiger und ungleichmäßiger Jahrringbau sowie einschnürige Krümmung bis zu 3 cm/m – bei Lärche auch exzentrischer Kern – sind zulässig.
• Strobe: Mindestmittendurchmesser 25 cm o. R., Mindestlänge, 2,40 m; gleichmäßiger Jahrringbau, gesunde Äste sind zulässig.
• Eiche, Buche: Mindestmittendurchmesser 30 cm o. R., Mindestlänge 2,40 m; bei Buchenschälholz

ist ein gesunder, zentraler Kern (Rotkern, nicht Spritz- oder Graukern) bis 12 cm Durchmesser zulässig.
- Sonstiges Laubholz: Mindestmittendurchmesser im allgemeinen 25 cm o. R., Mindestlänge 2,40 m.

Teilschneide- und Teilschälholz TS ist Holz, das mindestens zu einem Drittel seiner Länge Teilstücke von Schneide- und Schälholz enthält, die bei Laubholz mindestens 1,60, bei Nadelholz mindestens 2,40 m lang sein müssen.
Bei Kiefer, Lärche und Douglasie sind auch Mittendurchmesser ab 15 cm o. R. zulässig. Bei Buche ist ein über 12 cm starker gesunder Farbkern zulässig, soweit die Verwendung als Schälholz nicht beeinträchtigt wird.

Nordrhein-Westfalen
Die Bezeichnungen F, TF, werden für sich allein verwendet. Voranstellen des Buchstaben „A" als Hinweis ihrer statistischen Zugehörigkeit zur Güteklasse A ist nicht erforderlich.

Rheinland-Pfalz
Schneide- und Schälholz SS muß, von geringen Fehlern im Stammzentrum abgesehen, gesund, ast- und beulenfrei oder fast ast- und beulenfrei sowie in der Regel gradschaftig sein. Es darf nur gering drehwüchsig sein. In die Güteklasse SS fallen nur reine A-Stücke.
Bei den einzelnen Holzarten sind folgende Abmessungen und zusätzliche Gütemerkmale üblich:
- Fichte, Tanne: Mindestmittendurchmesser 35 cm o. R., Mindestlänge 2,40 m; frei von Druckholz und ausgedehnten Kernrissen.
- Kiefer: Mindestmittendurchmesser 25 cm o. R., Mindestlänge 2,40 m; gleichmäßiger, im Stammzentrum nicht grober Jahrringbau außer bei nachweisbar rechtzeitiger Ästung, einschnürige Krümmung bis 2 cm/m zulässig. In schwächeren Schlägen mit Schwerpunkt in den Klassen 2b/3a soll die spezielle Aushaltung von A-Holz mit Abtrennung des A-Holzes nur dann erfolgen, wenn es sich um Reinbestände handelt, die sich durch besondere Astreinheit und feinringiges, gut verkerntes Holz auszeichnen. Bei schwächeren Beständen und bei geringwertigem Starkholz wird normalerweise das auszuhaltende A-Holz nur getrennt vermessen, aber nicht vom B-Holz abgetrennt.
- Lärche, Douglasie: Mindestmittendurchmesser 25 cm o. R., Mindestlänge 2,40 m; grober und ungleichmäßiger Jahrringbau sowie einschnürige Krümmung bis zu 3 cm/m – bei Lärche auch exzentrischer Kern – sind zulässig. Lärche: Bei schwächeren Beständen und geringwertigem Starkholz wird normalerweise das auszuhaltende A-Holz nur getrennt vermessen, aber nicht vom B-Holz abgetrennt.
- Strobe: Mindestmittendurchmesser 25 cm o. R., Mindestlänge 2,40 m; gleichmäßiger Jahrringbau, gesunde Äste sind zulässig. Bei schwächeren Beständen und bei geringwertigem Starkholz wird normalerweise das auszuhaltende A-Holz nur getrennt vermessen, aber nicht vom B-Holz abgetrennt.
- Eiche, Buche: Mindestmittendurchmesser 30 cm o. R., Mindestlänge 2,40 m; bei Buchen-Schälholz ist ein gesunder, zentraler Kern (Rotkern, nicht Spritz- oder Graukern!) bis 12 cm zulässig.
- Eiche: Größere Anfälle (etwa ab 10 Fm) von Schneideware können von den B-Stücken abgetrennt werden. Bei Kleinanfällen bleiben A- und B-Stücke zusammen, sie werden getrennt vermessen.
- Buche: Im allgemeinen ist A-Holz nicht von den B-Stämmen abzutrennen, jedoch stets getrennt zu vermessen.

- Sonstiges Laubholz: Mindestmittendurchmesser im allgemeinen 25 cm o. R., Mindestlänge 2,40 m. Größere Anfälle von A-Stücken können von den B-Stämmen abgetrennt werden. Bei Kleinanfällen bleiben A- und B-Stücke zusammen, sie werden getrennt vermessen. Die Vereinigung von SS- und B-Stücken zu einer Güteklasse TS (Teilschneide-, Teilschälholz) ist zulässig.

Schleswig-Holstein
Schneide- und Schälholz SS. SS-Holz ist gesundes, in der Regel geradschaftiges, ast- und beulenfreies oder fast ast- und beulenfreies Holz. Geringe Fehler im Stammzentrum und geringer Drehwuchs sind zulässig. Folgende Abmessungen und Merkmale.
- Eiche: Mindestmittendurchmesser 30 cm o. R.
- Buche: Wie Eiche.
- Sonstiges Laubholz: Mindestmittendurchmesser 25 cm o. R.

Teilschneide- und Teilschälholz TS. TS-Holz enthält mindestens zu einem Drittel seiner Länge Teilstücke von Schneide- und Schälholz, die bei Laubholz mindestens 1,6 m und bei Nadelholz mindestens 2,4 m lang sind.

5.2.2.2 Güteklasse B/EWG
Holz von normaler Qualität einschließlich stammtrockenem Holz mit einem oder mehreren der folgenden Fehler: schwache Krümmung und schwacher Drehwuchs, geringe Abholzigkeit, einige gesunde Äste von kleinem oder mittlerem Durchmesser – jedoch nicht grobastig –, eine geringe Zahl kranker Äste von geringem Durchmesser, leicht exzentrischer Kern, einige Unregelmäßigkeiten des Umrisses oder einige andere vereinzelte, durch eine gute allgemeine Qualität ausgeglichene Fehler.

▼ *Zusatzbestimmungen der Bundesländer zur Güteklasse B/EWG*

Alle Bundesländer
Folgende statistisch der Güteklasse B zuzurechnende, die Eignung charakterisierende Bezeichnungen können verwendet werden.

Masten M. Masten sind Nadelstammholz (außer Strobe) der Stärkeklassen L 1a bis einschließlich L 3a bzw. H 1 bis H 4. Sie müssen gesund sein, leicht einschnürige Krümmung und geringer Drehwuchs sowie gesunde Äste und Beulen sind zulässig. Die Abmessungen richten sich nach den Ansprüchen des Marktes.

Rammpfähle R. Rammpfähle sind Kiefern-, Fichten-, Tannen-, Lärchen-, Douglasien- und Eichenstammholz. Sie sollen gerade und frei von schädlichem Drehwuchs sein und bei nicht zu starker Abholzigkeit eine möglichst gleichmäßige Verjüngung vom Stamm- zum Zopfende aufweisen. Zulässig sind Bläue und nagelfeste braune oder rote Streifen bis ¼ des Durchmessers. Blitzrisse, Frostrisse, Insektenfraß (Bohrlöcher), Mistelbefall, Ringschäle, Rotfäule und Weißfäule schließen die Eignung als Rammpfahl aus.
Die Abmessungen richten sich nach den Anforderungen des Marktes. (Beachtenswert sind hierzu die Bestimmungen in DIN 4026, Ziff. 6.1.2, Satz 1 und 2, die in verschiedener Hinsicht genauer abgegrenzte Abmessungen geben: Rammpfähle aus Holz sollen aus gesundem Holz bestehen. Sie sollen gerade [Pfeilhöhe = $1/300$ der Pfahllänge], frei von schädlichem Drehwuchs sein und eine gleichmäßige Verjüngung vom Stamm- zum Zopfende haben, wobei der Durchmesser höchstens 1,5 cm je Meter, möglichst jedoch nur 1,0 cm je Meter kleiner werden darf.)

Baden-Württemberg
Masten und Rammpfähle werden nach Heilbronner Sortierung H (Fi, Ta und dgl.) bzw. nach Mittenstärkesortierung (Kie unf Lä) sortiert.
Die Bezeichnungen M und R werden für sich allein verwendet. Voranstellen des Buchstaben „B" als Hinweis ihrer statistischen Zugehörigkeit zur Güteklasse B ist nicht erforderlich.

Grubenholz. Neben den aufgeführten bundeseinheitlichen verwaltungsinternen Sortierungsbestimmungen wird in Baden-Württemberg auch Langholz (Fi/Ta, Kie/Lä und Laubholz) der Klassen L 0, L 1 a und L 1 b als Grubenholz bezeichnet und ausgehalten. Bei der Aufbereitung wird dieses Holz bis 4 cm Zopf ausgehalten. Außerdem kann Grubenholz als Schichtholz der entsprechenden Stärkeklassen (S 2 oder S 3) aufbereitet werden. Grubenholz wird nicht nach Güteklassen sortiert. Die nach der Verordnung notwendige Charakterisierung ist durch die Holzartengruppe (z. B. Fi/Ta) und die Stärkeklasse (z. B. L 1 b) gegeben. Der Begriff „Grubenholz" bezeichnet lediglich die nähere Eignung zu einer bestimmten Verwendung.

Hessen
Mäßige Beuligkeit, kleine Faulflecke und leichte Rotstreifigkeit sind zulässig (vergleiche: C-Definition). Bei der Kiefer und Strobe schließt leichte Bläue die Sortierung nach Güteklasse B nicht aus.

Buche:
● Im Buchenstammholz B ist Rotkern bis zu ⅔ des Durchmessers zulässig. Ein Rotkern bis ½ des Durchmessers (ein- oder beidseitig) ist ohne Preisabschlag zulässig. Für Buchenstammholz B mit einem Rotkern von ½ bis ⅔ des Durchmessers (ein- oder beidseitig) wird ein Preisnachlaß gewährt. Mit den Ausschußmitgliedern wurde kein landeseinheitlicher Preisabschlag vereinbart. Dieser soll schlagweise zwischen Käufer und Forstamt ausgehandelt werden. Ein Abzug von 10 bis 20 MZ-Punkten wird als angemessen erachtet.
● Buchenstammholz, das sonst der B- oder besserer Qualität entspricht, jedoch einen Rotkern von mehr als ⅔ des Durchmessers aufweist (ein- oder beidseitig), wird in die Güteklasse C sortiert. Sofern dabei eine der beiden Schnittflächen jedoch rotkernfrei ist, wird der Stamm entsprechend der erfahrungsgemäßen Längsausdehnung des Rotkerns möglichst ohne Trennschnitt in zwei Teilstücke mit unterschiedlicher Güteklasse sortiert (z. B. B und C oder TS und C).
Schwachholz lang, siehe auch Zusatzbestimmung zu Abschnitt 5.2.1.1.1 Mittenstärkesortierung.

Niedersachsen
Präzisierung der Güteklasse B bei Buche: Als unerhebliche Fehler für „normale Qualität" gelten u. a.:
● Drechwuchs, soweit die Drehung auf 6 m Länge nicht stärker ist als ¼ des Stammumfanges.
● Äste und Astnarben, soweit der Verwendungszweck nicht wesentlich beeinträchtigt wird. Bei einer Häufung von Beulen und spitzwinkeligen Chinesenbärten ist in der Regel eine Beeinträchtigung gegeben.
● Stammkrümmungen und Hohlkehlen (Längsrillen), die den Verwendungszweck nicht erheblich einschränken. Eine Einschränkung wird nur bei extremer Ausbildung gegeben sein.
● Rotkern (außer Spritzkern) bis zu dem durch die BK-Definition der Forst-HKS umrissenen Ausmaß.
● Spritzkern geringeren Ausmaßes, soweit der Verwendungszweck nicht wesentlich beeinträchtigt wird. (Spritzkern, auch Flamm- oder Strahlenkern genannt, ist eine beson-

ders entwertende Form des Rotkernes – vermutlich pathologisch.)
Besondere Holzqualitäten innerhalb der Güteklasse B können durch folgende Zusätze gekennzeichnet werden:

Höherwertiges B-Holz (BHW). Als „höherwertig" kann das Holz der Güteklasse B ganzer Verkaufslose – also keine Aushaltung am einzelnen Stamm – bezeichnet werden, wenn aufgrund der guten Holzqualität besondere Verwendungsmöglichkeiten eine solche Höherbewertung rechtfertigen (Beispiel: schneideholzhaltiges Kiefernstammholz).

Rotkerniges Buchenholz (BK). Buchenholz, das eine Kernbildung von mehr als der Hälfte seines Stammdurchmessers am stärkeren oder schwächeren Ende aufweist, kann innerhalb der Güteklasse B und ab Stärkeklasse L 2a zusätzlich mit BK bezeichnet werden. Unter BK-Holz können auch Stücke mit mittleren Schleimflußschäden aufgeführt werden.
Ferner können folgende statistisch der Güteklasse B zuzurechnende Bezeichnungen verwendet werden:

Schwachholz lang (SCHW LG) entspricht dem Grubenholz nach Homa 1936) ist gesundes, auch stammtrockenes, nicht starkästiges Holz der Stärkeklassen L 0, L 1a, L 1b und vereinzelt L 2a mitgehend von 4 m Mindestlänge, das nach Beschaffenheit und Holzart (Nadelholz außer Strobe; Laubholz, Eiche sowie Esche, Hainbuche, Robinie, Edelkastanie) zur Verwendung im Bergbau geeignet ist. Es muß sauber entastet und am stärkeren Stammende rechtwinklig abgeschnitten sein (Nadelholz in der Regel entrindet, Laubholz in Rinde). Bei Nadelholz ist Bläue zulässig. Unzulässige Fehler sind starker Drehwuchs, starke Abholzigkeit, starke Krümmungen, starker Schälschaden. Die Zopfstärke richtet sich nach den Anforderungen des Marktes. Die Massenberechnung erfolgt nach Fm.
Rammpfähle sind Kiefern-, Fichten-, Tannen-, Lärchen-, Douglasien- und Eichenstammholz ab Stärkeklasse L 2b.

Nordrhein-Westfalen
Die Bezeichnungen M und R werden für sich allein verwendet. Voranstellen des Buchstabens „B" als Hinweis ihrer Zugehörigkeit zur Güteklasse B ist nicht erforderlich.

Grubenholz (G). Die Bezeichnung G wird für sich allein verwendet. Voranstellen des Buchstabens „B" als Hinweis ihrer Zugehörigkeit zur Güteklasse B ist nicht erforderlich.
Grubenholz ist gesundes, auch stammtrockenes oder angeblautes, aber noch trag-, beil- und nagelfestes, nicht starkastiges Holz, das als Langholz der Stärkeklassen L 0, L 1a, L 1b ausgehalten wird. Zur Unterscheidung von normalem Stammholz wird der Handelsklassenbezeichnung als zusätzliche Bezeichnung der Buchstabe G hinzugefügt. Die Zusammenfassung der Klasse L 0 G bis L 1b G zur Klasse L 0/1b G ist zulässig. Starker Drehwuchs, starke Abholzigkeit, starke Krümmung und starker Schälschaden sind unzulässig. Der Mittendurchmesser von 20 cm darf nicht über- und die Mindestlänge von 4 m nicht unterschritten werden. Die Zopfstärke richtet sich nach den Anforderungen des Marktes.

Rheinland-Pfalz
Als Holz normaler Qualität gilt auch Rotbuchenstammholz mit einseitigem sowie durchgehendem Rotkern, der an beiden Stammenden nicht mehr als ein Drittel des jeweiligen Durchmessers beträgt.

Rotbuchenstammholz BR ist Stammholz mit Eigenschaften der Güteklassen A und B und einem durch das ganze Stammstück gehenden Rot- bzw. Spritzkern, der an beiden Stammenden über ein Drittel des jeweiligen Durchmessers beträgt, beim Spritzkern aber nicht mehr als die Hälfte des jeweiligen Durchmessers ausmacht.

Grubenholz
Entsprechend der Erläuterung zu §3 HKlV wird auch die zusätzliche Verwendungsbezeichnung „Grubenholz" angewandt. Grubenholz wird ausgehalten als Grubenlangholz (Stammholz), Einzelheiten beim Zusatz zur „Stärkesortierung" und als Grubenschichtholz und Grubenstempelholz (vergleiche den Zusatz beim Schichtholz).

Saarland
Rotbuchenstammholz BS ist Stammholz mit den Eigenschaften der Güteklasse B, die ein Schälen des Holzes üblicherweise zulassen.
Die Aushaltung des Stammholzes der Güteklasse BS ist nur dann zwingend vorgeschrieben, wenn das so bezeichnete Holz an ein Schälwerk verkauft wird. Mit dieser Regelung ist nunmehr gewährleistet, daß nicht schälfähiges B-Holz aus einem zum Verkauf an ein Schälwerk vorgesehenen Schlag ohne Schwierigkeiten an ein Sägewerk veräußert werden kann.

Rotbuchenstammholz BK ist Stammholz mit den Eigenschaften der Güteklassen A und B, das jedoch einen zu starken Kern aufweist; zum Schälen ist es aber geeignet. (Rotbuchenstammholz BK ist nur auf besonderen Wunsch des Käufers auszuhalten.)

Anmerkungen zur Güteklasse B/EWG und zu einer klaren Abgrenzung
Die Forst-HKS fordert für die Güteklasse B normale Qualität. Logischerweise ergibt sich daraus, daß der Hauptteil des Langholzes in diese mittlere Klasse gehört und ihr die größte Bedeutung zukommt. Diese Güteklasse steht daher im Mittelpunkt der Betrachtung. Im Anhalt an die Kriterien des Anhanges zur EWG-Richtlinie vom 23. Juli 1969 ist näher zu definieren, was als normal gelten kann und wo der Begriff normal endet, sei es in Richtung besserer Qualität, sei es hinsichtlich geringwertiger Beschaffenheit. Die Abgrenzung zu den Klassen A und C ergibt sich daraus fast von selbst.
Die Kriterien der Gütebewertung von B-Holz, mit meßbaren Hilfen ergänzt, sind nachfolgend dargestellt. Auf eine zu starke Detaillierung wurde bewußt verzichtet und eine knappe Fassung bevorzugt.

1. Astigkeit, das primäre Gütemerkmal
„In vier von fünf Fällen sind die innere und äußere Astigkeit, d. h. die Mächtigkeit der astreinen, der schwarzästigen und der weißästigen Schichten sowie der Durchmesser des einzelnen Astes und dessen Gesundheit für die Gütesortierung entscheidende Merkmale" (W. Knigge). Die anderen Kriterien (sekundären Gütemerkmale) treten in ihrer Häufigkeit und in ihrem Einfluß auf die Güteeinwertung deutlich dahinter zurück.
Nach den Tegernseer Gebräuchen (Verkehr mit inländischem Rundholz, Schnittholz und Holzhalbwaren) bleibt ein Ast bei Fichte/Tanne bis ½ cm kleinster Durchmesser, bei Kiefer bis 1 cm unberücksichtigt. Äste gelten als klein, wenn der kleinste Durchmesser nicht mehr als 2 cm beträgt, bei Kiefer, besäumte Ware, sogar 3 cm. Sie werden als mittelgroß bezeichnet, wenn der kleinste Durchmesser 4 cm nicht überschreitet. Bei diesen Maßangaben ist die Verjüngung des Astes in das Stamm-

innere zu berücksichtigen. Der außerhalb des Astanlaufes gemessene Durchmesser ist größer als der Durchmesser des gleichen Astes im Brett, das im Stamminneren gewonnen wurde.

Beim wertvollen Schnittholz tragen die Tegernseer Gebräuche den Forderungen an die Astreinheit des Mantels Rechnung. So bleiben bei Kiefern-Stammware und Stammpony der I. und II. Klasse kleine gesunde Äste im mittleren Drittel der astreinen Seite unberücksichtigt. Bei Fichte/Tanne-Blockware dürfen Kernbretter vereinzelt mittelgroße, lose, im übrigen gesunde Äste ohne Beschränkung des Durchmessers aufweisen.

Ein Langholz ist in die Güteklasse B einzuwerten, wenn
● Beulen, Narben oder andere äußerliche Anzeichen erkennen lassen, daß die astreinen Schichten geringer sind als die Hälfte der Durchmesser,
● die Durchmesser gesunder Äste (an der schwächsten Stelle außerhalb des Astanlaufes gemessen) bei Nadelholz stärker als 2 cm, bei Laubholz stärker als 3 cm sind,
● mehr als ein einzelner kranker Ast von über 2 cm bei Nadelholz, über 3 cm bei Laubholz auf 4 m Stammlänge auftritt.

Ein Langholz erfüllt nicht mehr die Voraussetzungen der Güteklasse B, wenn
● die Weiß-, und Schwarzäste bei Nadelholz stärker als 7 cm, bei Laubholz stärker als 10 cm (gemessen wie vor) sind,
● mehr als ein Faulast bis 8 cm Stärke je 4 m Stammlänge auftritt. Zersetzungen im vordersten Bereich von Aststümpfen sind normal.

Im übrigen fällt die Zahl der Äste nicht so sehr ins Gewicht. Ein Ausgleich für starke oder kranke Äste im oberen Stammteil kann gegeben sein, wenn das untere Stammdrittel äußerlich ast-, beulen- und narbenfrei ist. Das gleiche gilt, wenn eine Stammseite astrein oder fast astrein ist.

2. Die sekundären Gütemerkmale
Gesundheit
Der Gesundheitszustand (faule Äste, Stammtrockenheit, Rot- und Weißfäule, sonstige Pilz- oder Insektenschäden, Wunden) folgt der Astigkeit in der Bewertung des Rohholzes mit einigem Abstand.

In die Güteklasse B wird ein Langholz eingestellt, wenn
● Stammtrockenheit ohne Sekundärschäden gegeben ist,
● kleine, etwa handtellergroße Faulstellen auftreten, die nach örtlicher Erfahrung nicht tiefgehen.

Die Voraussetzungen für die Güteklasse B fehlen, wenn
● Rot- oder Weißfäule vorliegt,
● andere wesentliche Pilzzerstörungen sowie tiefgehende Insektenschäden erkennbar sind. Bei starkem Holz kann der Befall mit *Xyloterus lineatus* (Nutzholzborkenkäfer) nicht als tiefgehend bezeichnet werden.

Ohne Bedeutung für die Einwertung in die Güteklasse A sind Wunden oder Wundnarben, die sich im innersten Stammdrittel oder dicht unter der Oberfläche befinden. Bei Wunden in den sonstigen Stammschichten ist das Stück in die Güteklasse B einzustufen.

Das Ausmaß der Schäden am Gesundheitszustand ist meist schwer einzuschätzen. Das Risiko läßt sich verringern, wenn verdächtige Stammteile getrennt ausgehalten werden.

Farbliche Veränderungen
Die Farbe des Holzes ist einerseits ein Gegenstand des äußeren Eindruckes, der Schönheit, andererseits geben Verfärbungen Aufschluß über technische Eigenschaften, Hinweise auf Dauerhaftigkeit, Festigkeit, Imprägnierfähigkeit usw.

Farbliche Schönheit ist für Wertholz von Bedeutung, wobei kleine Verfärbungen im innersten Stammdrittel und dicht unter der Oberfläche den Wert nicht beeinträchtigen.

Bei Güteklasse B sind kleine Verfärbungen, Farbflecke und Farbstreifen im ganzen Stammbereich ohne Einschränkung zulässig, soweit sie keine Zersetzung des Holzes anzeigen. Der Grau- oder Spritzkern bei der Buche erfordert Einwertung in das C-Holz.

Krümmung
Die Tegernseer Gebräuche lassen bei wertvollem Nadelsägeholz (Stamm- und Blockware) 2 cm Krümmung je lfd. Meter zu.
Ein Langholz wird der Güteklasse B zugeschrieben, wenn die Krümmung mehr als 2 cm Pfeilhöhe je lfd. Meter aufweist und 5 cm Pfeilhöhe je lfd. Meter nicht überschreitet. Bei Stärken unter 25 cm wirkt Krümmung fehlerverschärfend, d.h. wenn andere Fehler bereits an der Grenze zur Güteklasse C liegen, bewirkt eine Krümmung von mehr als 2 cm je lfd. Meter die Einreihung des Stammes ins C-Holz.

Drehwuchs
Die Gütebestimmungen für Bauholz (DIN 4074) gestatten in der besonders tragfesten Güteklasse I eine Neigung der Faser zu den Längskanten von 1:10, d.h. 10 cm je lfd. Meter, in der Güteklasse II 20 cm und in der Güteklasse III bis zu 33 cm.
Langholz muß der Güteklasse B zugeteilt werden, wenn der durchgehende Drehwuchs mehr als 6 cm je lfd. Meter beträgt, aber 15 cm je lfd. Meter nicht überschreitet.
„Übereinstimmung der Faserdrehung auf der Holzoberfläche (z.B. an den Meßringen sichtbar) und in der äußeren Rinde zeigt lang andauernde Drehung an. Geradlaufende Rinde und drehende Fasern auf der Holzoberfläche deuten auf Faserabweichungen der äußersten Holzschichten" (H. SCHULZ).

Abholzigkeit
Die Abholzigkeit wird allgemein nicht als ein besonders wichtiges Merkmal der Gütesortierung angesehen. Die Untersuchungen von H. LÖFFLER bei Fichte ergaben, daß sie keinen Einfluß auf die Preisbildung des Schnitt- und Kantholzes hat. Ähnliches stellt auch H. SCHULZ für andere Holzarten fest.
Die Durchmesser der Stämme nehmen vom Stammfuß bis zum Gipfel ungleichmäßig ab. Daher läßt sich die Abholzigkeit nur ungenau in einem praktisch brauchbaren Maß festlegen.
Aus der Praxis kommt der überlegenswerte Vorschlag, Langhölzer mit einer Durchmesserabnahme je lfd. Meter, bei Nadelholz bis 1 cm, bei Laubholz bis 2 cm, als vollholzig, von 1 bis 2 cm bei Nadelholz, von 2 bis 3 cm bei Laubholz als normal abholzig und darüber hinaus als stark abholzig zu bezeichnen.
Der Güteklasse B sind nach diesem Vorschlag die Langhölzer zuzuweisen, die als abholzig zu bezeichnen sind, d.h. die Durchmesserabnahme liegt bei Nadelholz zwischen 1 und 2 cm je lfd. Meter, bei Laubholz zwischen 2 und 3 cm.

Exzentrischer Kern, Querschnittsform, Jahrringbau
Die vorstehenden Merkmale hängen eng zusammen. Damit verbunden tritt häufig Reaktionsholz (Buchs bei Nadelholz) auf und weicht der Querschnitt des Stammes von der Kreisform ab. Die Verarbeitung und Verwendung des Holzes werden beeinträchtigt infolge ungleichen Verhaltens der Stammseiten. Daher gestatten die Tegernseer Gebräuche für die besseren Klassen des Nadelschnittholzes kein Reaktionsholz und keine exzentrische Lage der Markröhre. Die Grenzen der Güteklasse B liegen bei Exzentrizität innerhalb einer Differenz zwischen dem größten und dem kleinsten Radius von einem Fünftel und einem Drittel des Durchmessers. Querschnittsverformungen sind erlaubt bei einem Verhältnis von 1:1,2 bis 1:1,5 zwischen dem kleineren und dem größeren Durchmesser. Die Reaktionsholzbildung darf bis zu einem Drittel des Durchmessers betragen.

Ringschäle
Es werden zwei Arten Ringschäle unterschieden. Die häufigere Form ist auf den Stammfuß beschränkt und endet 1 bis 2 m nach dem Wurzelanlauf. Dieser Schaden wird gesundgeschnitten oder als Klammerstamm getrennt ausgehalten. Die weit stärker entwertende Art Ringschäle durchzieht den ganzen Stamm.
Durchgehende Ringschäle ist bei Güteklasse B nur im innersten Drittel des Langholzes zulässig, wenn sich die Ablösungen nicht über den halben Kreis erstrecken.

Risse
Für die Verarbeitung und Verwendung des Rundholzes haben Risse ähnliche Auswirkungen wie Ringschäle.
Markrisse über 3 cm im inneren Stammdrittel und Mantelrisse über 3 cm im äußersten Stammdrittel wie auch ein parallel zur Stammachse verlaufender Frostriß von großer Ausdehnung werden bei B-Holz gestattet.

5.2.2.3 Güteklasse C/EWG
Holz, das wegen seiner Fehler nicht in die Güteklassen A/EWG oder B/EWG aufgenommen werden kann, jedoch gewerblich verwendbar ist, ist C-Holz. Hierunter fallen z. B. starkastige, stark abholzige oder stark drehwüchsige sowie abholzige oder astige Zopfstücke und kranke Stücke mit tiefgehenden faulen Ästen, Rot- und Weißfäule (jedoch nicht kleinen Faulflecken) oder sonstigen wesentlichen Pilz- oder Insektenzerstörungen sowie Stücke mit weitgehender Ringschäle.

▼ *Zusatzbestimmungen der Bundesländer zur Güteklasse C/EWG*

Hessen
Zu C rechnen auch stark beulige Stücke. Kleine Faulflecken im B-Holz zulässig. Leicht bis mäßiges anbrüchiges, d. h. bis etwa 10% seines Volumens durch Weißfäule, Rotfäule oder Insektenschäden entwertetes Holz sowie stark rotstreifiges Holz ist in Güteklasse C zu sortieren (leicht rotstreifig = B).
Rotkern bei Buche von mehr als $2/3$ des Durchmessers = C.

Niedersachsen
Präzisierung der Güteklasse C bei Fichte: Fichtenstammholz von mehr als 10 m Länge ist „stark abholzig" (Güteklasse C), wenn der Durchmesser um 1,3 cm je lfd. Meter oder mehr abnimmt. Sofern die obere Meßstelle auf einen besonders abholzigen Zopf fällt, der jedoch aufgrund eines relativ geringen Massenanteils für den Wert des Stammes von untergeordneter Bedeutung ist, und sofern gleichzeitig der übrige Stammteil eine befriedigende vollholzige Schaftform besitzt, ist der Stamm nicht allein wegen des Abholzigkeitswertes der Güteklasse C zuzuordnen.
Die Durchmesserabnahme wird auf der halben Länge des Stammstückes gemessen, und zwar durch Abzug von je einem Viertel der Gesamtlänge vom Stammfuß und vom Zopf her.
Innerhalb der Güteklasse C kann folgende Zusatzbezeichnung verwendet werden:

Geringerwertiges C-Holz
Als „geringwertig" kann Holz der Güteklasse C – Aushaltung am einzelnen Stamm – bezeichnet werden, wenn aufgrund der schlechten C-Qualität besonders geringe Verwendungsmöglichkeiten eine solche Abwertung rechtfertigen (Beispiel: Fichten-Abschnitt C+ nach bisheriger Aushaltung, Buchen-Stauholz).

Zusatzbezeichnung CGW bei Fichte: Von holzbrütenden Insekten befallenes Holz ist CGW. Der Preis hierfür richtet sich nach der Stärke des Befalls und sollte in der Regel etwa 70% vom B-Preis betragen; er ist nicht mit dem Preis für CGW-Stammteile (früher: C+) gleichzusetzen.

Zusatzbezeichnung CGW bei Buche
Hierunter fallen auch: Spritzkern stärkeren Ausmaßes, Schleimflußschäden stärkeren Ausmaßes, insbesondere mit Käferbefall.

Nordrhein-Westfalen
Innerhalb der Güteklasse C/EWG sind gesunde und kranke Stücke zu trennen. Hierzu sind mit der Zusatzbezeichnung CC zu kennzeichnen und zu bezeichnen: kranke Stücke mit tiefgehenden faulen Ästen, Rot- und Weißfäule (jedoch nicht kleinen Faulflecken) oder sonstigen wesentlichen Pilz- oder Insektenzerstörungen sowie Stücke mit weitgehender Ringschäle. Kleine Faulflecken sind nicht Fehler im Sinne der Definition der Gütemerkmale der Güteklasse C/EWG.

Rheinland-Pfalz
Folgende, statistisch der Güteklasse C zuzurechnende, die Eignung charakterisierende Bezeichnungen können verwendet werden:

Rotbuchenstammholz CR ist Stammholz mit den Eigenschaften der Güteklasse A, B und C und einem durch das ganze Stammstück gehenden Spritzkern, der an beiden Stammenden mehr als die Hälfte des jeweiligen Durchmessers beträgt.

Saarland
Folgende, statistisch der Güteklasse C zuzurechnende, die Eignung charakterisierende Bezeichnung kann verwendet werden:

Rotbuchenstammholz CS ist Stammholz der Güteklasse C, das aber noch schälfähig ist. (Nur auf besonderen Wunsch des Käufers auszuhalten!)

Anmerkungen zur Güteklasse C/EWG und zu einer klaren Abgrenzung
Durch die Präzisierung der Güteklasse B/EWG werden zugleich auch die Grenzen für C/EWG abgesteckt. Fehler, die über die Grenzwerte der Güteklasse B/EWG hinausgehen, bedingen die Sortierung in C.
C-Holz muß gewerblich verwendbar sein. Die Frage stellt sich vor allem im Hinblick auf die Bestimmung bei Güteklasse D, deren Holz „jedoch mindestens zu 40 vom Hundert gewerblich verwendbar" sein muß, ob Holz der Güteklasse C uneingeschränkte gewerbliche Verwendbarkeit haben muß. Nachdem im zweiten Satz bei C/EWG die zulässigen Fehler aufgezählt sind, darunter kranke Stücke mit tiefgehenden faulen Ästen, Rot- und Weißfäule, sonstige wesentliche Pilz- und Insektenzerstörungen, weitgehende Ringschäle, ergibt sich, daß C-Holz in seiner gewerblichen Verwendung eingeschränkt sein kann. Allerdings bedingt eine wesentliche Einschränkung (z.B. Weißfäule über $1/3$ des Stammdurchmessers) die Einwertung in D.
Besonders hervorzuheben ist in der Güteklasse C/EWG der Unterschied zwischen Astigkeit und Abholzigkeit von Stammstücken gegenüber der von Zopfstücken. Da Zopfstücke von Natur aus abholzig und astig sind, ist zu folgern, daß alle Zopfstücke (etwa das obere Fünftel des Stammes) in C einzusortieren sind. Selbstverständlich gilt dies auch für stark astige und stark abholzige Zopfstücke. Stammstücke werden dagegen erst dann C-Holz, wenn die bei Güteklasse B gegebenen Grenzen in Astigkeit und Abholzigkeit überschritten werden.

Übersicht 1: Abgrenzung der Güteklassen des Langholzes
(Für die Güteklassen A und B nach H. SCHULZ, für die Güteklasse C ergänzt nach Veröffentlichungen von W. KNIGGE, H. LÖFFLER und H. SCHULZ)

Merkmale	A	B	C
astreine Schichten	⅔ bis ½ des ⌀ (d. h. außerhalb des inneren Drittels oder der inn. Hälfte bezogen auf den ⌀)	½ bis 0 des ⌀	keine
Astdurchmesser oberhalb des Astanlaufes	Astlänge und -lage i. a. wichtiger als Ast-⌀ (maximale Ast-⌀ im Na bei 2 cm, im Lb bei 3 cm	bis 7 cm bei Na, bis 10 cm bei Lb, 1 Faulast bis 8 cm ⌀ je 4 m Stammlänge	dicke Äste von mind. 8 bis 12 cm ⌀
Astnarben	Restnarben und Narbenformen, bei denen Längs- zu Quer-⌀ 1 : 4 und mehr betragen. Außerdem eine deutl. Narbe od. Klebast an geraden Abschnitten	jegliche (außer sehr großen Beulen usw. s. C)	sehr große Beulen oder große Rindennarben über dicken Aststümpfen
Gesundheit	Stammtrockenheit ohne Sekundärschäden	Stammtrockenheit ohne weit. Folgeerschein., einz. klein. Faulflecken, Faulstellen im Wurzelanlauf	Rot- und Weißfäule bis ⅓ Stamm-⌀, wesentl. Pilzzerstörungen, tiefgehende Insektenschäden
einzelne Wunden	im innersten Drittel und dicht u. d. Stammoberfläche	ohne Einschränkungen	ohne Einschränkungen
farbliche Veränderungen	im innersten Drittel und dicht unter der Stammoberfläche	bei kleinen Verfärbungen ohne Einschränkungen	völlig verfärbt, starkfleckig, -streifig; Bu-Spritzkern
Krümmungen	bis zu 2 cm/lfd. m (Lä 3 cm/lfd. m)	bis zu 5 cm/lfd. m; bei ⌀ unt. 25 cm fehlerverschärfend	über 5 bis 8 cm/lfd. m
Drechwuchs	bis zu 6 cm/lfd. m	bis zu 15 cm/lfd. m	über 15 cm/lfd. m
Abholzigkeit	Na bis 1 cm/lfd. m Lb bis 2 cm/lfd. m	Na 1 bis 2 cm/lfd. m Lb 2 bis 3 cm/lfd. m	Na über 2 cm/lfd. m Lb über 3 cm/lfd. m
Exzentrizität	Diff. zw. gr. u. kl. Radius bis zu ⅕ des ⌀	Diff. zw. gr. u. kl. Radius bis zu ⅓ des ⌀	ohne Einschränkung

Fortsetzung nächste Seite

Merkmale	A	B	C
Querschnittsform	bis zu 1 : 1.2 zwischen kl. u. gr. ⌀	ohne Einschränkung	ohne Einschränkung
Reaktionsholz, Jahrringbau	keine Reaktionsholzbildung, Jahrringbreite nach Holzarten unterschiedliche Bedeutung	bis zu ⅓ des ⌀ Reaktionsholzbildung zulässig	ohne Einschränkung
Risse und Ringschäle	im inn. Drittel; größere nur bei nachweisb. Beschränkung auf Abschn.-Enden; ein gerad. Frostriß als Einzelfehler an gerad. Abschnitt	wie A, zusätzlich Mantelrisse	Ablösungen der Ringschäle im inn. od. äuß. Radiusdrittel; große Markrisse üb. ½ der inn. Radiuslänge; größere Kernrisse
sonstiges	Merkmale, die Verwendung nicht beeinträchtigen, sind zulässig	die Zuläss.-Grenze eines ob. Merkmals kann überschr. werd. bei Ausgleich d. sonst. gute allgem. Qualität	

Die Übersicht wurde aus den vorausgehenden abgrenzenden Angaben zur Güteklasse B und Güteklasse C als Tabelle entwickelt. Sie fußt auf Tabelle 28 „Möglichkeiten einer genauen Abgrenzung der Güteklassen des Stammholzes" in „Grundriß der Forstbenutzung" von W. KNIGGE und H. SCHULZ. Mit dieser Zusammenstellung sollen die heute durch Untersuchungen bestätigten meßbaren Hilfen der Gütebewertung leicht faßbar dargestellt werden.

5.2.2.4 Güteklasse D
Holz, das wegen seiner Fehler nicht in die Güteklassen A/EWG, B/EWG und C/EWG aufgenommen werden kann, jedoch mindestens zu 40 vom Hundert gewerblich verwendbar ist, wird in Güteklasse D sortiert.

▼ *Zusatzbestimmungen der Bundesländer zu Güteklasse D*

Baden-Württemberg
Die Güteklasse D wird anstelle der bisherigen Güteklasse C+ verwendet.

Hessen
D-Holz ist stark anbrüchiges, d. h. zu etwa 10 bis 60% seines Volumens durch Weißfäule, Rotfäule oder Insektenschäden entwertetes Holz.

Anmerkungen zur Güteklasse D und zu einer klaren Abgrenzung
Bei Güteklasse D muß es sich um Stammholz handeln, dessen Fehler die Einwertung in die Güteklassen A, B und C ausschließen. Das kann nur bei starker Krümmung oder bei Rot- und Weißfäule, deren Ausmaß ein Drittel des Stammquerschnittes überschreitet, der Fall sein. Astigkeit und Abholzigkeit können ausnahmsweise dort Grund

für die Einreihung in die Klasse D sein, wo grobe Astigkeit und grobe Abholzigkeit zusammentreffen, d. h. zahlreiche Äste von über 12 cm Durchmesser und sprunghafte Abnahme des Stammdurchmessers über 5 cm/lfd. m treten gemeinsam auf. Das kann bei freigewachsenen Bäumen, sog. Solitärstämmen, vor allem in Hochlagen der Fall sein.

Die Hauptschwierigkeit der Güteklasse D zeigt sich jedoch dort, wo es gilt, die Grenze nach unten zu finden. Wann ist ein Stamm oder Stammteil nicht mehr „mindestens zu 40 vom Hundert gewerblich verwendbar"? Hier bietet eine frühere Definition von H. SCHULZ bei C-Holz, das nach der „Homa" „noch als Nutzholz tauglich sein" sollte, eine brauchbare Lösung. Die untere Grenze von D-Holz ist dort zu setzen, wo sich das Holz wegen seiner Fehler d. h. starker Krümmung oder Fäule, mit der Säge in Längsrichtung nicht mehr rationell bzw. nicht mehr in wirtschaftlich brauchbare Produkte zerlegen läßt. Das dürfte der Fall sein, wenn mehr als die Hälfte des Querschnittes durch Pilzzerstörung zersetzt ist oder die Krümmung über 10 cm Pfeilhöhe je lfd. m hinausgeht.

5.2.3 Sortierung nach besonderem Verwendungszweck

Die Ausscheidung von Gebrauchssorten ist gegenüber der „Homa" von drei auf nur mehr zwei beschränkt worden. Geblieben ist das „Schwellenholz". Die Holzschwelle hat sich bewährt. Das Verwendungssortiment Faserholz hat seinen Namen geändert. Es ging in die neue Verwendungssorte „Industrieholz" über, wobei durch diesen Begriff der erweiterte Verwendungsrahmen dieses Sortiments insbesondere am Plattensektor gekennzeichnet wurde.

Weggefallen ist das Verwendungssortiment „Grubenholz". Das besagt jedoch nicht, daß kein Rohholz mehr für den Bergbau bereitgestellt wird. Das ehemalige Grubenholz wird heute, wenn es in langer Form ausgehalten wird, in die Klassen L 0, L 1a und L 1b des Langholzes, wenn es kurz ausgehalten und ins Schichtmaß gesetzt wird, als Schichtholz der entsprechenden Klasse eingewertet.

Die beiden Sorten nach dem Verwendungszweck „Schwellenholz" und „Industrieholz" sind zwar in die Forst-HKS aufgenommen, jedoch nach der EWG-Richtlinie nicht vorgesehen. Sie dürfen daher – unbeschadet der Zulässigkeit ihrer Ausscheidung – nicht als „EWG-sortiert" bezeichnet werden.

5.2.3.1 Schwellenholz

Gesundes, auch astiges, mindestens einschnüriges Rohholz zur Herstellung von Eisenbahnschwellen.

Bei der Aushaltung sind Stammteile mit Graukern, Spritzkern und Weißfäule sowie Fauläste auszuschneiden. Bei Buche ist Rotkern bis höchstens ein Drittel des Rundholzdurchmessers ohne Rinde zulässig.

Schwellenholz ist mit einem Längenübermaß von 2 vom Hundert, mindestens jedoch von 10 cm auszuhalten. Der Zopfdurchmesser ist an der schmalen Seite zu messen.

Die Krümmung darf bei der Klasse SW 4 (Weichenschwellen) höchstens 1 cm je volle Meter Schwellenlänge betragen, bei den übrigen Klassen höchstens 6 cm je einfache Schwellenlänge.

Schwellenholz wird in folgende Klassen eingeteilt:
- SW 1: Stämme von 2,5 m Länge oder einem Vielfachen davon und 22 cm Mindestzopfdurchmesser ohne Rinde,
- SW 2: Stämme von 2,6 m Länge oder einem Vielfachen davon und 25 cm Mindestzopfdurchmesser ohne Rinde,
- SW 3: Stämme von 2,6 m Länge oder einem Vielfachen davon und 27 cm Mindestzopfdurchmesser ohne Rinde,
- SW 4: Stämme von 3,0 bis 7,2 m Länge in Abstufungen von 20 zu 20 cm oder einem Vielfachen dieser Länge und 29 cm Mindestzopfdurchmesser ohne Rinde.

▼ *Zusatzbestimmungen der Bundesländer zur Schwellensortierung*

Baden-Württemberg
Stämme, die als Schwellen ausgehalten werden, sind nach der Mittenstärkesortierung (L) aufzunehmen und mit der entsprechenden Schwellenklasse (in der Regel SW 3) zu kennzeichnen (analog einer Güteklasse). Die Schwellenklassen SW 1, SW 2 und SW 4 werden nur auf Wunsch ausgehalten.

Hessen
Längenübermaß abweichend von § 4 Abs. 4 der HKlV. SW 3 ist die Regelklasse. Schwellenholz wird im Staatswald zusätzlich nach Mittenstärken (Ziff. 1.11) sortiert.

Nordrhein-Westfalen
Schwellenholz ist wie Stammholz nach Stärkeklassen und zusätzlich nach den Verwendungsklassen SW 1, SW 2, SW 3 und SW 4 zu sortieren. Die Zusammenfassung der Verwendungsklassen ist zulässig.

Saarland
Die Schwellenklassen SW 1 und SW 2 werden im Saarland in der Regel nicht ausgehalten.

Schleswig-Holstein
Stämme, die als Schwellen ausgehalten werden, sind als Langholz nach Mittenstärkesortierung aufzunehmen und analog einer Güteklasse mit der entsprechenden Schwellenklasse zu kennzeichnen.

5.2.3.2 Industrieholz
Rohholz, das mechanisch oder chemisch aufgeschlossen werden soll, wird in folgende Güteklassen eingeteilt:
- I N: Gesund, nicht grobastig, keine starke Krümmung,
- I F: Leicht anbrüchig, grobastig oder krumm,
- I K: Stark anbrüchig, jedoch gewerblich verwendbar.

▼ *Zusatzbestimmungen der Länder zur Industrieholzsortierung*

Baden-Württemberg
Industrieholz wird je nach Bedarf als Schichtholz (S) oder in langer Form aufgenommen. Für Industrieholz gelten die beim Schichtholz gegebenen Erläuterungen. Industrieholz kann sowohl nach DM/Rm, DM/Fm sowie nach DM/t (lutro bzw. atro) verkauft werden. Es wird darauf hingewiesen, daß der Begriff „Industrieholz" solches Holz umfaßt, das chemisch aufgeschlossen oder mechanisch zerkleinert wird. Bürsten-, Schindel- und sonstiges Nutzschichtholz ist Industrieholz in diesem Sinne.
Beim Schichtholz gehören zu „I N" auch die gesunden Spaltstücke.

Bayern
Industrieholz wird für die Holzverwertung ohne Stärkenklassensortierung in langer Form (INL, IFL, IKL, IL) und in kurzer Form (INS, IFS, IKS, IS), letzteres im allgemeinen bis 2 m, nicht über 3 m lang ausgehalten. Unter- und/oder Obergrenzen hinsichtlich der Stärkeaushaltung können vereinbart werden.

Hessen
- Zu I N: Auch gesunde Trocknis, auch gespalten.
- Zu I F: Als leicht anbrüchig gelten hartfaule Stücke (beil- und nagelfest),
rotstreifige Stücke,
Stücke, die bis etwa 5% ihres Volumens weichfaul sind,
Stücke mit Insektenschäden im Holz.
- Zu I K: Stücke, die mehr als etwa 5% ihres Volumens weichfaul sind.
Industrieholz wird in langer und kurzer Form ausgehalten.

- Industrieholz lang wird in Längen von 3 m an aufwärts ausgehalten und nach Festgehalt (mittenstärkesortiert, Ziff. 5.2.1.1.1) oder nach Gewicht (atro oder lutro) verkauft. Industrieholz lang erhält die Zusatzbezeichnung L; bei Verkauf nach Festmaß z. B. L 2 a, bei Verkauf nach Gewicht L at oder L lu.
- Industrieholz kurz wird in Längen bis höchstens 3 m (in der Regel 1 oder 2 m) ausgehalten und nach Raummaß oder nach Gewicht (atro oder lutro) verkauft. Der Mindestzopf (in der Regel 5 oder 7 cm Durchmesser mit Rinde) und die Spaltgrenze (in der Regel ab 30 oder 35 cm Durchmesser am stärkeren Ende) richten sich nach den Anforderungen des Marktes.

Industrieholz kurz erhält die Zusatzbezeichnung S; bei Verkauf nach Gewicht S at oder S lu.

Bei Fichte, Tanne und Strobe wird Industrieholz (lang und kurz) nach den vorgenannten Güteklassen I N, I F und I K sortiert. Dabei werden im Falle des Verkaufs nach Gewicht einheitliche Güteklassenlose gebildet.

Bei Kiefer, Lärche und Douglasie wird Industrieholz (lang und kurz), welches in die Güteklasse I K sortiert werden müßte, nicht aufgearbeitet (gesundspalten, liegenlassen, bienrösige Stücke eventuell am Stammende belassen).

Bei Buche und anderem Laubholz (außer Eiche, Roteiche) wird Industrieholz (lang und kurz) der Güteklassen I N und I F zur Güteklasse I zusammengefaßt (I K wird nicht aufgearbeitet).

Bei Eiche, Roteiche kann diese Zusammenfassung erfolgen.

Niedersachsen
Industrieholz wird in Industrieholz nach Gewicht, Industrieholz lang nach Fm und Industrieholz kurz nach Rm unterteilt.

Nordrhein-Westfalen
Industrieholz wird entweder als
- Industrieholz lang in Längen von 3 m aufwärts oder als
- Industrieholz kurz in Längen bis zu 3 m

ausgehalten.
Industrieholz lang wird die Zusatzbezeichnung L und Industrieholz kurz die Zusatzbezeichnung S vorangestellt.
Die Güteklassen können bei Bedarf zusammengefaßt werden. Die Zusammenfassung ist durch Verwendung der entsprechenden Bezeichnungen der Ziff. 3.2 der Anlage zu § 1 Forst-HKlV (forstliche Handelsklassen-Verordnung) kenntlich zu machen.
Beispiel: SIN/F = Industrieholz kurz, gesund, nicht grobastig, keine starke Krümmung bis leicht anbrüchig, grobastig oder krumm.

Rheinland-Pfalz
Beispiele für Bezeichnungen: z. B. Industrieholz IN, 20 cm und mehr, 1 oder 2 m lang: IN S3.2 (vgl. 1.2 Schichtholz); z. B. Industrieholz lang IN/F ab 8 cm Zopf: IN/F, L.

Saarland
Es gelten vorläufig im Saarland:
- Nadel-Industrieholz kurz

INS 21	7 bis 9 cm ⌀ m. R.
INS 22	10 bis 13 cm
INS 3	14 cm und mehr
IFS 23	7 cm und mehr
IKS 23	7 cm und mehr

- Laub-Industrieholz kurz

INS 2	7 bis 13 cm ⌀ m. R. (normale Qualität)
INS 3	14 cm und mehr (normale Qualität)
INS 23	7 cm und mehr (normale Qualität)
IFS	entsprechend bei fehlerhafter Qualität
INFS	entsprechend bei normal und fehlerhaft

- INL, IFL, INFL Industrieholz lang

Die Bezeichnung „Faserholz" ist in Zukunft nicht mehr zu verwenden.

- Da die Kennzeichnung des Grubenlangholzes vorläufig noch notwendig erscheint, geschieht dies durch Zusetzen des Buchstabens „G", z. B.: Fi L 1 a G, Fi L 1 b G.

Grubenholz ist gesundes, auch stammtrockenes oder angeblautes, aber noch trag-, beil- und nagelfestes, auch geringastiges Holz, das als Langholz ausgehalten und vermessen wird, keinen größeren Mittendurchmesser als 20 cm o. R. hat und nach Beschaffenheit und Ausmaß als Stempelholz im Bergbau verwendet werden kann.

Schleswig-Holstein
Industrieholz wird als Langholz IL oder als Schichtholz IS ausgehalten und nach DM/Fm, DM/Rm oder DM/t (atro/lutro) verkauft.

Anmerkungen zur Sortierung von Industrieholz

Für das Industrieholz sind reine Qualitätsklassen gebildet worden. Hinsichtlich der Stärke und Länge ist eine bestimmte Art der Aufbereitung bzw. Aushaltung nicht vorgeschrieben. Es steht daher nichts entgegen, sowohl Langholz als auch Schichtholz für die entsprechende Verwendung bereitzustellen und nach Festmeter bzw. Raummeter zu vermessen. Bei Langholz wie bei Schichtholz ist auch die Vermessung nach Gewicht möglich, die sich besonders bei Langholz empfiehlt, bei dem die Vermessung nach der Mittenstärke sehr zeitraubend ist.

Die Güteklassen werden je nach dem Bedarf der Gegend oder des Landes zusammengefaßt. Getrennt nach Güteklassen werden im allgemeinen Fichte und Tanne sortiert, während bei Kiefer, Eiche, Buche und sonstigem Laubholz keine Güteklassen ausgeschieden werden. Die Laubhölzer außer Eiche und Buche werden vor allem dort, wo Spanplattenwerke Abnehmer sind, zu einer Holzartengruppe zusammengefaßt. Da diese Holzarten unterschiedlich schwer sind, ist das Vermessen nach Gewicht in diesem Falle problematisch.

Auch beim Industrieholz beschränken sich die Qualitätsmerkmale, nach denen die Güteklasse eingeteilt werden, auf allgemeine, subjektiv auslegbare und dehnbare Begriffe. Es wird im nachfolgenden versucht darzustellen, wie die Qualitätsbegriffe von der Praxis mit genauerem Sinngehalt erfüllt wurden.

1. Güteklasse IN
- „Gesund" besagt, daß keine Fehler wie Rotstreifigkeit, Weiß- oder Rotfäule, Anbruch, Fauläste, Stauchungen, Zersplitterungen oder sonstige Mängel durch Pilze und Insekten vorhanden sein dürfen.
- „Nicht grobastig" gestattet Äste bis äußerstenfalls 70 mm bei Nadelholz, 100 mm bei Laubholz, wobei eine größere Zahl von Ästen an der oberen Grenze des Durchmessers fehlerverschärfend wirkt.
- „Keine starke Krümmung" ist gegeben, wenn ein Pfeilhöhe von 5 cm je lfd. m nicht überschritten ist. Die Krümmung kann auch in zwei Ebenen auftreten (unschnürig).

2. Güteklasse IF
- „Leicht anbrüchig" ist ein Stück, das noch beil- und nagelfest ist, das Faulflecken, einen Faulast je lfd. m oder kleine Faulstellen hat.
- „Grobastig" sind Stücke mit einer Astigkeit, die über der von IN liegt.
- „Krumm" wird ein Stück genannt, das eine Krümmung mit mehr als 5 cm Pfeilhöhe je lfd. m hat oder entsprechend stärker unschnürig ist.

3. Güteklasse IK
- „Stark anbrüchig" sind Stücke, die zur Hälfte rot- oder weißfaul und nicht mehr beil- und nagelfest sind. Holz unter dieser Grenze dürfte nicht mehr als

gewerblich verwendbar zu bezeichnen sein und kann daher nicht mehr als Industrieholz ausgehalten werden.

5.3 Umrechnungszahlen

Umrechnungszahlen von Raummeter in Festmeter, von Stückzahl in Festmeter und von Tonne (Kilogramm) in Festmeter sind in erster Linie für die Mengenberechnung zu Zwecken der Ertragskontrolle bestimmt. Sie dienen vornehmlich dem internen forstlichen Gebrauch, haben aber auch für den Holzkäufer Bedeutung.

Im Anhalt an die Anlage zum Erlaß des Bundesministers für Ernährung, Landwirtschaft und Forsten vom 22. 7. 1970 V 3 – 5374.3 und vom 5. 3. 1974 – 613 – 5374.3 haben die Bundesländer die Anwendung der Umrechnungszahlen teilweise unterschiedlich geregelt.

5.3.1 Schichtmaß – Festmaß

Baden-Württemberg, Bayern, Hessen, Nordrhein-Westfalen, Saarland, Schleswig-Holstein
1 Raummeter = 0,7 Festmeter
mit Rinde   ohne Rinde
1 Raummeter = 0,8 Festmeter
ohne Rinde   ohne Rinde

Niedersachsen
1 Raummeter = 0,7 Erntefestmeter
mit Rinde   ohne Rinde
1 Raummeter = 0,8 Erntefestmeter
ohne Rinde   ohne Rinde

Baden-Württemberg
Laub- und Nadel-Nutz- und Brennreis:
100 Prügelwellen   = 4 Festmeter mit Rinde
100 Normalwellen   = 3 Festmeter mit Rinde
100 Reiswellen   = 2 Festmeter mit Rinde
Reisprügel (Brenn- und Nutzprügel) 1 Raummeter = 0,5 Fm mit Rinde

Faschinen   100 Wellen = 5 Fm mit Rinde
Stockholz   1 Raummeter = 0,5 Fm mit Rinde
Rinde   1 Raummeter = 0,3 Fm = 2 dz

Niedersachsen
Bei gemischter Aufarbeitung wird der Anteil der Klasse S 1 nicht herausgerechnet.

Nordrhein-Westfalen
Die Umrechnungszahlen des Anhanges zur Anlage § 1 HKlV sind nur für statistische Zwecke, jedoch nicht zur Herleitung des Verkaufspreises geeignet.

Rheinland-Pfalz
Für die Umrechnung des Raummaßes werden bei Schichtholz für alle Holzarten und Sorten folgende Umrechnungsfaktoren verwendet:

Rm o.R.	Rm m.R.	Fm o.R.	Fm m.R.
0,88 =	1,00 =	0,70 =	0,77 (0,8)*
1,00 =	1,14 =	0,80 =	0,88 (0,9)
1,25 =	1,43 =	1,00 =	–
1,14 =	1,30 =	– =	1,00

* Zahlen in Klammer vereinfacht

Für die Umrechnung von Festmetern ohne Rinde in Festmeter mit Rinde werden folgende Faktoren verwendet:
1 Fm o.R. Eichen-L, P, SW, IL, IS, S = 1,15 Fm m.R.
1 Fm o.R. Übrige Holzarten Stammholz L, H, P, SW, IL, IS, S = 1,10 Fm m.R.

5.3.2 Stückzahl – Festmaß

Alle Bundesländer

Stangen

Klasse	100 Stangen Nadelholz (Fm o.R.)	100 Stangen Laubholz (Fm o.R.)
P 1	1,0	0,5
P 2	6,0	3,0
P 2.1	2,0	–
P 2.11	2,0	–
P 2.12	3,0	–
P 2.2	5,0	–
P 2.3	8,0	–
P 2.31	7,0	–
P 2.32	9,0	–
P 2.33	11,0	–
P 3	16,0	7,0

Baden-Württemberg
Zier- und Christbäume:
100 Stück = 1,0 Fm mit Rinde.

Rheinland-Pfalz
P 1: Nadel = 1,10 Fm m.R.,
Laub (auch Eiche) = 0,6 Fm m.R.

5.3.3 Gewichtsmaß – Festmaß

Baden-Württemberg, Bayern, Hessen, Nordrhein-Westfalen, Saarland, Schleswig-Holstein
Vorläufig nur für statistische Umrechnung; nicht zur Preisbildung verwendbar, da im Einzelfall größere Abweichungen möglich sind.
a) Nadelholz
1 t atro mit Rinde
    = 2,5 Festmeter ohne Rinde
1 t lutro mit Rinde
    = 1,6 Festmeter ohne Rinde
b) Laubholz
1 t atro mit Rinde
    = 1,7 Festmeter ohne Rinde
1 t lutro mit Rinde
    = 1,2 Festmeter ohne Rinde

Niedersachsen
Vorläufig 1,1 t m.R. = 1 Fm o.R. für Bu IN – IF nach Gewicht.

Rheinland-Pfalz
Die folgenden Faktoren gelten vorläufig; sie sind nur für Umrechnungen zu statistischen Zwecken (nicht zur Preisbildung!) verwendbar. Im Einzelfall sind größere Abweichungen möglich.
a) Nadelholz:
1 t atro m.R. = 2,5 Fm o.R., 400 kg atro m.R. = 1,0 Fm o.R.
1 t lutro m.R. = 1,6 Fm o.R., waldfrisch = 1,3 Fm o.R.
625 kg lutro m.R. = 1,0 Fm o.R.,
769 kg lutro m.R., waldfrisch = 1,0 Fm o.R.
b) Laubholz:
1 t atro m.R. = 1,7 Fm o.R., 588 kg atro m.R. = 1,0 Fm o.R.
1 t lutro m.R. = 1,2 Fm o.R., waldfrisch = 1,0 Fm o.R.
833 kg lutro m.R. = 1,0 Fm o.R.
1 000 kg lutro m.R., waldfrisch = 1,0 Fm o.R.

Die Buchungseinheit für gewichtsvermessenes Holz richtet sich nach der Form des Holzes (kurz = Rm, lang = Fm), die es zum Zeitpunkt der Lieferung hat. Danach ist beispielsweise das gewichtsvermessene, 2 m lange unentrindete Fichten-Industrieholz kurz für die Firma Feldmühle (= Käufer) von Gewicht in Raummeter mit Rinde und das gewichtsvermessene Buchen-Industrieholz lang (Kranlängen und fallende Längen) von Gewicht in Festmeter ohne Rinde umzurechnen und zu buchen.

In Rheinland-Pfalz sind gemäß Erlaß vom 19. April 1972 – 3.7300 für die Errechnung der in Festmeter ohne Rinde oder in Raummeter mit/ohne Rinde zu buchenden Mengen aus den Verkäufen gewichtsvermessenen Holzes (nach t/kg) folgende Umrechnungsfaktoren zu verwenden:

Holzart	Sortiment
Laubholz	Industrieholz lang, unentrindet, IL, Trockengrad atro, Buchungseinheit Fm o.R., Gewicht je Buchungseinheit 670 kg.
Laubholz	Industrieholz kurz, unentrindet, IS, Trockengrad atro, Buchungseinheit Rm m.R., Gewicht je Buchungseinheit 470 kg.
Nadelholz	Industrieholz lang, unentrindet, IL, Trockengrad atro, Buchungseinheit Fm o.R., Gewicht je Buchungseinheit 430 kg.
Nadelholz	Industrieholz, unentrindet, IS, Trockengrad atro, Buchungseinheit Rm m.R., Gewicht je Buchungseinheit 300 kg.
Nadelholz	Industrieholz kurz, entrindet, IS, Trockengrad atro, Buchungseinheit Rm m.R., Gewicht je Buchungseinheit 340 kg
Nadelholz	Industrieholz kurz, unentrindet, IS, Trockengrad lutro, Buchungseinheit Rm m.R., Gewicht je Buchungseinheit 640 kg.

Nach Eingang der vom Empfänger der Lieferung ausgestellten Wiegepapiere am Forstamt ist die zu buchende Holzmenge durch Division des auf dem Wiegeschein ausgewiesenen Gewichtes (kg) durch das oben angegebene „Gewicht je Buchungseinheit" zu ermitteln. Das Resultat der Division ist auf ganze Fm bzw. Rm gemeinüblich abzurunden.

Anmerkungen zur Umrechnung Gewichtsmaß – Festmaß

Die hier nur für statistische Zwecke gegebenen Zahlen erlauben keine Verwendung in der Preisbildung oder auch zur Berechnung des Ladegewichtes beim Holztransport. Das Holzgewicht hängt ab von der Holzart, dem Wuchsgebiet, der Stärke und dem Alter des Baumes, dem Zustand mit oder ohne Rinde, dem Wassergehalt, der Entrindungszeit, der Jahreszeit und der Witterung. Rundholz erfährt auch bei längerer Lagerung keine so weitgehende Austrocknung wie Schnittholz. Laubrundholz und auch Laubschnittholz trocknen weniger rasch als Fichte und Kiefer. Daher sind die Zahlenangaben zum Holzgewicht immer unsicher und nur als Anhalt brauchbar. Als solcher können die 1941 vom Ausschuß für Technik in der Forstwirtschaft veröffentlichten und durch neuere Untersuchungen ergänzten Zahlen dienen.

1. Kilogramm je Festmeter

Holzart	frisch kg	waldtrocken kg	lufttrocken 20% Feuchte kg
Fichte ohne Rinde	750–850	600–750	480
Tanne ohne Rinde	800–980	600–800	460
Kiefer ohne Rinde	750–880	600–800	520
Buche mit Rinde	1080–1160	850–1100	780
Eiche mit Rinde	1180–1270	950–1200	870

2. Festmeter je t

Holzart	frisch Fm	waldtrocken Fm	lufttrocken 20% Feuchte Fm
Fichte ohne Rinde	1,18–1,33	1,33–1,67	2,08
Tanne ohne Rinde	1,02–1,25	1,25–1,67	2,17

Fortsetzung nächste Seite

5.4 Meßzahlen

Fortsetzung Tabelle

Holzart	frisch Fm	waldtrocken Fm	lufttrocken 20% Feuchte Fm
Kiefer ohne Rinde	1,33 – 1,67	1,25 – 1,67	1,92
Buche mit Rinde	0,86 – 0,93	9,91 – 1,18	1,28
Eiche mit Rinde	0,79 – 0,85	0,83 – 1,05	1,15

3. Festmeter je t atro bzw. Kilogramm atro je Festmeter mit und ohne Rinde

Holzart	Fm o.R.	kg m.R.	kg o.R.
Fichte/Tanne	2,25	445	403
Kiefer	2,25	445	420
Buche	1,47	680	–
Eiche	1,38	725	–
Hartlaubholz (Esche, Ahorn, Ulme)	1,52	660	–
Weichlaubholz (Erle, Linde, Pappel, Weide)	1,85	540	–

In den Holzpreisberichten werden die Meßzahlen, kurz MZ genannt, zu Vergleichen herangezogen. Sie gelten als eine Art Grundpreise, die 1952, noch zur Zeit der Preisbindung für das Rohholz, festgelegt wurden. Inzwischen ist die Preisentwicklung, wie bei den übrigen Gütern auch, weit über sie hinausgegangen. Im Erlaß des Bundesministers für Ernährung, Landwirtschaft und Forsten vom 27. 7. 1970 – V 3 – 5374.3 und vom 5. 2. 1974 – 613 – 5374.3 wurden sie zwar neu gefaßt, jedoch nicht auf eine dem geänderten Preisniveau entsprechende Basis gestellt.

Die Meßzahlen erleichtern die gebietliche Vergleichbarkeit der Preisbewegungen und lassen Veränderungen der Preise rasch erkennen. Ihre Höhe an sich sagt jedoch über die Preise nichts aus. Da sich die Bezugsgrößen nicht nach marktwirtschaftlichen Grundsätzen entwickelten und zu niedrig sind, zeichnen die Werte in Prozent der Meßzahlen (% MZ) das Bild der Marktentwicklung. Nach den Meßzahlen werden bei Verkäufen des Waldbesitzes die Aufwurfpreise und die Gebote sowie die Erlöse bemessen. Jede Holzart, Sorte und Stär-

Die Meßzahlen in DM/Fm bei Mittenstärkesortierung

Holzart	L0	L1a	L1	L1b	L2a	L2	L2b	L3a	L3	L3b	L4a	L4	L4b	L5	L6
Fichte, Tanne, Douglasie	25	29	31	33	37	39	40	45	46	48	–	50	–	52	54
Kiefer, Lärche, Strobe	25	25	27	28	34	37	40	47	51	55	–	65	–	75	85
Rotbuche	25	25	25	26	28	30	32	37	40	43	–	50	–	60	70
Eiche	25	31	33	35	40	50	60	80	90	100	130	145	160	180	200
Esche	25	34	37	40	60	70	80	95	102	110	–	130	–	160	190
Ahorn	25	31	33	35	40	50	60	75	82	90	–	110	–	140	170
Erle	25	34	37	40	50	60	70	85	92	100	–	120	–	150	–
Birke, Weißbuche, Ulme, Robinie Wildobst u. ähnliches	25	31	33	35	40	50	60	70	75	80	–	90	–	110	–
	25	31	33	35	40	50	60	70	75	80	–	100	–	130	160
Linde	25	28	29	30	45	50	55	70	75	80	–	90	–	110	130
Weide, Aspe, Pappel	25	28	29	30	40	45	50	60	65	70	–	90	–	110	130

Die Meßzahlen in DM/Fm bei Heilbronner Sortierung

Stämme und Stammteile Holzart	Rohholzhandelsklasse					
	H 1	H 2	H 3	H 4	H 5	H 6
Fichte, Tanne, Douglasie	29	32	36	40	46	50

Stammteile Holzart	Rohholzhandelsklasse										
	HL0	HL1a	HL1	HL1b	HL2a	HL2	HL2b	HL3a	HL3	HL3b	HL4	HL5	HL6
Fichte, Tanne, Douglasie	25	27	27	27	30	33	35	40	43	45	50	52	55

Die Meßzahlen in DM/Stück bei Stangensortierung

Holzart	Rohholzhandelsklasse										
	P1	P2	P2.1	P2.11	P2.12	P2.2	P2.3	P2.31	P2.32	P2.33	P3
Fichte, Tanne, Douglasie, Kiefer, Lärche, Strobe	0,30	1,30	0,70	0,60	0,90	1,40	2,10	1,70	2,20	2,70	4,00

keklasse hat eine bestimmte Meßzahl, deren Prozente den Preis ausdrücken. Auch in statistischen Übersichten wird der Rohholzpreis in Prozent der Meßzahlen angegeben.

5.5 Die Kennzeichnung und Bezeichnung der Handelsklassen

Bei der Einführung der Handelsklassen haben eine Reihe von Bundesländern Zusatzbestimmungen erlassen, die hauptsächlich solche Teile des Holzes betreffen, die bei der Ernte und Aufbereitung nebenbei anfallen und bei den Handelsklassen nicht berücksichtigt sind.

Baden-Württemberg
Im Staatswald von Baden-Württemberg ist mit Erlaß vom 23. 6. 1971 Az. V 510.1 – 119 die Verwendung der Handelsklassen angeordnet. Folgende Nebensorten können wie bisher bei Bedarf außerhalb der HKlV ausgehalten oder angeboten werden:
1. Zier- und Weihnachtsbäume
2. Nutzreisig (Zierreisig, Deckreisig u. ä.)
3. Brennreisig und Stockholz (Reisschläge u. ä.)
4. Rinde

Bayern
Neben den durch die Handelsklassenverordnung definierten Handelsklassen werden folgende Holznebensorten gebildet und unter Nebennutzungen verbucht:
1. Zier- und Weihnachtsbäume
2. Reisig
3. Stockholz
4. Abfallholz
5. Rinde
6. Reisholz (Holz unter 7 cm Stärke)
Das Aushalten der HKS-Sorten P 1, S 1, IS 1 sowie L und HL mit einem Durchmesser unter 7 cm mit Rinde am schwächeren Ende ist zu unterlassen.

Niedersachsen
Als Ausnahme können außerhalb der Handelsklassensortierung verkauft werden:
1. Schlengen (vorwiegend im Bezirk Oldenburg)
2. Industrieholz-Hackschnitzel nach Gewicht
3. Stockholz
4. Rinde

Schleswig-Holstein
Neben den durch die Handelsklassenverordnung definierten Handelsklassen werden folgende Holznebensorten gebildet:
1. Stockholz
2. Reisig (Zier-, Deck-, Brennreisig, Faschinen)
3. Zier- und Christbäume
4. Rinde

Die Begriffe „Kennzeichnung" und „Bezeichnung" im Sinne der Handelsklassenverordnung sind nicht gleichbedeutend. Kennzeichnung ist eine dauerhafte Gütemarkierung (Buchstabenkennzeichen) am Stück (Langholz). Die Bezeichnung hingegen ist die vorgeschriebene Beschreibung des Handelsklassen-Rohholzes mit zulässigen Ergänzungen in Holzaufnahmelisten u. ä. Beide, Kennzeichnung und Bezeichnung, sind Pflichtvorschriften, die stets Anwendung finden müssen, wenn Rohholz unter der Bezeichnung einer gesetzlichen Handelsklasse angeboten, verkauft oder sonst in den Verkehr gebracht wird.
Hinsichtlich der *Kennzeichnung* schreibt die Handelsklassenverordnung in § 2 vor:
Langholz der Güteklassen A/EWG, C/EWG und D ist mit dem zutreffenden Buchstaben A, C oder D dauerhaft zu kennzeichnen.

▼ Dazu ergingen an *Zusatzbestimmungen der Bundesländer:*

Baden-Württemberg
In Übereinstimmung mit den Richtlinien für die Aufnahme von aufbereitetem Holz vom 12. 8. 1965 wird bei Stammholz der einzelne Stamm bzw. das Stammteilstück numeriert und dauerhaft (Reißer oder Farbe) mit der Güteklasse A, C oder D gekennzeichnet. Das Kennzeichnen von Stämmen der Güteklasse B ist nicht notwendig. Enthält ein Stamm jedoch Teilstücke verschiedener Güteklassen, so sind auch solche der Güteklasse B zu kennzeichnen (z. B. Kiefer A/B).

Bayern
Zusätzlich zu § 2 HKlV werden – soweit entsprechende Aufnahme erfolgt – durch Anschreiben gekennzeichnet:
1. bei Langholz nach Mittenstärkesortierung (L und HL): Nummer, Länge und Mittendurchmesser. Ausnahmen sind für Mittendurchmesser generell beim schwachen Stammholz zulässig, sowie für Länge und Mittendurchmesser für den Fall der Holzaufnahme am Lagerplatz,
2. bei Langholz nach Heilbronner Sortierung (H): Nummer, Länge, Klasse nach Heilbronner Sortierung und Mittendurchmesser. Ausnahmen für Länge, Langholzklasse und Mittendurchmesser sind für den Fall der Holzaufnahme am Lagerplatz zulässig.
Teilt man die Schnittfläche durch einen waagrechten und einen senkrechten Strich in 4 Sektoren (Abb. 115), so werden die einzelnen Angaben wie folgt angeschrieben:
links oben: Nummer
rechts oben: Länge
links unten: Güteklasse bzw. Langholzklasse nach Heilbronner Sortierung
rechts unten: Mittendurchmesser

Abb. 115 In Bayern übliche Kennzeichnung von Langholz. Es werden auf der Schnittfläche angeschrieben: links oben: Nummer; rechts oben: Länge; links unten: Güteklasse bzw. Langholzklasse der Heilbronner Sortierung; rechts unten: Mittendurchmesser

3. bei Schichtholz: Nummer und Güteklassen A, C, D
4. bei Industrieholz: Nummer und Güteklasse F und K
Bei Schicht- und Industrieholz genügt die Kennzeichnung der Stöße.

Hessen
Entsprechend zu kennzeichnen ist Holz der Klassen F, TF, SS, TS, M, R und SW, ferner beim Industrieholz (-lang und -kurz) stück-, polter- oder stoßweise die Güteklassen F und K. Schichtholz SV wird mit V gekennzeichnet.
„Dauerhaft kennzeichnen" heißt anschreiben oder anschlagen. Die Holznummer ist in jedem Falle anzuschlagen.
Bei allem nach Mittendurchmesser vermessenen Holz sind Länge und Durchmesser anzuschreiben (möglichst auf der größeren Schnittfläche); bei den Schwachhölzern L 0 bis L 1 b, SL und IL 0 bis IL 1 b kann diese Beschriftung unterbleiben.
Bei den Stangen sind Stärkeklassen und Stückzahl auf einer Stange oder dem Nummernpflock anzuschreiben.
Bei nach Raummaß aufgearbeiteten größeren Schichtholzbänken ist der Raumgehalt auf dem Nummernstück anzuschreiben.

Niedersachsen
Das aufgearbeitete Rohholz ist wie folgt zu kennzeichnen: Länge und Durchmesser werden bei allem nach Mittendurchmesser vermessenen Holz möglichst auf den größten Stammquerschnitt oder auf einen Schalm angeschrieben. Beim Stammholz wird ferner die Abkürzung der Gütebezeichnung außer der Güteklasse B und der Zusatzbezeichnung BHW vermerkt. Anzuschreiben sind also: A, F, TF, BK (bei Buche), R, M, C, CGW, D. Die Güteklassen A, C und D sind dauerhaft zu kennzeichnen. Falls B und A, C oder D am gleichen Stamm ausgehalten werden, muß auch B dauerhaft gekennzeichnet werden.
Das als Kennzeichen für Brennholz geringerer Güte verwendete „C" (BS 3 C, BS 2–3 C) braucht auf dem Schichtholz nicht angeschrieben werden.

Nordrhein-Westfalen
Bei Vorliegen entsprechender Gütemerkmale (vergleiche Anlage zu §1 ForstHKlV) ist Langholz der Güteklasse A/EWG mit den Buchstaben F oder TF anstelle des Buchstabens A oder Langholz der Güteklasse V/EWG mit den Buchstaben CC anstelle des Buchstaben C zu kennzeichnen. Die Kennzeichnung von Masten- oder Rammpfahl- oder Grubenholz mit den Buchstaben M, R oder G ist, da dieses Holz der Güteklasse B zurechnet, nicht erforderlich.
Zusätzlich sind dauerhaft zu kennzeichnen:
● Stämme durch Anschlagen der Nummer und Anschreiben oder Anschlagen von Länge und Durchmesser,
● Stangen durch Anschlagen der Nummer sowie Anschreiben von Stückzahl und Klasse auf einer Stange des jeweiligen Stapels oder auf einem neben dem Stapel eingeschlagenen Pfahl,
● Industrieholz lang durch An-

schreiben der Nummer sowie der Buchstaben F oder K, sofern nach Güteklassen getrennt verkauft wird,
- Industrieholz kurz durch Anschlagen der Nummer und durch Anschlagen oder Anschreiben des Raumgehaltes sowie der Buchstaben F oder K je Stapel, sofern nach Güteklassen getrennt verkauft wird und
- Schichtholz durch Anschlagen der Nummer und Anschlagen oder Anschreiben des Raumgehaltes je Stapel.

Rheinland-Pfalz
Unter Berücksichtigung der Regelung nach § 2 für die Langholzgüteklassen-Kennzeichnung gilt folgende Vorschrift:
Die Güteklassen-Kennzeichen A, C und D sind mit geeigneter Kreide dauerhaft anzuschreiben, wobei die Schnittflächen von Furnierstämmen mit Ausnahme der Splintzone nicht beschriftet werden dürfen. (Das Kennzeichnen von Stämmen der Güteklasse B entfällt!)
Für die Numerierung (1) und die Angabe von Maßen (2) gelten folgende Vorschriften:
1. Die Nummer ist deutlich sichtbar und dauerhaft mit einem Numeriergerät anzubringen.
- An Stämmen ist die Nummer möglichst am stärkeren Ende anzuschlagen.
- An Stangen ist die Nummer nach Möglichkeit auf einer Stirnfläche anzuschlagen; das Anschreiben der Nummer auf einer Stange oder einem Nummerpflock ist zugelassen.
- An Schichtholz ist die Nummer auf einem um etwa 10 cm vorgezogenen Scheit oder Rundling anzuschlagen.

2. Maßangaben
- An Stämmen ist die Länge mit geeigneter Schreibkreide dauerhaft, entweder auf einer Schnittfläche oder auf einem Schalm in der Mitte des Stammes (am Meßring) anzuschreiben; Anschlagen der Länge ist zugelassen. Vom Anschreiben oder Anschlagen des Mittendurchmessers an Stämmen kann abgesehen werden. An Langholz der Heilbronner Sortierung ist der Zopfdurchmesser oder die Stärkeklasse anzuschreiben.
- Bei in Raummetern aufgesetztem Schichtholz ist der Raumgehalt auf dem Nummerstück anzuschreiben.
- Bei Stangen sind Stärkeklassen und Stückzahl auf einer Stange oder dem Nummerpflock anzuschreiben.

Saarland
Die Güteklassenkennzeichen A, C und D sind dauerhaft anzuschlagen oder anzuschreiben.

Numerierung
Die Nummer ist deutlich, sichtbar und dauerhaft anzuschlagen.
1. An Stämmen ist die Nummer möglichst am stärkeren Ende anzubringen.
2. An Stangen ist die Nummer entweder auf einer Stirnfläche oder an einem Nummerpflock anzubringen.
3. An Schichtholz ist die Nummer an einem etwas vorgezogenen Stück (Nummerstück) anzubringen.

Maßangaben
1. An Stämmen ist der Durchmesser dauerhaft auf einer Schnittfläche anzubringen. Vom Anschreiben oder Anschlagen der Länge an Stämmen kann abgesehen werden.
2. Bei in Raummetern aufgesetztem Schichtholz ist die Anzahl der Raummeter auf dem Nummerstück anzuschreiben.
3. Bei Stangen sind Stärkeklassen und Stückzahl auf einer Stange oder den Nummerpflock anzuschreiben.

Schleswig-Holstein
Kennzeichnungszwang bei
Langholz: A, C und D
Industrieholz: F und K

Solange im Wald gemessen wird, sind beim Langholz (Mittenstärkensortierung) je Güteklasse vorzuschreiben:
1. Holznummer
2. Länge
3. Mittendurchmesser

Bei schwachem Stammholz (z. B. zur Verwendung als Industrieholz) kann das Vorschreiben des Mittendurchmessers unterbleiben.

Bezüglich der *Bezeichnung* legt die Handelsklassenverordnung in § 3 fest:
1. Rohholz, das nach einer gesetzlichen Handelsklasse angeboten, feilgehalten, verkauft oder sonst in den Verkehr gebracht wird, ist mit der Holzart oder Holzartengruppe und mit der in der Anlage festgesetzten oder zugelassenen Handelsklasse zu bezeichnen.
2. Rohholz der Stärkeklassen und der Güteklassen A/EWG, B/EWG und C/EWG darf als „EWG-sortiert" bezeichnet werden.

▼ *Zusatzbestimmungen der Länder zur Bezeichnung des Rohholzes*
Baden-Württemberg
Die Bezeichnung nach §3 der Verordnung (z. B. Fi HL 2b) erfolgt nur auf den Aufnahmelisten, Kaufverträgen u. ä.

Nordrhein-Westfalen
Die Bezeichnung gemäß § 3 ForstHKlV ist lediglich in der Holzbuchführung zu verwenden. Zusätzliche, die besondere Eignung charakterisierende Bezeichnungen sind bundeseinheitlich oder für den Bereich der Landesforsten Nordrhein-Westfalen festgesetzt...
Darüber hinaus ist die Verwendung zusätzlicher Bezeichnungen grundsätzlich zugelassen. Von dieser Möglichkeit ist jedoch nur Gebrauch zu machen, wenn die Gegebenheiten des Holzmarktes dies unbedingt erfordern.

Rohholz ist einheitlich in folgender Reihenfolge zu bezeichnen:
1. Baumart,
2. Längen- und/oder Stärkeklasse,
3. Güte- und/oder Verwendungsklasse,
4. gegebenenfalls eine zusätzlich die Eignung charakterisierende Bezeichnung.

Rheinland-Pfalz
Die Bezeichnungsvorschriften sind notwendig und EWG-bedingt. Absatz 1 regelt, wie das Rohholz bei einer gesetzlichen Handelsklasse zu bezeichnen ist. Neben der Angabe von Festgehalt, Raumgehalt, Stückzahl oder Gewicht sowie der Bezeichnung von Holzart oder Holzartengruppe und Handelsklasse sind zusätzliche Bezeichnungen, welche die Eignung für einen bestimmten Verwendungszweck (z. B. Furnier, Schneideholz, Grubenholz) oder welche andere bestimmte Merkmale (z. B. bei der Mittenstärke- oder Schichtholzsortierung: die Länge) hervorheben, zulässig.
Zusätzliche Bezeichnungen dürfen verwendet werden.

Anmerkungen zur Bezeichnung des Rohholzes
Die Bezeichnungsvorschrift bezieht sich auf die Angaben, die Holzaufnahmelisten, Kaufverträge, Rechnungen, Holzzettel usw. enthalten müssen. Aus ihnen müssen Holzartengruppe, Handelsklasse, Festgehalt (Fm) oder Raummaß (Rm), Stückzahl (Stangen) oder Gewicht eindeutig hervorgehen. Zusätzliche Angaben über die Eignung eines Stammes usw. für einen bestimmten Verwendungszweck (z. B. Furnierholz, Dielungsholz, Pfeilerholz usw.) können in allen Fällen gemacht werden und auch spezielle Güteanforderungen (z. B. „ohne Rotkern" bei Buche) hervorgehoben werden. Ebenso sind zusätzliche Längenangaben (z. B. bei Schichtholz) zulässig.

5.6 Kurzbezeichnungen

Folgende Kurzbezeichnungen (Abkürzungen) sind beim Rohholz in den einzelnen Bundesländern üblich:

A	Güteklasse A/EWG
Ah	Ahorn
As	Aspe (Zitterpappel)
atro	absolut trocken
B	Güteklasse B/EWG
BHW	höherwertiges Holz der Güteklasse B, das aufgrund der guten Qualität eine qualifiziertere Verwendung ermöglicht
Bi	Birke
BK	rotkerniges Buchenholz
BR	Buchenstammholz der Güteklasse B mit Rot- oder Spritzkern
Bu	Buche
C	Güteklasse C/EWG
CC	Holz der Güteklasse C mit kranken Teilen (tiefgehende faule Äste, Rot- und Weißfäule oder sonstige wesentliche Pilz- oder Insektenzerstörungen), sowie Stücke mit weitgehender Ringschäle.
CGW	geringwertiges Holz der Güteklasse C, das aufgrund der schlechten C-Qualität geringere Verwendungsmöglichkeiten hat
D	Güteklasse D
Dgl	Douglasie
DmR	Durchmesser mit Rinde
DoR	Durchmesser ohne Rinde

Efm	Erntefestmeter
Ei	Eiche
entr.	entrindet
Er	Erle
Es	Esche
F	Furnierholz
Fi	Fichte
Fm (auch fm)	Festmeter
Forst-HKS	forstliche Handelsklassensortierung
gem.	mehrere Stärke- und Güteklassen gemischt
ger.	gerückt
gewichtverm.	vermessen nach Gewicht
H	Langholz nach Heilbronner Sortierung
Hbu	Hainbuche, Weißbuche
HC	Langholz Heilbronner Sortierung Güteklasse C
HL	bei der Heilbronner Sortierung anfallende Stammteile (Abschnitte), sortiert nach Mittenstärkesortierung (L)
HLA	Stammteile Heilbronner Sortierung Güteklasse A
HLB	Stammteile Heilbronner Sortierung Güteklasse B
HLC	Stammteile Heilbronner Sortierung Güteklasse C
HLD	Stammteile Heilbronner Sortierung Güteklasse D
HLF	Stammteile Heilbronner Sortierung Furnierholz
HLM	Stammteile Heilbronner Sortierung Masten

HLR	Stammteile Heilbronner Sortierung Rammpfähle	ILNF, auch ILN/F	Industrieholz lang der Güteklassen I N und I F gemischt
HLTF	Stammteile Heilbronner Sortierung Teilfurnierholz	IN	Industrieholz der Güteklasse I N
HLW	Stammteile Heilbronner Sortierung Stammwerkholz	INIF	Industrieholz der Güteklassen I N und I F gemischt
HM	Langholz Heilbronner Sortierung Masten	IS	Industrieholz kurz
		ISF	Industrieholz kurz der Güteklasse I F
HR	Langholz Heilbronner Sortierung Rammpfähle	ISFK, auch ISF/K	Industrieholz kurz der Güteklassen I F und I K gemischt
IF	Industrieholz der Güteklasse I F	ISK	Industrieholz kurz der Güteklasse I K
IF/K	Industrieholz der Güteklassen I F und I K gemischt	ISN	Industrieholz kurz der Güteklasse I N
IFSK, auch IFS/K	Industrieholz kurz der Güteklassen I F und I K gemischt	ISNF, auch ISN/F	Industrieholz kurz der Güteklassen I N und I F gemischt
IG	Industrieholz nach Gewicht vermessen	Ka	Edelkastanie
		Kie	Kiefer, Föhre
IGF	Industrieholz nach Gewicht, Güteklasse I F	Kl	Stärkeklassen
		L	Langholz Mittenstärkesortierung
IGK	Industrieholz nach Gewicht, Güteklasse I K	LA	Langholz Güteklasse A
		Lä	Lärche
IGN	Industrieholz nach Gewicht, Güteklasse I N	LB	Langholz Güteklasse B
		LBHW	Langholz Güteklasse B höherwertig, das eine besondere Verwendung ermöglicht
IK	Industrieholz der Güteklasse I K		
IL	Industrieholz lang		
ILF	Industrieholz lang der Güteklasse I F	LC	Langholz Güteklasse C
ILFK, auch ILF/K	Industrieholz lang der Güteklassen I F und I K gemischt	LCC	Langholz Güteklasse C mit kranken Teilen (tiefgehenden faulen Ästen, Rot- und Weißfäule oder sonstige Pilz- oder Insektenzerstörun-
ILK	Industrieholz lang der Güteklassen I K		
ILN	Industrieholz lang der Güteklasse I N		

	gen) sowie Stücken mit weitgehender Ringschäle
LCGW	Langholz Güteklasse C geringwertig, das geringere Verwendungsmöglichkeiten bietet
LD	Langholz Güteklasse D
LF	Langholz Furnierholz
lfm (auch lfd.m)	laufender Meter
LH	Laubholz
Li	Linde
LR	Langholz Rammpfähle
LSS	Langholz Schneide- und Schälholz
LTF	Langholz Teilfurnierholz
LTS	Langholz Teilschneide- und Teilschälholz
lutro	lufttrocken
M	Masten
m. R.	mit Rinde
MZ	Meßzahl
NH	Nadelholz
o. Gkl.	ohne Güteklassenausscheidung
o. Kl.	ohne Stärkeklassenausscheidung
o. R.	ohne Rinde
P	Stangen
Pa	Pappel
R	Rammpfähle
REi	Roteiche
Ro	Robinie
Rm (auch rm)	Raummeter
S	Schichtholz
SS	Schneide- und Schälholz
Stk	Stück
Str	Strobe
SW	Schwellenholz
Ta	Tanne
t atro	Tonne absolut trocken
t lutro	Tonne lufttrocken
TF	Teilfurnierholz
TS	Teilschneide- und Teilschälholz
Ul	Ulme
unentr.	unentrindet
unger.	ungerückt
W	Stammwerkholz
Wbu	Weißbuche, Hainbuche
Wei	Weide
ZE	zufällige Ergebnisse

6 Der Verkauf des Rohholzes

Der Holzverkauf in der sozialen Marktwirtschaft der Bundesrepublik Deutschland unterliegt dem freien Spiel von Angebot und Nachfrage. Ein kurzer Blick auf diesen Rohholzmarkt zeigt, daß er in der Hauptsache von einer Waldfläche von 7,2 Mio. ha versorgt wird, die sich in 44,4% Privatwald (3,2 Mio. ha), 30,4% Staatswald (2,2 Mio. ha) und 25,2% Körperschaftswald (1,8 Mio. ha) aufteilt. Der jährliche Einschlag beträgt insgesamt etwa 28 Mio. Fm. Der jährliche Holzverbrauch einschließlich der Verwendung von Altpapier erreicht etwa 60 Mio. m^3 Rohholzäquivalente. Der Import an Holz und Holzwaren hat mit ungefähr 28 Mio. Fm ungefähr die gleiche Höhe wie die Eigenerzeugung.

Die Einfuhr von Rohholz und Holzerzeugnissen ist voll liberalisiert. Das heimische Holz ist daher der Konkurrenz des Weltmarktes ausgesetzt. Hinzu kommt die Konkurrenz anderer Rohstoffe, deren Produkte an die Stelle des Holzes treten können. In erster Linie sind hier die Erzeugnisse der Petrochemie zu nennen.

Im weiteren ist eine gewisse Vorratshaltung an Rohholz beim Holzhandel und bei den Be- und Verarbeitern erforderlich, um eine günstige Ausnützung der Betriebsmittel zu sichern. Auch die Abhängigkeit des Holzmarktes von konjunkturempfindlichen Wirtschaftszweigen wie Bauwirtschaft oder Möbelindustrie spielt eine Rolle. Erwähnt werden muß auch, daß Rücksichten auf die sozialen Funktionen des Waldes wie Umweltschutz und Erholung Einfluß auf den Holzeinschlag haben.

Alle diese Faktoren bringen es mit sich, daß der Rohholzmarkt frühzeitig und rasch auf Veränderungen der wirtschaftlichen Lage reagiert. Für jeden, der mit dem Holzkauf und Holzverkauf zu tun hat, ist es deshalb geboten, sich durch das Studium der Preisberichte in den Fachzeitschriften rechtzeitig über die jeweilige Marktlage zu unterrichten.

Die meisten privaten, staatlichen und körperschaftlichen Forstverwaltungen sowie in manchen Ländern die mit der forstlichen Betreuung beauftragten Landwirtschaftskammern haben Bestimmungen ausgearbeitet, nach denen beim Holzverkauf zu verfahren ist. Die Kenntnis dieser Bestimmungen, zumeist „Verkaufs- und Zahlungsbedingungen" genannt, ist für den Holzkäufer entscheidend. Im folgenden wird ein Überblick über diese Bestimmungen gegeben, wie sie zur Zeit in Kraft sind. Die Ausführungen sollen an die bestehenden Bestimmungen heranführen, im Einzelfall muß man sich genau über die örtlichen Vorschriften informieren.

6.1 Arten der Verkäufe

Das Rohholz wird einerseits nach der Fällung, Aufarbeitung und Aufnahme verkauft. Man spricht in diesem Falle von *Nachverkauf*. Es kann andererseits aber auch stehend verkauft werden, ehe es gefällt, aufgearbeitet und aufgenommen ist. Diese Verkaufsart wird *Vorverkauf* genannt.

In Frankreich ist der Verkauf des Holzes auf dem Stock die Regel, wobei die geschätzte Menge des Holzes die Grundlage für die Kaufpreisberechnung bildet. In der Bundesrepublik Deutschland erfolgt dagegen die finanzielle Abwicklung des Vorvertrages erst, wenn das Holz eingeschlagen und aufgenommen ist.

In der Vergangenheit war der Vorvertrag die seltener gebrauchte Verkaufsart. Er wurde nur angewendet, um den Absatz von Hölzern zu sichern, die nicht allgemein begehrt waren. In gleicher Weise diente er dazu, einen Käufer zu binden, der Holz in speziellen Abmessungen wünschte. Zum dritten nutzte ihn der Waldbesitz bei Hölzern, die bis zu einem bestimmten Zeitpunkt verwertet werden sollten.

Beim Vorvertrag ist zum Zeitpunkt des Vertragsabschlusses die genaue Menge, die Sortenaufteilung usw. noch nicht bekannt. Es wird über geschätzte Mengen verhandelt, der Preis gebildet, eine Kaufvereinbarung getroffen. Die endgültige Abrechnung erfolgt jedoch nach Vorliegen des tatsächlichen Aufnahmeergebnisses des Hiebes. Der Verkäufer verpflichtet sich, wenigstens 90 % der geschätzten Verkaufsmenge zu liefern. Der Käufer erklärt sich bereit, einen Mehranfall von 10 % der Verkaufsmenge zusätzlich zu übernehmen.

Seit etwa Mitte der sechziger Jahre haben die Vorverträge an Bedeutung gewonnen. Während zuvor Vorverträge in der Regel nur über Verkäufe von Industrieholz oder von Hölzern für Zwecke des Bergbaues, vereinzelt auch von Buchenstammholz geschlossen wurden, ging man dazu über, Vorverträge mit längerer Laufzeit (z. B. Jahresverträge) in den hauptsächlichen Verkaufssorten Fichten-, Tannen und Kiefern-Stammholz abzuschließen. Diese Entwicklung hatte ihre Ursache in der mäßigen Konjunktur am Rundholzmarkt in den sechziger Jahren und in dem Bestreben des Waldbesitzes, Holzeinschlag und Holzabfuhr über eine längere Zeit geregelt zu wissen sowie in dem Interesse der Sägeindustrie, die Lagerhaltung verringern zu können und die Versorgung trotzdem über eine bestimmte Zeitspanne zu sichern.

Diese Art der Vorverkäufe hat ihr Für und Wider. Nachdem das Rohholz mit seinem Preis empfindlich und früh auf konjunkturelle Marktschwankungen reagiert, ist es nicht immer einfach für Käufer und Verkäufer, sich über den Preis im voraus zu einigen. Über die Marktentwicklung gehen die Ansichten der beiden Partner Holz und Forst stets weit auseinander. Andererseits bringen Vorverträge, da sie für längere Zeit gelten, nach ihrem Abschluß Stabilität in das Kaufgeschäft. Waldbesitz und Sägeindustrie können sich einer günstigen Verteilung der Fristen für die Bereitstellung und Abfuhr des Holzes zuwenden. Die Gefahren der Wertminderung durch längere Lagerung nach dem Einschlag lassen sich einschränken. Bei den Be- und Verarbeitern wie auch beim Handel können durch geringere Vorratshaltung Kosten gespart werden. Bei der Enge der Beziehungen zwischen dem Sägewerk und dem Forst und den jährlich sehr gleichmäßigen, in vielen Fällen Generationen überdauernden Geschäftsbeziehungen liegt es nahe, nach einer Lösung zu suchen, die die Lieferung des Rohholzes über längere Zeiträume regelt.

Eine besondere Form des Vorverkaufs ist der *Verkauf von gewichtsvermessenem Holz*. Das Holz nach dem Gewicht zu vermessen, ist eine Entwicklung jüngerer Zeit. In den meisten Bundesländern finden sich deshalb in den Verkaufs- und Zahlungsbedingungen noch keine Bestimmungen über Verkäufe von gewichtsvermessenem Holz. Soweit in dieser Art der Messung von Rohholz erste Schritte unternommen wurden, hat man die Besonderheiten vorläufig geregelt.

Das neue an dieser Verkaufsart ist der Umstand, daß die Feststellung der Verkaufsmenge – die Gewichtsvermessung – erst nach der Abfuhr aus dem Walde beim Käufer möglich ist. Die sonst übliche Handhabung, daß die Abfuhr erst freigegeben wird, wenn der Kaufpreis vollständig bezahlt oder sichergestellt ist, stößt daher auf Schwierigkeiten. Dieses Problem versucht man dadurch zu lösen, daß ein Vorvertrag geschlossen wird, der sich den Besonderheiten anpaßt. Wenn entsprechende Mengen bereitgestellt sind, wird ihre Masse geschätzt. Mit der Schätzmenge wird der vorläufige Kaufpreis ermittelt. 80 % des geschätzten Kaufpreises werden in Rechnung gestellt und die Abfuhr gestattet, sobald dieser Betrag bei der Zahlstelle eingegangen ist. Der Käufer nimmt in seinem Werk die Gewichtsvermessung vor. Die Endabrechnung erfolgt durch den Verkäufer anhand der vom Käufer vorgelegten Wiegescheine.

6.2 Verkaufsverfahren

Der Verkauf erfolgt mit oder ohne Ausgebot. Zu ersterem gehören die Versteigerung, die Submission und das freihändige Ausgebot. Im allgemeinen werden die Käufer bei diesen Verfahren durch Verzeichnisse über die zum Verkauf vorgesehenen Lose und Ort und Stelle der Gebotsabgabe schriftlich unterrichtet. Die Bekanntgabe der Lose in Verzeichnissen ist kein Angebot, sondern nur eine Aufforderung, Angebote abzugeben. Das Angebot im Rechtssinn geht erst vom bietenden Käufer aus. Ein Anspruch auf Erteilung des Zuschlages und Annahme des Gebotes steht deshalb dem Käufer, der ein Gebot nennt, in keinem Falle zu.

Die *Versteigerung*, früher auch Auktion genannt, ist das Verkaufsverfahren für Rohholz, bei dem der Verkäufer die Lose mit einem Aufwurfpreis in öffentlicher mündlicher Verhandlung ausbietet. Der Aufwurfpreis beruht auf den Preisvorstellungen des Verkäufers und bindet diesen insoweit, als der Zuschlag nicht verweigert werden kann, wenn der Aufwurfpreis durch die abgegebenen Gebote erreicht oder überschritten ist. Von dieser Verpflichtung kann nur abgewichen werden, wenn die durch Tatsachen begründete Besorgnis besteht, daß der Bietende seine Verpflichtung nicht erfüllen wird.

An die Stelle des schriftlichen Kaufvertrages tritt bei der Versteigerung die von einem oder mehreren an dem Versteigerungstermin teilnehmenden Käufern unterzeichnete und zu Beginn der Verhandlung verlesene Versteigerungsniederschrift. Sie regelt den Verkauf und die Zahlung und legt fest, daß die jeweils gültigen Verkaufs- und Zahlungsbedingungen mit der Gebotsabgabe anerkannt werden.

Der Versteigerungsleiter eröffnet die mündliche öffentliche Verhandlung der Versteigerung. Er oder der von ihm Beauftragte gibt der Reihe nach die Daten der Lose, wie Waldort, Holzart, Menge, Aufwurfpreis, bekannt und fordert die erschienenen Käufer zur Gebotsabgabe auf. Die Käufer rufen ihre Preisgebote zu, indem sie sich gegenseitig überbieten, bis der Zuschlag durch den Versteigerungsleiter in der üblichen Form mit den Worten „zum ersten, zum zweiten, zum dritten (letzten) Mal" dem Meistbietenden erteilt oder das Los wegen zu niederer oder fehlender Gebote zurückgezogen wird.

In der Bundesrepublik Deutschland wird ausschließlich mit aufsteigender Gebotsfolge (aufsteigendem Verstrich) versteigert. Der Zuschlag kann unter Vorbehalt höherer Genehmigung erfolgen. Der Käufer ist in diesem Fall entsprechend den jeweils geltenden Verkaufs- und Zahlungsbedingungen oder der einschlägigen Bestimmung der Versteigerungsniederschrift für eine näher bestimmte Frist an sein Gebot gebunden.

Werden beim Zuschlag mehrere Gebote gleichzeitig abgegeben, so hat der Versteigerungsleiter zu bestimmen, wie der Käufer festgestellt werden soll. Er kann das Los mit dem Letztgebot erneut aufwerfen, weiterbieten lassen und den Zuschlag ein zweites Mal erteilen, wenn nur noch ein einzelnes Gebot abgegeben wurde. Er ist aber auch berechtigt, die betroffenen Bieter zu befragen, ob sie bereit sind zurückzutreten, so daß nur noch ein Käufer übrig bleibt. Als letzte Möglichkeit bleibt die Auslosung, über deren Art der Durchführung der Versteigerungsleiter entscheidet.

Versteigert wird vorwiegend Stammholz aller Baumarten, insbesondere solches mit Wertholzanteil.

Die *Submission* ist ein öffentliches Ausgebot von Rohholz mit geheimer schriftlicher Gebotsabgabe. Sie wird im wesentlichen durchgeführt für die gleichen Holzarten und -sorten wie die Versteigerung.

Das im Dritten Reich erlassene Verbot der Submission wurde mit Bundesverordnung vom 23. 9. 1953 aufgehoben. Zur gleichen Zeit legten der Deutsche

Holzwirtschaftsrat und der Deutsche Forstwirtschaftsrat im Benehmen mit dem Bundesministerium für Ernährung, Landwirtschaft und Forsten Verfahrensregeln fest, die den Holzsubmissionsverkäufen zugrunde gelegt werden sollen. Es handelt sich um ein freiwilliges Übereinkommen, eine Beachtung der Regeln gewährleistet jedoch eine korrekte Durchführung der Submission.

Die nachfolgende Beschreibung der Durchführung der Submission stützt sich auf diese Verfahrensregeln.

Holzverkäufe mit geheimer schriftlicher Gebotsabgabe (Submissionen) werden in der Presse bekanntgemacht. Dabei werden Zeit und Ort für die Einreichung und Öffnung der Gebote angegeben. Zwischen der Bekanntmachung und dem Termin zur Gebotsabgabe müssen wenigstens 14 Tage liegen. In der Bekanntmachung wird angegeben, ob die Gebote in DM je Maßeinheit oder insgesamt für jedes Verkaufslos abzugeben sind. Gebote, die unter der Bedingung abgegeben werden, daß sie nur gültig sein sollen, wenn ein Gebot desselben Bieters auf ein anderes Los desselben Verkaufes nicht den Zuschlag erhält, sind zulässig.

Sonstige eingeschränkte Gebote, gemeinschaftliche Gebote, Nebengebote oder Nachgebote werden im allgemeinen nicht anerkannt. Der Bieter darf auf jedes Los nur ein Gebot abgeben. Bis zu dem in der Bekanntmachung genannten Termin zur Gebotsabgabe müssen die Gebote bei der bezeichneten Stelle eingegangen sein.

Die Gebote sind in verschlossenem Umschlag mit der Aufschrift „Schriftliches Angebot für die ... Submission des ... (Waldbesitzers) am ... in ..." einzureichen. Sie müssen deutlich lesbar folgende Angaben enthalten:
1. Ort und Tag,
2. Namen und Adresse des Bieters,
3. Bezeichnung des Loses und gebotener Preis in Zahlen und Buchstaben,
4. die Erklärung des Bieters, daß er die Verkaufs- und Zahlungsbedingungen für Holzverkäufe des zuständigen Waldbesitzers sowie eventuelle besondere Bedingungen, auf die in der Pressemeldung verwiesen war, anerkennt,
5. die rechtsverbindliche Unterschrift des Bieters.

Die Umschläge müssen bis zur Öffnung der Gebote zum benannten Termin unverletzt sein.

Ein Gebot kann nur schriftlich oder telegrafisch widerrufen werden. Widerrufe werden nur berücksichtigt, wenn sie vor Öffnung des ersten Gebotes in der Hand des Submissionsleiters sind. Die Gebote werden an dem in der Bekanntmachung bestimmten Ort und Zeitpunkt in Gegenwart der erschienenen Bieter oder deren Vertreter durch den Submissionsleiter geöffnet. Der Vertreter eines Bieters hat sich auf Verlangen durch schriftliche Vollmacht seines Auftraggebers auszuweisen.

Teilweise wird aus dem Bieterkreis ein Teilnehmer durch Zuruf bestimmt, der beim Öffnen der Gebote mitwirkt und in diese Einsicht nimmt. Über die Durchführung der Submission wird eine Niederschrift gefertigt, die verlesen und vom Vertreter der Käuferschaft mitunterzeichnet wird. Sie tritt mit dem schriftlichen Gebot an die Stelle des schriftlichen Kaufvertrages. Der Submissionsleiter prüft die eingegangenen Gebote und entscheidet, welche Gebote wegen Fehlern nach Form und/oder Inhalt unberücksichtigt bleiben. Gebote mit unerheblichen Formfehlern kann er als gültig zulassen. Die gültigen Gebote gibt er mündlich bekannt.

Der Zuschlag wird im allgemeinen dem Meistbietenden erteilt, soweit der Submissionsleiter nicht berechtigte Zweifel an dessen Zahlungsfähigkeit hat. Die zwischen dem Deutschen Forstwirtschaftsrat und dem Deutschen Holzwirtschaftsrat vereinbarten Verfahrensregeln lassen es auch zu, daß einer der drei Höchstbietenden den Zuschlag erhält. Von dieser Möglichkeit dürfte jedoch nur selten Gebrauch gemacht werden.

Bei mehreren gleich hohen, dem Submissionsleiter gleich zuschlagswürdig erscheinenden Meistgeboten entscheidet das Los über den Käufer. Die Art und Weise der Verlosung bestimmt der Leiter der Submission.

Der Zuschlag kann wie bei der Versteigerung unter Vorbehalt höherer Genehmigung erfolgen. Der Käufer ist in diesem Fall entsprechend der in den Verkaufs- und Zahlungsbedingungen oder in den besonderen Bestimmungen des Verkäufers (auf die in der Pressebekanntmachung verwiesen war) festgesetzten Frist an sein Gebot gebunden.

Das *freihändige Ausgebot* verbindet das Ausgebotsverfahren mit dem Freihandverkauf. Die über die zum Verkauf bereitgestellten Lose informierten Käufer werden aufgefordert, sofern sie an einem Kauf interessiert sind, zu einem bestimmten Zeitpunkt bei dem Verkäufer zu erscheinen, um mit ihm in Verkaufsverhandlungen einzutreten. Verkäufer und Käufer besprechen Art, Menge und Preis des Holzes sowie besondere Bedingungen des Verkaufes, um sich schließlich auf einen bestimmten Preis zu einigen. Die Einigung über den Preis kann mündlich oder schriftlich erfolgen und gilt als Verkaufsabschluß. Die Genehmigung des Verkaufes durch eine höhere Stelle kann vorbehalten bleiben. In diesem Falle ist der Käufer an eine in den Verkaufs- und Zahlungsbedingungen näher bezeichneten Frist an sein Gebot gebunden.

Der *Verkauf ohne Ausgebot* kommt auf völlig formlose Weise zustande. Während des regulären Einschlags bzw. in unmittelbarem Anschluß daran, vor allem im Winterhalbjahr, wird vorwiegend von den Verfahren des Verkaufes mit Ausgebot Gebrauch gemacht. Fällt dagegen außerhalb der Haupteinschlagsperiode Holz an, das auch noch nicht in Vorverträgen verwertet ist, so wird dieses ohne Ausgebot verkauft. Wenn z. B. bei sommerlichen Durchforstungshieben, deren Hauptanfall zur Erfüllung von Industrieholz-Vorverträgen bestimmt ist, auch Stammholz zum Einschlag kommt, so wird der Waldbesitzer nach Gutdünken auf einen Holzkäufer zugehen und diesem das Stammholz anbieten. Ein Verkauf ohne Ausgebot kann auch zustande kommen, wenn ein Sägewerk einen besonderen Bedarf hat und bei einem Waldbesitzer anfragt, ob dieser befriedigt werden kann.

Auch in diesem Fall kommt der Verkaufsabschluß bei der mündlichen oder schriftlichen Einigung über den Preis zustande. Bezüglich der Genehmigung des Verkaufs durch eine höhere Stelle gilt das gleiche wie oben beim Verkauf mit Ausgebot ausgeführt.

6.3 Verkäufe an Großverbraucher und an Kleinverbraucher

Die Unterscheidung zwischen Verkäufen an Großverbraucher und an Kleinverbraucher hatte früher bei zahlreichen örtlichen Kleinabgaben von Brennholz an die Haushaltungen oder von Sammelabgaben an die Gemeinden zur Unterverteilung an die Kleinverbraucher, ferner bei Abgaben von Kleinstmengen an Nutzholz für den persönlichen Bedarf in Haus, Hof und Garten Bedeutung. Heute nehmen Kleinverkäufe nur noch einen geringen Umfang ein und werden daher von vielen Forstverwaltungen nicht mehr vorgenommen.

Die Hauptmenge an Rohholz wird an Großverbraucher verkauft. Dazu zählen Sägewerke, Holzindustriewerke, Holzhandlungen, Bergbaubetriebe, Hoch- und Tiefbauunternehmen, Zellstoff- und Holzwerkstoffabriken sowie sonstige holzverarbeitende und holzverbrauchende Gewerbebetriebe.

Kleinverkäufe werden meist ohne schriftlichen Kaufvertrag geschlossen. Die Rechnung in Form des Holzzettels oder Abgabescheines tritt an die Stelle des Kaufvertrages.

Großverkäufe bedürfen der schriftlichen Vertragsform, die wie oben bereits dargelegt bei der Versteigerung durch die Versteigerungsniederschrift, bei der Submission durch die Submissionsniederschrift und das schriftliche Gebot ersetzt wird.

6.3.1 Kaufvertrag

Der schriftliche Kaufvertrag ist ein wichtiger Bestandteil des Kaufgeschäftes. Eine klare Form, die alle Vereinbarungen und Regelungen des Verkaufes vollständig enthält, vermeidet spätere unerfreuliche Auseinandersetzungen. Im folgenden wird das Muster eines Kaufvertrages mit seinen verschiedenen Bestimmungen besprochen.

Kaufvertrag Nr.

Forstwirtschaftsjahr 1983

Zwischen den nachstehenden Parteien wird folgender Kaufvertrag geschlossen:

Der Waldbesitzer ....
        (Name)   (Adresse)

verkauft an ....
        (Name)   (Adresse)

die folgende auf dem Beiblatt näher erläuterte Holzmenge entsprechend den „Allgemeinen Verkaufs- und Zahlungsbedingungen" für Holzverkäufe aus den Waldungen im Bereich der Landwirtschaftskammer Hohenburg und den in diesem Vertrag getroffenen besonderen Vereinbarungen.

Gesamtmenge:

Vorverkauf geschätzt .... Fm .... Rm
Nachverkauf vermessen .... Fm .... Rm
.... Fm .... Rm
.... Fm .... Rm

Waldort:
zu dem lt. Beiblatt errechneten Kaufpreis.

1. Der endgültige[2]) – geschätzte[2]) Kaufpreis von .... DM
2. Das Angeld (bei Vorverkäufen) in Höhe von .... DM
   ist zum Allgemeinen Zahlungstag (AZT) fällig.
3. Das Holz wird am .... vorgezeigt
   durch den ....
4. Die Werbung erfolgt durch den Käufer[2])/Verkäufer[2]).
   Die Werbungskosten betragen bei Werbung durch den Käufer
   DM je Fm .... DM je Rm ....
   Aufarbeitungsfrist bis ....
5. Das Holz ist – nicht[2]) – gerückt. Die Rückekosten trägt der Käufer[2])/Verkäufer[2]). Sie betragen je Fm .... DM
   je Rm .... DM
   Rückefrist bis ....
6. Das Holz ist – nicht[2]) – entrindet. Die Entrindungskosten trägt der Käufer[2])/Verkäufer[2]). Sie betragen DM je Fm .... DM je Rm ....
   Entrindungsfrist bis ....

7. Zu dem unter Ziff. 1 berechneten Kaufpreis werden besonders in Rechnung gebracht:

   a) für .... Fm/Rm Rückekosten je Fm/Rm .... DM .... DM
       für .... Fm/Rm Rückekosten je Fm/Rm .... DM .... DM
   b) für .... Fm/Rm Entrindungskosten je Fm/Rm .... DM .... DM
       für .... Fm/Rm Entrindungskosten je Fm/Rm .... DM .... DM

                                              insgesamt   .... DM

8. Mithin sind im ganzen zu zahlen   .... DM

Die vorstehend aufgeführten Preise sind Nettopreise im Sinne des UStG.

9. Der Käufer verpflichtet sich zur — Barzahlung[2]) — Teilzahlung[2]) — Wechselzahlung[2]).
10. Allgemeiner Zahlungstag (AZT) ....
    Der Kaufpreis ist unmittelbar an den Verkäufer auf dessen Konto Nr. .... bei der .... Bankleitzahl .... einzuzahlen.
    Bei Bezahlung innerhalb 21 Tagen, das ist bis zum AZT, werden 2% Skonto gewährt.
11. Das gekaufte Holz wird vom Käufer spätestens bis .... abgefahren.
12. Gerichtsstand ....
13. Sonstige Kaufbedingungen:

    ....

Der Käufer: ....   Der Verkäufer: ....

[1]) Die für den Kauf gültigen Verkaufs- und Zahlungsbedingungen sind mit Datum der Verfügung und Gültigkeitsbereich einzusetzen.
[2]) Nicht Zutreffendes ist zu streichen.

Beiblatt zum Holzkaufvertrag Nr.							
Holzart	Sortiment	Güteklasse	Stärkeklasse	Menge im ganzen Fm/Rm	Preis je Fm/Rm DM Pf	Preis im ganzen DM Pf	Bemerkungen

6.3.2 Zulassung zu den Holzverkäufen

Zwei besondere Faktoren kennzeichnen das Holzgeschäft:
1. Es geht fast immer um hohe Beträge.
2. Der Rohstoff Holz ist gegenüber den Schwankungen der Wirtschaftslage sehr empfindlich.

Mit dem Verkauf ist daher stets ein gewisses Risiko verbunden. Aus diesen Gründen wundert es nicht, daß die Verkäufer in die Verkaufsvorschriften Sicherheitsvorkehrungen einbauen.

So haben sich Käufer, sofern sie nicht als zahlungsfähig bekannt sind, bei den öffentlichen Verkäufen auf Verlangen über ihre Zahlungsfähigkeit auszuweisen. Personen oder Firmen, die mit der Holzgeldzahlung oder der Abfuhr im Rückstand sind oder auf andere Weise ihre Verpflichtungen gegenüber dem Verkäufer nicht oder ungenügend erfüllt haben, können von den Holzverkäufen ausgeschlossen werden. Die staatlichen Forstverwaltungen schließen teilweise auch Personen von den Verkäufen aus, die wegen Verstoßes gegen forst- oder jagdgesetzliche Bestimmungen in einem gewissen Zeitraum vor dem Verkauf bestraft worden sind.

Wer für einen Dritten Holz kaufen will, hat sich durch eine Vollmacht seines Auftraggebers auszuweisen.

6.4 Abwicklung des Verkaufs

Der Verkauf umfaßt den Verkaufsabschluß, die Vorzeigung und Überweisung des Holzes, die Zahlung bzw. Sicherstellung des Kaufpreises und die Aushändigung des Abgabescheines (Holzzettels). Auf das Zustandekommen des Verkaufsabschlusses wurde bei den Verkaufsverfahren bereits hingewiesen. Mit dem Verkaufsabschluß übernimmt der Verkäufer die Verpflichtung zur Lieferung des verkauften Holzes, der Käufer die Verpflichtung zur Abnahme, zur rechtzeitigen Bezahlung und zur Erfüllung aller sonstigen Verbindlichkeiten, die sich aus den allgemeinen und besonderen Verkaufsbedingungen ergeben. Die Lieferung erfolgt durch die Überweisung des Holzes und die Aushändigung des Holzabgabescheines.

6.4.1 Überweisung des Holzes

Die Überweisung (= Vorzeigung) ist eine wichtige Handlung in der Abwicklung des Verkaufes. Der Holzkäufer tut gut daran, sich über die Überweisung und ihre Rechtsfolgen klar zu werden. Von dem Zeitpunkt der Überweisung an geht die Gefahr des Verlustes, des Untergangs und der Wertminderung am verkauften Holz, *nicht aber das Eigentum*, auf den Käufer über. Der Käufer wird gleichsam Mitbesitzer hinsichtlich der Gefahren, die dem Holz drohen.

Bei der Überweisung wird das Holz dem Käufer oder dessen Bevollmächtigtem am Verkaufsort nach Holzarten, Sorten, Klassen, Abmessungen und Menge, oder wenn es auf Lagerplätzen aufgegantert ist, nach Stückzahl vorgezeigt. Der Käufer hat während dieses Vorganges die Möglichkeit, Beanstandungen wegen Sachmängeln zu erheben, oder er kann eine Nachfrist für Beanstandungen beantragen, die in den einzelnen Verkaufs- und Zahlungsbedingungen verschieden lang festgesetzt ist. Die längste Nachfrist gewährt der bayerische Staatsforst mit bis zu zwei Monaten vom Überweisungstage ab, wenn Stammteile (Abschnitte) so aufeinandergeschichtet sind, daß bei der Überweisung nur die äußeren Stammenden geprüft werden können.

Erscheint der Käufer oder sein bevollmächtigter Vertreter bei der Überweisung nicht, so gilt das Holz mit Ablauf des Überweisungstages als überwiesen. Der Käufer erkennt damit das vollzählige Vorhandensein und die mangelfreie Beschaffenheit des Holzes an. Nachträglich können keine Beanstandungen mehr geltend gemacht werden.

Der Käufer kann bei Kaufabschluß ausdrücklich die förmliche Überweisung beantragen oder darauf verzichten.

6.4.2 Bezahlung des Kaufpreises

Der Kaufpreis zuzüglich etwaiger Nebenkosten (z. B. für Entrinden, Rücken usw.) ist bei der Einzahlungsstelle am Allgemeinen Zahlungstag (AZT) einzuzahlen. Die Einzahlungsstelle wird im Kaufvertrag und im Holzabgabeschein (Holzzettel) angegeben. Der AZT folgt in den meisten Ländern mit einer Frist von 21 Tagen nach dem Verkaufstag, der selbst nicht mitgerechnet wird. Üblicherweise wird bei Bezahlung bis zum AZT 2% Skonto gewährt.

Bei Verkäufen vor der Fällung (sog. Vorverkäufen) ist ein Teilbetrag der geschätzten Kaufsumme anzuzahlen oder durch selbstschuldnerische Bankbürgschaft eines dem Verkäufer genehmen Bankinstitutes sicherzustellen. Der Anzahlungsbetrag wird bei der Bezahlung der endgültigen Kaufsumme angerechnet. Diese wird nach der vollständigen Aufarbeitung des Hiebes berechnet. Der Käufer kann für die Bezahlung der endgültigen Kaufsumme wie beim Nachverkauf das Barzahlungs-, Teilzahlungs- oder Wechselzahlungsverfahren wählen (s. Ziff. 4.3). An die Stelle des Verkaufstages bezüglich der Frist für den AZT tritt beim Vorvertrag der vom Verkäufer festgesetzte Überweisungstag.

Die Zahlung hat durch Barzahlung bei der Einzahlungsstelle oder durch Einzahlung bzw. Überweisung auf das Bank- oder Postscheckkonto der Einzahlungsstelle zu geschehen.

Als Einzahlungstag gilt der Tag des Empfangs bzw. der Gutschrift auf dem Konto der Einzahlungsstelle.

Bei Zahlung durch Verrechnungsscheck kann die Gutschrift erst nach Einlösung des Schecks vorgenommen werden. Gutschriften unter Vorbehalt des Einganges sind unzulässig.

Bei den Einzahlungen sind der Verkäufer, der Verkaufstag, Nummer des Kaufvertrages uns sonstige im Kaufvertrag oder in den Zahlungsbedingungen festgelegte Erfordernisse anzugeben.

Ist der Kaufpreis innerhalb der Zahlfristen (bis zum AZT) nicht bezahlt, so werden dem Käufer nach Maßgabe der Zahlungsbedingungen Zinsen berechnet.

6.4.3 Zahlungsarten

Bei Kleinverkäufen sind die Kaufpreise zumeist bar zu bezahlen. Teilweise wird, wenn ein Käufer zu einem höheren Betrag (über 200,— DM) Holz gekauft hat, bei Anzahlung eines Viertels des Kaufpreises, jedoch mindestens 200,— DM, der Rest bis zu einer festzusetzenden Frist gestundet.

Bei Großverkäufen kann
1. durch Bezahlung in einer Summe (= Barzahlung),
2. durch Bezahlung in Teilbeträgen (= Teilzahlung),
3. durch Hingabe von Wechseln (= Wechselzahlung)
bezahlt werden.

Die Wahl der Zahlungsart gibt der Käufer bei Abschluß des Verkaufes, bei Verkäufen mit Ausgebot unmittelbar nach Erteilung des Zuschlages bekannt.

Barzahlung

Unter Barzahlung ist die Bezahlung des gesamten Holzkaufpreises in einer Summe ohne jeden Abzug bis zum AZT zu verstehen. Die Skontogewährung ist bei Ziffer 6.4.2 angesprochen.

Teilzahlung

Der Holzkäufer hat bis zum AZT 20 vom Hundert des Kaufpreises bar zu bezahlen (Sicherheitsteilzahlung) und erhält für den Restkaufpreis Stundung bis zu drei Monaten vom AZT ab. Leistet der Käufer bis zum Ablauf der vereinbarten Stundungsfrist eine weitere Teilzahlung von mindestens 20 vom Hundert des Kaufpreises, so kann die Restschuld weiter, jedoch höchstens auf sechs Monate vom AZT ab gestundet werden.

Für alle innerhalb der Stundungsfristen geleisteten Teilzahlungen werden Stundungszinsen vom AZT ab berechnet. Bei Überschreitung der Stundungsfristen sind für den Rückstandsbetrag Verzugszinsen zu entrichten.

Manche Zahlungsbedingungen sehen

für das Verfahren der Teilzahlung Sondervereinbarungen zwischen Käufer und Verkäufer vor.

Wechselzahlung

Der Kaufpreis kann durch Wechsel sichergestellt werden. Die Wechsel werden nur zur Sicherheitsleistung für die Kaufpreisforderung, also nicht an Zahlungs Statt angenommen. Sie sind je nach Waldbesitz beim Verkäufer, bei der zuständigen Landeshauptkasse, bei der zuständigen Landesbank oder einem festgelegten Bankinstitut einzureichen und unterliegen bestimmten Vorschriften, die in den einschlägigen Zahlungsbedingungen niedergelegt sind.

In den meisten Fällen wird das Wechselverfahren so gehandhabt, daß der Käufer zwei Wechsel mit Lauffrist ab dem AZT einzureichen hat. Der Wechsel I lautet über 30 v.H. des Kaufpreises zuzüglich Diskontspesen und ist spätestens 3 Monate nach dem Beginn der Laufzeit (nach dem AZT) fällig. Der Wechsel II lautet über 70 v.H. des Kaufpreises und wird spätestens sechs Monate nach dem AZT fällig. Die Wechsel sind so rechtzeitig einzureichen, daß sie durch die zuständige Stelle geprüft und angenommen werden können.

Der Wechsel II kann teilweise verlängert werden. In diesem Falle ist eine Anzahlung von 30 v.H. des Kaufpreises zu leisten und spätestens eine Woche vor Fälligkeit des Wechsels II bei der zuständigen Stelle ein weiterer Wechsel (Wechsel III) einzureichen, der drei Monate nach dem Fälligkeitstag des Wechsels II (neun Monate nach dem AZT) fällig wird und über 40 v.H. des Kaufpreises zuzüglich Diskont lautet.

Den Diskont für alle Wechsel, die Wechselsteuer und alle sonstigen Kosten trägt der Käufer. Die Wechsel sind in jedem Fall versteuert einzureichen. Die Berechnung des Diskonts erfolgt bei Wechsel I (30 v.H. des Kaufpreises) und bei Wechsel II (70 v.H. des Kaufpreises) für die vom AZT an vorhandene Laufzeit von 3 bzw. 6 Monaten nach dem Diskontsatz der in den Zahlungsbedingungen genannten Bank (Deutsche Bundesbank, Landesbanken) zuzüglich eines den Geldmarktverhältnissen angemessenen Zuschlags. Der Diskont für den Wechsel III hat zumeist noch einen um 1 v.H. höheren Zuschlag zum Diskontsatz.

Die Wechsel müssen den Vorschriften des Wechselgesetzes entsprechen und vom Käufer unterschrieben sein. Daneben bestehen besondere Formvorschriften, die den einschlägigen Zahlungsbedingungen zu entnehmen sind.

6.4.4 Der Holzabgabeschein (Holzzettel)

Der Holzabgabeschein, der in manchen Gegenden auch Holzzettel genannt wird, wird dem Käufer oder dessen bevollmächtigtem Vertreter ausgehändigt, wenn die Zahlung geleistet ist oder die Wechsel angenommen wurden. Mit der Aushändigung oder Zustellung des Holzabgabescheins geht das Eigentum an dem gekauften Holz auf den Käufer über. Die Abfuhr des Holzes und sonstige Eigentumshandlungen dürfen erst nach Aushändigung des Holzabgabescheines vorgenommen werden.

Der Holzabgabeschein soll enthalten: den Verkäufer, den Waldort, die Holznummern, die Holzart, die Holzsorte, die Menge und die Abfuhrfrist. Er kann enthalten: den Kaufpreis und die Einzahlungsstelle. Wenn letzteres von dem Käufer nicht gewünscht wird, so ist es bei Kaufvertragsabschluß anzugeben. Der Holzabgabeschein muß unterzeichnet, beim öffentlichen Waldbesitz mit dem forstamtlichen Dienstsiegel versehen sein.

Neben dem Holzabgabeschein werden dem Käufer auf Wunsch Nummernverzeichnisse mit den Abmessungen (Länge, Mittendurchmesser, Stärke-, Güteklassen usw.) übergeben. Diese sind jedoch kein Ersatz für den Holzabgabeschein.

Die Holzfuhrleute müssen den vom Waldbesitzer ausgestellten Holzabgabeschein bei sich führen. Werden von einem Holzkäufer zu gleicher Zeit mehrere Fuhrleute in verschiedene Waldorte geschickt, so muß jeder einen vom Käufer ausgestellten Ausweis, der den Namen des Käufers, den Lagerplatz oder Waldort, die Holzsorten und Numern enthält, bei sich haben.

6.4.5 Beanstandungen, Gewährleistung

Das Holz wird, soweit nicht besondere Vereinbarungen getroffen wurden, an den Käufer so übergeben und ist von diesem so zu übernehmen, wie es im Wald oder auf dem Lagerplatz liegt und vom Verkäufer zugerichtet und sortiert wurde. Soweit im Einzelfall nichts anderes vereinbart wurde, wird das Holz nach den geltenden Sortierungsbestimmungen (s. Abschnitt 5. „Sortierung von Rohholz") nach Stärke und Güteklassen eingeteilt.

Der Verkäufer leistet, abweichend von § 459 BGB, Gewähr für Sachmängel nur, wenn es sich um ohne weiteres erkennbare Abweichungen in Menge, Einteilung nach Sorten und Klassen (Stärke- und Güteklassen), nicht aber um sonstige Mängel und Fehler, insbesondere auch um äußerlich nicht erkennbare Schäden des verkauften Holzes handelt, die durch Kriegseinwirkung (z. B. Splitter) entstanden sind. Über Tatfragen, die bei Prüfung von Gewährleistungsansprüchen einer Entscheidung bedürfen (beispielsweise Güteklasseneinteilung), entscheiden bei staatlichen Forstverwaltungen die höheren Stellen.

Beanstandungen wegen Sachmängeln müssen im allgemeinen spätestens bis zum Ablauf des Überweisungstages erhoben werden. In den meisten Verkaufsbedingungen ist die Gewährung einer Nachfrist vorgesehen. Die Staatsforstverwaltung des Landes Baden-Württemberg schreibt vor, daß Beanstandungen innerhalb von 60 Tagen vom Verkaufstag an schriftlich beim zuständigen Forstamt geltend gemacht werden müssen.

Beanstandungen können nicht mehr erhoben werden, wenn das beanstandete Holz nicht mehr am Verkaufsort lagert oder wenn es zwar noch am Verkaufsort lagert, aber entrindet oder bearbeitet wurde.

Fristgerecht erhobene und vom Forstamt anerkannte Beanstandungen, die eine Kürzung des Kaufpreises zur Folge haben, werden von Land zu Land unterschiedlich geregelt. In der Folge wird ein kurzer auszugsweiser Überblick über die diesbezüglichen Bestimmungen der Länderforstverwaltungen gegeben:

Baden-Württemberg sieht vor, daß das beanstandete Holz nach Wahl des Käufers zurückgenommen, der Kaufpreis herabgesetzt oder die Beanstandung in gegenseitigem Einvernehmen in geeigneter Weise beseitigt wird.

In *Bayern* kann der Käufer Nachlieferung oder Kürzung des Kaufpreises verlangen.

In *Niedersachsen* kann das Forstamt, sofern dies möglich ist, die Mängel beseitigen oder nach seiner Wahl das beanstandete Holz zurücknehmen oder den Kaufpreis entsprechend herabsetzen.

In *Nordrhein-Westfalen* wird nach Wahl des Verkäufers der Kaufpreis gemindert, Ersatz durch anderes Holz gleicher Art und Güte geleistet oder der Kaufvertrag rückgängig gemacht.

In *Rheinland-Pfalz* besteht die Möglichkeit der Rückgängigmachung des Kaufes (Wandlung) oder der Herabsetzung des Kaufpreises.

Im *Saarland* ist festgesetzt, daß das Forstamt die Mängel sofort beseitigt oder das beanstandete Holz zurücknimmt (Wandlung) oder den Kaufpreis kürzt (Minderung).

In *Schleswig-Holstein* wird in gleicher Weise verfahren wie im Saarland.

Schadenersatz wegen Nichterfüllung infolge eines Sachmangels wird in keinem Bundesland gewährt.

6.4.6 Holzbearbeitung im Wald und Abfuhr

Die Bearbeitung des Holzes im Wald kann dem Käufer, gegebenenfalls unter

Erteilung besonderer Auflagen, gestattet werden. Dabei entstehende Abfälle hat der Käufer auf Verlangen zu beseitigen.

Der Verkäufer kann verlangen, daß der Käufer in Rinde gekauftes, noch im Walde lagerndes Nadelholz innerhalb einer angemessenen Frist entrindet oder auf andere Art und Weise gegen Insektenbefall schützt. Nach Ablauf dieser Frist kann der Verkäufer diese Maßnahme auf Kosten und Gefahr des Käufers treffen.

Die Abfuhr des Holzes muß innerhalb einer vom Käufer gesetzten Frist abgeschlossen sein. Die Abfuhrfrist kann auf Ansuchen des Käufers verlängert werden, jedoch ist dabei Sorge zu tragen, daß eine Qualitätsminderung des Holzes durch zu lange Lagerung im Wald ausgeschlossen ist. Bei Überschreiten der Abfuhrfristen können Lagergebühren erhoben, bei Abschluß des Kaufvertrages können Vertragsstrafen festgesetzt werden.

Manche Verkaufsbedingungen drohen den Weiterverkauf des Holzes an, wenn die Abfuhrfrist mehr als drei Monate überschritten wird und die Gefahr der Qualitätsminderung oder sonstige triftige Gründe hierfür vorliegen.

Die Holzabfuhrwege dürfen nur entsprechend ihrem Ausbauzustand in schonender Weise und mit geringer Geschwindigkeit (30 km) befahren werden. Die Benutzung dieser Wege durch den Käufer und die von ihm beauftragten Holzfuhrleute erfolgt auf eigene Gefahr.

Im allgemeinen darf die Abfuhr nur an Werktagen unter Ausschluß der Nachtzeit erfolgen. Die Wege dürfen weder durch Lagern von Holz noch durch Stehenlassen von Fahrzeugen versperrt werden. Holzlager, mit deren Abfuhr begonnen wurde, sind vom Käufer oder seinem Beauftragten zu sichern. Auf Waldbesucher ist Rücksicht zu nehmen.

Schleifen des Holzes auf Waldstraßen ist nur mit vorheriger Zustimmung des Verkäufers gestattet.

7 Abweichungen von der Normalform und Schäden am Holz

Holz ist ein Produkt des Wachstums in der Natur. Sein Entstehen wird durch vielfältige äußere Bedingungen wie Boden, Klima, Hanglage, Umgebung oder waldbauliche Behandlung stark beeinflußt. Daneben stehen erbliche Anlagen, die in der Gestalt des Baumes und den Eigenschaften seines Holzes wirksam werden. Während eines langen Wachstumszeitraums kommen diese Bedingungen zur Geltung. Das führt zu Verschiedenheiten und Unregelmäßigkeiten in der Beschaffenheit, die sich in der Stammform und mehr noch in den Schwankungen der mechanisch-technischen, physikalischen und chemischen Eigenschaften des werdenden Holzes ausprägen. Daraus erklärt sich, daß Holz nie in einheitlicher Beschaffenheit entsteht. Eine Gleichheit der Eigenschaften, wie sie Stahl, Eisen, Beton und andere künstlich erzeugte Werkstoffe aufweisen, kann man bei Holz als organisch gewachsenen Werkstoff nicht erwarten.

Zu den durch das Zusammenwirken der Einflüsse von Umwelt, Erbanlagen, Bestandsgründung und -erziehung bedingten und in weiten Grenzen schwankenden individuellen Eigenschaften des gewachsenen Holzes treten häufig auch noch solche Abweichungen von der normalen Form des Baumschaftes oder der Struktur des Holzes, die durch mechanische Beschädigung, sei es durch Menschen, jagdbare Tiere oder Witterungseinflüsse entstanden sind.

Alle Abweichungen vom Normalen in der Form des Baumschaftes oder in der Struktur, Farbe usw. des Holzes, die den Gebrauchswert und die Güte herabsetzen, fallen unter den problematischen Begriff *Holzfehler*. Hier ist der Hinweis notwendig, daß es bei den meisten der hierunter fallenden Erscheinungen eine scharfe Grenze zwischen fehlerhaft und normal nicht gibt und daß man nicht nur von den Anforderungen an Hölzer höchster Qualität (z. B. Furnierstämme) ausgehen darf. Äste zum Beispiel, eines der wichtigsten Merkmale der Güte des Holzes, sind ein völlig normaler und unentbehrlicher Bestandteil des lebenden Baumes. Ohne Äste gibt es keine sekundäre Holzbildung. Stark astiges Holz aber scheidet für viele Verwendungszwecke aus. Abgesehen von einigen wenigen besonderen Fällen, bei denen dem Ast im Holz eine dekorative Wirkung zufällt (z. B. Wand- und Deckenvertäfelungen), sind Äste im Holz für die Verarbeitung meistens unerwünscht. Da aber ein Baum ohne Äste nicht wachsen kann, müssen wir uns mit dem Vorhandensein in einem gewissen Ausmaß wohl oder übel abfinden. Deshalb ist zur Frage, inwieweit Äste als normal anzusprechen sind, festzustellen, daß beim Rohholz Äste in größerer Zahl und Stärke dazugehören, daß in bestimmtem Umfang astreines Holz ein Holz höherer Güte ist und daß starkastiges Holz die Güte herabsetzt (s. Anmerkungen zu Güteklasse B/ EWG, S. 125ff.).

Noch andere Besonderheiten des Holzes ließen sich heranziehen. Doch das Beispiel der Äste mag genügen, um verständlich zu machen, daß wir beim Naturprodukt Holz hinsichtlich der Grenzen zwischen normal und fehlerhaft tolerant sein müssen, d. h. wir müssen dem Normalen eine gewisse Variationsbreite zugestehen. Die Grenzwerte werden natürlich in den Bereich des ausgesprochen Fehlerhaften übergreifen. Es geht jedoch nicht an, schon in jeder kleinen Unregelmäßigkeit und Abweichung einen Mangel zu sehen, sondern man muß begreifen, daß das organische Wachstum dem Werkstoff Holz seine stets reizvollen Verschiedenheiten in Struktur und Farbe gibt.

Völlig fehlerfreies Holz, das wären Stämme von geradem, walzenförmigem und konzentrischem Wuchs, geradem Faserverlauf, gleichmäßigem Jahrringbau, bis auf eine dünne Kernsäule frei von Ästen oder mit nur wenigen, gesunden und kleinen Ästen, ohne Wundüberwallungen und sonstige Fehlstellen, Verfärbungen usw. steht aus unseren Wäldern nur in geringem Umfang zur Verfügung. Astfreies Holz läßt sich nur aus dem unteren Stammteil von im Dichtschluß erwachsenen Bäumen gewinnen, die sich im Erdstamm schon früh auf natürlichem Wege oder durch künstliche Astung von Ästen und Aststummeln gereinigt haben. Aber nicht alle Standorte eignen sich für die Erziehung solcher Qualitätshölzer. Der Forstmann muß sich damit zufrieden geben, daß ihm in der Mehrheit weniger gute Böden zur Verfügung stehen, wo sich nur weniger gutes Holz ernten läßt. Diese weniger wertvollen Hölzer machen gegenüber dem Anfall an erstklassigen Qualitäten den weit größeren Anteil aus.

Solchen standörtlichen Bedingungen und Gegebenheiten der natürlichen Erzeugung muß sich der Holzverarbeiter anpassen. Auch die weniger guten Hölzer müssen der bestmöglichen Verwendung zugeführt werden. Für gewisse hochwertige Verwendungszwecke mit besonderen Ansprüchen an die Güte und Fehlerfreiheit muß natürlich die beste Qualität genommen werden. Sehr häufig wird aber hochwertiges Holz verlangt, obwohl für diesen Zweck auch eine geringere Qualität ausreichte. Eine Überspitzung der Güteansprüche wird zur Materialvergeudung, die wir uns im Hinblick auf die heimische und wohl auch auf die Holzproduktion der gesamten Erde nicht leisten können.

Die heutige Beurteilung des Einflusses vorhandener Abweichungen auf den Nutzwert, die Ausnutzung und die Verwendung des Holzes fußt vielfach noch auf allgemeinen Meinungen und Auffassungen und weniger auf exakten Untersuchungen. Auch überkommene Gewohnheiten spielen eine Rolle. Doch sind auch erfreuliche Anfänge einer Gütenormierung vorhanden. Dazu zählen in erster Linie die Gütebedingungen für

Bauholz nach DIN 4074, die auf Fehler eingehen und Grenzwerte für Äste, Drehwuchs, Jahrringbreite und Krümmungen festlegen.

Wertvolle Vorarbeit für die Festlegung von Fehlergrenzen haben auch einzelne Verarbeitungszweige geleistet. Es soll nicht verkannt werden, daß eine Normung beim organisch gewachsenen Holz nicht das sein kann, was sie bei anorganischen Stoffen ist. Doch sollten die beim Holz naturbedingten Schwierigkeiten nicht davon abhalten, die Weiterentwicklung in dieser Richtung mit allen Mitteln zu fördern.

Kurz soll hier auch gestreift werden, daß bestimmte Abweichungen von der normalen Beschaffenheit den Gebrauchswert für die meisten Verarbeitungszweige beeinträchtigen und daher als Fehler gelten; andererseits können sie aber für Spezialzwecke erwünscht sein. So ist Holz mit stark welligem Faserverlauf für manche Zwecke unerwünscht, während seine Verwendung als Möbel- und Drechslerholz wegen der damit erzielbaren schönen Texturwirkungen beliebt ist. Auch für den Bau von Musikinstrumenten sind Hölzer (z. B. Ahorn) mit bestimmten Wellenbildungen der Faser besonders gesucht.

Mit gesunden Ästen läßt sich eine willkommene Belebung des Holzbildes erreichen. Das gilt keineswegs für die Zirbelkiefer mit ihrem schönen Astbesatz allein, sondern ebenso für andere Nadelhölzer. Starkastige Bretter können als Unterlage für schwere Maschinen usw. vorteilhaft verwendet werden.

Krummschaftigkeit in ihren verschiedenen Formen beeinträchtigt Ausnutzung und Verwendung unter Umständen sehr stark. Für den Wagen- und Schiffsbau sind hingegen Werkstücke mit bestimmten Krümmungen besonders wertvoll. Sicher spielen derartige Spezialverwendungen keine große Rolle, sie dürfen aber auch nicht übersehen werden.

7.1 Abweichungen in der Schaftform

Bei den Faktoren, die die Form des Baumes beeinflussen, lassen sich zwei große Gruppen bilden. Die eine Gruppe umschließt die mannigfachen Einwirkungen des Standortes, die andere die Auswirkungen der Erbanlagen. Unter Standort ist das Zusammenwirken von Klima, Ortslage, Temperatur, Feuchtigkeit, Sonnenbestrahlung, Windverhältnissen, Wachstumsraum (Schlußgrad) und anderen Umwelteinflüssen zu verstehen, die sich teils als ortsgegeben und vom Menschen unbeeinflußbar mit der Höhenlage ändern, teils aber auch durch Bestandsgründung und Bestandserziehung vom Menschen beeinflußt und abgewandelt werden können.

Die Vereinigung all dieser – getrennt und verschieden – einwirkenden und vom Menschen größtenteils nicht oder wie Boden und örtliches Kleinklima nur bis zu einem gewissen Grad beeinflußbaren Kräfte bedingt die Form und ergibt in ihrem Zusammenwirken die Unterschiede in der Gestalt der einzelnen Bäume. Die jährlichen Zuwachsmäntel, die Jahrringe, werden gebildet, die in ihren insgesamt wie auch nach Stammteilen stark wechselnden Breiten die Form des Baumschaftes bestimmen.

Hätten die von einem Baum alljährlich angelegten Zuwachsmäntel (Jahrringe) über die ganze Schaftlänge, also vom Wurzelansatz bis zum Gipfel genau die gleiche Breite, dann müßte die entstehende Schaftform einen Kegel bilden, da die Zahl der Jahrringe von unten nach oben ständig abnimmt. Die Breite der Jahrringe und damit der Zuwachs des Baumes ist aber nicht in allen Stammhöhen gleich. Vielmehr legt der Baum, unterschiedlich nach Holzart, Alter, Höhenzuwachs, Standort und Standraum, in den verschiedenen Baumhöhen Jahrringe ungleicher Breite an, und zwar ist, wie Stammanalysen zeigen, die Jahrringbreite im allgemeinen an einer bestimmten Stelle des unteren Stammteiles am geringsten (VANSELOW, 1941). Von dieser Stelle aus nimmt die Breite der Ringe nach unten wie auch nach oben zu. Es werden also am Wurzelanlauf, ebenso in bestimmten Teilen des oberen Schaftes breitere Jahrringe gebildet – und hier ist der Stärkenzuwachs entsprechend größer.

Das bedeutet aber nicht, daß das Verhältnis der in einem bestimmten Stammteil einmal angelegten Ringbreiten ständig das gleiche bleibt, vielmehr unterliegt es während des langen Baumlebens Veränderungen, die insbesondere durch Höhenentwicklung und Standraumerweiterung (infolge Durchforstung und Auflichtung) bestimmt werden. In diesen Veränderungen der Jahrringbreite in den verschiedenen Stammhöhen und damit der Schaftform ist das Bestreben des Baumes zu sehen, sich dem (wechselnden) Bedürfnis nach partieller Verstärkung der Widerstandskraft (mechanische Festigung) anzupassen.

Die Forschung hat sich schon frühzeitig mit der Bauform des Baumschaftes befaßt, und es sind auf diesem Gebiet inzwischen Erkenntnisse gewonnen worden, die uns wenigstens einen ungefähren Einblick in die komplizierten gesetzmäßigen Zusammenhänge vermitteln. Hält man sich an die von METZGER aufgestellte, am ehesten einleuchtende Theorie, wonach der Baum seinen Schaft nach den Bedürfnissen der statischen Festigung aufbaut, dann können und werden sich diese Bedürfnisse im Verlauf des Baumlebens nicht nur einmal, sondern wahrscheinlich wiederholt ändern.

Diesen Änderungen muß der Baum durch jeweilige Anpassung der Schaftform Rechnung tragen. Der plötzlich freigestellte Baum z. B. legt nach der Freistellung im unteren Schaftteil sofort breitere Jahrringe an, um Standsicherheit und Biegefestigkeit der mit der Standraumerweiterung veränderten und erhöhten mechanischen Beanspruchung auszugleichen. Bäume im geschlossenen Bestand mit hoch angesetzten Kronen entwickeln in der Nähe des Kronenansatzes das stärkste Dickenwachstum, weil sonst hier eine schwache Stelle des Widerstandes wäre, die bei Überbelastung durch Wind- und Sturmangriff unfehlbar zum Bruch führen müßte. WINDIRSCH fand, daß neben den Einwirkungen des Windes auch Schnee- und Eisanhang sowie die Kronenform den Aufbau des Baumschaftes beeinflussen. Wenn auch die Baumform in erster Linie durch Standort, Alter, Höhenentwicklung und Standraum bestimmt wird, wenn – um die Extreme herauszustellen – der völlig freistehende Baum eine ganz andere Gestalt entwickelt als der im Dichtschluß herangewachsene gleicher Art und gleicher Erbanlagen, so muß aber die Frage der Formentwicklung auch unter dem Aspekt der Rasseneigentümlichkeit betrachtet werden. Der Einfluß der Rasse findet am deutlichsten Ausdruck bei Kiefer und Lärche; aber auch bei Fichte haben Untersuchungen das Bestehen verschiedener Standortrassen ergeben, die sich u. a. in der Kronenform unterscheiden. Zwischen Kronenausbildung und Schaftform bestehen aber deutliche Zusammenhänge. So bilden Bäume mit hochangesetzten Kronen in der Regel vollholzigere Schäfte als solche, deren Kronen tiefer herabreichen. Selbstverständlich müssen hierbei die Beziehungen zwischen Kronenlänge und Bestandsschluß berücksichtigt werden; denn die Auflockerung des Bestandsschlusses (Durchforstung, Lichtstellung) und Erweiterung des Standraumes bewirkt nach und nach eine größere Kronenlänge.

Den besten Anhalt für die Beurteilung der Stammform bietet der Durchmesserabfall je laufenden Meter der Stammlänge (SCHÜPFER, 1915). Die Durchmesserverringerung vom Stammfuß zum Zopf hin wird auch Ausbauchung genannt. *Ausbauchungsreihen* und *-kurven* geben für die verschiedenen Holzarten und innerhalb der Holzarten nach Höhenstufen das mittlere Verhältnis des Durchmessers in allen Stammteilen zum Brusthöhendurchmesser in Hundertteilen an. Derartige Ausbauchungsreihen sind inzwischen für Zwecke der Forstwirtschaft (Stammanalyse, Zuwachs- und Ertragsbeurteilung) für alle Holzarten des gleichaltrigen und gleichartigen Hochwaldes aufgrund umfassender Probemessungen aufgestellt worden. Sie liefern Durchschnittswerte, die eine gute Einschätzung der Stammform und damit auch des den Wert bestimmenden Sortenanfalles ermöglichen.

Eine ähnlich gute Grundlage für die Beurteilung der auf der Stammform beruhenden Wertigkeit bietet die sogenannte „Heilbronner Sortierung", die für die einzelnen Klassen bestimmte Mindestlängen und bestimmte Mindestzopfdurchmesser verlangt. Da letztere bei der Mindestlänge vorhanden sein müssen, findet in dieser Klassenstufung das Gütemerkmal der Stammform eindeutig Ausdruck. Dies zeigt die Einteilung in Stärkeklassen nach der Heilbronner Sortierung (s. S. 114ff.).

Die Heilbronner Sortierung ermöglicht es, sich allein aufgrund der Klassenzugehörigkeit eines Stammes eine Vorstellung von dessen Ausnutzungsmöglichkeit zu machen, was die Mittenstärkesortierung nicht zuläßt. Bei letzterer fällt ein Stamm mit großem Mittendurchmesser aber raschem Durchmesserabfall zum Zopf hin (Abholzigkeit) ohne Rücksicht auf das vorhandene Zopfmaß in die höheren Stärkeklassen. Der Vorteil der Heilbronner Sortierung gegenüber der Mittenstärkesortierung geht auch dann nicht verloren, wenn über die festgesetzte Länge und den dort vorgeschriebenen Mindestzopfdurchmesser hinaus in größeren Längen bis zum Zopfdurchmesser der nächstniederen Klasse (Draufholz) ausgehalten wird. In den süddeutschen Ländern findet die Heilbronner Sortierung schon sehr lange Anwendung. In Nord- und Westdeutschland wurde sie für Fichten-, Tannen- und Douglasien-Stammholz erst mit der „Homa" im Jahre 1936 eingeführt, konnte sich aber nicht durchsetzen.

In der Anlage zu § 1 der Verordnung über gesetzliche Handelsklassen vom 31. Juli 1969 (Forst-HKS) wird die Heilbronner Sortierung als gesetzliche Handelsklasse eingeführt. In einer Zusatzbestimmung haben die Länder Niedersachsen, Nordrhein-Westfalen, Saarland und Schleswig-Holstein festgelegt, daß die Heilbronner Sortierung in ihrem Bereich nicht angewendet wird. Damit bleibt der frühere Zustand erhalten, daß nur in Süddeutschland das Stammholz von Fichte, Tanne und Douglasie nach der Heilbronner Sortierung sortiert wird. Berücksichtigt man jedoch die Holzartenverteilung in der Bundesrepublik, dann dürfte Fichten-, Tannen- und Douglasien-Stammholz hauptsächlich nach dem Mindestzopfdurchmesser bei der vorgeschriebenen Mindestlänge in Stärkeklassen eingeteilt werden, weil die süddeutschen Länder das meiste Fi/Ta/Dgl-Stammholz produzieren.

Kurz erwähnt sei hier noch die zur Massenermittlung stehender Bäume oder Bestände verwendete Formzahl (s. S. 107ff.). Entgegen ihrem Namen sind diese Formzahlen keine Weiser für die Stammform. Es sind Reduktionsfaktoren, die das Verhältnis des Baumschaftes zum Inhalt eines Zylinders angeben, dessen Grundfläche gleich der Stammgrundfläche in Brusthöhe und dessen Höhe gleich der Baumhöhe bis zum äußersten Wipfel ist.

Die Zuwachslehre versteht unter „Form" die vorerwähnte Ausbauchung, das Verhältnis des Durchmessers eines Stammes in verschiedenen Höhen zum Durchmesser in Brusthöhe. In diesem Verhältnis findet aber nur der Grad der *Vollholzigkeit*, nicht aber die übrige Formgüte Ausdruck. Vollholzig sind Stämme, deren Schaftform sich weitgehend der Walzenform nähert (Abb. 116, Darstellung a). Die vollholzige Form findet sich am häufigsten bei im Bestandsschluß erwachsenen Nadelhöl-

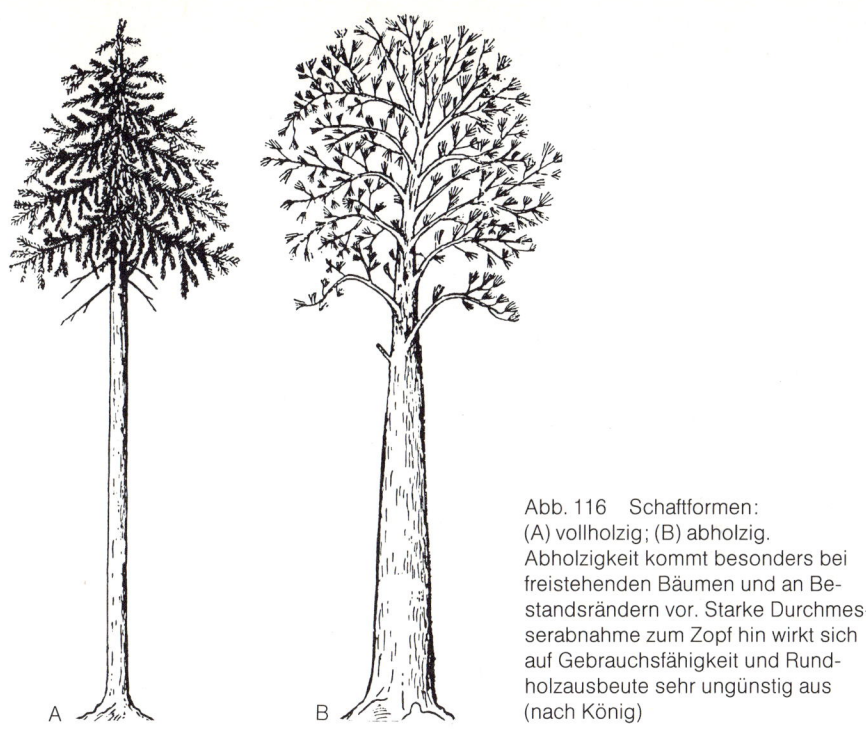

Abb. 116 Schaftformen: (A) vollholzig; (B) abholzig. Abholzigkeit kommt besonders bei freistehenden Bäumen und an Bestandsrändern vor. Starke Durchmesserabnahme zum Zopf hin wirkt sich auf Gebrauchsfähigkeit und Rundholzausbeute sehr ungünstig aus (nach König)

zern, insbesondere Fichten und Tannen, seltener bei Laubhölzern. Bei dieser Form ist die Jahrringbreite im oberen Stammteil am größten. Dadurch wird die Abnahme der Zahl der Jahrringe mit steigender Stammhöhe zu einem Teil ausgeglichen, so daß der Durchmesser von unten nach oben, vor allem im mittleren und oberen Stammteil, nur allmählich abfällt.

Die wirtschaftliche Eignung eines Stammes wird aber, soweit wir dabei nur den Einfluß der Form in Betracht ziehen, nicht allein durch das Maß der Vollholzigkeit bestimmt. Daneben spielen auch Geradheit und Zwieselfreiheit eine Rolle. Krummer Wuchs in den verschiedenen Formen, ebenso Zwieselwuchs, sind wirtschaftlich sehr unerwünschte, fehlerhafte Eigenschaften, die Ausnutzung und Gebrauchswert mehr oder weniger stark beeinträchtigen können.

Die Schaftform ist allgemein bei den Nadelhölzern besser als bei den Laubhölzern. Während bei den Nadelhölzern die Hauptachse meist vorherrschend bleibt und bis zum Wipfel durchgeht, löst sich bei den Laubhölzern der Schaft oft schon in geringer Höhe in starke Seitenäste auf. Manche Laubhölzer, die im Freistand schlechte Schaftformen bilden wie Eiche, Buche, Ahorn, Esche, erzeugen bei dichter Bestandsgründung und -erziehung unter Umständen gute bis beste Schaftformen. Der günstige Einfluß des Bestandsschlusses auf die Schaftform ist bei diesen Laubhölzern besonders deutlich ausgeprägt. Dichte Bestandsbegründung und -erziehung begünstigen besonders auffällig bei Kiefern die Schaftform. Erbanlagen können allerdings auf dieses Ziel ausgerichtete forstliche Maßnahmen beeinträchtigen.

Stämme, die einen durchgehenden Schaft besitzen, der sich bis zum äußersten Wipfel verfolgen läßt, nennt man wipfelschäftig. Derartige Stämme brin-

Abb. 117 Schaft- und Kronenformen, (A) wipfelschäftig; (B) besenkronig. Nadelhölzer sind meist wipfelschäftig; bei den Laubhölzern hingegen, vor allem bei Buche und Eiche, ist diese wirtschaftlich günstige Eigenschaft selten (nach König)

gen nicht nur einen höheren Ertrag an Nutzholz; sie sind auch wertvoller, weil sich mit der Wipfelschäftigkeit in der Regel auch Geradwüchsigkeit verbindet. Nadelhölzer sind meist wipfelschäftig (Kiefer nicht immer), bei den Laubhölzern, insbesondere bei Eichen und Buchen ist Wipfelschäftigkeit selten (Abb. 117, Darstellung A). Ein wirtschaftlich sehr unerwünschter Typ von fehlender Wipfelschäftigkeit ist die „Besenkronigkeit", die sich besonders bei Buche, aber auch bei Eiche und anderen Laubhölzern findet. Sie liegt vor, wenn sich der Stamm in zahlreiche, mehr oder weniger steil nach oben gerichtete Äste auflöst (s. Abb. 117, Darstellung B).

Es ist Aufgabe des Forstmannes, bei der Begründung von Beständen durch Wahl standortsgerechter Baumarten und Rassen mit guten Erbanlagen sowie durch dichte Erziehung die Bildung guter Stammformen anzustreben. Ebenso sind die Maßnahmen der Bestandspflege (Läuterungen, Durchforstungen) auf die Auslese und Erziehung gut geformter Stämme auszurichten.

7.1.1 Abholzigkeit

Stämme, deren Durchmesser von unten nach oben rasch abfällt, nennt man abholzig (s. Abb. 116, Darstellung B). Die Grenze zwischen vollholzig und abholzig dürfte bei Nadelholz bei einer Durchmesserabnahme je lfm von 1 cm, bei Laubholz von 2 cm liegen (s. S. 104), d. h. ab 1 cm bei Nadelholz und ab 2 cm bei Laubholz geht die Form des Stammes in Abholzigkeit über. Man wird jedoch nicht nur solche Stämme, die vollholzig sind, als normal bezeichnen können. Eine Abholzigkeit bis 2 cm je lfm bei Nadelholz und bis 3 cm je lfm bei Laubholz ist durchaus noch nicht als fehlerhaft anzusehen. Erst Durchmesserabnahmen, die darüber liegen, überschreiten die Grenze des Normalen. Wegen einer starken Durchmesserabnahme wird der Stamm für viele Zwecke unbrauchbar, seine Gebrauchsfähigkeit ist beschränkt, auch bringt er eine wesentlich schlechtere Ausnutzung.

7.1.2 Krummschaftigkeit

Die Ursachen der Krummschaftigkeit können mancherlei Art sein. Neben

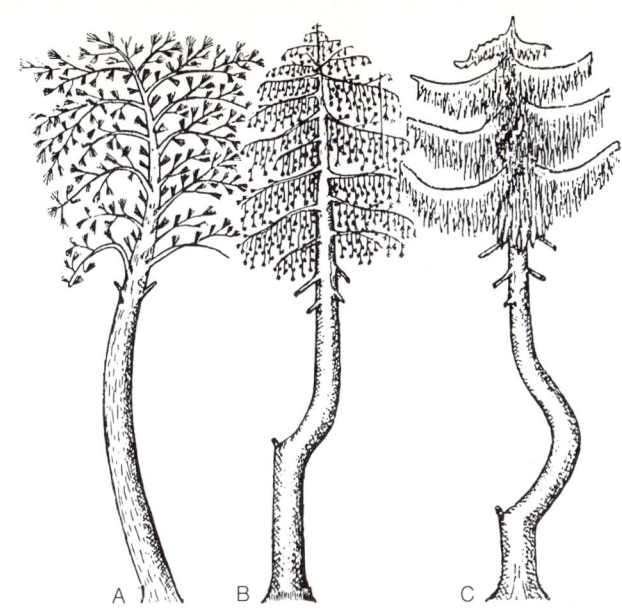

Abb. 118 Verschiedene Formen der Krummschäftigkeit: (A) Säbelwuchs; (B) Bajonettwuchs; (C) Posthornwuchs (nach König)

Einwirkung von Boden, Klima, Hanglage, Wind, Schnee, Bodenverschiebung, Bestandsgründung und -erziehung dürften auch hier vererbbare, individuelle Anlagen von Einfluß sein. Letzteres gilt besonders für die Kiefer. Bei ihr ist deshalb die Wahl der richtigen Standorts- und Klimarasse von Wichtigkeit. Viele unserer heutigen Kiefernbestände mit ausgesprochen schlechten und krummen Stammformen stammen aus Saatgut ungeeigneter Rassen.

Auch Rassen mit guten Erbanlagen können auf nicht zusagenden Standorten schlechte Schaftformen erzeugen. Andererseits bilden Nachkommen von Rassen mit individueller Anlage zu krummschäftigem Wuchs auch auf guten Standorten krumme Schäfte. Wachsen hingegen Nachkommen von Rassen mit guten Erbanlagen infolge ungünstiger Boden- und Klimaverhältnisse oder unter Einwirkung sonstiger Bedingungen krummschäftig, dann treten bei den Nachkommen, wenn sie unter normalen Verhältnissen heranwachsen, wieder ihren Erbanlagen entsprechende gute Eigenschaften hervor.

Gradschaftig ist ein Stamm, wenn seine Markröhre eine gerade Linie bildet. Solche Stämme nennt man auch zweischnürig. Diese altem Zimmermannssprachgebrauch entstammende Bezeichnung deutet darauf hin, daß in zwei rechtwinkelig zueinander stehenden, durch die Stammachse verlaufenden Ebenen vom Zopf zum Stammfuß gespannte Schnüre in allen Punkten der Stammoberfläche anliegen; sie dürfen weder ausbiegen noch teilweise den Stamm gar nicht berühren. Einseitig, d. h. in einer Ebene gekrümmte Stämme nennt man demgegenüber einschnürig. Solche einschnürigen Stämme lassen in einer Ebene den Sägeschnitt durch den ganzen Stamm zu. Liegt die Markröhre nicht mehr in einer Ebene, d. h. bildet die Stammachse infolge mehrfacher, wechselseitig verlaufender Krümmungen eine Schraubenlinie, dann ist der Stamm nicht schnürig, unschnürig oder windschief.

Bei der Krummschaftigkeit sind verschiedene Formen zu unterscheiden. Von Säbelwuchs spricht man, wenn ein Stamm einseitig säbelförmig gekrümmt ist. Bajonettwuchs des Schaftes (kurzer Knick) entsteht, wenn durch Wildverbiß, Schneebruch, Insektenfraß oder andere äußere Einwirkungen der Wipfeltrieb zerstört wurde und danach ein Seitentrieb die Funktion des Wipfeltriebes übernommen hat. Strebt eine derartige Krümmung wieder in die Richtung der ursprünglichen Stammachse zurück, dann entsteht ein sogenannter Posthornwuchs (Abb. 118 zeigt diese drei Wuchsformen). Schrauben- oder Korkzieherwuchs liegt vor, wenn die Stammachse in schraubenförmigen Drehungen verläuft, wobei im Extremfall bizarre Stammformen entstehen können. Bei Lärche sind häufig Schneeschub am Hang und Windeinwirkung Ursache der Krummschaftigkeit. Diese Holzart neigt zu säbelförmigen Wuchs, der bei bestimmten Rassen besonders hervortritt. Die säbelförmige Krümmung liegt bei der Lärche meist im unteren Stammteil; der obere Stammteil ist überwiegend geradschaftig. Der Säbelwuchs der Lärche ist zumeist mit mehr oder weniger exzentrischen Formen des Stammquerschnittes verbunden.

von der Form und der Zahl der vorhandenen Ausbeulungen der Stammachse ab. Die Verwendbarkeit nimmt mit zunehmender Abweichung von der Geradschaftigkeit ab. Es darf aber auch hier der Idealfall des absolut geraden Stammes, den es selbst beim Nadelholz nur selten gibt, nicht in den Rang des Normalen erhoben werden und jede Krümmung als Fehler gelten. Für gute Brett- und Stammware beim Nadelschnittholz erlauben die Gütebestimmungen der Tegernseer Gebräuche eine einseitige (einschnürige) Krümmung von 2 cm je laufenden Meter. Das sind Forderungen, die bessere Qualitäten betreffen. Als normal wird man eine Krümmung von 2 bis 5 cm ansehen können und erst Krümmungen, die über eine Pfeilhöhe von 5 cm hinausgehen, als Fehler einstufen.

7.1.3 Zwiesel- oder Gabelwuchs

Ein im Wald immer wieder anzutreffender Fehler in der Stammform ist die Zwieselbildung. Beim Zwieselwuchs entstehen statt der normalen Einzelstammform zwei, manchmal auch mehr

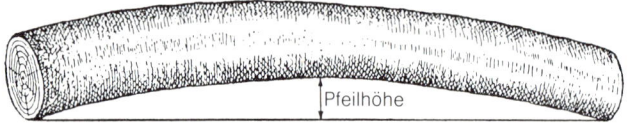

Abb. 119 Der Grad der Krummschäftigkeit wird nach der Pfeilhöhe bestimmt. Diese ist, in Zentimetern ausgedrückt, die Abweichung von der Geraden je lfd. m Länge. Gemessen wird an der Stelle, an der die Abweichung am größten ist

Der *Krümmungsgrad* wird nach der Pfeilhöhe über der Sehne der Krümmung bestimmt (s. S. 120). Die auf den nächstliegenden Zentimeter abgerundete Pfeilhöhe wird durch den Abstand geteilt, der die beiden Enden der Krümmung trennt und in Metern mit einer Dezimalstelle gemessen wird. Die Krümmung wird in Zentimeter pro Meter ausgedrückt (Abb. 119).
Die Beeinträchtigung des Nutzwertes eines Stammes durch Krümmung hängt

Stämme. Bei zwei Stämmen spricht man von Zwiesel- oder Gabelwuchs, drei Stämme nennt man einen Drilling, die darüber hinausgehende Wuchseinheit heißt Garbenbaum (Abb. 120). Zwiesel kommen bei allen Holzarten, vornehmlich jedoch bei Laubhölzern vor. Den größten Umfang und auch die einschneidenste wirtschaftliche Bedeutung hat der Zwieselwuchs bei Buchen und Eichen.
Zu unterscheiden ist zwischen echten

und falschen Zwieseln. Echte Zwiesel oder Verwachsungszwiesel entstehen, wenn zwei Pflanzen gleicher Art so dicht nebeneinander stehen, daß sie am Stammfuß zusammenwachsen, dabei aber auf verschiedenen Wurzeln stehen. Der echte Zwiesel ist selten. Dagegen findet sich der falsche oder Gabelungszwiesel in unseren Wäldern häufig. Er tritt bei Nadel- und Laubhölzern, am häufigsten bei letzteren und da wieder hauptsächlich bei Buche, Eiche und Linde auf. Die Vergabelung tief am Boden ist stets schon an der jungen Pflanze entstanden. Eine häufige Ursache liegt darin, daß die Gipfel-(Terminal-)Knospe beschädigt oder vernichtet wurde, wonach die nächstliegenden Knospen das Höhenwachstum übernommen haben. Ursache der Zerstörung der Gipfelknospe können Insekten, Spätfröste, Wildverbiß, Rückeschäden oder anderes sein. Teilweise dürften auch Erbanlagen eine Rolle spielen. Die in manchen Buchen- und Eichenbeständen vermehrt auftretende Zwieselbildung in den Kronen, bei Buche teilweise unter mehrfacher Vergabelung hintereinander, läßt Erbanlagen vermuten. Daneben haben auch die standörtlichen Verhältnisse, vor allem aber Bestandsbegründung und -erziehung Einfluß.

Abb. 120 Eine seltene Erscheinung in unseren Wäldern sind Wuchseinheiten, die aus einer größeren Zahl Bäumen bestehen. Man nennt sie Garbenbaum. Hier eine Schwarzerle (Foto: Karthans)

Der Neigung zu Zwieselwuchs kann durch Erziehung im dichten Bestandsschluß entgegengewirkt werden. Bei der Jungwuchspflege und Läuterung, d.h. möglichst früh, sind zwieselig wachsende Bestandesglieder zu entfernen, wobei auch die Zwieselbildung in der Krone zu berücksichtigen ist. Das Abschneiden eines Zwieselstammes in der Hoffnung, einen normalen Stamm heranziehen zu können, ist nur ausnahmsweise eine Lösung, wenn es früh durchgeführt wird. Das häufig anzutreffende Absägen eines Zwieselstammes bei Durchforstungen im Stangenholzalter kommt zu spät. Der zu langsame oder gänzlich ausbleibende Wundverschluß führt in den meisten Fällen zu Fäulnisschäden am belassenen Stamm. Wenn die frühzeitige Entzwieselung versäumt wurde, sollte der ganze zwieselige Baum im Rahmen von Pflegehieben entnommen werden. Erscheint dies aus waldbaulichen Gründen nicht angebracht, so empfiehlt es sich, ihn in der naturgegebenen Gestalt bis zum Abtriebsalter zu belassen.

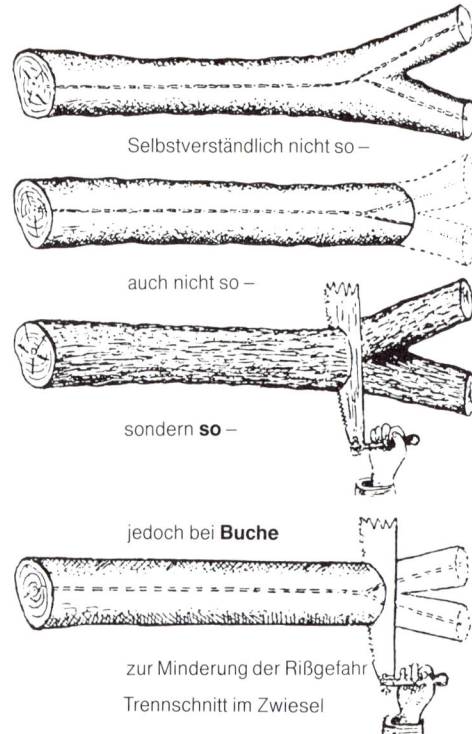

Abb. 121 Aushalten von Stämmen mit Hochzwieseln. Die Vergabelung (man beachte den angedeuteten Verlauf und die Spaltung der Markröhre) ist kein Nutzholz (nach König)

Bei Zwieselwuchs gibt es keinen Übergang vom Normalen zum Fehlerhaften. Die Gabelbildung, sei sie am Stock, sei sie am Stamm oder in der Krone ist immer ein Fehler. Daher ist es selbstverständlich, daß Langholz dort gekürzt wird, wo ein Zwiesel ansetzt. Vor allem ist dies bei der Aushaltung von Wertholz zu beachten. Dabei muß man sich klarmachen, daß der Zwiesel nicht da ansetzt, wo außerhalb am Stamm die Teilung sichtbar wird. Sie beginnt ein Stück weiter stammabwärts, wo die Spaltung der Markröhre ihren Anfang nimmt, in Abbildung 121 wird dies ersichtlich.
Der innere Teilungspunkt läßt sich aus dem Winkel der Zwieselschäfte mit ziemlicher Genauigkeit bestimmen. Im weiteren kennzeichnen Querschnittsform des Stammes und Rindenwülste an der Vergabelung die Stelle, wo der Trennschnitt zu liegen hat. Nur bei der Rotbuche ist von dieser Art der Trennung des Zwiesels zur Verminderung der Gefahr des Aufreißens abzuweichen. Erfahrungsgemäß reißen Rotbuchenstämme, besonders astreine, fehlerfreie Stämme leicht auf, wenn dicht unterhalb eines Zwiesels abgelängt wird. Es hat sich daher als das kleinere, das Aufreißen vermeidende Übel herausgestellt, am Stamm ein kleines Stück der Vergabelung zu belassen. Natürlich darf dieses nicht nutzholztaugliche Stück nicht über das hinausgehen, was zur Erreichung des Zweckes unbedingt erforderlich ist.

Das im Wald abgetrennte Zwieselstück muß nicht zum Schlagabraum geworfen werden, sondern ist durchaus für Industrieholz tauglich; es eignet sich sowohl als Spanholz wie als Zellstoffholz.

7.2 Abweichungen im Stammquerschnitt

7.2.1 Exzentrischer Wuchs, Druck- und Zugholz

Liegen Kern und Markröhre nicht im Mittelpunkt des Stammquerschnittes, d.h. weichen die Jahrringe von der Kreisform ab, dann sprechen wir von exzentrischem Wuchs oder Exzentrizität. Die Bezeichnung Exzentrizität ist insofern nicht ganz richtig, als sich diese streng genommen nur auf die Gestalt der Umfanglinie des Querschnittes und nicht auf die Lage des Mittelpunktes der Figur bezieht. In entsprechend strenger Sinndeutung des Wortes würde Exzentrizität nur bei elliptisch oder oval geformtem Querschnitt vorliegen (Abb. 122). Solche von der Kreisform abweichende Stammquerschnitte bilden bei nicht mittiger Lage des Marks zwar die Regel. Bisweilen finden sich aber auch Stammquerschnitte, die nahezu kreisrund sind, trotzdem aber elliptisch oder oval verlaufende Jahrringe haben, und

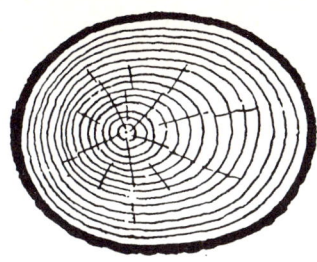

Abb. 122 Die häufigste Form einseitigen Dickenwachstums: exzentrischer Kern mit mehr oder weniger starker Verschiebung der Markröhre nach der Seite (nach König)

Abb. 123 Zu einseitigem Dickenwachstum kommt es bisweilen auch bei nahezu kreisförmigem Querschnitt. Auch in solchen Fällen spricht man von Exzenterwuchs (nach König)

deren Markmitte vom Kreismittelpunkt mehr oder weniger abweicht (Abb. 123). Exzentrizität als Fehlerbegriff bezieht sich nach dem eingebürgerten Wortgebrauch auch auf letztere. Es wird darunter ohne Rücksicht auf die Figur der Stammquerfläche jede erhebliche Abweichung der Jahrringe von der Kreisform mit nicht zentrischer (außermittiger) Lage des Marks verstanden.

Wenn man auch geringe Abweichungen der Jahrringe oder der Stammquerschnittsfläche von der Kreisform als Fehler ansehen wollte, dann wäre nahezu jeder Stamm fehlerhaft. Es gibt nur wenig Stämme, deren Jahrringe wirklich vollkommen kreisrund sind. Ebenso verhält es sich mit der Gestalt der Stammquerschnittsfläche – die nur selten streng der Kreisform entspricht – und mit der Lage der Markröhre zum Mittelpunkt. Gerade bei solchen Unregelmäßigkeiten in der Gestalt des Querschnittes und in der Figur der Jahrringe

darf nicht übersehen werden, daß das Holz kein genormter Werkstoff ist, sondern nach den Wuchsgesetzen des lebenden Baumes und deren vielfältiger Beeinflussung durch Standort und Umwelt gebildet wird.

Beim exzentrischen Dickenwachstum haben die Jahrringe in den verschiedenen Richtungen ungleiche Breite. Auf einer Seite des Stammes entwickeln sie sich ungewöhnlich breit, auf der entgegengesetzten Seite werden nur schmale Ringe angelegt. Bisweilen bleibt sogar auf der schwächer entwickelten Stammseite die Jahrringbildung ganz aus, d. h. in manchen Jahren entsteht nur ein Halbring. Die einseitige Verbreiterung kann sich auf das ganze Baumleben erstrecken oder nur eine bestimmte Zeit dauern, nach deren Ablauf wieder normale Ringe angelegt werden. Mit ungleicher Ringbildung ist nicht immer eine exzentrische Form der Querfläche verbunden, und doch können die Durchmesser der schmalen und der breiten Seite erheblich voneinander abweichen.

Mit dem exzentrischen Dickenwachstum geht in der Regel die Bildung eines vom normalen Holz in der Struktur und physikalisch-chemischen Beschaffen-

Abb. 124 Rot- oder Druckholz (auch Buchs genannt) am Querschnitt eines Fichtenstammes (rechts unten). Der Unterschied der Struktur des Reaktionsholzes zum normalen Holz ist deutlich zu sehen (Foto: Steuer)

heit abweichenden Sondergewebes Hand in Hand. Dieses Sondergewebe (Reaktionsholz) ist bei Nadel- und Laubholz verschieden. Nadelhölzer bilden Rot- oder Druckholz (auch Buchs genannt), bei den Laubhölzern entsteht Weiß- oder Zugholz. Die Bezeichnungen Rotholz bzw. Weißholz beziehen sich auf die Farbe, die bei den Nadelhölzern rotbraun, bei den Laubhölzern hell, fast weiß ist.

In windgeschützten Beständen mit senkrecht stehenden Stämmen tritt meist keine Exzentrizität auf. Von nur gelegentlichen Stürmen abgesehen sind solche Bestände nur schwächeren Windbewegungen ausgesetzt, die auch nicht einseitig, sondern abwechselnd nach allen Seiten wirken. Dementsprechend werden die äußeren Holzfasern annähernd gleichmäßig auf Druck- und Zugspannung beansprucht. Auf solchen Standorten sind die angelegten Jahrringe im allgemeinen konzentrisch, und auch die Stammquerflächen weichen nicht allzu stark von der Kreisform ab. Für den Baum besteht hier kein Anlaß, den Schaft auf der einen Seite zu verstärken, um einer Veränderung der natürlichen, senkrechten Lage, infolge einseitig wir-

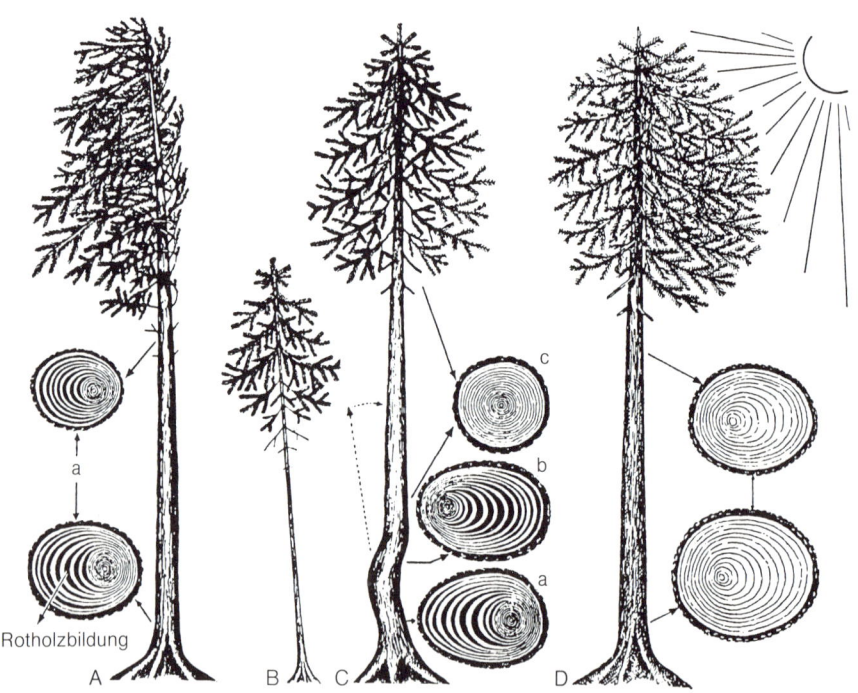

Abb. 125 Schematische Darstellung des Exzenterwuchses unter Berücksichtigung einiger bei der Entstehung wirkenden Faktoren.
(A) Einseitige Windwirkung. Durch einseitiges Dickenwachstum mit Reaktionsholzbildung versucht der Baum dieser Gleichgewichtsstörung entgegenzuwirken.
(B) Der junge Fichtenstamm ist durch einseitiges Abreißen der Wurzeln (Sturm, Schneedruck) schiefgestellt.
(C) Derselbe Stamm nach gelungener Aufkrümmung mit Hilfe der Reaktionsholzbildung. Die Stammquerschnitte (a) und (b) zeigen die Verlagerung der Rotholzbildung von einer Stammseite auf die andere.
(D) Auch einseitige Sonneneinwirkung kann exzentrisches Dickenwachstum zur Folge haben. Auf der Sonnenseite ist die Krone üppiger entwickelt, und dadurch wird auf dieser Seite auch der Schaft besser mit Nährstoffen versorgt (nach König)

kender, mechanischer Kräfte zu begegnen. Wo aber, wie in Freilagen, an Bestandsrändern, auf Bergkämmen usw., der Baum heftigen Winden ausgesetzt ist, wird das Wachstum in der Hauptwindrichtung – bei uns meist West-Ost – verstärkt.

Einseitiges Dickenwachstum findet sich weiter in Beständen auf steilen Hängen. Hier verläuft der größte Durchmesser vornehmlich parallel zur Hangneigung, was damit erklärt wird, daß durch die sich hauptsächlich nach der Talseite in Richtung des größten Lichtgenusses entwickelnden Kronen die Gleichgewichtslage der Baumschäfte gestört ist. Noch deutlicher tritt der Einfluß der gestörten Gleichgewichtslage auf die Entwicklung der Querschnittsform bei solchen Bäumen in Erscheinung, die durch Schneeschub, Hangrutschungen, Sturm usw. schiefgestellt wurden. Solche Bäume bilden schon im ersten Jahr nach der Schiefstellung in der Neigungsrichtung einseitig verbreiterte Jahrringe, während auf der entgegengesetzten Seite das Dickenwachstum mehr oder weniger stark eingeschränkt wird (Abb. 125).

Die Ursache des exzentrischen Dickenwachstums ist mithin eine Reaktion des Baumes auf erhöhte Druckspannungen mit dem Zweck, die durch einseitig wirkende heftige Winde oder durch einseitige Kronenentwicklung bedrohte Gleichgewichtslage zu halten bzw. bei durch Schnee, Rutschungen usw. herbeigeführter Schiefstellung die verlorene Gleichgewichtslage zurückzugewinnen. Tatsächlich gelingt es manchmal durch äußere Einwirkungen gering schiefgestellten Bäumen, mit Hilfe des exzentrischen Dickenwachstums wieder in die senkrechte Stellung zu kommen. Nadelhölzer verdicken dabei den Schaft auf dem Boden zugekehrten Seite. Bei Laubhölzern ist es umgekehrt: Die Schaftverdickung erfolgt auf der dem Boden abgewandten Seite. Die Schaftverdickung unter Einfluß des Windes oder einseitiger Kronenbelastung geschieht bei Nadelhölzern auf der der Hauptwindrichtung entgegengesetzten, auf Druck beanspruchten Seite, bei Laubhölzern auf der auf Zug beanspruchten Seite.

Bei der Beurteilung der Wertminderung exzentrisch gewachsenen Holzes ist zu unterscheiden zwischen Exzenterwuchs ohne und solchem mit Reaktionsholzbildung. Das in erster Linie zu besprechende Dickenwachstum der Nadelbäume ist keineswegs in allen Fällen mit der Bildung von Reaktionsholz verbunden. Besonders bei Kiefer und Lärche findet man häufig auch Exzenterwuchs ohne Rotholzbildung. Andererseits ist die meist mit Exzentrizität des Stammquerschnittes verbundene Rotholzbildung der Nadelhölzer eine stark verbreitete Erscheinung, die den Nutzwert und die Gebrauchsfähigkeit des Holzes wesentlich mindert. Exzenterwuchs ohne Reaktionsholzbildung beeinträchtigt den technischen Gebrauchswert weniger, wenn es auch ohne Zweifel eine für die Verarbeitung unerwünschte Eigenschaft ist, weil die ungleiche Breite der Jahrringe verstärkte Spannungen mit Werfen und Verziehen des bearbeiteten Holzes zur Folge haben kann.

Das Zugholz der Laubbäume hat ebenfalls von normalem Holz abweichende Eigenschaften. Es hat nicht die dunkle Farbe des Rotholzes und besitzt nicht dessen große Härte und Spröde. Seine Längsschwindung ist im Gegensatz zu dem anormal hohen Schwindwert des Rotholzes sogar geringer als die des normalen Holzes. Was das Zugholz der Laubbäume mit dem Druckholz der Nadelbäume gemeinsam hat, ist die starke Formveränderung beim Trocknen.

7.2.2 Bewertung von Exzentrizität und Reaktionsholz

Kleinere Abweichungen beeinträchtigen den Nutzwert des Holzes im allgemeinen kaum. Entsprechend lassen auch die geltenden Sortierungsregeln bei hochwertigem Schnittholz von Kiefer (Stammware I und II) eine unwesentliche Abweichung der Kernröhre von der Brettmitte zu.

Bei Lärche sind die Bestimmungen mit Rücksicht auf den häufig mit Exzentrizität des Stammquerschnittes verbundenen Säbelwuchs dieser Holzart im wertvollsten unteren Stammteil toleranter. Den Querschnitt durch den Stamm einer säbelförmig und exzentrisch gewachsenen 200jährigen Lärche zeigt Abb. 126. Die Querfläche ist oval; bei einem größten Durchmesser von 78 cm weicht die Markröhre um 10 cm (rund 25%) vom Mittelpunkt ab. Rotholzbildung liegt nicht vor. Bretter aus einem Stamm dieser Art (rotholzfrei!) sind meist auch noch für feinere Arbeiten brauchbar, wenn der Einschnitt des Stammes so erfolgt, daß die anfallenden Bretter Jahrringe wenigstens annähernd gleicher Breite haben.

Es handelt sich hier um Anforderungen an eine höherwertige Verwendung. Man kann SCHULZ und KNIGGE zustimmen, daß in diesen Fällen ein leicht ovaler Querschnitt bis zum Verhältnis von 1 : 1,2 zwischen geringstem und größtem Durchmesser zulässig ist. Reaktionsholz ist bei diesen Qualitäten nicht gestattet. Bei Hölzern durchschnittlicher Qualität – also normalen Hölzern – wird man etwas weiter gehen können. Hier ist eine Querschnittsverformung von 1 : 1,5 zwischen kleinerem und größerem Durchmesser unter Außerachtlassung der Wurzelanläufe sowie Reaktionsholzbildung innerhalb dieser Verformung zulässig, sofern sie nicht mehr als ein Drittel des Durchmessers umfaßt. Bei Reaktionsholz kann es wichtig sein, daß die übrige gute allgemeine Qualität des Holzes (breite astreine Schichten) einen gewissen Ausgleich bringt.

7.2.3 Spannrückigkeit

Die „Spannrückigkeit" genannte Wuchsform der Baumschäfte ist dadurch gekennzeichnet, daß die Jahrringe in sehr groben Wellenlinien verlaufen, was sich auf der Mantelfläche in Vertiefungen und wulstigen Erhöhungen ausprägt. Es können dabei sowohl spitze als auch runde Bogenformen entstehen. Je spitzer die Bogen sind, um so stärker treten auf der Mantelfläche solcher Stämme die Ein- und Ausbuchtungen in Erscheinung. Spitzwelliger Verlauf der Jahrringe mit mehr oder weniger schmalen und langen Buchtungen findet sich am häufigsten bei der Hainbuche. Weiter neigen Eibe und manche Zypressenarten, darunter auch der Gemeine Wacholder, im Alter zu spannrückigem Wuchs unter Bildung spitzer Bogen. Andere Holzarten, die ebenfalls gerne spannrückig wachsen, bilden demgegenüber mehr runde Bogen.

In der Regel entstehen die stark grobwelligen Jahrringe erst, nachdem der Baum ein gewisses Alter erreicht hat. Die Jahrringe, die auf den senkrecht zur Längsachse solcher Stämme geführten Querschnitten sichtbar werden, sind bis zu einem gewissen Durchmesser regelmäßig (kreisförmig) gerundet. Dem schließen sich Jahrringe an, die zunächst nur mäßig wellig verlaufen. Die Wellenbildung verstärkt sich aber von Jahr zu Jahr, bis schließlich eine Stammquerfläche entsteht, deren Umfanglinie etwa der Abb. 127 entspricht. Weniger häufig ist es, daß einzelne Einbuchtungen bis nahe an das Mark des Stammes reichen. In solchen Fällen ent-

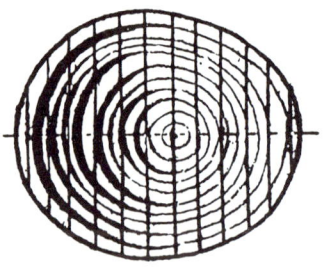

Abb. 126 Beim Einschnitt exzentrisch gewachsener Stämme zu Brettern ist der Schnitt stets – das heißt ohne Rücksicht darauf, ob der Stamm Rotholz enthält oder nicht – in Richtung der kürzesten Achse zu führen. Nur dadurch können Bretter mit annähernd gleichem Wuchs gewonnen werden (nach König)

Abb. 128 Hohlkehle bei Rotbuche; Baum rechts vorn (Foto: Archiv Holz-Zentralblatt)

stehen bizarre Querflächenfiguren, die aber meist auf den unteren Stammteil beschränkt bleiben.

Spannrückiger Wuchs ist im allgemeinen nicht mit inneren Holzfehlern verbunden. Es kann allerdings vorkommen, daß rinnenartige Einbuchtungen eines Stammes im späteren Wachstum unter Einschluß der Rinde überwallt bzw. wieder ausgefüllt werden. Kommt es zu solchen Rindeneinschlüssen in den tieferen Holzschichten, dann stellen sie eine Nutzholzentwertung dar. Häufig ist dieses Zuwachsen rinnenartiger Vertiefungen jedoch nicht. Die Fehlerhaftigkeit spannrückig gewachsener Stämme liegt hauptsächlich in der ungünstigen Auswirkung dieser Wuchserscheinung auf die Verwendung und die technische Ausbeute solcher Stücke. Vorliegende Spannrückigkeit führt oft zu Beschränkung in der Verwendung und Schnittholzausbeute eines Stammes gerade im sonst wertvollsten unteren Teil. Bei der Schnittholzerzeugung erfordern spannrückige Stämme eine Besäumung, die den Schwartenanfall bisweilen gewaltig ansteigen läßt.

Für höherwertige Verwendungszwecke dürfte spannrückiges Holz ausscheiden, auch wenn damit keine inneren Fehler angezeigt sind. Es erscheint auch in Anbetracht der verminderten Ausbeute fraglich, ob sonstige gute Qualität (z. B. starkes Erdstammstück mit astreinen Schichten) ausgleichend wirken kann.

Dagegen wird einer Sortierung als normale Qualität (Güteklasse B) nichts entgegenstehen, wenn die übrigen Eigenschaften entsprechen. Sind allerdings andere Mängel vorhanden, so wirkt Spannrückigkeit fehlerverschärfend.

7.2.4 Hohlkehlen

Unter den Ansatzstellen stärkerer Äste finden sich bisweilen rinnenartige Vertiefungen, die „Hohlkehlen" genannt werden. Sie kommen am häufigsten bei Rotbuche vor, können aber auch bei anderen Holzarten auftreten. Ursache ist nach RUBNER ein „Hungern des Kambiums". Die Äste, unter deren Ansatzstellen sich diese Vertiefungen befinden, erzeugen weniger Baustoffe als sie selbst verbrauchen. Die Folgewirkung ist ein gänzlich aufhörender oder sehr geringer Zuwachs. So entsteht eine der Spannrückigkeit ähnliche Unregelmäßigkeit der Stammquerfläche (Abb.

Abb. 128 Hohlkehle bei Rotbuche; Baum rechts vorn (Foto: Archiv Holz-Zentralblatt)

128). Auch dieser Fehler kann die Ausbeute der damit behafteten Stämme mindern. Allerdings bleiben, da die Hohlkehlen in der Regel nicht sehr tief sind, die entstehenden Nutzholzverluste in mäßigen Grenzen.

Auch mit diesem Mangel behaftete Stämme oder Stammteile dürften für höherwertige Verwendung ausscheiden. Dagegen werden sie ohne weiteres als normale Qualitäten eingewertet werden können.

7.3 Abweichungen im anatomischen Bau des Holzes

7.3.1 Äste, Astigkeit, astfreies Holz
7.3.1.1 Allgemeines

Eine Betrachtung der Äste, Astigkeit und astfreien Holzes muß von den Lebenserscheinungen des Baumes ausgehen, d. h. wir dürfen den Ast im Holz zunächst nicht in seinem für die Verarbeitung unerwünschten „Dasein" sehen, sondern wir müssen seine physiologische Aufgabe als Träger der Zweige mit den Blättern und Nadeln beachten. Ein Laubbaum hat unzählige Blätter, ein Nadelbaum Millionen Nadeln. Diese in geradezu unendlicher Fülle vorhandenen Assimilationsorgane können ihre Aufgabe nur im Licht erfüllen. Die Äste, die sich vom Stamm nach allen Richtungen ausstrecken, sind das Gerüst, auf dem die Zweige die große Fläche der Blätter oder Nadeln dem Licht entgegenwenden. Im Sonnenlicht nämlich spielt sich jener Vorgang ab, den wir als CO_2-Assimilation bezeichnen. In der grünen Blattzelle werden aus dem atmosphärischen Kohlendioxid Zucker und Stärke aufgebaut, die zu Bestandteilen des lebenden Baumkörpers werden.

Wir müssen uns mit dem Gedanken befreunden, daß die im Holzgewebe so unbeliebten Äste lebenswichtige Glieder des Baumes sind, auf die nicht verzichtet werden kann und die zur Holzbildung unerläßlich sind. Die Astigkeit, worunter Größe, Zahl und Streuweite der jeweils vorhandenen Äste verstanden werden, ist aber nach Standort, Bestandsgründung und -erziehung sehr verschieden. Es sei damit angedeutet, daß der Forstmann gewisse Möglichkeiten hat, die Astbildung zu beeinflussen. Diese Möglichkeiten beschränken sich jedoch auf den unteren Stammteil. Durch richtige Bestandserziehung kann die Ausbildung nur schwacher Äste und deren frühzeitiges Absterben gewissermaßen erzwungen werden. Dies gilt jedoch nicht grundsätzlich, vielmehr sind den Möglichkeiten Grenzen gesetzt. Standort, Rasse und Erbanlagen erweisen sich auch hier als bestimmende, begrenzende und ausschließende Faktoren. Sie können den Erfolg waldbaulicher Maßnahmen unterstützen oder auch vereiteln.

Wenn auch die Äste als selbstverständliche Glieder zum Baum gehören, so kann man nicht daran vorbeigehen, daß sie in der Be- und Verarbeitung eine große, meist negative Rolle spielen. Nach einhelliger Auffassung ist die Astigkeit bei der Gütesortierung das bei weitem wichtigste und häufigste Merkmal (KNIGGE, LÖFFLER, SCHULZ). Die Dicke der astreinen, der weißastigen und der schwarzastigen Schichten, die Zahl und der Durchmesser der Äste, sowie deren Gesundheitszustand stehen bei der Bewertung von Rohholz wie auch Schnittholz im Vordergrund. Deshalb ist es selbstverständlich, daß Ast und Astigkeit bei der Betrachtung der Holzeigenschaften einen breiten Raum einnehmen.

7.3.1.2 Natürliche Astreinigung

Astreines Holz kann nur im Bereich des unteren Stammteils entstehen, wenn die Äste dürr geworden und abgebrochen sind und die Aststummel überwallen. Den Vorgang des natürlichen Absterbens und Abfallens der Äste nennt man forstlich „Astreinigung". Je früher und gründlicher diese Astreinigung erfolgt, desto mehr astreines Holz kann der Baum im weiteren Wachstum anlegen.

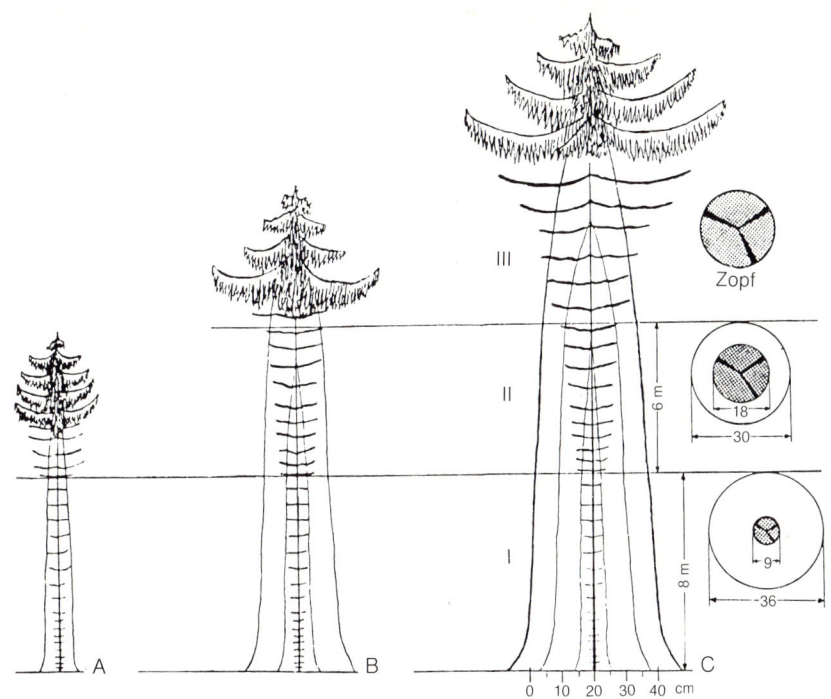

Abb. 129 Schematische Darstellung der Astreinigung und der inneren Astigkeit. Die Kreise (rechts) sind Querschnitte, die für die Figur C das Verhältnis des astfreien äußeren Mantels zu dem mit Aststümpfen durchsetzten inneren Kegel in den Sektionen I bis III im Hiebsalter zeigen sollen (nach König)

Für die Erzeugung höherwertigen Holzes ist eine frühzeitige Reinigung von Ästen erforderlich, damit die Stämme bei Hiebsreife in den unteren 6 bis 8 m eine äußere astreine Schicht von wenigstens der Hälfte des Radius haben. Der Durchmesser derartiger astreiner Erdstammstücke sollte 35 cm und mehr betragen. Im Inneren sind natürlich auch solche hochwertigen Hölzer von den Stümpfen der Jugendäste durchsetzt.

Der Durchmesser dieses Aststumpfkegels wächst im allgemeinen mit der Schaftlänge, ebenso nimmt die Dicke der enthaltenen Aststümpfe von unten nach oben zu. Im unteren Stammteil auf eine Länge von 6 bis 8 m soll der Astkegel möglichst schmal sein. Je geringer der Durchmesser des mit Jugendästen durchsetzten inneren Stammteiles ist, um so höher ist die wertmäßige Ausnutzung. Als höchstwertig sind Nadelholzschäfte anzusehen, wenn der Durchmesser des inneren Astkegels im äußerlich völlig ast- und beulenfreien unteren Stammteil bei 9 cm liegt. Derartige Starkholzschäfte (35 cm Durchmesser aufwärts) ergeben bei der Erzeugung von Brettware und auch beim Rundschälen die höchstmögliche wertmäßige Ausnutzung (MAYER-WEGELIN, 1952). Die entsprechende Beschränkung der aststumpfdurchsetzten Kernsäule würde also voraussetzen, daß das Absterben und Abfallen der unteren Äste bei einem Schaftdurchmesser von durchschnittlich etwa 10 cm beendet wäre. Die Abbildung 129 zeigt die Entwicklung der inneren Astbereiche und der astfreien Schichten.

Wie geht nun die natürliche Astreinigung vor sich, und welches sind die wichtigsten, dem Ziel der Erziehung hochwertigen, astfreien Holzes dienenden waldbaulichen Maßnahmen? Bei den im Dichtschluß des Bestandes heranwachsenden Waldbäumen rücken die Kronen etwa im gleichen Verhältnis nach oben wie der Bestand an Höhe zunimmt. Dadurch wird den unteren Ästen das Licht zunehmend entzogen, was zur Folge hat, daß diese kümmern und allmählich absterben. Das Absterben der unteren Äste setzt bei Fichte und Kiefer im Alter von durchschnittlich 15 Jahren ein; bei einem Alter von 20 Jahren sind im allgemeinen die Äste bis zu einer Höhe von 2 bis 3 m abgestorben. Die toten Äste werden alsbald von saprophytischen Pilzen besiedelt, sie vermorschen und brechen früher oder später ab. Entsprechend dem zuerst rasch erfolgenden, späterhin aber verlangsamt vor sich gehenden Heraufrücken der unteren Kronenbasis setzt sich auch das Absterben und Abfallen der Äste rascher oder langsamer nach oben fort.

Sowohl die Astbildung als auch der Vorgang der Reinigung sind nach Standort, Holzart, Begründung und Erziehung der Bestände verschieden. Auch Rassen und Erbanlagen spielen eine Rolle. Die wichtigste, dem Ziel einer frühzeitigen und möglichst vollständigen Astreinigung dienende Maßnahme, ist dichte Erziehung bis die Bäume astreine Schäfte der gewünschten Länge gebildet haben. Bei langsamer Jugendentwicklung im dichten Bestandsschluß entstehen feinere Äste, die auch früher absterben. Entsprechend setzt im Dichtschluß die Astreinigung schon frühzeitig ein. Die im Dichtschluß gebildeten Äste sind aber besonders zäh. Sie vermorschen nur langsam, wodurch sich die vollkommene natürliche Reinigung stark verzögert. Besonders gilt dies für die Fichte. – Im lockeren Schluß werden gröbere Äste gebildet, ebenso auf ungünstigen Standorten. Starke Äste zeigen häufig auch einzeln in Laubholz eingesprengte (vorwüchsige) Nadelhölzer. Besonders starkastig sind Randbäume.

Hinsichtlich einer befriedigenden Schaftreinigung auf natürlichem Weg verhalten sich die Holzarten sehr unterschiedlich. Der Absterbeprozeß geht bei allen Holzarten in etwa gleicher Weise vor sich. Jedoch bestehen zum Teil große Unterschiede in der Art und Weise, wie es den einzelnen Holzarten gelingt, sich von den toten Aststummeln auf natürlichem Wege zu reinigen. Im allgemeinen reinigen sich die Laubhölzer besser als die Nadelhölzer.

Von unseren Hauptholzarten stößt die Buche am besten auf natürlichem Wege die Äste ab, am schlechtesten die Fichte. Die toten Buchenäste vermorschen sehr rasch und brechen schon nach wenigen Jahren und meist dicht am Stamm ab. Weniger gut gelingt die natürliche Schaftreinigung der Eiche; die toten Eichenäste fallen erst nach sehr langer Zeit, mitunter überhaupt nicht ab.

Die im Vergleich zu den Laubhölzern wesentlich schlechtere Schaftreinigung der Nadelhölzer beruht zum Teil auf der Harzanreicherung in den Ästen. Daneben dürfte aber auch der Umstand mitsprechen, daß die Zahl der an der Vermorschung beteiligten Pilze kleiner ist als bei Laubholz. Die Vermorschung der toten Nadelholzäste erfolgt nur langsam, und die toten Äste fallen nicht als Ganzes vom Stamm, sie bröckeln von der Zweigspitze her stückweise nach und nach ab. Dadurch bleiben vor allem bei Fichte feste Aststummel oft noch viele Jahre am Stamm (Abb. 130). Selbst in hiebsreifen Fichtenbeständen sind die Schäfte im mittleren Drittel der Höhe und bis wenige Meter über dem Boden oft noch mit toten Ästen und Stummeln mehr oder weniger dicht besetzt. Die zurückbleibenden toten Aststummel werden allmählich in den Holzkörper des Baumes aufgenommen und zuletzt als sogenannter *Schwarzast* oder *Hornast* völlig überwallt.

Eingewachsene tote Äste beeinträchtigen die Holzgüte erheblich. Deshalb sollte man ihre Entstehung zu verhindern suchen. Dies kann geschehen, indem dort, wo die Schaftreinigung auf natürlichem Weg nicht oder nur ungenügend erfolgt, frühzeitig von der künstlichen Astung Gebrauch gemacht wird. Schon bei den sich auf natürlichem Wege weniger rasch und befriedigend reinigenden Holzarten wie Eiche und Kiefer läßt sich das Ziel der Heranziehung eines vollwertigen, im unteren Teil astreinen Schaftes ohne künstliche Nachhilfe bei der Astreinigung in den wenigsten Fällen erreichen. Bei der sich besonders schlecht reinigenden Fichte gelingt dies noch weniger. Hier kommt man ohne künstliche Astung nicht aus, wenn das Einwachsen von Trockenästen verhindert werden soll. Allerdings darf man von der Astung nicht auch da Qualitätsholz erwarten, wo die standörtlichen Voraussetzungen fehlen. Die Astung kann nur eine unterstützende Maßnahme sein.

Abb. 130 Fichtenmonokultur mit besonders schlechter Astreinigung. Die toten Äste und Aststummel bleiben oft noch sehr lange, mitunter Jahrzehnte, am Stamm sitzen und wachsen als Schwarzäste ein. Für künstliche Astung ist dieser Bestand bereits zu stark (nicht über „Maßkrugstärke"!) (Foto: F. Ziegast)

Abb. 131 Früh geastete Kiefern, die übergehalten werden. Die Astung erfolgte seinerzeit in Abschnitten bis auf Schaftlängen von mindestens 12 m (Foto: Archiv Holz-Zentralblatt)

7.3.1.3 Künstliche Astung als Mittel zur Verbesserung der Holzgüte

Die rechtzeitig und richtig ausgeführte Astung ist heute als wirksames Mittel zur Verbesserung der Holzgüte und damit der späteren Verwendbarkeit des Holzes anerkannt. Vor Jahrzehnten begegnete man dieser Frage noch mit großem Mißtrauen. Ursache waren schlechte Erfahrungen mit früheren Astungsversuchen, bei denen man sich untauglicher Verfahren bedient hatte. Inzwischen wurden die Grundlagen der Astung untersucht und man ist in der Lage, Fehler auszuschalten.

Es ist das Verdienst von Professor MAYER-WEGELIN, in verschiedenen, von 1936 bis 1952 veröffentlichten Arbeiten, die sich auf eingehende wissenschaftliche Untersuchungen, praktische Erprobung und Auswertung aller bis dahin im In- und Ausland gesammelten Erfahrungen stützen, eine Übersicht über die mit der Astung zusammenhängenden Fragen gegeben zu haben. Die Zusammenfassung der gewonnenen Erkenntnisse in Grundsätze und die daraus für die einzelnen Holzarten abgeleiteten Regeln sind Grundlage der richtigen Durchführung. Eine Astung, die Erfolg haben soll, muß früh ausgeführt werden. Im älteren Holz noch zu asten ist nicht nur zwecklos, sondern auch nachteilig. Aufgabe der Astung ist in erster Linie Entfernung der abgestorbenen Äste, bevor diese einwachsen und als Schwarzäste den Nutzwert des Holzes mindern. Deshalb soll die Astung nicht auf einmal, sondern dem Absterben der Äste folgend in Höhenabschnitten vorgenommen werden. Bei der ersten Astung soll der zu entastende Stammteil nicht stärker als 12 cm sein, möglichst sogar unter 10 cm. Die bildlich verdeutlichte – aus Bayern stammende – Forderung hinsichtlich der Schaftstärke lautet, daß „Maßkrugstärke" nicht überschritten sein soll.

Der Schwerpunkt der Bestandspflege durch Astung liegt bei den Nadelhölzern. Vor allem bei der Fichte ist die Entfernung der dürren Aststummel unerläßlich, wenn schwarzastfreies Holz entstehen soll. Douglasie, Tanne und Lärche vertragen auch Grünastung (Äste bis 4 cm, bei Douglasie bis 5 cm Dicke), wobei aber plötzliche und starke Eingriffe in die grüne Krone (Zuwachsverluste) zu vermeiden sind. Bei Kiefer und besonders bei Fichte soll sich die Entnahme grüner Äste auf möglichst wenige der untere Schattenäste beschränken.

Sachgemäße Astung in geeigneten, zuwachsfreudigen Nadelholzbeständen nach Zahl und Veranlagung läßt eine wesentliche Wertverbesserung erwarten (Abb. 131). Die geasteten Stämme ergeben später eine hohe Ausbeute an astreinen Seiten, hobelfähiger Ware und anderen höherwertigen Schnittholz-Güteklassen. Werden nur Äste geringer Dicke entfernt, dann ist auch die glatte, gesunde Überwallung (s. Abb. 132) der

Bei den Laubhölzern ist die Astung als Mittel zur Verbesserung der Holzgüte unter anderen Gesichtspunkten zu beurteilen. Die wenigsten Laubhölzer vertragen Grünastung. Zu diesen wenigen gehören Eiche und Pappel, und bei ihnen ist sachgemäße Astung oft unentbehrlich zur Erziehung astreiner Schäfte. Die waldbaulichen Maßnahmen sollten allerdings darauf abzielen, bei der Heranziehung der Eichenbestände ohne das ergänzende Hilfsmittel der künstlichen Astung auszukommen, soweit man das häufig nicht zu umgehende regelmäßige Wegschneiden schwacher Wasserreiser (s. Abschnitt 7.3.1.6) außer Betracht läßt. Bei den übrigen Laubhölzern ist Grünastung bedenklich; sie wird entweder überhaupt nicht oder aber nur bei Beschränkung auf die Entnahme sehr schwacher Äste schadlos vertragen.

Die Gefahr der Entstehung von Faulstellen (Pilzbefall) am Sitz ehemaliger Äste (auch der auf natürlichem Wege abgefallenen) ist bei allen Laubhölzern größer als bei den Nadelhölzern. Beson-

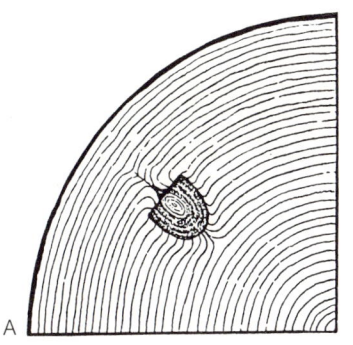 

Abb. 132 Vollkommen gesunde Überwallung früh geasteter Nadelhölzer; (A) Kiefer, Querschnitt; (B) Fichte, Radialschnitt

Schnittfläche gewährleistet. Der Schnitt soll glatt sein (feinzahnige Säge verwenden!) und parallel zur Stammachse dicht am Schaft geführt werden. Bei vorhandenem Astwulst ist der Schnitt durch den Wulst zu führen. Grünastung darf nicht während der Vegetationszeit vorgenommen werden, auch Trockenastung lege man nicht in die eigentliche Saftzeit, weil in dieser Zeit die Gefahr der Stammschädigung größer ist.

ders empfindlich ist die Buche. Es ist schon gesagt worden, daß sich die Buche in der Regel auf natürlichem Weg in befriedigendem Maß von Ästen reinigt. Die Beseitigung der Trockenäste kann daher der Natur überlassen werden. Grünastung der Buche sollte wegen der großen Pilzgefährdung dieser Holzart möglichst überhaupt nicht oder nur bis zu einem Astdurchmesser von äußerst 3 cm (mit glattem Schnitt dicht am

Stamm) erfolgen (MAYER-WEGELIN, 1952, ZIMMERLE, 1943).

Stärkere Buchenäste, die entfernt werden sollen, müssen gestummelt werden, das heißt, es bleibt ein Stummel von 5 bis 6 cm Länge am Stamm zurück. Der Baum wird dadurch zur Bildung einer Schutzsperre an der Grenze zwischen Ast und Stamm angeregt. Diese Schutzsperre, die den Pilzsporen das Eindringen in den Stamm erschwert, wird auch beim natürlichen Absterben von Ästen gebildet; sie kann durch das Stummeln künstlich herbeigeführt werden. Ist der Durchmesser der Schnittfläche groß, dann bleibt die Ausbildung der Schutzzone ungenügend. Bei Buche ist die Reichweite der Schutzzonenbildung vom Kambium aus auf etwa 3 cm begrenzt (MAYER-WEGELIN), so daß bei Ästen über 6 cm Durchmesser in der Mitte eine ungeschützte Stelle bleibt. Da nicht damit zu rechnen ist, daß die Stummel auf natürliche Weise abfallen, sind sie nach einigen Jahren glatt am Stamm abzuschneiden.

Abschließend sei noch einmal festgehalten, daß astungswürdig nur Bestände mit hochwertigen Holzeigenschaften sind, die Holz der Güteklasse A erwarten lassen. Aufzuasten sind nur die Zukunftsstämme, also jene Bäume, die das Ende des Bestandslebens erreichen. Bei der Auswahl dieser Bäume kann man etwas über die Stammzahl des Endbestandes hinausgehen. Das bedeutet, je nach Baumart etwa 300 bis 500 Bestandsglieder je Hektar (die besten!) zu asten sind.

Für die Astung benutzt man spezielle Aufastungssägen. Seit etwa zwei Jahrzehnten ist auch eine Klettersäge auf dem Markt, die durch einen Benzinmotor angetrieben wird (Abb. 133). Da die Astung eine Arbeit ist, die viel Überlegung braucht und nicht in großem Umfang betrieben wird, stößt die verbreitete Einführung der Maschinenastung auf Schwierigkeiten, zumal Stammverletzungen nicht auszuschließen sind.

7.3.1.4 Beurteilung astigen Holzes

Das Holz der Äste weicht im Aussehen und in seinen physikalischen und technischen Eigenschaften vom normalen Holz des Stammes ab. Es ist dunkler gefärbt, dichter, viel härter und von großer Sprödigkeit. Dadurch sind auch die Schwindmaße verschieden: Astholz schwindet stärker als gewöhnliches Stammholz gleicher Art. Dies erklärt die bekannte Erscheinung, daß beim Trocknen von Nadelholzbrettern (ausgenommen solche von Weymouthskiefer und Zirbelkiefer) in den von der Säge durchschnittenen Ästen Schwindrisse entstehen (Abb. 134), was jedoch eine feste Verwachsung der Äste mit dem sie umgebenden normalen Holz zur Voraussetzung hat.

Nicht fest verwachsene Äste schrumpfen zusammen und fallen nach der

Abb. 133 Klettersäge beim Entasten einer Fichte (Werkfoto: Fichtel & Sachs)

Trocknung aus den Brettern heraus. Es sind dies die berüchtigten Durchfalläste, die einen der übelsten Holzfehler darstellen und entweder den Wert stark mindern oder durch Ausbohren und Ausdübeln hohe Kosten verursachen. Wirken sich schon die in den Astquerschnitten entstehenden Schwindrisse und -spalten oft recht störend aus, so gilt dies erst recht für eine weitere auf dem ungleichen Schwindverhältnis beruhende Erscheinung. Beim Trocknen von Brettern tritt im normalen Holz Querschwindung auf, die Dicke schrumpft etwas zusammen. Das Holz des im Brett sitzenden Astes macht diese Schrumpfung nicht mit, denn die Fasern des Astholzes verlaufen in anderer Richtung als die des normalen Holzes. Nach dem Austrocknen ragen daher die Äste über die Brettfläche hervor. Dies ist vor allem dann sehr nachteilig, wenn bei glatten Flächen Schwinderscheinungen auch noch nach der Verarbeitung auftreten. In solchen Fällen zeichnen sich die Äste auf Farbanstrichen als Erhöhung ab; ebenso drücken bei Verwendung astigen Holzes zu Blindholz die Äste leicht durch die Furniere hindurch. Je nachdem wie ein im Holz sitzender Ast von der Säge getroffen wird, erscheint er auf der Schnittfläche in von Fall zu Fall wechselnden Formen und Größen. Beim Schnitt quer zur Astachse ist die Form, entsprechend dem Astquerschnitt, mehr oder weniger kreisförmig. Die so in Erscheinung tretenden Äste nennt man Rundäste (Abb. 135). Werden die Äste längs der Astachse von der Säge getroffen, dann spricht man von Flügelästen (Abb. 136). In seiner typischen Form kommt der Flügelast nur bei Brettern aus der Mittenzone des Stammes (Kern) vor. Schnitte, die weder genau quer zur Astachse noch etwa parallel zu dieser geführt werden, ergeben Zwischenformen, die mehr oder weniger länglich-oval sind, wodurch große Unterschiede zwischen kleinstem und größtem Astdurchmesser auftreten können.

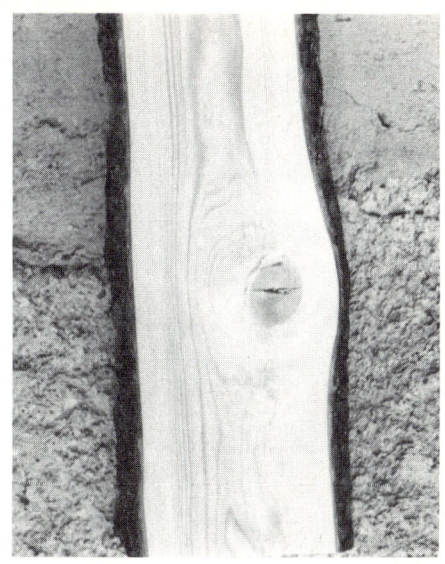

Abb. 134 Die Schwindung von normalem Holz und Astholz ist verschieden. Astholz schwindet stärker, wodurch beim Trocknen in den durchschnittenen Ästen Schwindrisse entstehen (Foto: Steuer)

Abb. 135 Die auf Schnittflächen in Erscheinung tretende Form der Äste richtet sich nach dem Winkel, in welchem der Ast von der Säge getroffen wird. Hier ist der Schnitt quer zu den Astachsen geführt worden. Dabei erscheint der Ast etwa kreisförmig; es entstehen die sogenannten „Rundäste" (Foto: Steuer)

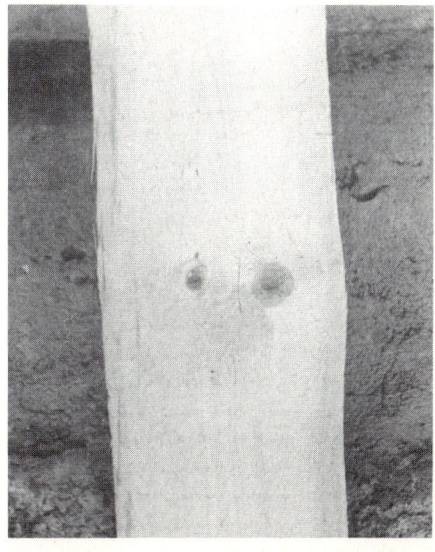

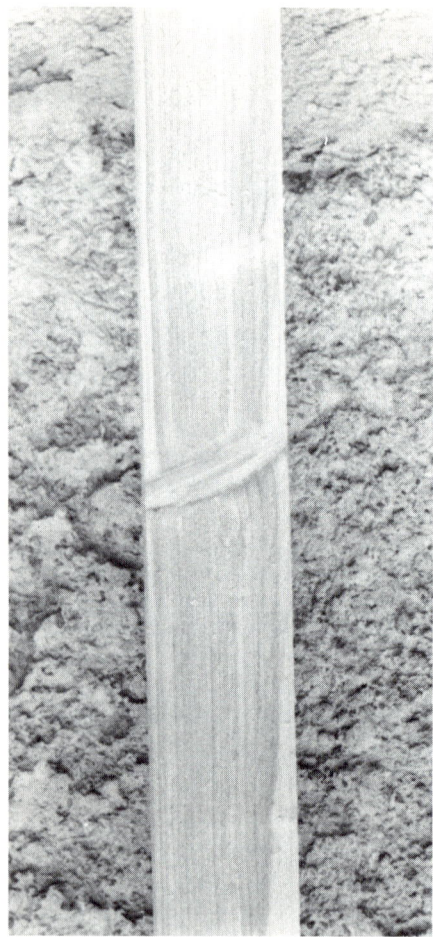

Abb. 136 Wird ein Ast in Richtung der Astachse von der Säge durchschnitten, dann entsteht der sogenannte „Flügelast". Derartige Flügeläste kommen nur bei Brettern vor, die aus der Mittenzone des Stammes geschnitten wurden (Foto: Steuer)

Abb. 137 Angeschnittene Äste, deren kleinster Durchmesser nicht mehr als 5 mm beträgt, nennt man „Punktäste". Bei der Sortierung des Schnittholzes bleiben solche Punktäste unberücksichtigt (bei Fichte bis zu 5 mm, bei Kiefer bis zu 10 mm kleinstem Durchmesser) (Foto: Steuer)

Angeschnittene Äste, die in ihrer Erscheinung auf den Schnittflächen nicht mehr als 5 mm Durchmesser haben, nennt man Punktäste (Abb. 137). Derartige „Feinäste" finden sich vorwiegend im inneren Astkegel des unteren Stammteiles bei Bäumen, die im Dichtschluß oder unter langjähriger Beschirmung und allmählicher Freistellung (Kiefer) herangewachsen sind und daher in der Jugend nur schwache Äste ausbilden konnten, von denen sie sich früh reinigten.

Güte und Gebrauchswert des Schnittholzes werden durch die Form und die Größe sichtbarer Äste wesentlich beeinflußt. Daneben spielen aber auch noch die Häufigkeit (Zahl) des Vorkommens von Ästen und deren Lage im Holz (z. B. Kantenäste bei Konstruktionsgliedern, die auf Biegung oder Druck beansprucht werden) eine den Gebrauchswert bestimmende Rolle.

Von besonderer Bedeutung für die Verwendung und Ausnutzung astigen Holzes ist schließlich auch noch die Astbeschaffenheit mit Bezug auf Verwachsung und Gesundheitszustand. Was zunächst die Verwachsung angeht, sind fest und vollkommen verwachsene, nur teilweise verwachsene und nicht verwachsene (lose) Äste zu unterscheiden. Hinsichtlich des Gesundheitszustandes lassen sich drei Gruppen bilden: völlig gesunde, angefaulte und faule Äste. Auch der festverwachsene Ast kann Fäulniserscheinungen aufweisen (nachträglicher Pilzbefall, z. B. bei Kiefer durch den Kiefernbaumschwamm). Umgekehrt braucht aber der lose Ast nicht zugleich auch krank (faul) zu sein. Bei Fichte und Tanne ist er das sogar selten, während bei Kiefer die losen Äste häufig auch Fäulniserscheinungen aufweisen.

Der lose Ast muß grundsätzlich den kranken Ästen gleichgestellt werden. Er wurde in totem Zustand von den nachwachsenden Holzschichten eingeschlossen und hat, auch wenn er keine Zersetzung aufweist, in der Regel eine schwarze Färbung. Man nennt ihn daher auch *Schwarzast*. Dem lose eingewachsenen, toten Ast fehlt die organische Verbindung mit dem ihn umgebenden Holz; gewissermaßen als Fremdkörper ist er von den nachwachsenden Holzschichten nach und nach eingeschlossen und (bei kurzen Stummeln) zuletzt sogar überwallt worden. Bis zur Überwallung weichen die Jahrringe des Stammes aus, sie legen sich um den eingeschlossenen Ast herum und lagern ihn mit der bisweilen noch anhaftenden Rinde lose

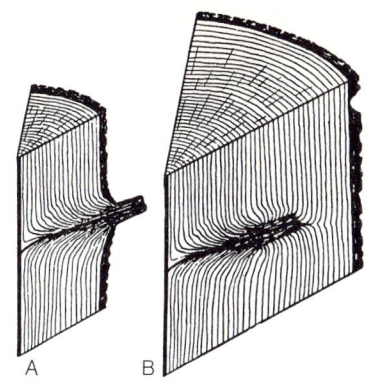

Abb. 139 Entstehung des Schwarz- und Durchfallastes:
(A) Der tote Ast ist nicht in ganzer Länge abgefallen, ein Stummel blieb zurück. (B) Die sich fortlaufend anlegenden Jahrringe haben den Aststummel völlig eingeschlossen. Erst beim Aufschneiden des Stammes kommt er wieder zum Vorschein (nach König)

Abb. 138 Brettstück mit zwei Durchfallästen. Die Jahrringe haben sich um den toten Ast herumgelegt und haben keine organische Verbindung mit ihm. Nach dem Trocknen fällt der so „eingelagerte" Ast heraus (Foto: Steuer)

ein. Dieses Ausweichen der Jahrringe ist aus der Abb. 138 zu ersehen, die ein Brettstück mit zwei herausgefallenen Trockenästen zeigt.

Den Vorgang der Überwallung von toten Aststummeln schematisiert die Abbildung 139. Weil zwischen dem eingewachsenen toten Ast und dem ihn umschließenden Holz keine Verwachsung besteht und, was schon gesagt wurde, das Astholz in der Querrichtung stärker schwindet als das normale Holz, fallen in Brettern enthaltene Äste nach dem Trocknen heraus. Darauf beruht die in der Praxis übliche Bezeichnung *Durchfalläste*.

Nicht unter diesen Begriff fallen die nur einseitig losen, auf der anderen Seite dagegen fest verwachsenen Äste. Letztere beeinträchtigen den Gebrauchswert eines Brettes weniger, was in der Sortierungsnorm darin Ausdruck findet, daß schwarze und schwarzumrandete Nadelholzäste als „gesunde" Äste gelten, wenn sie einseitig mindestens zur Hälfte fest verwachsen sind. Die nicht verwachsenen Äste stellen eine erhebliche Fehlerhaftigkeit dar. Sie können bei der Verarbeitung des Holzes zu Brettware das wertmäßige Ergebnis der Ausbeute wesentlich herabmindern.

Das harte und spröde Holz der Äste ist schwierig zu bearbeiten. Auch Nägel lassen sich in Äste nur schwer eintreiben. Hinzu kommt, daß in der Umgebung der Äste der Verlauf der Faser gestört ist; die Faser verläuft in mannigfachen Drehungen und Faltungen. Dadurch reißt man beim Hobeln leicht Späne heraus, auch entstehen rauhe, hirnholzartige Stellen, die sich bei der Glättung und Oberflächenbehandlung sehr störend auswirken können.

Die Störung des Faserverlaufes beeinflußt auch die Tragfähigkeit von Balken usw. Äste in Konstruktionsgliedern können vor allem dann die Tragfähigkeit stark herabsetzen, wenn sie in der Zugzone liegen. Die Beeinträchtigung der Tragfähigkeit richtet sich nach dem Astdurchmesser. Dabei ist der Durchmesser des Einzelastes (bei angeschnittenen Ästen die Bogenhöhe) oder bei Astansammlungen die Summe sämtlicher Astdurchmesser (auf einer bestimmten Teillänge) zu berücksichtigen.

7.3.1.5 Einfluß der Äste auf den Gebrauchswert des Holzes

Sicher sind Äste bei der Verarbeitung von Holz störend und nachteilig. Ihr Vorhandensein schließt manche Verwendung sogar aus. Trotzdem ist es im Hinblick auf die Unentbehrlichkeit der Äste für das Leben der Bäume nicht angängig, den Ast im Holz grundsätzlich, ohne Rücksicht auf seine Größe, Beschaffenheit usw. als Fehler zu bezeichnen.

In der Einleitung zum Kapitel 7 wurde festgehalten, daß Fehler Abweichungen von der „normalen" Beschaffenheit des Holzes sind. Da die Holzbildung ohne Äste unmöglich ist, gehört ein gewisses Maß von Ästen zweifellos zur normalen Erscheinung des Holzes. Wohl kann beim Wachstum der Bäume unter günstigen Umständen ein beschränkter Teil astfreies Holz entstehen. Dazu besteht auf geeigneten Standorten die Möglichkeit, diesen Anteil durch waldbauliche und pflegetechnische Maßnahmen zu sichern und sogar zu erhöhen. Doch bleibt auch im günstigsten Fall der Anteil an astreinem und selbst an astarmem Holz prozentual klein, da dessen Erzeugung an standörtliche Voraussetzungen gebunden ist, die nur auf einem Bruchteil der für die Holzerzeugung verfügbaren Fläche gegeben sind. Berücksichtigen wir dies, dann kann der Fehlerbegriff mit bezug auf die Äste im Holz nur relativ, die Art und Beschaffenheit der Äste und Verwendungszwecke beachtend, angewendet werden. Anders ausgedrückt: Äste fallen nur insoweit unter den Fehlerbegriff, als ihr Vorhandensein die Brauchbarkeit des Holzes für den jeweiligen Verwendungszweck über das gerade noch zulässige Maß hinaus beeinflußt.

Für bestimmte (höherwertige) Bedarfszwecke scheidet astiges Holz grundsätzlich aus; hier werden, sei es mit Rücksicht auf den Verarbeitungsgang oder auf die Art (Zweckbestimmung) und Güte (Schönheitswirkung) der Fertigerzeugnisse berechtigt höchste Ansprüche an die Astfreiheit des zur Verarbeitung kommenden Holzes gestellt. Zu diesen Verarbeitungsgebieten gehören, um nur einige der wichtigsten zu nennen, Biegehölzer und (Deck-)Furniere für Möbel, Sportgeräte, Flugzeugteile, Musikinstrumente, Gewehrschäfte, Dichtfaßdauben, Spalt- und Schnitzwaren. Hinzu kommen bestimmte Anwendungen in der Bau- und Möbelschreinerei, im Wagner- und im Rahmenglasergewerbe. Demgegenüber beeinträchtigt der mit dem Holz verwachsene gesunde Ast die Gebrauchsfähigkeit des Holzes für die meisten Verarbeitungsgebiete und damit für den mengenmäßigen Schwerpunkt des Verbrauches nicht in dem Maß, daß nicht auch Holz mit Ästen verarbeitet werden könnte. So wird z. B. die Dauerhaftigkeit und auch die Schönheit eines Dielenfußbodens durch das Vorhandensein festverwachsener, gesunder Rundäste in keiner Weise beeinträchtigt. In

Abb. 140 Bei der Gestaltung dieses Wohnraums wurde die belebende Wirkung der vielen kleineren und größeren Äste der Kiefern-Profilbretter genutzt (Foto: W. Moegle)

Abbildung 140 wird eine naturfarbene Kiefern-Profilbrettschalung gezeigt, bei der die Äste als Rund- und Flügeläste anfallen. Es wurde damit eine Flächenbelebung und -wirkung von besonderer Eigenart und Schönheit erzielt.

Aber auch wenn man von derartigen Liebhaberverwendungen astiger Bretter absieht, stört der gesunde Ast die Verarbeitung des Holzes und auch den Gebrauchswert der fertigen Stücke in vielen Fällen durchaus nicht. Flächen, die mit pigmentierten Lacken gestrichen werden, erfordern z. B. kein astfreies Holz. Wo nicht besondere Ansprüche an die Festigkeit und Schönheit gestellt werden, sollte man den gut verwachsenen, gesunden Ast dulden und in seinem Vorhandensein nicht etwa eine Minderwertigkeit der betreffenden Stücke sehen, sondern eine naturgegebene Eigenheit des Holzes. Der Verarbeiter muß sich dessen bewußt bleiben, daß astarmes, feinästiges oder gar völlig astfreies Holz immer nur in einer beschränkten Menge anfällt und dieser Anfall in erster Linie solchen Verarbeitungszwecken zugeführt werden soll, bei denen es nicht anders möglich ist. Im übrigen sollte jedes Stück die bestmögliche Ausnutzung erfahren, eine Verwendung also, für die es nach seiner Beschaffenheit gerade noch geeignet ist. Eine derartige Materialbetrachtung dient sowohl den privatwirtschaftlichen als auch den volkswirtschaftlichen Interessen.

Es wurde schon gesagt, daß der Faserverlauf in der Umgebung der Äste gestört ist und dadurch die Festigkeit des Holzes verändert wird. Bei dem für Bauholz in Frage kommenden Stammholz ist es bei dessen Länge und Stärke selbstverständlich, daß astreines Holz im allgemeinen nicht geliefert werden kann. Andererseits können Äste die Festigkeitseigenschaften des Holzes erheblich herabmindern. Hier ist erfreulicherweise ein guter Anfang zu einer Fehlerabstufung und Gütesortierung auf wissenschaftlicher Grundlage gemacht worden.

DIN 4074 (Gütevorschriften für Bauholz) schafft die vordem fehlende Klarheit und gibt eindeutige und allgemeingültige Bestimmungen unter Einteilung des Bauholzes in drei Güteklassen, und zwar: Güteklasse I mit besonders hoher Tragfähigkeit, Güteklasse II mit gewöhnlicher Tragfähigkeit, Güteklasse III mit geringer Tragfähigkeit. Die für die Einstufung erforderlichen Güteeigenschaften – auch in bezug auf Äste – sind genau festgelegt. Von ihrem Vorhandensein hängen die zulässigen Spannungen ab, und diese Eigenschaften bestimmen die statische Ausnutzung. In den Ausführungen zum Abschnitt

Güteklasse I Bauholz mit besonders hoher Tragfähigkeit	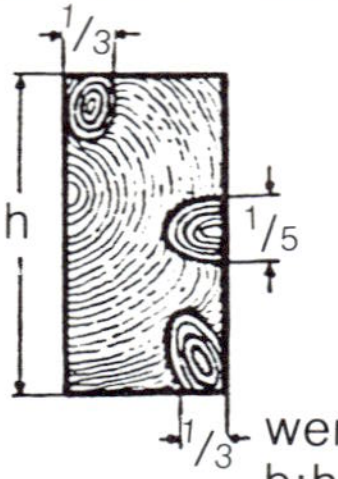 bei Druck u. Biegung: $1/5$ wenn $b:h \leq 1/2$, sonst $1/3$	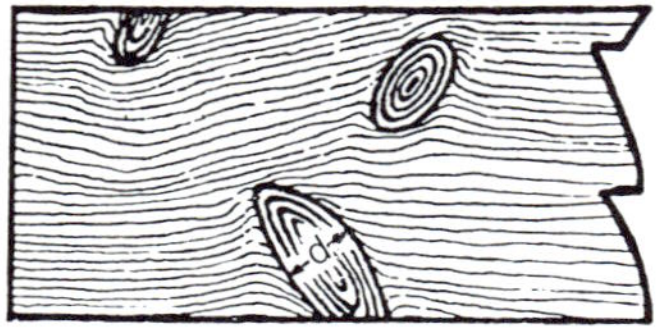 Höchstzulässiger Durchmesser (d) des Einzelastes bis $1/5$ der Breite der Querschnittseite, an der er sitzt, aber nicht über 5 cm	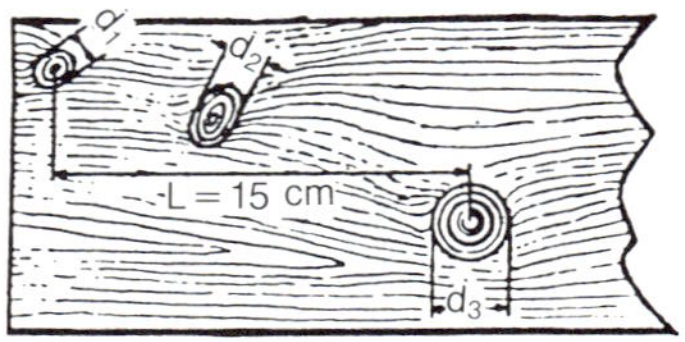 Bei Astansammlungen darf die Summe der Astdurchmesser auf 15 cm Länge auf jeder Fläche bis $2/5$ der Breite der betreffenden Querschnittseite betragen. Mithin $d_1 + d_2 + d_3 \leq 2/5\, h$
Güteklasse II Bauholz mit gewöhnlicher Tragfähigkeit	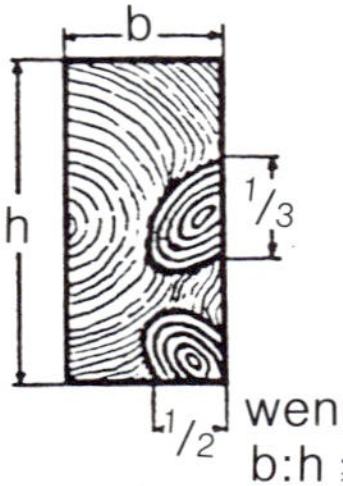 bei Druck u. Biegung: $1/3$ wenn $b:h \leq 1/2$, sonst $1/2$	 Höchstzulässiger Durchmesser (d) des Einzelastes bis $1/3$ der Breite der Querschnittseite, an der er sitzt, aber nicht über 7 cm	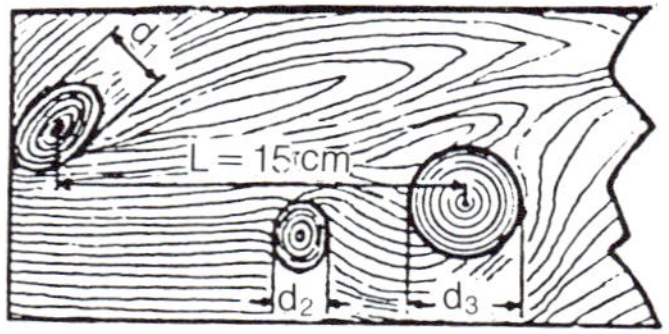 Bei Astansammlungen darf die Summe der Astdurchmesser auf 15 cm Länge auf jeder Fläche bis $2/3$ der Breite der betreffenden Querschnittseite betragen. Mithin $d_1 + d_2 + d_3 \leq 2/3\, h$
Güteklasse III Bauholz mit geringer Tragfähigkeit	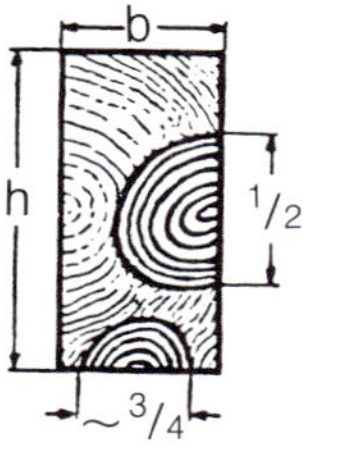 $1/2$, $3/4$	 Höchstzulässiger Durchmesser (d) des Einzelastes bis $1/2$ der Breite der Querschnittseite, an der er sitzt	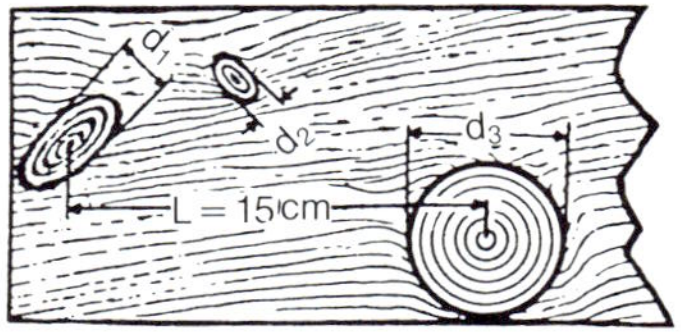 Bei Astansammlungen darf die Summe der Astdurchmesser auf 15 cm Länge auf jeder Fläche bis $3/4$ der Breite der betreffenden Querschnittseite betragen. Mithin $d_1 + d_2 + d_3 \leq 3/4\, h$

Abb. 141 Höchstzulässige Astgrößen des Einzelastes und bei Astansammlungen für Bauholz

7.3.1.4 wurde bereits festgehalten, daß sich die Beeinträchtigung der Festigkeit nach dem Astdurchmesser richtet. Entsprechend ist in DIN 4074 die Größe der Einzeläste, ebenso die Summe der Astdurchmesser auf einer bestimmten Holzlänge begrenzt worden. Die Abbildung 141 zeigt die zulässigen Astbreiten und wie sie ermittelt werden.

An Bauholz der Güteklasse I (nach DIN 4074) werden sehr hohe Anforderungen auch hinsichtlich Zahl und Größe der zulässigen Äste gestellt. Solches hochwertige Holz findet aber nur in Fällen besonderer Beanspruchung Verwendung (Brücken, Stäbe in weitgespannten Bindern u. ä.), wo seine hohen zulässigen Spannungen auch tatsächlich ausgenutzt werden können. Auch da ist es oft ausreichend, wenn die Hölzer auf dem Teil der Länge den hohen Anforderungen dieser Güteklasse entsprechen, in dem die maßgebenden Spannungen auftreten. Gegebenenfalls ist dann aber der vorgeschriebene Sicherheitszuschlag zu berücksichtigen.

Der Schwerpunkt der Verwendung liegt bei der Güteklasse II. Die Anforderungen an diese Güteklasse entsprechen etwa einer normalen (gesunden) Holzqualität. Auch hier braucht das Holz nicht immer die Anforderungen auf die ganze Länge zu erfüllen.

Holz der Güteklasse III darf für Zugglieder nicht verwendet werden. Diese Güteklasse findet Verwendung für untergeordnete Bauteile wie Futterhölzer, kurze Balken, Schiftsparren, Wechsel u. ä., die statisch nicht ausgenutzt werden können, die aber bestimmte Abmessungen haben müssen.

Eine die Festigkeitseigenschaften beeinflussende Störung des Faserverlaufes kann auch durch Stümpfe von Grün- oder Trockenästen verursacht werden, die schon längst überwallt sind. Die Abbildung 142 zeigt dies bei einem überwallten, gesunden Kiefernast. Deutlich sichtbar ist die Krümmung des Faserverlaufes, die der Aststumpf noch mehr als 20 Jahre nach seiner Überwallung

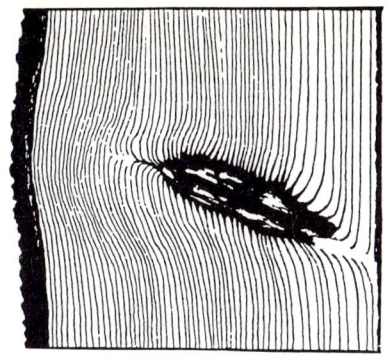

Abb. 142 Auch noch nach Überwallung eines Astes kann über der Aststelle eine die Festigkeit des Holzes herabsetzende Krümmung des Faserverlaufes auftreten (nach König)

bewirkt hat. Derartige Störungen des geraden Faserverlaufes erscheinen auf der Mantelfläche des Stammes als „Beulen". Die Störung des Faserverlaufes über gesund überwallten Ästen ist je nach Baumart verschieden. In manchen Fällen, vor allem bei Baumarten mit schwächeren Ästen wie Fichte und Tanne, verlaufen die Fasern schon nach wenigen Jahren wieder normal. Andere Baumarten wie Kiefer und Lärche lassen noch nach vielen Jahren erkennen, daß unter der Beule ein überwallter Ast verborgen sitzt.

Die Anlage zu § 1 der Verordnung über gesetzliche Handelsklassen für Rohholz vom 31. Juli 1969 legt fest, wie weit die einzelnen Sorten und Güteklassen astig sein dürfen. Nähere Angaben über Größe und Zahl der zulässigen Äste sind nicht enthalten. Die Definition begnügt sich mit Begriffen wie „astrein oder fast astrein", „grobastig", „gesunde Äste zulässig", „nicht sehr zahlreichen Ästen" usw. Die Auslegung wird sehr stark zur „Gefühlssache", die auch dann, wenn sie durch Erfahrung gestützt wird, gelegentliche Meinungsverschiedenheiten nicht ausschließt. In den „Anmerkungen zur Güteklasse B/EWG und einer klaren Abgrenzung" im Abschnitt „Gütesortierung" (s. S. 120ff.) wurde versucht, im Anhalt an verschiedene wissenschaftliche Untersuchungen das Gütekriterium Astigkeit auf zuverlässigere Grundlagen zu stellen und die allgemeinen Hinweise durch meßbare Hilfen zu stützen.

7.3.1.6 Wasserreiser (Klebeäste)

Eine besondere Art von Ästen bildet sich aus Wasserreisern. Von den eigentlichen Ästen unterscheiden sie sich dadurch, daß sie nicht an jungen Trieben, sondern nachträglich am schon älteren Stamm in der Rinde aus „schlafenden Augen" (Präventivknospen) entstehen. Sie machen den Eindruck, als seien sie hier plötzlich „angeklebt" worden. Diese aus Wasserreisern entstandenen Äste nennt man daher auch Klebeäste.

Im Gegensatz zu den eigentlichen Ästen, die stets vom Mark des Stammes ausgehen, beginnt der Klebeast in irgendeinem Stadium des Baumwachstums zu wachsen. Von da ab wächst er, wie auch andere Äste, allmählich in das Holz ein. Durch nachträgliche Wasserreiserbildung am bis dahin astreinen Schaft, die vor allem bei Eiche nach Freistellung, bei Überhalt oder nach starker Durchforstung, ebenso wie bei Störungen des Gleichgewichtes von Krone und Wurzel (z. B. Wipfeldürre) häufig auftritt, kann der Nutzwert der Stämme erheblich herabgemindert werden. Bei Pappel ist Wasserreiserbildung oft Folge zu starker Grünästung (MAYER-WEGELIN, 1952). Wasserreiserbildung bei Pappel kann übrigens auch Ursache der Entstehung beuliger Anschwellungen am Stamm sein.

Die an wertvollen Laubholzstämmen entstehenden Wasserreiser sollen regelmäßig, spätestens alle drei bis vier Jahre, glatt am Stamm weggeschnitten werden. Mit ihrer Entfernung ist aber das Übel keineswegs behoben; denn an der Entwicklungsstelle bleibt die Holzfaser unterbrochen, es entstehen dadurch Fehlerstellen im Holz, die vor allem bei wertvollen Eichenfurnierstämmen recht nachteilig sind: Das Furnierblatt bekommt an diesen Stellen kleine Löcher.

Abb. 143 Wasserreiserbildung an freistehenden Eichen (Foto: Archiv Holz-Zentralblatt)

Als Spuren überwallter (entfernter) Klebeäste verbleiben auf der Rinde die jedem Eichenspezialisten bekannten „Röschen". Es sind dies maserähnliche kleine Knollen, geringe nur für das geübte Auge zu erkennende Abweichungen in der Struktur der Rinde. Sind solche überwallten Klebeäste in größerer Zahl vorhanden, dann ist durch sie ein erheblicher und gerade der beste Teil des Stammes entwertet, und solche Stämme sind für Furnierware unbrauchbar (SINDERSBERGER, 1935).

Die Wasserreiserbildung bei einer älteren Eiche illustriert Abbildung 143. Wasserreiserbildung aus in der Rinde sitzenden schlafenden Knospen kann unter gegebenen Voraussetzungen in jedem Baumalter, also auch noch bei älteren Bäumen erfolgen. Selbst starke Verborkung eines Stammes schließt nicht aus, daß aus den Borkenrissen Wasserreiser austreiben. Fast alle Laubhölzer neigen zu Wasserreiserbildung, besonders Eiche, Pappel, Ulme, Ahorn und Esche. Daneben kommt sie bisweilen auch bei Lärche und Tanne vor.

Die Forstwirtschaft bemüht sich seit langem, der Entwertung des Holzes – insbesondere des Eichenwertholzes – durch Wasserreiserbildung vorzubeugen, sei es durch waldbauliche Maßnahmen wie Einhüllung der Zukunftsstämme in einen Mantel von Schatthölzern, langsame Gewöhnung an einen freien Standraum unter sorgfältiger Vermeidung plötzlicher Eingriffe in den geschlossenen Bestand, Förderung starker Kronenausbildung oder auch Verhinderung des Austreibens der schlafenden Knospen. Zu letzterem sind verschiedene Verfahren zur Beseitigung oder zum Unschädlichmachen der schlafenden Knospen versucht worden, ohne jedoch mit ihnen bisher ein befriedigendes Ergebnis zu erreichen. Nach dem von Voss (1941 bis 1947) durchgeführten Versuch hat sich das Röten der zum Überhalt bestimmten Eichen zwar als ein an sich brauchbares, jedoch kostspieliges und große Sorgfalt erforderndes Mittel zur Entfernung der schlafenden Knospen erwiesen, das jedoch nicht frei von gewissen Gefahren ist (Neigung der geröteten Stämme zu Frostrissen, Kambiumverletzungen). Zudem besteht keine unbedingte Sicherheit, daß mit dem Entfernen der Außenrinde durch das Röten auch tatsächlich alle schlafenden Knospen entfernt werden.

Es sind weiter Versuche gemacht worden, die ausgetriebenen Wasserreiser durch Bespritzen mit chemischen Mitteln zum Welken zu bringen. Versuche in dieser Richtung, die SPLETTSTÖSSER (1957) seit 1951 durchgeführt hat, waren im Ergebnis befriedigend und scheinen aussichtsreich zu sein. Die Behandlung erfolgte durch Bespritzen der wasserreiserbildenden Eichenwertholzanwärter mit einer 0,2prozentigen Lösung des Mittels Tormon bzw. Tormona 80 (Wuchsstoffmittel). Das Verfahren hat, wie eingehende Untersuchungen von für diesen Zweck gefällten Bäumen ergaben, keinerlei Schäden oder Nachteile (Kambialschäden usw.) für das Leben der behandelten Bäume und für die Holzgüte zur Folge. Die durch die Behandlung abgestorbenen Äste und Ästchen müssen nach vier Jahren mechanisch entfernt werden, soweit sie bis dahin noch nicht abgefallen sind.

Inzwischen sind vom forstbotanischen Institut der Universität Freiburg/Br. mit Tormona 80 Versuche auch an zwei- bis siebenjährigen Schwarzpappeln durchgeführt worden, die in der Abtötung der behandelten Zweige erfolgreich waren. Schädigende Auswirkungen auf die Gesundheit und das Holz der behandelten Bäume (Pilzbefall, Farbfehler) wurden auch bei diesen Versuchen nicht festgestellt. Chemisch abgetötete Äste zeigten nach dem Aufschneiden am Astansatz eine deutliche Schutzschicht, die den toten Ast vom lebenden Stamm trennte (LIESE, 1957). Tormona 80 ist ein Unkrautbekämpfungsmittel auf Wuchsstoffbasis. Die untere Grenze seiner Wirksamkeit in der Anwendung zur chemischen Astung und Wasserreiserbeseitigung dürfte nach den bisherigen Versuchen bei einer Konzentration von etwa 0,2% liegen. Dabei mag aber auch die Zeit, in der die Anwendung erfolgt (Spritztermin), eine Rolle spielen.

7.3.1.7 Äußere Merkmale und innere Astigkeit

Die *äußere Astigkeit* eines stehenden oder liegenden Stammes läßt sich leicht feststellen. In der Regel sind dabei drei Stammteile zu unterscheiden:

1. am unteren Schaft ein *astfreier Teil*, den fast jeder im Bestandsschluß erwachsene Baum besitzt, wenn auch bisweilen nur in sehr geringer Länge,

2. der mit *toten Ästen* und *Aststummeln* besetzte *mittlere Teil*, der je nachdem ob die Reinigung von Ästen gut oder schlecht war, etwa auf das mittlere Drittel der Höhe beschränkt sein oder auch das untere Drittel mehr oder weniger (bei Mittelgebirgsfichten oft bis in Bodennähe) erfassen kann, und

3. der Teil, der die *lebenden Äste* der *Krone* umfaßt, an deren Basis sich bisweilen einige, wegen zunehmender Be-

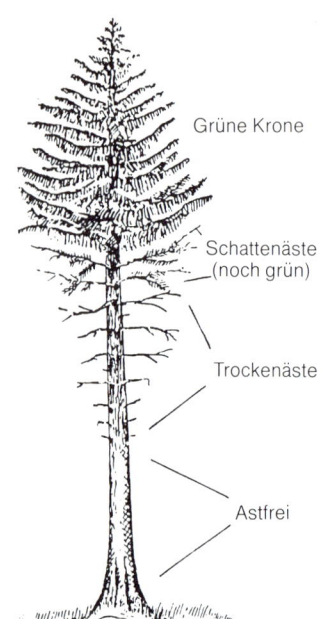

Abb. 144 Die äußere Astigkeit eines stehenden Stammes ist leicht zu erkennen (nach König)

schattung (Lichtmangel) kümmernde, sogenannte „Schattenäste" befinden.
Die Abbildung 144 illustriert dieses übliche Verhältnis der Äste am stehenden Baum (Fichte). Für die Gütebeurteilung des mit sichtbaren Ästen besetzten Stammteils kommt es nicht allein auf die Zahl der Äste und Aststummel, sondern auch auf den Astdurchmesser an. Äste, die an der Basis 2 cm, höchstens 3 cm haben, können als „kleine" Äste bezeichnet werden. Unter Hinweis auf die zuvor angesprochene DIN 4074 für Bauholz können Äste von mehr als 3 bis 7 cm als „mittelgroß" gelten; bei Laubholz wird man die obere Grenze im mittleren Bereich sogar bei 10 cm ansetzen können. „Große" oder „grobe" Äste haben über 7 cm (bei Laubholz über 10 cm) Durchmesser. Dem entsprechen auch die Bezeichnungen „feinastig" (kleinastig), „mittelastig" und „grobastig". Der Astdurchmesser wird grundsätzlich oberhalb des Astanlaufes und an der schmalsten Stelle gemessen.

Schwierig ist es, die innere Astigkeit des äußerlich astfreien Schaftteiles mit einiger Sicherheit zu beurteilen. Das gilt für den gefällten Stamm und erst recht für den stehenden. Solange die ehemaligen Quirlstellen oder Einzeläste als Beulen oder Wellen mehr oder weniger deutlich erkennbar oder auch nur schwach angedeutet sind, besteht Gewißheit darüber, daß die Überwallung der Aststümpfe noch nicht weit genug zurückliegt und somit ein verwertbarer, astreiner Mantel nicht vorhanden sein kann. Auch die Zahl der noch erkennbaren überwallten Äste läßt sich leicht feststellen. Ebenso kann ihre Dicke nach den höher am Schaft sitzenden Trockenästen und Aststummeln ungefähr eingeschätzt werden. Ist aber von den ehemaligen Quirlstellen am äußeren Stamm nichts mehr zu erkennen, dann stößt die Beurteilung der inneren Astigkeit nach Häufigkeit, Durchmesser des von den früheren Ästen durchsetzten Stammteiles (Astkegel) und Dicke der darüber angelegten astfreien Schicht unter Umständen auf erhebliche Schwierigkeiten.
Äußere Merkmale für die Beurteilung der inneren Astigkeit am stehenden Stamm sind neben schon erwähnten sichtbaren Ästen und Aststummeln, Beulen und Schwellungen über ehemaligen Ästen und Astquirlen die von der Astüberwallung bei manchen Holzarten noch lange zurückbleibenden *Spuren* auf der *Rinde*, die aus mehr oder weniger deutlichen Kreis- und Wellenzeichen oder aus sonstigen Abweichungen in der Rindenstruktur bestehen.
Je nach der Dicke des überwallten Aststumpfes und sonstigen die Überwallung beeinflussenden Faktoren, vor allem auch abhängig von der seit der Überwallung verflossenen Zeit, sind diese Rindenzeichen sehr unterschiedlich. Die Art und Deutlichkeit ihrer Ausprägung, die Veränderungen, die sie im Verlauf des Dickenwachstums des Stammes erfahren, ebenso die Dauer der Sichtbarkeit, sind nach Holzarten verschieden. Für die Beurteilung am ge-

fällten Stamm bietet sich insbesondere der Jahrringbau am unteren Stockabschnitt an, der vor allem bei *Kiefer* für sich allein und in Verbindung mit anderen Merkmalen brauchbare Hinweise auf die innere Astigkeit gibt. Bei *Fichte* liegen die Dinge ähnlich, doch sind hier die Beziehungen im allgemeinen weniger eindeutig.

Zusammenhang zwischen Jahrringbreite und innerer Astigkeit bei Kiefer
Über die Beziehungen zwischen der durchschnittlichen Breite der im ersten Jugendwachstum angelegten Jahrringe und der inneren Astigkeit bei Kiefer insbesondere im Hinblick auf den Durchmesser der in den Kern eingewachsenen Äste, liegen verschiedene Untersuchungen vor. Die ersten zahlenmäßigen Angaben stammen von HILF. Ihnen ist die durchschnittliche Jahrringzahl auf der innersten Kreisfläche von 5 cm Durchmesser am Stockabschnitt unterstellt und zwar:

5 Jahrringe = grobästig,
12 Jahrringe = mittelästig,
20 Jahrringe = feinästig.

Dies entspricht für feinästiges Holz einer durchschnittlichen Jahrringbreite im ersten Jugendwachstum von 1,3 mm; für mittelästiges Holz wäre die durchschnittliche Ringbreite in der Jugend 2,1 mm, für grobästiges Holz 5 mm. Es bestätigt die alte Erfahrung der Praxis, wonach der Durchmesser der im aststumpfdurchsetzten Kern enthaltenen Jugendäste mit der Ringbreite zunimmt. Gleichgerichtete Untersuchungen hat OLBERG (1943) in einem aus Plenterwald hervorgegangenen Kiefernaltholzbestand durchgeführt. Nach seinen Feststellungen genügt für die Beurteilung der inneren Astigkeit der ersten 4 m Stammlänge im allgemeinen die durchschnittliche Ringbreite auf einem inneren Kreis der Hirnfläche am Stock von 5 cm Durchmesser, während für die zweiten 4 m Stammlänge ein entsprechender Kreis von 10 cm Durchmesser heranzuziehen ist. Plötzliche Zunahme der Ringbreite läßt mit der Bildung starker Äste (Vorhandensein eingewachsener Aststummel) rechnen, und zwar um so mehr, je krasser der Übergang von kleinen auf große Breiten erfolgt ist.

OLBERG macht auch zahlenmäßige Angaben über die Aststärken. Hiernach weist die beste in Deutschland vorkommende Kiefernqualität bis auf 4 m (höchstens bis auf 5 m) Höhe Äste von weniger als 10 mm Durchmesser und auf den folgenden 4 m kleine Rundäste auf. Diese Spitzenqualität ist an durchschnittliche Ringbreiten bis maximal etwa 1,8 mm auf einen innersten 5-cm-Kreis am Stockabschnitt gebunden. Bis zu einer Ringbreite von etwa 3 mm im innersten 5-cm-Kreis hält sich die Astigkeit bis zu 8 m Stammlänge (Höhe) in den Grenzen der kleinen Rundäste. Als solche sind im Sinne der Nadelschnittholzsortierung Äste mit etwa 2 cm, höchstens jedoch 3 cm kleinstem Durchmesser zu verstehen. Bei Ringbreiten über 3 mm treten bereits im unteren Stammteil mittelgroße Äste, bei Ringbreiten von 4 mm und darüber grobe Äste und auch Schwarzäste auf. Spuren der Astüberwallung zeigen sich bei der Kiefer in Form rundlicher Narben mitunter noch sehr lange.

Enge und gleichmäßige Jahrringe im Stamminneren sind eine Eigenschaft, die langsame Jugendentwicklung voraussetzt. Das feinästige Holz, wie wir es in der Spitzenqualität der ostdeutschen Kiefer kennen, ist im engsten Verband (Dichtstand) unter langjähriger Beschirmung und nur allmählicher Freistellung herangewachsen. Dichtstand und Beschirmung in der Jugend verhinderten die Ausbildung starker Äste und begünstigten auch die schnelle und vollkommene Astreinigung im unteren Stammteil. Nur bei solchen in der Jugend im Dichtstand unter Schirm langsam heranwachsenden und sehr zögernd freigestellten Kiefern finden wir im Innern des Stammes einen mit dünnen Ästen durchsetzten schmalen Astkegel und bei älteren Stämmen den entsprechend breiten astfreien Holzmantel. Um dieses zu erreichen, sollte in den ersten 10 bis 20 Jahren das Wachstum der Jahrringbreite den Durchschnitt von 2,7 mm nicht überschreiten (OLBERG-KÜHN, 1930).

„Chinesenbärte" an Buche als Anhalt für die Beurteilung der inneren Astigkeit und der Überwallungstiefe

Bei der Buche geben die von den überwallten Ästen hinterlassenen Spuren auf der Rinde eines äußerlich astreinen Stammes einen brauchbaren Anhalt, um die innere Astigkeit zu beurteilen. Sie gestatten mit einer für die Praxis im allgemeinen ausreichenden Sicherheit Rückschlüsse sowohl auf Zahl und Dicke der überwallten ehemaligen Äste als auch auf die Überwallungstiefe. Die Abbildung 145 zeigt Buchenschäfte mit den deutlichen Spuren überwallter Äste in ihren verschiedenen, von der Überwallungstiefe und der Astdicke abhängi-

Abb. 145 Narben überwallter Äste auf der Rinde der Rotbuche, die wegen ihrer Ähnlichkeit mit spitzen, hängenden Schnurrbärten „Chinesenbärte" genannt werden (Foto: Steuer)

gen Formen. Unter jeder dieser Rindennarben sitzt ein überwallter Aststumpf. Form und Ausprägung der Narben ändern sich mit dem Dickenwachstum des Stammes, und dieser Veränderungsprozeß ist es, aus dessen jeweiligem Stand wir Fingerzeige für die Beurteilung der inneren Astbeschaffenheit erhalten.

Die Buche neigt zu einer mehr oder weniger steilen Aststellung. Am ausgeprägtesten ist die steile Stellung der Äste in Beständen mit zwieseligen und besenartig verästelten Kronen, während die Äste bei wipfelschäftigen Buchen weniger steil stehen. Die steile Aststellung herrscht jedoch vor, und bei ihr entsteht beim fortschreitenden Dickenwachstum von Stamm und Ast im Astwinkel eine Rindenfalte, die beiderseits schräg nach unten ausläuft. Die beiden Ausläufer bilden dabei einen mehr oder weniger spitzen Winkel.

Bei der Buche bleibt die Rinde während des ganzen Baumlebens am Stamm und auch bis ins höchste Alter glatt. Mit zunehmendem Dickenwachstum des Stammes wird die Außenschicht in die Breite gezogen also gedehnt (Abb. 146). Daraus ergeben sich für unsere Betrachtungen folgende Feststellungen:

1. Die in den Astwinkeln sich bildende Rindenfalte prägt sich um so markanter aus, je stärker der Ast wird bzw. je länger er lebend (und wachsend) am Stamm bleibt. Dabei nimmt auch die Länge der Ausläufer bis zu einer gewissen Grenze ständig etwas zu.

2. Auch nach dem Absterben und Abfallen des Astes (natürliche Astreinigung des Stammes) bleibt die Rindenfalte als Narbe noch sehr lange, mitunter während des ganzen Baumlebens auf der Rinde sichtbar

3. Durch die mit dem fortschreitenden Dickenwachstum des Stammes verbundene Dehnung der Rinde verändert die Narbe ihre Form, und zwar erfolgt diese Formveränderung in engster Abhängigkeit von der zunehmenden Umfangserweiterung der Stammquerfläche.

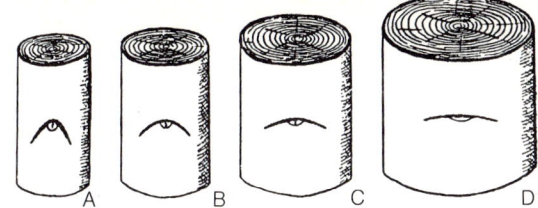

Abb. 146 „Chinesenbärte" an Buche, ihre Entstehung und Formveränderung. In den Darstellungen (A) bis (D) ist diese Veränderung, auf die im Text bezug genommen wurde, gezeigt (nach König)

Während nach dem Absterben und Abfallen eines Astes die beiderseits der Aststelle schräg nach unten verlaufenden Rindenfalten in der Regel zunächst eine fast spitzwinkelige Form zeigen (Darstellung a in Abb. 146), werden mit zunehmendem Dickenwachstum des Stammes die Schenkel des Winkels mehr und mehr auseinandergezogen. Der Winkel wird immer stumpfer, bis zuletzt eine fast waagrechte Linie erreicht ist. Aus den Darstellungen B bis D der Abb. 146 ist dies ersichtlich. Je mehr die Schenkel auseinanderstreben, desto mehr Seitenausdehnung (Breite) bekommt die Narbenfigur, während ihre Höhe – von der Basis bis zum Scheitelpunkt gemessen – abnimmt.

Namentlich in der ersten Phase der Formveränderung entsteht eine Figur, die sehr an einen herabhängenden Schnurrbart erinnert. Daher auch die übliche Bezeichnung *Chinesenbart*.

Weil sich die Formveränderung der Narbe in Abhängigkeit vom Dickenwachstum des Stammes vollzieht, muß die seit der Astüberwallung über den eingewachsenen Aststumpf angelegte Holzschicht um so dicker sein, je mehr die Schenkel des Winkels auseinandergezogen sind. Im gleichen Verhältnis wie der Winkel stumpfer wird, verringert sich auch die Höhe der Rindennarbe, und diese Höhenveränderung gibt einen guten Anhalt, um die Überwallungstiefe zu schätzen. Rindennarben, bei denen die Linien bereits nahezu waagrecht gestreckt sind, haben nur geringe Höhe, was besagt, daß die Überwallung des darunter sitzenden Aststumpfes schon lange Zeit zurückliegt; dementsprechend dicker ist der über

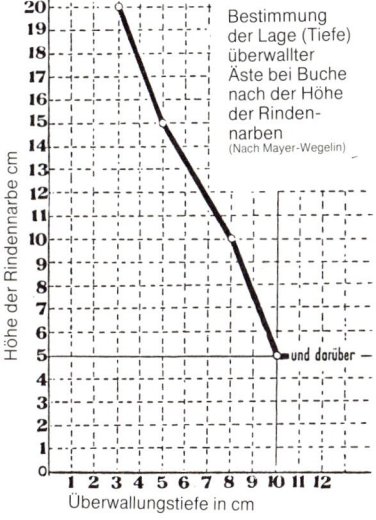

Abb. 147 Höhe der Rindennarbe und Überwallungstiefe. Nach Zahlenangaben von MAYER-WEGELIN für 120jährige Buchen

dem Aststumpf angelegte astfreie Holzmantel.

Die vorstehend besprochenen Zusammenhänge hat MAYER-WEGELIN (1929) auf breiter Grundlage untersucht. Das Ergebnis dieser Untersuchungen an 120jährigem Buchenstammholz ist in Abbildung 147 festgehalten. Sie zeigt, daß unter Rindennarben, deren Höhe mehr als 15 cm beträgt, Aststümpfe sitzen, die noch wenig überwallt sind und mit einem astfreien Mantel von wenigstens 10 cm erst gerechnet werden kann, wenn die Höhe der Rindennarben etwa unter 5 cm bleibt.

Neben der Höhe der Chinesenbärte geben auch die im Winkel der Ausläufer der Rindenfalte liegenden (in den Abb. 145 und 146 deutlich zu sehenden) ringförmigen Narben – Siegel genannt – einen brauchbaren Anhalt für die Beurteilung der Überwallungstiefe. Die Siegel werden beim zunehmenden Dickenwachstum des Baumes in horizontaler Richtung gedehnt; ihre Form wird dabei im Laufe der Zeit oval, elliptisch bis lanzettförmig. Der vertikale Durchmesser (Höhe) erfährt bei Wachstum des Baumes eine Schrumpfung, die aber wesentlich geringer als die Dehnung in horizontaler Richtung ist.

Sind sie so geformt, daß das Verhältnis von Höhe zu Querdurchmesser mindestens 1:4 beträgt, dann läßt sich annehmen, daß die Überwallungszone größer als die Hälfte des Radius zwischen Mark und Stammoberfläche ist. Zugleich gibt die Höhe des Siegels auch Hinweise auf die Stärken der Äste wie folgt:

Siegelhöhe (cm)	1,5	3,5	5,5	7,5	9,5	11,5	13,5
Aststärke (cm)	1	2	3	4	5	6	7

Spuren überwallter Äste auf der Rinde anderer Holzarten

Überwallte Äste hinterlassen bei allen Holzarten Spuren auf der Rinde, die oft noch sehr lange sichtbar sind, wenn auch zuletzt nur in schwacher Andeutung der Narbe oder in Abweichungen der Rindenstruktur, z. B. bei Holzarten mit nicht abblätternder, tiefrissiger Borke durch zurückgebliebene Krümmungen (frühere Ausweichungen) im Verlauf der Borkenrippen. Im Vergleich zur Buche sind aber bei anderen Holzarten diese Zeichen überwallter Äste weniger eindeutig, was zumindest dann zutrifft, wenn die Überwallung schon lange zurückliegt.

Bei Birke z. B. bilden sich am Sitz steil stehender Äste bisweilen ähnliche Rindenfalten, wie sie bei der Buche nahezu die Regel sind. Der abgefallene Birkenast hinterläßt daher Rindennarben, die sehr an die „Chinesenbärte" der Buche erinnern, wenn auch ihre Erscheinung eine andere ist. Die Narbenzeichnung auf der Birkenrinde hat nicht die Form eines hängenden Schnurrbartes, sie stellt ein mehr oder weniger akkurates Dreieck dar, das dunkel gefärbt ist und sich daher von der hellen Rinde auffallend abhebt (Abb. 148). Auch diese Astüberwallungsnarben bei Birke bleiben mitunter längere Zeit sichtbar. Ihre Spuren werden aber schließlich mehr und mehr verwischt, bis sie zuletzt völlig verschwinden. Wie lange sie sichtbar bleiben und ob auch hier, ähnlich wie bei Buche, ein Zusammenhang zu der Größe und Tiefe des überwallten Astes besteht, diese Frage ist bisher noch nicht untersucht worden.

Die in dieser Hinsicht bestuntersuchte Holzart ist die Buche (s. vorhergehender Abschnitt). Für Kiefer liegen Feststellungen vor, die bei den Untersuchungen über Holzqualität und Zusammenhang mit der Jugendentwicklung dieser Holzart gewonnen wurden (s. S. 195). Mit der Astigkeit und der Astreinigung der Fichte und auch mit der Möglichkeit, aus den Spuren überwallter Äste auf der Rinde Anhaltspunkte für die Beurteilung der Größe und Tiefe der unter den Narben sitzenden Äste zu erhalten, hat sich BRUNN (1935) beschäftigt. Die Narben bleiben auch bei Fichte noch lange sichtbar. Ein eindeutiger Zusammenhang zwischen Narbenform, Astgröße und Tiefe der Abbruchstelle im Holz ist bei Fichte jedoch nicht gefunden worden.

Für Eiche hingegen führten Untersuchungen von Schulz zur Feststellung eines deutlichen Zusammenhanges des Narbendurchmessers zur Größe des unter der Narbe sitzenden Aststumpfes. Es erwies sich, daß das Verhältnis des in der Richtung der Stammachse von äußerem Rand zu äußerem Rand gemessenen Narbendurchmessers zum Durchmesser der überwallten Äste im großen Durchschnitt wie 2,2:1 ist. Ein Durchmesser der Überwallungsnarbe auf der Rinde von beispielsweise 8,8 cm läßt somit auf einen unter der Narbe sitzenden Aststumpf von etwa 4 cm Durchmesser schließen.

Weniger eindeutig sind die bei den zuletzt erwähnten Untersuchungen gefundenen Anhaltspunkte für die Schätzung der Überwallungstiefe nach den Merkmalen der Narben auf der Eichenrinde. Hier ergab sich, daß durch die Vielgestaltigkeit der Formen ein einziges Merkmal keine gesicherte Grundlage bot. Es ist aber ein Verfahren (Schätzungszahlen) entwickelt worden, das es ermöglicht, durch Zusammenfassung mehrerer der untersuchten Merkmale (Wölbungsgrad, Rindenwiederherstellung, Ausweichen der Borkenrippen und Narbengröße) zu einem Beurteilungsanhalt zu kommen. Auf Einzelheiten kann hier nicht eingegangen werden. Es genügt festzuhalten, daß Stammteile von Eiche und anderen grobrindigen Laubhölzern als Wertholz (Furnier, Schneide- und Schälholz) ausgehalten werden können, wenn die Rundnarben (Rosen und Nägel) einen maximalen Durchmesser von 3 cm nicht überschreiten.

Aufschlußreich ist die Feststellung, daß Spuren der Astüberwallung auf der Eichenrinde noch sichtbar waren, wenn die Überwallung weit über 100 Jahre zurücklag. Das gilt zwar nicht für alle Fälle, aber immerhin für einen hohen Prozentsatz der untersuchten Stämme. Weiter ist festgestellt worden, daß sich bei dünnrindigen Stämmen die Spuren der

Abb. 148 Ebenfalls Rindennarben wie bei Buche hinterlassen Astüberwallungen auch bei Birke; ihre Form ist mehr oder weniger dreieckig (Foto: E. Fuchs-Hauffen)

Astüberwallung im allgemeinen viel schwächer ausprägen als bei dickborkigen und bei ersteren die Überwallungsspuren auch rascher gänzlich verschwinden. Allerdings gab es auch Ausnahmen von dieser Regel. Im großen und ganzen waren die Astnarben verschwunden, wenn die überwallten Stümpfe tiefer als 17 bis 18 cm im Holz saßen, während die unter Überwallungsschichten von bis 12 cm Dicke sitzenden Aststümpfe stets deutlich durch Rindennarben markiert waren. Diese Untersuchungen haben sich nur auf eigentliche Äste, nicht aber auf Wasserreiser erstreckt.

Das erste Stadium nach beendeter Überwallung von Aststümpfen sind wulstige Erhöhungen, die sich als sogenannte Beulen aus der Ebene des Stammantels herausheben. Form und Größe dieser Beulen sind sehr verschieden. Sie werden nicht allein vom Durchmesser des unter ihnen sitzenden Aststumpfes, sondern von vielerlei Faktoren, darunter vor allem von dem mehr oder weniger guten Überwallungsvermögen des Baumes beeinflußt. Mit den der endgültigen Überwallung folgenden Jahrringen beginnt ein allmählicher Ausgleich der Beulen, indem durch ein an den Seiten stattfindendes verstärktes Dickenwachstum die Ränder nach und nach ausgefüllt werden. Dadurch wird die Beule zunehmend flacher; früher oder später verschwindet sie ganz, und dieser allmähliche Ausgleich zur wieder normalen Ebene des Stammantels ist an Längsschnitten durch ehemalige Astüberwallungen gut zu erkennen. Was

Abb. 149 Spuren überwallter Äste verschiedener Größe auf der Eichenborke (Foto: Archiv Holz-Zentralblatt)

aber noch lange sichtbar bleibt, ist die besondere Prägung der auf den ehemaligen Überwallungswülsten liegenden Rinde. Auch der beschriebene Ausgleichvorgang hinterläßt oft noch wellenartige Randlinien, die das verbleibende Narbenbild erweitern. Abb. 149 zeigt Spuren überwallter Äste an Eiche in verschiedenen Größen.

Der von MEYER-BRENKEN (1951) speziell für Kiefer aufgestellte Satz, daß der überwallte Ast um so dichter an der Oberfläche liegt, je größer die Beule ist, kann auch für andere Holzarten gelten. Bei der Aufbereitung des Holzes im Wald sind Beulen so aufzuhauen, daß sie nicht mehr über die Oberfläche des Stammes hinausragen. Tiefere Kerbhiebe sind unter allen Umständen zu unterlassen. Fehler sollten auch nicht dadurch verdeckt werden, daß man den Stamm so dreht, daß die Beulen an der Unterseite liegen. Die Ware Holz dem Kaufinteressenten mit ihren Mängeln und Vorzügen offen anzubieten, wird, auf Dauer gesehen, das Verkaufsgeschäft fördern.

7.3.2 Im Jahrringbau liegende Abweichungen und Wertverschiedenheiten
7.3.2.1 Allgemeines

Der Exzenterwuchs ist in Abschnitt 7.2 als Fehler im Stammquerschnitt behandelt, weshalb er hier nur erwähnt sei. Wenn wir uns jetzt mit dem Jahrringbau, insbesondere mit der Breite der einzelnen Jahrringe und ihrer Zusammensetzung aus Früh- und Spätholz beschäftigen, so sei zuvor auf Kapitel 2 „Der Baum" verwiesen, in dem die Bildung der Jahrringe behandelt ist. In der Regel besteht der Jahrring aus *Frühholz*, Zellen, die der Leitung des Wassers dienen, weitlumig sind und dünne Wandungen besitzen, und *Spätholz*, Zellen, die dickwandig und englumig sind und die Festigung des Baumes zur Aufgabe haben (Abb. 150).

Die Breite der Jahrringe, ebenso der Anteil, den das dichtere und schwerere Spätholz an der Breite des einzelnen

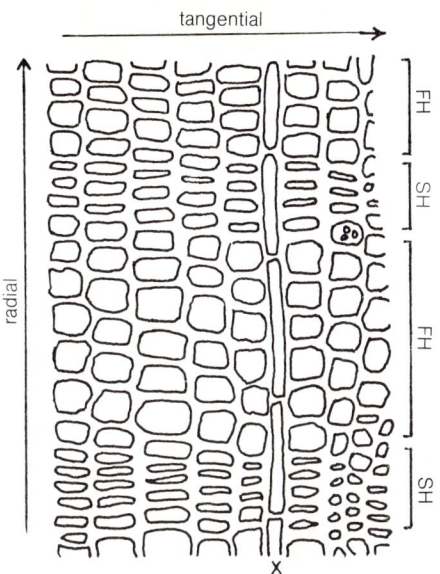

Abb. 150 Beispiel eines Nadelholzquerschnitts mit den Lumen des Früh- und Spätholzes (FH, SH); (x) Holzstrahl. Der Übergang vom Frühholz zum Spätholz ist in der Regel nicht scharf begrenzt. Dagegen hebt sich die Jahrringgrenze – der Übergang vom Spätholz des einen zum Frühholz des nächsten Jahres – stets deutlich ab

Ringes hat, kann von Jahr zu Jahr mehr oder weniger verschieden sein. Gleichmäßigkeit der Jahrringe, sowohl in der Breite als auch in den jeweiligen Anteilen von Früh- und Spätholz, wäre für die gewerbliche Verarbeitung des Holzes besonders günstig, wobei es im allgemeinen weniger auf die absolute Ringbreite, sondern mehr auf die Regelmäßigkeit ankäme. Aber nahezu jeder Baum weist Schwankungen in der Breite der Jahrringe auf, denn das Jahreswachstum unterliegt mancherlei Einflüssen hemmender oder auch fördernder Art, und diese finden in wechselnden Ringbreiten Audruck. Halten sich die Schwankungen in mäßigen Grenzen, so beeinträchtigen sie den Gebrauchswert des Holzes kaum, soweit man von einigen Verwendungszwecken mit in dieser Hinsicht besonders hohen Ansprüchen absieht. Ein Fehler aber ist

Abb. 151 Die Breite der jährlich gebildeten Jahrringe hängt vom Standort und Baumalter, aber auch von der Witterung des jeweiligen Jahres ab. Die Abbildung zeigt Fichtenbretter, bei denen sich die Schwankungen der Jahrringbreiten in Grenzen halten, so daß der Gebrauchswert nicht beeinträchtigt ist (Foto: Steuer)

es, wenn auf sehr enge Jahrringe plötzlich breite folgen oder wenn umgekehrt ein plötzlicher Übergang von sehr breiten zu engen Jahrringen vorliegt. Es kann auch ein wiederholter, plötzlicher Wechsel der Jahrringbreiten in einem Stamm vorkommen, jedoch ist dieser Fall weniger häufig.

Durch Maßnahmen der Bestandsbegründung und -erziehung kann die Entwicklung eines gleichmäßigen Jahrringbaues gefördert, ein unregelmäßiges Dickenwachstum weitgehend verhindert werden. Der Forstmann hat auch Möglichkeiten, die Ringbreiten mit dem Ziel der Wertholzerzeugung herabzudrücken. Hochwertiges Kiefernholz z. B. läßt sich nur heranziehen, wenn durch geeignete Maßnahmen die Voraussetzungen für eine langsame und gleichmäßige Jugendentwicklung geschaffen werden. Soweit nicht das Jugendwachstum durch Erziehung unter Schirm usw. gezügelt wird, sind in der Jugend die Ringe sehr breit, und zwar um so breiter, je rascher und ungehemmter die Jugendentwicklung vor sich gegangen ist. Mit wachsendem Alter werden die Ringe allmählich schmäler (Abb. 151), was zu einem Teil auf die fortschreitende Beengung des Kronen- und Wurzelraumes zurückzuführen ist, zum Teil aber auch mit der Zunahme der Stammstärke in Zusammenhang steht.

Das Bild dieses allgemeinen Ablaufes wird aber durch Verschiedenheiten der Jahresentwicklung, durch Klimaschwankungen, die über Jahre hinausreichen, und durch zufällige Einwirkungen fördernder oder hemmender Art beeinflußt. Hieraus ergeben sich die mitunter großen Schwankungen in den Ringbreiten nach Jahren oder Jahresgruppen.

Hemmende Einwirkungen sind neben beschränktem Lichtgenuß und Wurzeleinengung Witterungsextreme wie Hitze, Trockenheit und Frost; auch Insektenfraß an Nadeln und Blättern kann ein scharf ausgeprägtes Absinken der Ringbreite zur Folge haben. Begünstigend wirken im allgemeinen Hebung des Grundwasserspiegels und niederschlagsreiche Jahre. Der Einfluß der Jahreswitterung kann allerdings in Abhängigkeit von Standort und Holzart verschieden sein. Dies gilt besonders für Trockenjahre, deren Einfluß auf die Ringbreite sich standörtlich recht verschieden ausprägt; auch unterliegen Flachwurzler diesem Einfluß weit mehr als Tiefwurzler. Jahre mit großer Trockenheit, wie wir sie 1911 und 1947 hatten, kennzeichnen sich auf den Querschnitten der gegen Trockenheit empfindlichen Holzarten, zu denen vor allem die Fichte gehört, durch einen auffallend schmalen Jahrring, soweit nicht Besonderheiten des Standortes (z. B. feuchte Gebirgslagen) den hemmenden Einfluß der Trockenheit verhindern oder ihn sogar ins Gegenteil verkehrt haben. In dieses Auf und Ab des natürlichen Geschehens mischt sich auch der

Mensch ein, und sein Eingreifen kann für die Güteeigenschaften des Holzes recht ungünstig sein, wenn z. B. zu plötzliche starke Freistellung ein sprunghaftes Hinaufschnellen der Ringbreite (Lichtungszuwachs) hervorruft.

7.3.2.2 Güteminderung des Holzes durch sprunghaften Wechsel in der Jahrringbreite

Jeder unvermittelte Wechsel in der Jahrringbreite setzt die gewerblichen Eigenschaften des Holzes herab. Schwindmaße und Biegungselastizität des vorher und nachher erzeugten Holzes sind ungleich, wobei es ohne Bedeutung ist, ob die Ringbreite plötzlich ansteigt oder absinkt. Derartiges Holz verzieht sich beim Trocknen, zudem entstehen leicht Risse. An der Grenze der Zonen mit stark abweichenden Ringbreiten kommt es häufig zu Jahrringablösungen. Namentlich bei Bäumen, die infolge langer Unterdrückung (Plenterwald, Femelwald, Gruppenverjüngung) in der Jugend (im Kern) sehr schmale Jahrringe gebildet haben, denen sich nach plötzlicher Freistellung breite Ringe anschließen, löst sich der engringige Kern leicht vom anschließenden breitringigen Holz; es entstehen die sogenannten Ringrisse, auch Kernschäle genannt.

Man nimmt an, daß diese Ringrisse, die sich besonders häufig bei alten Tannen aus Plenterwäldern finden, bereits am stehenden Stamm (durch innere Spannungen, Windbewegungen) entstanden sind, wenn sie meist auch beim Trocknen des Holzes, oft erst beim Trocknen der Schnittware, sichtbar werden. Ihr Auftreten bleibt in der Regel auf den unteren Stammteil beschränkt, so daß durch sie nur ein Teil des Stammendes entwertet ist. Nur ausnahmsweise steigt die Ringschäle höher im Stamm hinauf. Ist der losgelöste Kern nur klein und handelt es sich um Stämme stärkerer Abmessungen, dann kann der Fehler durch Auftrennen der Stämme oder Bretter im Mark weitgehend gemildert werden.

Während nach der Entfernung von Jugendüberschirmung oder nach zu plötzlich eingelegten starken Durchforstungen die Jahrringe von innen nach außen unvermittelt breiter werden, kann umgekehrt auch ein Übergang von in der Jugend sehr breiten zu späterhin sehr schmalen Jahrringen vorkommen. Ein solcher Wechsel entsteht leicht aus in weitständiger Pflanzung auf Kahlschlägen usw. hervorgegangenen Beständen, wenn nicht nach begonnenem Bestandesschluß durch fortgesetzte Aushiebe für die Ausbildung guter und nach allen Seiten gleichmäßig geformter Kronen gesorgt wird und so die Voraussetzungen für gleichmäßigen Stärkenzuwachs auf der Basis mittlerer und möglichst lange annähernd gleichbleibender Jahrringbreiten geschaffen werden.

Holz mit im Stamminneren sehr breiten und anschließend sehr engen Jahrringen schwindet ebenfalls ungleichmäßig, wirft und verzieht sich beim Trocknen, reißt leicht auf. Die zwischen innerem und äußerem Holz stark abweichende Ringbreite hat auch ungünstigen Einfluß auf die Festigkeit. Für hochbeanspruchte Bauteile ist solches Holz namentlich dann wenig geeignet, wenn es stärker besäumt wird und dadurch die äußeren (engringigen) Schichten entfernt werden. Gerade diese besitzen aber weit bessere Festigkeitseigenschaften als weitringige Innenschichten.

Ein wiederholt sprunghafter Wechsel in der Jahrringbreite im gleichen Stammquerschnitt ist, wie schon gesagt, seltener. Es können mehrmalige Änderungen des Grundwasserstandes, in Abständen auftretende Wachstumshemmungen durch Witterungsextreme (Dürre, Frost) oder durch Insektenfraß Ursache sein. Je öfter im gleichen Stammquerschnitt die Jahrringbreite wechselt und je krasser solche Übergänge erfolgen, desto fehlerhafter ist das Holz.

7.3.2.3 Jahrringbreite und Spätholzanteil

Wenn auch die Jahrringbreite und deren Regelmäßigkeit eines der wichtigsten Merkmale für die Beurteilung der Güte und technischen Verwendbarkeit des Holzes ist, so hat doch der Spätholzanteil nicht weniger Bedeutung. Für den Gebrauchswert sind oft Gleichmäßigkeit des Gefügeaufbaues, Ringbreite und Spätholzanteil maßgebend. Wesentliche Eigenschaften werden in hohem Maße durch die Dichte des Gefüges und damit durch den Anteil an dem schwereren und dichteren Spätholz bestimmt. Von ihm hängt die Rohdichte ab, die ein guter Weiser für wichtige gewerbliche Eigenschaften ist. Schweres Holz ist fester, härter und dauerhafter als leichtes; letzteres wieder läßt sich leichter bearbeiten, schwindet und quillt auch weniger als schweres. Eine Beurteilung der Güte und technischen Brauchbarkeit des Holzes nach den auf dem Querschnitt sichtbaren Merkmalen muß daher von Ringbreite und Spätholzanteil ausgehen.

Die holzverarbeitende Praxis hat die für ihre Zwecke geeigneten Hölzer von jeher nach diesen Merkmalen ausgesucht. Man wußte auch, daß zwischen Ringbreite und Spätholzanteil gewisse Beziehungen bestehen. Es haben sich in dieser Richtung sogar Faustregeln herausgebildet, die durch neuere wissenschaftliche Untersuchungen, wenn auch mit Einschränkungen, im großen und ganzen bestätigt wurden. Berücksichtigt man die biologischen Vorgänge beim Wachstum und deren manigfache Beeinflussung durch Standort, Begründung und Erziehung der Bestände, dann kann eine strenge Gesetzmäßigkeit, daß die Ringbreite ausnahmslos sichere Schlußfolgerungen auf die Gefügedichte und damit auf Rohdichte, Härte, "Milde" usw. zuließe, nicht erwartet werden. Nach den erwähnten Faustregeln sollen beim Nadelholz enge Jahrringe das Merkmal schweren Holzes, also eines relativ hohen Spätholzanteiles sein, während beim Laubholz, mindestens bei den ringporigen Arten, umgekehrt enge Jahrringe auf leichtes und "mildes", spätholzarmes Holz, breite Jahrringe auf schweres, hartes und spätholzreiches Holz hindeuten sollen.

Betrachten wir die Hauptholzarten kurz im einzelnen, so hat sich für Fichte die Faustregel im allgemeinen bestätigt, das heißt die Fichte bildet bei schmalsten Jahrringen in der Regel das schwerste Holz; mit zunehmender Ringbreite sinkt die Rohdichte ab. Aber auch diese Regel ist nicht ohne Ausnahme. Während im allgemeinen das in höheren Lagen und auf nährstoffarmen, trockenen Böden erwachsene engringige Fichtenholz einen verhältnismäßig hohen Spätholzanteil hat und daher hohes Gewicht und beste Festigkeitseigenschaften besitzt, werden in Hochlagen (obere Waldgrenze) als Folge der hier nur kurzen Vegetationszeit oft gar keine Spätholzzellen gebildet. Derartiges Holz ist trotz Engringigkeit ausgesprochen spätholzarm, leicht und von geringer Festigkeit. Bei Kiefer, Lärche und Douglasie kommen hohe Spätholzanteile bei mittleren Ringbreiten häufiger vor als bei sehr engen oder breiten Ringen, so daß diese Holzarten im allgemeinen bei mittleren, das heißt nicht zu kleinen Ringbreiten das schwerere und härtere Holz erzeugen. Tanne nimmt eine Mittelstellung ein.

Bei den ringporigen Laubhölzern weisen breitere Jahrringe meist einen höheren Anteil an schwerem Holz (Spätholz) auf, schmale Jahrringe hingegen haben in der Regel einen verhältnismäßig hohen Anteil an lockerem, leichtem Frühholz. Für Eiche ist nach den Untersuchungen von MAYER-WEGELIN (1950) eine Einschränkung zu machen, die noch besonders behandelt wird. Die zerstreutporigen Laubhölzer lassen die Beziehungen zwischen Ringbreite, Spätholzanteil und Holzgewicht weniger klar hervortreten.

Bei *Eiche* ist die Jahrringbreite besonderes Gütemerkmal, soweit das Holz für höherwertige Verwendungszwecke (Furniere, Schreinerware u.a.) geeignet sein soll. Je enger und gleichmäßiger die

Jahrringe sind, um so höher die Wertschätzung. Dies geht darauf zurück, daß bei Eiche enge Jahrringe ein Merkmal für „mildes", das heißt nicht hartes Holz sind – für ein Holz also, das sich leicht bearbeiten läßt und in der Struktur schöner ist als solches mit breiten Jahrringen. Eine Eigenart der Eiche muß hier erwähnt werden: Die Frühholzzone bleibt während des ganzen Wachstums etwa gleich breit. Wenn mit zunehmendem Alter und Stammdurchmesser die Ringe enger werden, geht die Verschmälerung auf Kosten des Spätholzanteiles. Ähnlich ist es, wenn die Eiche infolge der standörtlichen Verhältnisse (Boden, Klima) oder einer Erziehung im Dichtstand auch in der Jugend enge Jahrringe bildet und auch späterhin keine nennenswerte Veränderung der Ringbreite erfolgt. Bei stets etwa gleicher Breite der Frühholzzone wird der Anteil des Spätholzes geringer. Auf dieser Grundlage beruhte die bisher allgemein geltende Auffassung, nach der die ausgeprägte „Milde" des engringigen Eichenholzes in der anteilmäßig geringen Bildung des dichteren und härteren Spätholzes gesucht wurde. Nach den bereits erwähnten Untersuchungen von MAYER-WEGELIN, die bei Eiche eine von der Breite der Jahrringe abhängige Unterschiedlichkeit der Beziehungen zwischen Ringbreite und Holzhärte ergeben haben, bedarf diese Auffassung einer Korrektur. MAYER-WEGELIN fand mit Hilfe eines Härtetasters, daß bei engringigem Eichenholz die Härte sowohl des Frühholzes als besonders auch des Spätholzes sehr niedrig liegt. Mit zunehmender Ringbreite steigt sie an, jedoch nur bis zu Breiten von 3 mm; bei Ringbreiten über 3 mm bleiben die Werte gleich. Unterhalb von 3 mm hingegen sinkt die Härte auffallend rasch ab. In dieser Hinsicht ergab sich, was noch besonders erwähnt sei, kein Unterschied zwischen Trauben- und Stieleiche. – Bei kleineren Ringbreiten werden auch die an sich bestehenden Gewichtsunterschiede zwischen den beiden Eichenarten (das Holz der Traubeneiche ist im allgemeinen etwas schwerer als das der Stieleiche) völlig verwischt (KÖNIG 1956).

Was hier über besondere Wertschätzung engringigen Eichenholzes gesagt wurde, will natürlich keine technische Minderwertigkeit breitringigen Materials ausdrücken. Vom technologischen Standpunkt aus gesehen hat das engringige wie das breitringige Eichenholz seine eigenen Vorzüge. Feinjährige Eiche jedoch, wie sie für bestimmte Arbeitszwecke gesucht wird, ist selten. Seltene Dinge haben nach den Gesetzen des freien Marktes einen höheren Preis, sie werden höher bewertet. Eiche für Furniere und Möbel muß engringig, verhältnismäßig weich und gleichmäßig im Aufbau sein; auch die Farbe bestimmt den Preis. Für andere Zwecke, für den Wagenbau, für Balken, Maschinenteile u. ä. werden demgegenüber ganz andere Eigenschaften verlangt: Das hierfür geeignete Eichenholz muß schwer und fest sein, und diesen Eigenschaften entspricht das breitringige Holz. Dieses besitzt nicht nur höhere Festigkeitswerte, auch in der natürlichen Dauerhaftigkeit (Widerstand gegen Pilzangriffe) ist es dem engringigen, weichen, porösen und brüchigen Eichenholz überlegen.

Ähnlich ist es bei Kiefer. Die von guten, stärkeren Kiefernstämmen anfallende engringige, schwachästige Stammware hat genauso ihre besonderen Verwendungsgebiete wie die breitringige und ästige Zopfware.

Diese Beispiele zeigen, daß der Gebrauchswert des Holzes nicht nur vom Preis, sondern ebenso durch die innere Beschaffenheit bestimmt wird. Wo von hochbeanspruchten Holzteilen besondere Festigkeitseigenschaften verlangt werden, wird im Hinblick auf die Abhängigkeit verschiedener Eigenschaften von der Jahrringbreite eine bestimmte mittlere Ringbreite oder eine Begrenzung der absoluten Ringbreite nach oben gefordert. So sind nach DIN 4074 für Bauholz mit besonders hoher Tragfähigkeit (Güteklasse I) Ringbreiten über 4 mm höchstens bei der Hälfte des Querschnittes zulässig, während für Bauholz mit gewöhnlicher Tragfähigkeit die Ringbreite nicht begrenzt ist.

7.3.3 Welliger Jahrringbau

Zwei Arten der Abweichung von der normalen Struktur sind hier zu behandeln: der wellige Jahrringverlauf und die Wellenbildung in der Faserrichtung. Eine besondere Art welligen Jahrringverlaufs findet sich bei Fichte in Höhenlagen von 800 bis 1 500 m der oberen Waldzone der Alpen, im Bayerischen Wald usw. Im Stamminneren (Kern) verlaufen die Jahrringe normal, während sie von einer gewissen Stammstärke ab bei den Holzstrahlen Einkerbungen aufweisen, die in ihrer Gleichmäßigkeit an eine Zahnradeinteilung erinnern (Abb. 152).

Die an der Einkerbungsstelle liegenden Holzstrahlen sind außergewöhnlich stark entwickelt. Derartige Stämme sind für den Bau von Musikinstrumenten

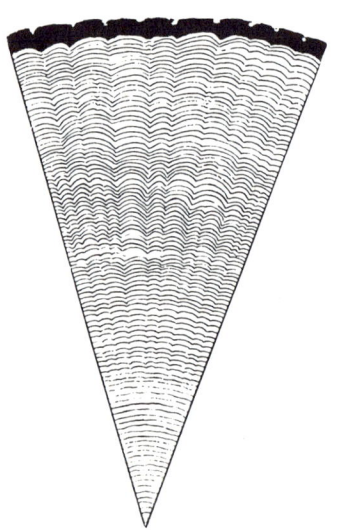

Abb. 152 Welliger Jahrringverlauf bei einer „Haselfichte". Die Jahrringe sind bei den Hauptmarktstrahlen regelmäßig eingekerbt, eine Wuchseigenschaft, die in bestimmten Hochgebirgslagen bei Fichte vereinzelt vorkommt (nach König)

(Geigen, Klavierböden) äußerst wertvoll. Sie ergeben das feste Klang-, Ton- und Resonanzholz, was schon in der Zeit des klassischen Geigenbaues erkannt wurde. Die alten italienischen Meister des Geigenbaues suchten sich die geeigneten Stämme im Wald selbst aus. „Klangproben", z. B. das Abklopfen des Stammes mit einem Prügel, spielten früher bei der Auswahl der Bäume eine große Rolle.

Das Vorkommen von Klangholzfichten ist auf bestimmte Standorte beschränkt, und auch auf diesen finden sich Klangholzstämme nur vereinzelt. Man nimmt an, daß es sich um bestimmte Standortrassen handelt, die je nach Gegend Haselfichte, Steinfichte oder Schindeltanne genannt werden. Künstlich solche Fichte nachzuzüchten ist bisher noch nicht gelungen.

Brauchbares Klangholz liefert übrigens nur der untere Stammteil bis zu einer Höhe von etwa 9 m. Die Anforderungen an das Holz sind sehr hoch: vollkommene Astfreiheit, gleichmäßiger und enger Jahrringbau mit geringem Spätholzanteil, leichtes Gewicht und möglichst geringer Harzgehalt. Bei Klangholz erster Güte muß die Jahrringbreite unter 2 mm liegen; der Spätholzanteil soll möglichst nicht über $1/5$ hinausgehen und darf höchstens $1/3$ betragen. Das Holz muß hohe Elastizität mit geringem Gewicht (0,37 bis 0,45 g/cm^3) vereinigen.

Bei Ahorn (Bergahorn) finden sich auf bestimmten Standorten (ebenfalls vorwiegend in höheren Gebirgslagen) ähnliche Abweichungen von der normalen Holzstruktur (welliger Jahrringverlauf). Derartiges Holz ist für den Geigenbau zu Zargen (Seitenwände), Böden und besonders für Geigenhälse sehr gesucht. Von außen (auf der Rinde) weisen die Klangholzstämme im allgemeinen keine Merkmale auf, die sie von anderen Stämmen des Bestandes sicher unterscheiden. Im entrindeten Zustand sind es die dem Jahrringverlauf entsprechenden Einkerbungen der Mantelfläche, die den inneren Zustand verraten (Abb.

152). Auf Tangentialschnitten erscheinen die Jahrringe in eigenartiger Wellenzeichnung. Da die Hauptholzstrahlen, bei denen die Jahrringe einkerben, stark entwickelt sind, spaltet das Holz hier (radial) leichter als Holz mit normalem Jahrringbau, schlechter hingegen in tangentialer Richtung.

Neben der bisher besprochenen Art der welligen Jahrringbildung bei Fichte und Ahorn kommt welliger Verlauf der Jahrringe auch bei anderen Hölzern, bei Nadel- wie Laubhölzern, in mehr oder weniger starker Ausprägung vor. Alle diese Abweichungen von der normalen Struktur können den Wert des Holzes für Furniere, Möbel, Wandvertäfelungen usw. erhöhen. Durch den welligen Jahrringverlauf lassen sich unter Umständen Texturwirkungen von besonderem Reiz erzielen. Bei älteren Lärchen und Weißtanne kommt ein stark ausgeprägter, wimmeriger Jahrringverlauf häufig im unteren Stammteil vor. Die aus solchen Stammstücken geschnittenen Bretter zeigen eine schöne, maserartige Zeichnung, die bei Verarbeitungen zu Vertäfelungen, Türfüllungen usw. sehr dekorativ wirkt Abb. 153. Der bei Esche entstehende wellige Wuchs ergibt die bekannten Blumenfurniere. Von ungarischen und slawonischen Eschen mit häufig schöner Wellenzeichnung stammen die als „Wellenesche" bekannten Furniere. Auch bei Feldahorn, wenn er auf geeigneten Standorten zu stärkeren Durchmessern heranwächst, findet man oft im Wurzelstock und unteren Stammteil welligen Wuchs. Solches Holz ist für Musikinstrumente wie auch für Drechslerarbeiten und zur Herstellung von Kleinmöbeln gut geeignet. Die Beliebtheit des Holzes der Schwarznuß (Juglans nigra) als Möbelholz beruht nicht zuletzt auf der schönen Textur durch den welligen Jahrringverlauf.

Die *Wellenbildung* der *Holzfaser* kommt bei fast allen Holzarten vor. Die Ein- und Ausbuchtungen der Faser können eine einigermaßen gleichmäßige Wellung bilden oder auch ganz unregelmä-

Abb. 153 Brett vom unteren Stammende einer Lärche mit wimmerigem Jahrringverlauf (Foto: Steuer)

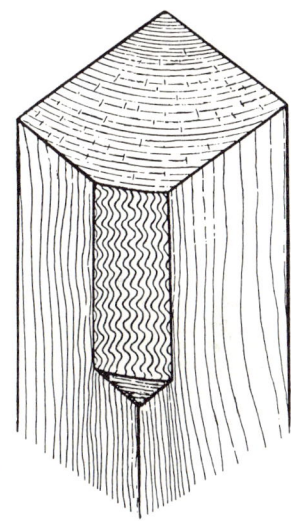

Abb. 154 Schematische Darstellung welligen Verlaufes der Holzfaser (Spaltfläche entspricht der Jahrringgrenze; die Jahrringe selbst verlaufen normal (nach König)

ßig verlaufen. Die Jahrringe derartigen Holzes sind normal kreisförmig (Abb. 154). Holz mit welligem Faserverlauf läßt sich nur längs der Jahrringe leicht spalten. Senkrecht zu den Jahrringen spaltet es sehr schwer, das heißt in dieser Richtung ist die mechanische Spaltfestigkeit viel höher als bei Holz glei-

Abb. 155 Wimmeriger Jahrringverlauf bei einer Fichte (Foto: Institut für Holzbiologie, Hamburg)

cher Art mit normalem Faserverlauf, und die entstehenden Spaltflächen sind entsprechend dem welligen Faserverlauf mehr oder weniger höckerig.
Im wellig gewachsenen Holz haben wir das beste Beispiel für den oft „relativen" Fehlerbegriff. Auch der wellige Wuchs in seinen verschiedenen Formen ist eine Abweichung vom Normalen, die den Gebrauchswert des Holzes für manche Gewerbe herabsetzt oder (z. B. für Spaltzwecke) aufhebt. Wie zu sehen war, kann solches Holz für andere Verwendungszwecke aber nicht nur erwünscht, sondern geradezu ein „Edelrohstoff" höchster Wertstufe sein. Das gilt vor allem für Klangholz, dessen Wert ein Vielfaches des normalen Holzes beträgt, trifft aber schon auch für Holz zu, das sich zu Maserfurnieren oder Maservertäfelungen usw. eignet. Man hat daher Hemmungen, den welligen Wuchs unter die Fehler des Holzes einzureihen, was aber trotzdem seine volle Berechtigung hat. Denn alle Abweichungen von der normalen Struktur, und dazu gehört eben auch der wellige Jahrringverlauf und besonders die Wellenbildung in Faserrichtung, beeinträchtigen die Festigkeit des Holzes oder die Bearbeitbarkeit. Eine Beeinflussung der Biegefestigkeit liegt allerdings nur dann vor, wenn das Holz aufgetrennt wird, und zwar kann sich dieser Einfluß um so mehr auswirken, je weiter die Auftrennung erfolgt und dadurch das innere Kräftespiel gestört wird, weil durch das Auftrennen die tragenden Faserteile verkürzt werden.

7.3.4 Maserwuchs
7.3.4.1 Entstehung von Maserwuchs
Echte Maserknollen entstehen meist durch das zu Verwucherung führende Aufbrechen gehäuft vorhandener Knospenanlagen. Dabei handelt es sich um sogenannte „schlafende Augen". Es sind dies Präventivknospen, die im Gegensatz zu den Adventivknospen (die regellos an älteren Pflanzenteilen, insbesondere nach Verletzungen, hervorgehen) normale Sproßanlagen darstellen. Man nennt sie schlafende Augen, weil sie ein latentes Dasein führen, von dem, solange sie „schlafen", am äußeren Stamm nichts zu bemerken ist. Sie sitzen als Knöllchen in der Rinde und bleiben auch in schlafendem Zustand zeitlebens durch das „Knospenstämmchen" mit dem Mark des Stammes verbunden. Ein Aufbrechen der schlafenden Augen erfolgt nur unter ganz bestimmten Voraussetzungen. In solchen Fällen entwickeln sich die unerwünschten Wasserreiser (s. Abschnitt 7.3.1.6), oder es kommt zur Bildung von Maserknollen. Letztere entstehen jedoch nur, wenn ein Jahr um Jahr sich wiederholendes Aufbrechen schlafender Augen in großer Zahl und angehäuft auf beschränktem Raum erfolgt (Knospensucht). Durch ein verstärktes Dickenwachstum des Baumes an dieser Stelle entstehen knollige oder kropfige Verdickungen, die zu beträchtlicher Größe anwachsen können.
Doch nicht immer handelt es sich um Ansammlungen von aufbrechenden schlafenden Knospen, aus denen solche kropfartigen Verdickungen hervorgehen. Es kann auch eine einzelne schlafende Knospe zur Entwicklung kom-

men und sich nicht zu einem Wasserreis, sondern zu einem knolligen Gebilde auswachsen. Dieser Fall mag aber weniger häufig sein. Bei solchen Einknollenknospen läßt sich durch Aufschneiden der Faserverlauf und die Verbindung mit der Jahrringbildung des Baumes leicht verfolgen. Die Jahrringe des Baumes stehen – genau wie bei den Ästen – in ihrem Faserverlauf mit derartigen Knollengebilden in fester Verbindung. An der Ansatzstelle der Knolle leiten die Jahrringe des Baumes unter Drehung und Faltung in das Knollengebilde über. Sie bilden um dieses jeweils einen kugeligen Holzmantel. Dabei beträgt die Breite der um die Knolle angelegten Jahrringe oft ein Mehrfaches der Jahrringbreite des Stammes.

Außer durch Wucherungen infolge Aufbrechens schlafender Knospen kann die

△ Abb. 156 Knollenbildung am Stamm der Birke zu einem Scherz gestaltet (Foto: Zinburg-Mauritius)

◁ Abb. 157 Kropfige Verdickungen am Stamm einer alten Linde (Foto: K. Lorz)

Entstehung von Maserwuchs auch durch äußere Einwirkungen wie Kambiumverletzungen (Überwallungen), Abschneiden (Köpfen) eines Stammes usw. verursacht und insoweit auch künstlich herbeigeführt, angeregt oder gefördert werden, wie es z.B. durch Köpfen von Eschen bisweilen geschieht. Bei auf Verletzungen des Baumes zurückgehenden Kropfbildungen liegt indessen die Vermutung besonders nahe, daß Pilze eindringen konnten, die im Inneren der Kröpfe Zersetzungen verursacht haben. Viele Kropfbildungen an Bäumen und Sträuchern gehen übrigens auf Ursachen zurück, die noch völlig ungeklärt sind.

7.3.4.2 Zu Maserwuchs neigende Holzarten

Maserbildung am unteren Stammteil, am Stammfuß und an den Wurzelpartien entsteht gelegentlich wohl bei allen Holzarten, doch neigen Laubhölzer mehr zu Maserwuchs als Nadelhölzer. Von den Laubhölzern sind es Ulme (Flatterulme), Schwarzpappel, Birke, Roterle, Linde und Nußbaum, bei denen sich Maserkröpfe sehr häufig finden. Auch bei Esche, Birnbaum, Ahorn, Eiche und Kirschbaum ist Maserbildung nicht selten. Manche Beobachtungen deuten darauf hin, daß die Neigung zu Maserwuchs eine erbliche Eigenschaft ist. Für Birke haben sich diese Beobachtungen inzwischen zu Beweisen verdichtet, so daß die Maserbildung der Birke, eine wirtschaftlich wertvolle Holzdeformation, vermehrt werden kann, indem man diese Wuchsform durch Kreuzung wiedergewinnt oder durch vegetative Vermehrung erhält (VON WETTSTEIN, 1941). Unter den Nadelhölzern sind es Lebensbaum und Eibe, an denen sich häufiger Maserknollen bilden. Bei unseren übrigen Nadelhölzern ist Maserwuchs zwar ebenfalls möglich, sein Vorkommen bleibt aber auf seltene Ausnahmen beschränkt. Kropfige Verdickungen am unteren Stammteil einer alten Linde zeigt Abbil-

Abb. 158 Knollenbildung großen Ausmaßes am Stammfuß einer Esche (Foto: Archiv Holz-Zentralblatt)

dung 157. Merkmale aus denen sich auf die Ursache schließen ließe, fehlen. Demgegenüber läßt Abbildung 158 eindeutig erkennen, daß die Kropfbildung an der Esche auf das Auswachsen örtlich gehäufter schlafender Augen (Knospensucht) zurückgeht.

7.3.4.3 Gewerbliche Verwendung von Maserholz

Durch den bei Maserwuchs verschlungenen Verlauf der Holzfasern ist derartiges Holz für die meisten Verwendungszwecke ungeeignet. Zur Gewinnung von Maserfurnieren und für Drechslerarbeiten u.ä. hingegen ist es außerordentlich geschätzt, und gesunde Maserknollen werden hoch bezahlt. Eine völlige innere Gesundheit ist bei Maserknollen aber nicht immer gegeben. Im Verlauf des Wachstums platzt die Rinde der Knollen leicht auf, wodurch Eingangspforten für holzzersetzende Pilze geschaffen werden. Ältere Knollenbildungen weisen daher im Inneren häufig Fäulnisschäden auf.

Begehrte Furniere werden u. a. aus Maserknollen der Birke (Birkenmaser) gewonnen. Maserwuchs der Ulme (vorwiegend Flatterulme) ist als „Ulmenmaser" bekannt und zählt zu den wertvollsten Schmuckhölzern. Eschenmaser gibt es in verschiedenen Typen, jedoch stammen diese Eschen-Maserfurniere teilweise aus Stämmen mit welligem Jahrringverlauf. Für die Furnierherstellung wertvolle Knollenbildungen finden sich bisweilen auch am Nußbaum, doch werden Nußbaum-Maserfurniere nicht nur aus Knollenbildungen, sondern auch aus dem Wurzelstock (der für diesen Zweck ausgegraben wird) und aus Astvergabelungen (Pyramidenmaser) gewonnen. Aus Wucherungen örtlich gehäufter Knospenanlagen bei Schwarzpappel hergestellte Furniere sind als „Mapa" (Abkürzung für Maserpappel) bekannt.

Auch bei den vom Zuckerahorn *(Acer saccharum* Marsh.) stammenden „Vogelaugenfurnieren" gelten als Entstehungsursache ihrer beliebten Maserung Wucherungen schlafender Knospenstämme, die hier aber nicht nur örtlich, sondern bei manchen Bäumen um den ganzen Stamm herum gehäuft auftreten. Durch Rundschälen solcher Stämme ergeben die eingewachsenen Stiftästchen – bei jeder Umdrehung des Stammes wiederkehrend – das bekannte Vogelaugenmuster. Nach Feststellungen in Kanada sollen an der Entstehung der Vogelaugen bei Zuckerahorn außer Knospenwucherungen auch parasitische Pilze beteiligt sein. Durch partielle Störungen des Kambiums infolge Pilzbefall soll die Holzentwicklung an einzelnen (kleinen) Stellen verhindert werden. Hier bildeten sich kleine Vertiefungen im äußeren Holzmantel, die vom Baum völlig überwallt wurden, sich aber Jahr um Jahr an anderen Stellen wiederholten und nach der Überwallung im Holz vogelaugenähnliche dunkle Punkte hinterließen.

7.3.4.4 Krebsbeulen

An Laubhölzern bemerkt man oft knollen- oder beulenartige Verdickungen, die in ihrem äußeren Erscheinungsbild eine gewisse Ähnlichkeit mit den zuvor behandelten Maserknollen haben, bei genauer Betrachtung aber leicht als „geschlossene" Krebse zu erkennen sind. Ursache der Entstehung ist Pilzbefall, und zwar handelt es sich meist um Pilze der Nectria-Arten. Diese sind Wundparasiten. Ihr Myzel verbreitet sich von der Infektionsstelle aus vornehmlich in den äußeren Gewebeteilen. An den befallenen Stellen schrumpft die Rinde ein, sie vertrocknet und blättert ab. Der Baum versucht nun, die kranken Stellen zu überwallen, was aber meist mißlingt. Auch die angelegten Überwallungswülste werden wieder vom Pilz befallen und durch Fermentausscheidungen des Myzels abgetötet.

Die Ausscheidungen der Nectria-Pilze wirken jedoch nicht immer gewebetö-

Abb. 159 Keine Maserbildung, sondern „geschlossener" Krebs am Stamm der Stieleiche. Bei Eiche werden Krebswunden häufig völlig überwallt. Die Überwallung ist sehr höckerig und oft rissig (Foto: Archiv Holz-Zentralblatt)

tend. Sie üben darüber hinaus auf die benachbarten Gewebeteile einen Reiz zu hypertrophischem Wachstum aus. Als Folge dieses Reizes entstehen an den Krebsstellen Überwallungswülste, die oft beträchtliche Dicke erreichen.

Der Buche gelingt es in den wenigsten Fällen, die Krebswunde zu schließen und knollenartig zu überwallen. Es entstehen dann „offene Krebse". Bei anderen Laubbäumen kommt es bisweilen zu einem Wundverschluß durch starke Rinden-(Kork-)Wucherungen; es bilden sich geschlossene Krebse in Form knollenartiger Auftreibungen von mehr oder minder großem Umfang. Geschlossene Krebse finden sich häufiger an Eiche (Abb. 159), seltener an anderen Laubbäumen.

In Tannengebieten findet sich häufig der Tannenkrebs, dessen Erreger zu den Rostpilzen (Uredinales) gehören. Das Pilzmyzel dringt an frischen Trieben junger Zweige, die die schützende Knospenhülle eben gesprengt haben, ein und verbreitet sich von hier aus im Rinden- und Bastgewebe. Der Baum reagiert mit einer an der Infektionsstelle stark gesteigerten Wachstumstätigkeit, wodurch beulenartige Anschwellungen entstehen, die sich von Jahr zu Jahr vergrößern. Befinden sich an der Infektionsstelle entwicklungsfähige Knospen, dann schlagen diese vermehrt aus. Es entstehen dichte, in der Hauptsache aufwärts gerichtete buschige Verzweigungen, sogenannte Hexenbesen. Ist die Infektion am Stamm (Gipfelknospe) oder an einem Ast nahe am Schaft erfolgt, dann bildet sich hier im Verlauf des Baumwachstums eine einseitige oder auch den ganzen Stamm umfassende Anschwellung; es entstehen Schaftkrebse.

Durch Pilzbefall entstandene knollige Verdickungen enthalten kein gesundes Holz. Sie beeinträchtigen vielfach den Nutzholzwert von Teilen des Stammes, sei es, daß von der Krebsstelle aus Pilzzersetzungen tiefer in den Stamm hineingreifen, oder daß die Stammform durch exzentrisches Dickenwachstum in der Umgebung der Krebsstelle deformiert ist.

7.3.5 Drehwuchs – Schräger Faserverlauf
7.3.5.1 Allgemeines

Von Drehwuchs sprechen wir, wenn die Holzfasern eines Stammes nicht parallel zur Achse verlaufen, sondern sich schraubig um den Stamm drehen. Je nachdem wie die Fasern am Stamm, vom Beschauer aus gesehen verlaufen, handelt es sich um eine Links- oder Rechtsdrehung. Die Drehung von rechts unten nach links oben ist eine Linksdrehung, von links unten nach rechts oben eine Rechtsdrehung.

Drehwuchs ist eine häufig vorkommende Eigenschaft. Daher können Zweifel entstehen, ob drehwüchsiges Holz als „normal" oder als „anormal" anzusprechen ist. Wollte man jeder Abweichung der Faser von der Geraden als Fehler ansehen, dann wäre nahezu jeder Stamm fehlerhaft. Der Fehlerbegriff muß hier so definiert werden, daß im allgemeinen nur ein stärkeres Maß der Faserabweichung als Fehler zu gelten hat. Nur so lassen sich die natürlichen Gegebenheiten des Rohstoffes mit den praktischen Erfordernissen in Einklang bringen.

Ob die Holzfasern auf 1 m der Stammlänge nur um 1 bis 3 cm, um 10 cm oder gar um 30 cm von der Stammachse abweichen, ist in Hinsicht der Bearbeitbarkeit und Verwendung des Holzes ein gewaltiger Unterschied. Stark drehwüchsiges Holz scheidet für viele Verwendungszwecke völlig aus. Es geht deshalb darum, ein Maß für den Drehwuchs im Hinblick auf seinen Einfluß auf die Bearbeitbarkeit und Verwendbarkeit des Holzes zu suchen und dementsprechend die Fehlergrenze zu bestimmen, wobei die verschiedenen Anforderungen der einzelnen Gewerbezweige zu berücksichtigen wären. Dabei kommt es nicht nur auf den Grad des Drehwinkels, sondern auch auf die Drehrichtung an, die beide im Holz des Baumes jedoch keineswegs konstant bleiben. Bei diesem Wechsel spielen Holzart und Baumalter eine Rolle.

7.3.5.2 Zu Drehwuchs neigende Holzarten

Drehwuchs kommt bei allen Holzarten, bei Laub- und Nadelbäumen, vor. Es bestehen jedoch insoweit Unterschiede, als manche Holzarten mehr, andere weniger zu Drehwüchsigkeit neigen. So ist die Birke eine der wenigen heimischen Holzarten, bei denen man einen sehr hohen Prozentsatz ziemlich geradfaseriger Stämme findet. Sie hat diese technisch günstige Eigenschaft mit der Pappel gemeinsam. Bei der Roßkastanie dagegen ist nahezu jeder Stamm gedreht, wobei die Rechtsdrehung überwiegt. Von den übrigen Laubbäumen, soweit nur Waldbäume berücksichtigt werden, weist Ahorn am häufigsten stärkere Drehwüchsigkeit auf.

In der Häufigkeit des Vorkommens von Drehwuchs hingegen unterscheiden sich die einzelnen Laubholzarten nur wenig. Drehwüchsigkeit findet sich bei Eiche, Buche, Rüster und anderen Laubbäumen in wechselnder Stärke und wechselnder Drehrichtung. Unter den Nadelbäumen ist es die gemeine Kiefer, die besondere Neigung zu Drehwuchs zu besitzen scheint; jedenfalls findet sich Drehwüchsigkeit bei Kiefer häufiger als bei Fichte und Tanne.

Über die Entstehungsursache des Drehwuchses besteht bisher noch keine endgültige Klarheit. Außer Zweifel steht nur, daß zumindest zu einem Teil individuelle (erbliche) Veranlagung bestimmend einwirkt. Dafür sprechen einerseits zahlreiche Beobachtungen, andererseits ist durch Versuche nachgewiesen, daß Drehwuchs und Geradfaserigkeit Eigenschaften sind, die auf die Nachkommen vererbt werden (BÜSGEN-MÜNCH, 1927).

Ungeklärt bleibt jedoch, ob und inwieweit das Hervortreten der individuellen Erbanlage durch bestimmte Umweltbedingungen begünstigt oder auch unterdrückt werden kann (MAYER-WEGELIN, 1956), eine Frage, an der die Forstwissenschaft im Hinblick auf die forstliche und holzwirtschaftliche Bedeutung des Drehwuchses außerordentlich interessiert ist. Das häufige Vorkommen von Drehwuchs auf bestimmten Standorten deutet darauf hin, daß die Bodenverhältnisse und im Zusammenhang damit auch die Wurzelverhältnisse Einfluß haben. Ungeklärt bleibt unter anderem auch, welche äußeren und inneren Faktoren den Baum dazu veranlassen, im Wachstumsablauf die Faserrichtung unter Umständen mehrfach zu ändern.

7.3.5.3 Das Umsetzen der Drehrichtung

Die Bearbeitung des Holzes durch Spalten hatte früher einen viel breiteren Umfang als heute, und entsprechend spielte auch der Drehwuchs eine größere Rolle. Denn drehwüchsiges Holz spaltet bekanntlich mehr oder weniger schwer und ist daher für Spaltzwecke nur bedingt brauchbar. Die früheren Küfer, Schindelmacher und anderen spaltenden Gewerbe verstanden es sehr gut, die Spaltbarkeit eines Stammes oder Stammteiles nach äußeren Merkmalen zu beurteilen. Beim Nadelholz nahmen sie neben geradfaserigem Holz auch solches, dessen Außenschichten eine geringe Linksdrehung aufwiesen, während sie Holz mit äußerer Rechtsdrehung grundsätzlich ablehnten. Aus langer Erfahrung wußten sie, daß eine mäßige Faserdrehung nach links die Spaltbarkeit nur wenig beeinträchtigte, rechtsgedrehtes Holz hingegen nur schwer spaltet. Im bayerischen Zimmerhandwerk gilt heute noch die überlieferte Regel, nach der Holz mit Rechtsdrehung als Bauholz brauchbar ist, linksdrehendes dagegen nicht, weil sich dieses im Bau wirft und verzieht (PHLEPS, 1942).

Bei diesen altüberlieferten handwerklichen Regeln fällt auf, daß sie hinsichtlich der Brauchbarkeit drehwüchsigen Holzes genau entgegengesetzt lauten: die spaltenden Gewerbe lehnten rechtsdrehendes, die Zimmerleute linksdrehendes Holz ab. Für diese unterschiedliche Beurteilung hatte man früher keine Begründung. Heute läßt sich die Verschiedenheit im Verhalten des Holzes aufgrund der bereits erwähnten Erkenntnisse über das Umsetzen der Faserrichtung in den einzelnen Holzschichten leicht erklären.

Neuere Untersuchungen von BURGER (1941, 1950) ergaben, daß bei den Nadelbäumen die Drehrichtung mit dem Lebensalter wechselt. Junge Nadelbäume drehen in der Regel nach links. Mit fortschreitendem Dickenwachstum verringert sich allmählich der Drehwinkel, das heißt die Fasern richten sich mehr und mehr bis zum achsenparallelen Verlauf auf, um danach meist nach rechts umzusetzen. Zum richtigen Verständnis muß man sich den Aufbau des Holzkörpers aus dünnen Schichten vorstellen, die sich mantelartig um den ganzen Baumschaft legen. Jeder Mantel stellt einen Jahreszuwachs dar. Und wie jeder Jahrring in Breite und Anteil an dem jeweils gebildeten Früh- und Spätholz verschieden sein kann, so kann auch die Faserstellung in den einzelnen Jahrringen oder nach Perioden wechseln. Der Baum kann aber auch von der Jugend bis ins hohe Alter eine konstant gerade oder nach links oder rechts geneigte Faserstellung beibehalten (Abb. 160).

BURGER fand, daß junge Fichten und Tannen bis zu einem Brusthöhendurchmesser von etwa 10 cm überwiegend (etwa 90 %) nach links drehen. Der Schnittpunkt für die bereits erwähnte Umsetzung der Faserstellung nach rechts liegt bei einem Brusthöhendurchmesser zwischen 20 und 30 cm. In diesem Lebensalter halten sich Links- und Rechtsdrehung etwa die Waage. Mit zunehmendem Alter erhöht sich der prozentuale Anteil der rechtsdrehenden Stämme stark, ebenso steigt auch der Anteil der geradfaserigen an, während der Anteil der linksdrehenden Stämme absinkt. Das aufgrund der von BURGER für Fichte und Tanne ermittelten Zahlen entworfene Schaubild (Abb. 161) macht dieses mit dem Lebensalter der Bäume wechselnde Verhältnis der Faserstellung deutlich. Lärche und Kiefer verhalten sich ähnlich.

Aus dem Schaubild ist zu ersehen, daß bei den Nadelbäumen in der Jugend Linksdrehung vorherrscht, im höheren Alter dagegen Rechtsdrehung überwiegt. Ein nicht geringer Teil der im Alter rechtsdrehenden Stämme muß daher in den inneren Schichten Linksdrehung aufweisen. Ähnlich verhält es sich mit den im mittleren und höheren Alter geradfaserigen Stämmen, bei denen aber der (innere) Anteil an linksgedrehten Holzschichten teilweise gering ist, indem die Aufrichtung der Fasern schon ab einem Brusthöhendurchmesser unter 10 cm einsetzt und danach ein Teil der Stämme die Geradfaserigkeit beibehält. Aus diesen Feststellungen erklärt sich, warum entsprechend den überlieferten handwerklichen Regeln rechtsgedrehte Stämme schlecht spalten, linksgedrehte hingegen dazu neigen, sich zu werfen und zu verziehen. Da bei den Nadelhölzern in der Jugend Linksdrehung vorherrscht und später ein Wechsel der

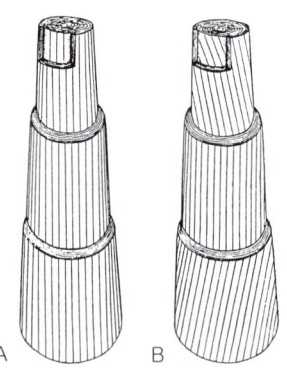

Abb. 160 Schematische Darstellung.
(A) des in allen Holzschichten geraden Faserverlaufes; (B) des Umsetzens der Faserrichtung von links nach rechts.
Ein Umsetzen der Faserrichtung von links nach rechts kann bei unseren Nadelhölzern als Regel gelten (nach König)

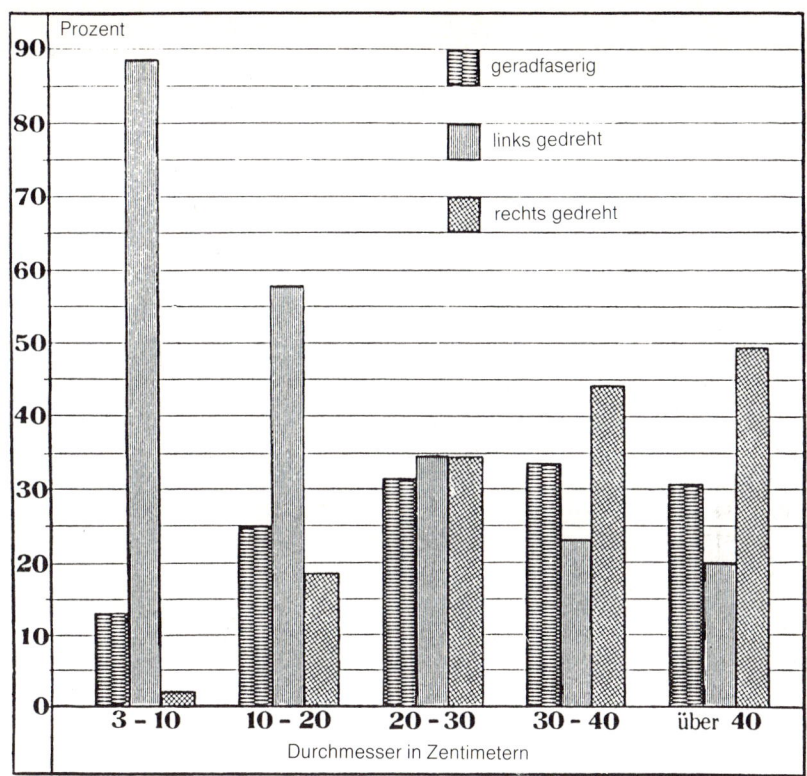

Abb. 161 Verhältnis des Drehwuchses und der Änderung der Drehrichtung in Abhängigkeit vom Baumalter bei Fichte (nach Untersuchungen von Burger)

Drehrichtung nach rechts erfolgt, muß ein außen rechts drehender Stamm in der Regel schwer spaltbar sein. Behält der Baum auch im Alter die Jugenddrehung nach links bei, dann spaltet er leicht. Das gleiche gilt, wenn ein in der Jugend linksdrehender Stamm nach Aufstellung der Fasern die Geradfaserigkeit beibehält. Am schlechtesten zu spalten oder überhaupt unspaltbar sind Stämme, die mehrmals die Faserrichtung gewechselt haben.

Balken und Kanthölzer mit Linksdrehung in den äußeren Schichten sind auch im Inneren linksgedreht. Solches einseitig gedrehte Holz wirft und verzieht sich. Anders verhält sich ein Balken mit äußerlicher Rechtsdrehung. Bei ihm ist das in der Jugend gebildete Innenholz in den meisten Fällen links gedreht, und durch die Verschiedenheit der Drehrichtung innen und außen werden beim Trocknen auftretende Spannungen weitgehend ausgeglichen, so daß ein derartiger Balken keinen stärkeren Formveränderungen unterliegt.

Sehr häufig, so daß es fast als Regel gelten kann, läßt sich feststellen, daß bei unseren Nadelhölzern die Drehrichtung schon im Stangenholzalter von links nach rechts zu wechseln beginnt und sich die Rechtsdrehung mit zunehmendem Alter noch verstärkt. Dies gilt ausnahmslos für unsere Nadelhölzer und wohl auch für die meisten Laubbäume.

7.3.5.4 Merkmale der Drehwüchsigkeit am lebenden Baum

Holzarten mit rissiger Borke lassen Drehwüchsigkeit des Stammes mitunter am schrägen Verlauf der Borkenrücken und -rillen erkennen. Bei glattrindigen

Holzarten (z. B. Buche) gibt der Verlauf der Wülste am Wurzelhals bisweilen einen Hinweis auf vorliegende Drehwüchsigkeit des Stammes. Drehwuchs andeutende Rindenmerkmale bei Fichte sind selten und unsicher, bei Lärche und Kiefer hingegen gibt die Rindenstruktur eher Hinweise. Es sind aber alle Merkmale in der Struktur der äußeren Borke ungeeignet, um daraus auf Drehwinkel und Drehrichtung der äußeren Holzschichten zu schließen. Vorhandene Rindenmerkmale der Drehwüchsigkeit besagen lediglich, daß die im Zeitpunkt der Bildung der äußeren Rindenzellen angelegten Holzschichten den Rindenmerkmalen entsprechend gedreht sind. Die Bildung dieser äußeren Rindenzellen kann aber weit zurückliegen, und bei älteren Stämmen ist dies um so mehr anzunehmen, je deutlicher, d. h. je weniger verwischt die äußeren Rindenmerkmale sind. Es ist dabei in Betracht zu ziehen, daß bei manchen Holzarten die äußeren Borkenschichten sehr alt sein können, bei Eiche z. B. über 80 Jahre (MAYER-WEGELIN, 1956). Während dieser Zeit kann aber eine Änderung des Drehwinkels wie auch ein Umsetzen der Drehrichtung erfolgt sein, so daß die Rindenmerkmale keine Auskunft darüber geben, ob und in welcher Stärke und Richtung die äußeren Holzschichten gedreht sind.

Die Abbildung 162 zeigt links und rechts etwa 160jährige Eichen mit äußerlich deutlichen Anzeichen der Linksdrehung. Es ist zu vermuten, daß die Zeit, in der die den Drehwuchs anzeigenden äußeren Borkenschichten gebildet wurden, etwa 80 Jahre zurückliegt. Das damals entstandene Holz ist demnach links gedreht. Darüber haben sich rund 80 neue Jahrringe gebildet, bei denen sich die Fasern aufgestellt und die Geradheit beibehalten haben können. Es kann aber auch ein Wechsel der Drehrichtung von links nach rechts erfolgt sein. Die Rindenmerkmale geben darüber keinen Aufschluß.

Kann mithin beim stehenden Stamm am Verlauf der Borkenfelder und -risse die

Abb. 162 Drehwüchsige Eichen, etwa 160jährig, im zweistufigen Eichen- und Buchenmischbestand (Foto: G. Zimmermann)

Drehwüchsigkeit der äußeren Holzschichten nicht beurteilt werden, so vermögen die Rindenmerkmale unter Umständen aber doch gewisse Hinweise auf die Drehwüchsigkeit des gefällten Stammes zu geben, da dann auch die entrindete Stammoberfläche für eine Beurteilung der Faserneigung herangezogen werden kann. So fand SCHULZ (1954), daß Eichen mit geradem Verlauf der Borkenfelder und -risse, die nach Entfernung der Rinde auf der Stammoberfläche starken Drehwuchs zeigten, erst seit kurzer Zeit drehten. Die gebildeten Holzschichten mit Schrägfasern waren daher noch nicht dick, und das darunterliegende Holz, das früher gebildet war, war geradfaserig.

Weiter läßt sich am liegenden Stamm durch Vergleich der äußeren Rindenstruktur und des Faserverlaufes auf der Holzoberfläche beurteilen, ob Drehwinkel und Drehrichtung konstant geblieben sind oder sich geändert haben. Die von Schulz geäußerte Auffassung, daß diese durch Vergleich von äußerer Rindenstruktur und tatsächlichem Faserverlauf der Holzoberfläche bei der Eiche mögliche Beurteilung des Drehwuchses auch bei anderen Holzarten mit rissiger Borke brauchbar sei, dürfte sicherlich zutreffen. Solche Anhaltspunkte können für Entscheidungen über Werteinstufung, Bearbeitung und Verwendung mitunter wertvoll sein.

Am entrindeten Stamm ist Drehwuchs mit Sicherheit an den schon im ersten Austrocknungsstadium der Holzoberfläche entstehenden, dem Faserverlauf folgenden Trockenrissen zu erkennen. Aber auch dies gibt nur Aufschluß darüber, ob in den äußeren Holzschichten die Fasern gerade, von links nach rechts oder umgekehrt verlaufen, während ein in den tieferen Holzschichten etwa erfolgter Wechsel der Faserrichtung nicht erkannt werden kann. Hinweise auf die innere Drehwüchsigkeit lassen sich bei rauhborkigen Holzarten allenfalls am gefällten Stamm durch Mitberücksichtigung von Rindenmerkmalen erkennen.

7.3.6 Harzgallen

Die in den Pflanzen vorkommenden Harze sind ein Gemenge von Terpenkohlenwasserstoffen und Terpenderivaten. Sie sind vor allem in den Zellwänden und Harzgängen unserer Nadelhölzer enthalten, und zwar im lebenden Splint in flüssiger Form als sogenannter Balsam, im Kernholz in fester Form.

Bei den Harzgängen handelt es sich um Interzellularkanäle, die durch das Auseinanderweichen parenchymatischer Zellen entstehen. Das in ihnen enthaltene Harz wird von den sie umgebenden Parenchym-(Sekret-)Zellen ausgeschieden. Die Harzgänge verlaufen teils in der Längsrichtung des Holzes, und hier vorwiegend im Spätholz, teils innerhalb einzelner Holzstrahlen (quer). Längs- und querlaufende Harzgänge sind netzartig miteinander verbunden.

Nicht alle Nadelhölzer führen Harzgänge. Harz kann auch im normalen Speichergewebe oder in außer Funktion gesetztem Leitgewebe untergebracht sein. Harzgänge besitzen Kiefer, Fichte, Douglasie und Lärche. Die Tanne hat im normalen Holz keine Harzgänge. Sie kommen bei ihr nur im Überwallungs-(Wund-)Gewebe vor. Bei Kiefer, Fichte, Douglasie und Lärche sind Harzgänge eine normale Erscheinung. Demgegenüber stellen die Harzgallen oder Harztaschen eine Abweichung von der normalen Beschaffenheit des Holzes dar, die allerdings häufig ist und unter Umständen erhebliche Wertminderungen verursacht. Harzgallen kommen nur bei Nadelhölzern mit Harzgängen vor.

Die Wertminderung des Holzes durch Harzgallen hängt vor allem von der recht unterschiedlichen Größe der Gallen und der Häufigkeit ihres Vorkommens ab. Manche Harzgallen sind völlig unscheinbar und beeinträchtigen den Gebrauchswert des Holzes wenig. Andere wieder können sich seitlich von 2 bis 8 cm und in Richtung der Stammachse bis zu 15 cm und darüber ausdehnen. Ihre Tiefe (radial zum Mark) beträgt in der Regel nur wenige Millimeter, doch kann sie ausnahmsweise bis 8 mm gehen. Bei manchen Stämmen finden sie sich nur in geringer Zahl, während andere geradezu gespickt sind. Holz mit gehäuftem Auftreten von Harzgallen verliert weitgehend seinen Nutzwert.

An den Gallenstellen ist die Querverbindung des Holzgewebes dauernd unterbrochen. Der den Harzerguß einschließende im gleichen Jahr gebildete Jahrringteil (Spätholz) ist entsprechend der Tiefe der Harzgalle etwas ausgebaucht, und auch die nachfolgenden vier bis sechs Jahrringe weisen oft noch eine Ausbauchung über der Ergußstelle auf. Die Harzschicht stört auch die Stoffbewegung im Holz in radialer Richtung. Durch sie sind die Holzstrahlen partiell unterbrochen. Diese können daher die an der Verkernung mitwirkenden Stoffe nicht mehr nach innen leiten. Bei Hölzern mit Kernfärbung entstehen hinter den Harzgallen zum Mark hin splintartige (hellere) Zonen. Besonders häufig findet sich diese Erscheinung bei Lärche.

7.4 Fehler im Holz als Folge von Baumbeschädigungen durch Naturgewalten

Atmosphärische Einflüsse wie Sturm, Frost, Schnee, Rauhreif, Eis und Hagel können Schäden an Bäumen hervorrufen oder auch die Bestockung flächenweise mehr oder weniger völlig vernichten. Auch wenn es sich nicht um Großschäden handelt, sind die atmosphärischen Einflüsse Ursache der Entstehung vielerlei Holzfehler.

7.4.1 Faserstauchungen im Holz des lebenden Baumes durch Sturm

Wenn der Sturm oder im Hochgebirge der Föhn mit großer Heftigkeit über Waldgebiete fällt, dann kommt es nicht nur zum Werfen und Brechen einzelner Stämme und zu gassen- oder nesterartigen Wurf- und Bruchschäden. Vielmehr können auch innere Holzfehler an den Bäumen entstehen, die vom Sturm gebogen wurden, aber dieser Biegebeanspruchung standzuhalten vermochten. Das gleiche gilt für starkes Biegen von Stämmen durch Schneedruck.

Wird ein Stamm stark gebogen, dann tritt auf der oberen Seite eine Zugspannung, auf der unteren eine Druckspannung auf. In der mittleren, der sogenannten „neutralen" Schicht werden die Holzfasern weder gedrückt noch gedehnt. Die Zugfestigkeit des Holzes ist um ein Mehrfaches größer als die Druckfestigkeit. Das gilt auch für den lebenden Baum. Bei heftiger Biegebeanspruchung eines Stammes wird deshalb auf der unter Druck stehenden Stammseite die Festigkeitsgrenze viel früher erreicht als auf der gezogenen Seite. Dies bewirkt, daß auf der gedrückten Seite ein Bruch durch Faserknickung eintritt, während auf der gezogenen Außenseite des Stammes die Fasern der Zugbeanspruchung standhalten.

Der Bruch eines heftig gebogenen Stammes tritt aber erst bei völliger Knickung der Faserwände auf der Druckseite ein. Sind bei einer übermäßigen Biegung die Fasern auf der gedrückten Seite nicht völlig geknickt, weil die Beanspruchung die Bruchgrenze nicht überschritten hat, dann kommt es zu einer Stauchung oder leichten Knickung der Fasern. Die so gestauchten Stämme federn teilweise sogar wieder in ihre ursprüngliche Stellung zurück.

Faserstauchungen dieser Art durch Sturm kommen häufig in älteren Fichtenbeständen, besonders an den Rändern von sogenannten Sturmgassen vor. Die Stauchung und leichte Knickung der Faserwände lassen Kambium und Rinde in der Regel unverletzt, so daß äußerlich nichts zu sehen ist. Im Holzinneren aber sind unregelmäßig verlaufende Querrisse entstanden, die das innere Kräftespiel im Holzkörper mehr oder weniger stören (Abb. 163). Die erlittene Festigkeitseinbuße bleibt auch nach erfolgter Überwallung der Stauchungsstellen bestehen. Die von der

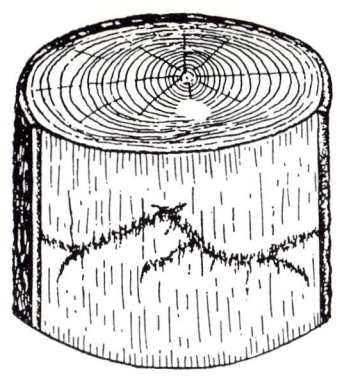

Abb. 163 Entrindetes Stammstück mit Faserstauchung (nach König)

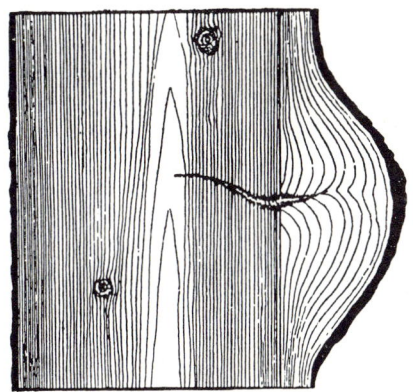

Abb. 164 Längsschnitt durch einen Stamm mit Faserstauchung und Wulstbildung über einer Stauchstelle (nach König)

Stauchung herrührenden Querrisse treten auf den aus solchen Stämmen erzeugten Brettern usw. mehr oder weniger deutlich hervor. Am deutlichsten sind sie auf glattgehobelten Flächen zu erkennen.

Der durch Sturm oder Schneedruck gestauchte Baum bildet an den Stauchungsstellen verbreiterte Jahrringe. Über diesen Stellen entstehen sehr rasch wulstige Verdickungen, die ein Sondergewebe, das Wulstholz, darstellen (Abb. 164). Die Verdickungen liegen im unteren Stammteil, meist bis zu einer Höhe von 6 bis 8 m. Sie sind hier mehr oder weniger eng aneinandergereiht und umfassen in der Breitenausdehnung etwa den halben Stammumfang.
Eine Aufkrümmung gebogener Stämme wie das Rotholz (s. Abschnitt 7.2.1) kann das Wulstholz nicht bewirken. Stämme mit Wulstholzbildung weisen aber häufig zugleich Rotholz auf. Letzteres dient nicht der Versteifung. Es wird hauptsächlich am oberen und unteren Ende der Wülste in allmählichem Übergang abgelagert, ebenso in den äußeren Jahrringen. Wahrscheinlich soll durch diese gleichzeitige und nachträgliche Rotholzbildung der Stamm in die (infolge der Biegung meist gestörte) Gleichgewichtslage zurückgebracht werden.
Vorkommende Faserstauchungen können von nur schwacher oder auch von starker Ausprägung sein. Entsprechend ist auch ihr Einfluß auf den Gebrauchswert des Holzes verschieden. Bei ganz schwachen, mikroskopisch feinen Stauchungen macht sich nach Untersuchungen von TRENDELENBURG (1940) noch keine Beeinträchtigung der Druck- und Biegefestigkeit des Holzes bemerkbar, während Holz mit deutlichen Stauchungslinien nicht mehr als vollwertiger Bau- und Werkstoff angesehen werden kann. Bei letzterem sind die Festigkeitseigenschaften – neben der Druck- und Biegefestigkeit auch die Zug- und Schlagbiegefestigkeit – stark herabgesetzt.
Faserstauchungen können auch bei vom Wind geworfenen Stämmen vorliegen. Soweit solche Stämme nicht geknickt sind, ist es schwierig, meist unmöglich, am äußeren Stamm festzustellen, ob es etwa, bevor der Stamm geworfen wurden, zu einer Biegung mit Faserstauchung gekommen ist. Erst am entrindeten oder aufgeschnittenen Stamm lassen sich vorliegende Holzschäden dieser Art erkennen. Diese Knickungslinien ziehen sich an den Stauchungsstellen durch die bei der Biegung gedrückte Stammhälfte hindurch und reichen teilweise bis über die Stammitte. Bei stärkeren Stauchungen und genauer Inau-

genscheinnahme des frisch entrindeten Stammes können sie auf der Mantelfläche erkannt werden. An diesen Stellen hat das Holz die Festigkeit zum Teil oder völlig verloren. Deshalb soll das aus dem Sturmwurf stammende Holz vor seiner Verwendung zu Zwecken, für die Festigkeit, insbesondere Biegefestigkeit, verlangt werden muß, auf das Vorhandensein von Stauchlinien untersucht werden.

Erwähnt sei, daß Stauchknickungen vorstehender Art bei drehwüchsigen Stämmen nicht entstehen. Ein drehwüchsiger Stamm wird sich bei gleicher Belastung verwinden und schlimmstenfalls parallel zur Faser aufspalten (MAYER-WEGELIN, 1956). In der größeren Widerstandsfähigkeit drehwüchsiger Stämme gegen Sturm und in ihrer geringeren Gefährdung durch Schneelast könnte sich auch eine gewisse natürliche Auslese drehwüchsiger Stämme in rauhen Gegenden in oberen Gebirgslagen usw. begründen.

7.4.2 Fehler durch Hagelschlagverletzungen der Rinde

Großschäden, das heißt flächenweise Vernichtung der Waldbestockung durch Hagel sind zwar selten, aber keineswegs ausgeschlossen. So wurden z. B. im Jahre 1829 in Oberbayern 1 800 Hektar Wald durch Hagelschlag vernichtet,

Abb. 165 Hagelschlagverletzungen an der Rinde einer Buche. Im Holz finden sich wahrscheinlich sogenannte „Steingallen" (Foto: W. Ehrentreich)

1888 mehrere Hundert Hektar in Schlesien. Gegenüber solchen durch schwere Hagelschläge verursachten Großschäden werden die vielen Schäden, die der Wald bei Hagelunwetter erleidet, ohne daß es zu einer großflächigen Bestandsvernichtung kommt, wenig beachtet. Solche kleinere Hagelschäden sind aber für den Wald wirtschaftlich viel bedeutsamer als dies gemeinhin angenommen wird. Durch Abschlagen von Blättern und Trieben, vor allem durch Rindenverletzungen, entstehen nachhaltige Zuwachs- und Holzwertverluste. Hier interessiert in erster Linie die Bedeutung des Hagelschlages als Ursache von Holzfehlern.

Die Rinden- und Bastverletzungen, die das Aufschlagen der Hagelkörner verursacht (Streif- und Quetschwunden), werden zwar zu einem Teil überwallt, sie ziehen aber meist eine Fehlerhaftigkeit und Nutzwertminderung des Holzes nach sich, sei es, daß sie (bei jungen Beständen) die Entwicklung der Schaftform ungünstig beeinflussen, Rindenteile einwachsen oder bei größeren Quetschwunden Fäulepilze eindringen, bevor die Überwallung erfolgt ist.

Bei Holz aus verhagelten Beständen muß stets mit Vorhandensein von Holzfehlern gerechnet werden, die äußerlich meist nicht zu erkennen sind (v. Pechmann, 1949). Die sogenannten Steingallen bei Buche gehen hauptsächlich auf Verletzungen durch Hagel zurück. Es handelt sich um schwarze und dunkelbraune Flecke im Holz, die dadurch entstanden sind, daß bei der Überwallung der oft zahlreichen kleineren Verletzungen Teile der Rinde eingeschlossen werden. Derartiges Holz ist in seinem Gebrauchswert gemindert.

Da die Rinde der Buche während der ganzen Lebensdauer des Baumes verbleibt und beim Dickenwachstum nur gedehnt wird, sind die Spuren überwallter Beschädigung meist noch sehr lange auf der Rinde sichtbar. So hinterlassen die zahllosen kleinen Verletzungen der Buchenrinde durch Hagelschlag meist deutliche Rindennarben, die auf das Vorhandensein von Steingallen hindeuten.

7.4.3 Fehler und Schäden durch Frosteinwirkung
7.4.3.1 Allgemeines

Die Pflanze muß, wie jedes Lebewesen, ihr Dasein auf die Temperaturunterschiede der Jahreszeiten einstellen. Sie paßt sich an und trifft je nach Art sehr mannigfache Vorbereitungen. Unsere Laubhölzer werfen vor Beginn des Winters die Blätter ab. Die Nadelhölzer hingegen behalten auch im Winter ihre Nadeln, die sie durch besondere Vorkehrungen vor dem Erfrieren sichern. Die oberirdischen Teile der Bäume und Sträucher befinden sich den Winter über in einem vegetativen Ruhezustand. Sorgsam geschützt vor Gefrieren und Erfrieren, von außen durch Rinde und Knospenschuppen, von innen durch chemische Vorgänge und Stoffe, bereitet sich in ihren Zellen neues Leben vor. Wenn die Sonne im Frühjahr wieder verstärkt wärmt, erwachen die Zellen zu neuem Leben. Gefährlich wird es, wenn ein vorzeitiger Wärmeeinbruch dieses wartende Leben zu früh weckt und ein plötzlicher und starker Kälterückfall folgt. Dann droht der Frosttod. Seltener entstehen Frostschäden an jungen Holzpflanzen durch Winterkälte, häufiger dagegen durch Spätfröste.

Extrem niedrige Wintertemperaturen können auch den Frosttod älterer Waldbäume herbeiführen. Häufiger entstehen allerdings Frostschäden an älteren Bäumen, die das Leben nicht unmittelbar bedrohen, aber den Gebrauchswert des Holzes mindern. Es sind dies Frostrisse, weiterhin die sogenannten Mondringe im Kernholz von Eiche und schließlich die Frostplatten. Bei letzteren handelt es sich um ein Aufreißen der Rinde auf der (mittags) von der Sonne beschienenen Südseite des Stammes. Derartige Rindenschädigungen sind in den strengen Wintern 1928/29 und 1939/40 an Buche und vereinzelt auch an Ahorn beobachtet worden (MÜNCH, 1948). Unter dem Einfluß des Gegensatzes zwischen äußerer Strahlungswärme und innerer Kälte bilden sich Längsrisse in der Rinde. Später hebt sich die Rinde beiderseits der entstandenen Risse ab. Dies zieht, wenn die betroffenen Bäume nicht bald gefällt werden, erhebliche Holzschäden nach sich.

7.4.3.2 Frosttod älterer Bäume

Die abnorm strengen Winter 1878/79, 1928/29, 1939/40, 1962/63 und auch der Spätwinter 1955/56 haben gezeigt, daß die Waldbäume unserer Klimazone selbst ungewöhnlich niedrige Wintertemperaturen, wie sie in diesen Jahren auftraten, überstehen. Hingegen sind verschiedene der bei uns angebauten fremden Holzarten, ebenso Obstbäume, besonders Apfelbäume, 1955/56 auch viele Walnußbäume den ungewöhnlich niedrigen Temperaturen erlegen.

Die Vorgänge im Inneren der Bäume beim Einwirken solcher großen Kälte sind noch nicht völlig geklärt. Hier interessiert weniger das Wesen des Frosttodes als vielmehr die Frage, ob das Holz erfrorener Bäume in seinem Nutzwert gemindert ist. Aufgrund von Untersuchungen an Holz, das von erfrorenen Obstbäumen stammte, kann diese Frage verneint werden. Selbstverständlich ist es allerdings, daß die erfrorenen Bäume möglichst rasch nachdem sie abgestorben sind, spätestens in dem dem strengen Winter folgenden Frühjahr gefällt und der Verarbeitung zugeführt werden. Wie alle kranken, sterbenden und toten Bäume sind sie ein willkommenes Angriffsobjekt für Sekundärschädlinge, holzzerstörende Pilze und Insekten, wenn sie stehen bleiben.

Wertminderungen, die an erfrorenen, nicht rechtzeitig gefällten und abgefahrenen Bäumen durch Pilz- oder Insektenbefall nachträglich verursacht werden, wozu auch Verfärbungen als Anzeichen beginnender Zersetzung durch Pilze gehören, stehen nicht in Zusammenhang mit dem Frosttod. Wenn durch Winterfrost abgestorbene Bäume alsbald umgeschnitten, aufbereitet und so gelagert werden, daß sie austrocknen können, sind keine Schäden zu erwarten. In den strengen vergangenen Wintern hat es sich erwiesen, daß der Gebrauchswert von durch Frost getöteten Bäumen bei sachgemäßer Behandlung dem in normaler Nutzung gefällten Holz gleichwertig bleibt.

7.4.3.3 Frostrisse

Technische Holzschäden verursacht der Winterfrost nach neuesten Untersuchungen durch Stammrisse, die von früheren, überwallten Wunden, von abgestorbenen Zwieseln oder toten Astansätzen im unteren Stammteil harter Laubhölzer ausgehen. Die Frostrisse sind nach H. BUTIN und CH. VOGLER (1982) sekundäre Folgeerscheinungen zeitlich zurückliegender Stammschäden.

Drei Arten von Rissen sind zu unterscheiden: Radiale Risse vom Mark bis zur Rinde, radiale Innenrisse, die blind im Holz enden, und periphere Innenrisse, die als Jahresringrisse oder Ringschäle ausgebildet sind. Es ist sehr wahrscheinlich, daß innere Spannungen zwischen Wund- und Faulholz einerseits und dem übrigen Stammholz andererseits bei der Bildung der Risse eine ausschlaggebende Rolle spielen.

Bei geradfaserigen Stämmen verlaufen die Risse achsenparallel, beginnend von ehemaligen Rindenwunden oder von der Stammitte. Bei drehwüchsigen Stämmen ziehen sie sich entsprechend der Faserschraubung schräg zur Stammachse hin.

Die Frostrisse entstehen meist auf der Ost-, Süd- oder Südwestseite des Stammes, und zwar stets zwischen zwei Wurzelanläufen, was BUSSE (1910) auf die Mitwirkung des Windes zurückführt. Die Beteiligung des Windes zeigen auch die Beobachtungen, daß Frostrisse am häufigsten bei scharfen Ost- und Nordwinden entstehen. MÜNCH berichtet (1948), daß Eichenstämme im strengen

Winter 1939/40 mit lautem, schußähnlichem Knall aufrissen, der an den kältesten Tagen besonders über Mittag zu vernehmen war. Daraus ließe sich schließen, daß bei der Entstehung von Spannungen im Holzkörper, die den Riß verursachen, auch die Strahlungswärme der Mittagssonne am Stamm eine Rolle spielt.

Nach Eintritt von Tauwetter schließt sich die Rinde wieder. Beim weiteren Wachstum versucht der Baum, den Riß von den Wundrändern her zu überwallen, was aber bei größeren Frostrissen selten gelingt. Ein leicht überwallter Riß springt in folgenden Wintern gerne wieder auf; erst wenn mehrere milde Winter aufeinanderfolgen, kommt es zu endgültiger Überwallung. Reißt die Überwallungsschicht in den Folgejahren wiederholt auf, dann entstehen leistenförmige Erhöhungen, sogenannte Frostleisten (Abb. 166).

Unter Einwirkung großer Winterkälte treten zuweilen auch Risse im Holzkörper auf, durch die der Rindenmantel nicht gesprengt wird. Von außen lassen sich solche Risse, die sowohl radial wie tangential verlaufen können, nicht erkennen.

Nicht alle Holzarten unterliegen in gleicher Weise der Gefährdung durch Frostrisse. Laubhölzer sind weit mehr gefährdet als Nadelhölzer, harte Laubhölzer mit breiten Holzstrahlen neigen mehr zu Frostrissen als weiche. Am häufigsten entstehen Frostrisse an Eiche, und zwar scheint nach übereinstimmenden Beobachtungen die Stieleiche stärker gefährdet zu sein als die Traubeneiche. Bei der Rotbuche kommen Frostrisse verhältnismäßig selten vor, dagegen wird diese Holzart bei starkem Frost durch die in der Einleitung dieses Abschnittes erwähnten Frostplatten geschädigt. Außer an Eiche treten Frostrisse an Ulme, Hainbuche, Nußbaum

Abb. 166 Eiche mit hoch am Stamm hinaufreichendem Frostriß und Frostleiste (Foto: W. Ehrentreich)

und Edelkastanie auf. Von den weichen Laubhölzern neigen Pappeln und Roßkastanien, nächst den Linden und Weiden am meisten zu Frostrissen. Frostrisse an Nadelhölzern sind selten. Eine Ausnahme macht die Tanne, an der Frostrisse – äußere der üblichen Form und auch innere, von außen nicht sichtbare – häufiger festgestellt wurden. Vor allem im strengen Winter 1939/40 wurden derartige Schäden an Tannen mittleren Alters beobachtet.

Rasch herangewachsene Bäume mit geradem Faserverlauf oder Faserdrehung nur nach einer Seite hin sind mehr gefährdet als langsam herangewachsene und solche mit Faserdrehung in wechselnder Richtung. Letztere Stämme spalten durch den Wechsel der Faserrichtung schwer, und diese Eigenschaft hemmt auch die Entstehung von Frostrissen. Die spaltenden Gewerbe wie Küfer und Schindelmacher haben von alters her Eichen mit Frostrissen bevorzugt. Sie wußten, daß deren Holz gut spaltet. Ferner läßt der Frostriß, da er stets dem Faserverlauf folgt, ersehen, ob das Holz geradfaserig oder drehwüchsig ist.

Die Frostrisse beginnen in der Regel unmittelbar über dem Boden. Sie reichen oft mehrere Meter den Stamm hinauf. Das Ausmaß der Gebrauchswertminderung des Holzes wird nicht allein durch Größe und Verlauf der Risse im Stamm bestimmt, sondern auch davon, ob das Holz gesund ist. Es wurde darauf hingewiesen, daß die Risse von früheren Wundüberwallungen ausgehen, so daß neben dem Riß häufig auch noch Stammfäule vorliegt.

In solchen Fällen kann die Entwertung des Holzes sehr weit gehen, unter Umständen kann es nicht mehr für industrielle Verwertung tauglich sein. Wurde der Riß bald überwallt und ist der Stamm – abgesehen vom Frostriß – gesund, so sind noch verschiedene Verwertungsmöglichkeiten gegeben. Dabei kommt es sehr auf den Verlauf des Risses an. Achsenparallele Risse ohne innere Fäule des Stammes mindern den Gebrauchswert des Holzes nur wenig. Je schräger aber ein Riß verläuft, desto stärker ist das Holz technisch entwertet. Verhältnismäßig mehr noch als radial verlaufende Frostrisse setzen tangentiale Sprünge im Inneren den Gebrauchswert eines Stammes herab, die von außen nicht zu erkennen sind. An den Rißstellen ist der Zusammenhang des Holzkörpers unterbunden. Er kann auch nicht wieder zusammenwachsen. aus solchen Stämmen erzeugtes Schnittholz fällt an den Rissen auseinander. Diese Art Schaden durch Frost im Stamminneren tritt seltener auf.

7.4.3.4 Mondringe im Kernholz der Eiche

Eine im Kernholz von Eiche zuweilen auftretende eigenartige Erscheinung, die ursächlich ebenfalls auf Frosteinwirkung zurückgeführt wird, sind die sogenannten „Mondringe". Man versteht darunter mondsichel- oder ringförmige, hellere, mittelgelbe Streifen von 2 bis 3 cm Breite (Abb. 167). Das Holz des „Mondringes" ist splintartig, weshalb die Erscheinung auch „Splintring" oder „doppelter Splint" genannt wird. Es fehlt die normale Kernfärbung für mehrere aufeinanderfolgende Jahrringe. Als Ursache gilt die Abtötung dieser Streifen durch starke Winterfröste, als sie

Abb. 167 Eichenabschnitt mit zwei deutlich ausgeprägten Mondringen (Werkfoto: Bohmans)

noch zum Splint gehörten. Die Speicherstoffe der getöteten Splintzone erlauben keine Umwandlung der Stärke in Kernstoffe (Gerbsäure) mehr. Entsprechend enthält das Holz des Mondringes in den Holzstrahlen und Parenchymzellen reichlich Stärke, aber nur sehr wenig oder gar keinen Gerbstoff.

Dem Holz der Mondringe fehlt mithin die Eigenschaft der Verkernung. Es hat nicht die Kernstoffe, auf deren Einlagerung die Dauerhaftigkeit des Eichenholzes beruht. Wie das Splintholz der Eiche unterliegt es leicht dem Angriff holzzerstörender Pilze und Insekten. Deshalb sind Mondringe, besonders wenn sie bei im übrigen hochwertigen Eichen auftreten, ein den Gebrauchswert des Holzes mindernder Fehler. Die Wertminderung hängt davon ab, wie weit ein im Holz auftretender Mondring vom Mark entfernt verläuft. Liegt er in Marknähe, dann ist sie geringer, weil er ohne großen Holzverlust herausgeschnitten werden kann.

Besonders häufig tritt dieser Fehler bei Eichen mit schmalen Jahrringen auf; auch scheint er bei Traubeneichen öfter vorzukommen als bei Stieleiche. Ob der Standort bei der Entstehung von Mondringen eine Rolle spielt, ist noch nicht geklärt. Man vermutet, daß sie besonders häufig bei Eichen vorkommen, die auf schweren Lehmböden wachsen.

7.4.4 Rinden- oder Sonnenbrand

Rinden- oder Sonnenbrand tritt an Bestandsrändern der Süd- und Westlage, vor allem an den durch Kahlschläge, Wind- und Schneebruchlücken, Aufhieben für Straßen, Starkstromleitungen usw. neugeschaffenen kahlen Absäumungen auf. An solchen neuentstandenen Rändern können die Schäden mehr oder weniger tief in den Bestand hineingreifen. Bei diesen Randschäden handelt es sich stets um kombinierte Schäden, bei denen der dem Sonnenbrand nachfolgende Pilz- und Insektenbefall, ebenso die Aushagerung des Bodens und damit Zuwachsausfall und Bonitätsrückgang in Betracht zu ziehen sind. Hier sollen nur die technischen Schäden am Holz durch Sonneneinwirkung betrachtet werden, die in der Regel mit schweren Pilzschäden verbunden sind.

Abb. 168 Randbuche mit Rindenbrand. Die tote Rinde blättert ab (Foto: D. Görlach)

Bei direkter Sonnenbestrahlung und dadurch stark einwirkender Strahlungswärme entstehen in der kambialen Schicht des Baumes Wärmegrade, die das Kambium gewissermaßen zum Kochen und dadurch zum Absterben bringen. Die Rinde über dem geschädigten Kambium treibt zunächst leicht auf. In den abgehobenen Rindenteilen entstehen dann Längs- und Querrisse, und schließlich blättert die Rinde stückweise ab. Der Holzkörper trocknet an den bloßgelegten Stellen aus, und es bilden sich Schwindungsrisse im Holz. Pilze und Insekten können eindringen und ihr Zerstörungswerk beginnen. Das Abblättern und Abfallen der toten und nur leicht angehobenen Rinde verzögert sich mitunter sehr lange, wodurch der Schaden oft erst nach Jahren von außen zu erkennen ist. Vor allem für Borkenkäfer bieten derart geschwächte Bäume eine günstige Brutgelegenheit, besonders bei Fichte.

Eine Wundüberwallung gibt es bei Rindenbrand nicht, selbst kleine Schäden werden nicht überwallt. Die Abbildung 168 zeigt eine durch Rindenbrand geschädigte Randbuche, vorerst noch ohne sichtbaren Pilzbefall. Dieser wird von außen erst dann deutlich sichtbar, wenn der Pilz aus dem Holz seine Fruchtkörper treibt. An der Zersetzung des Holzes rindenbrandkranker Bäume ist eine Vielzahl von Pilzen, Halbparasiten und auch Saprophyten beteiligt; besonders an kranken Buchen kann man das Auftreten zahlreicher Pilzarten feststellen.

Der Gefahr des Rindenbrandes unterliegen vor allem Holzarten mit dünner Rinde, weiter auch jüngere Stämme mit noch nicht verborkter Rinde nach plötzlicher Freistellung. Unter den Laubhölzern ist die Rotbuche am empfindlichsten; auch wirken sich bei dieser Holzart Rindenbrandschäden wegen der geringen Widerstandsfähigkeit des Holzes gegen Pilzbefall am übelsten aus. Nächstdem werden Hainbuche, Bergahorn, Spitzahorn, Linde und verschiedene Obstbäume durch starke Sonnenbestrahlung geschädigt. Von den Nadelhölzern ist Fichte besonders anfällig; weniger häufig entsteht Rindenbrand bei Weymouthskiefer und Tanne.

Allgemein kann man feststellen, daß alle Schatthölzer gegen Sonneneinwirkung empfindlich sind, während sich die meisten Lichtholzarten als widerstandsfähig erweisen. Die echten Lichtholzarten Eiche, Ulme, Kiefer und Lärche bleiben von Sonnenbrandschäden völlig verschont.

7.4.5 Hitzerisse

Unter der Einwirkung außergewöhnlicher Trockenheit und hoher Sommertemperaturen kann das Holz des lebenden Baumes so stark schwinden, daß der Stamm in radialer Richtung aufreißt. Ursache ist eine Verminderung des Wassergehaltes in den Bäumen, zu der es dann kommen kann, wenn in langanhaltenden Hitze- und Dürreperioden der Waldboden so stark austrocknet, daß dadurch die Wasserversorgung der aufstehenden Bäume gestört wird.

Im Wassergehalt der Bäume gibt es eine bestimmte untere Grenze, bei deren Unterschreitung das Holz – hauptsächlich in tangentialer Richtung – stark schwindet. Die Schwindung kann so große Spannungen im Holzkörper bewirken, daß der Stamm in Längsrichtung aufreißt, um sich im Umfang genügend zusammenziehen zu können. Die Risse folgen der Faser, verlaufen also bei geradfaserigen Stämmen achsenparallel, bei gedrehten Stämmen entsprechend schraubig. Sie beginnen meist etwa 1 m über dem Boden und reichen teils bis in den Kronenraum, teils auch nur bis zu einer Höhe von 5 bis 6 m.

In der Regel überwallt die Rißwunde, doch sind meist schon vorher Pilze eingedrungen, die Innenfäule verursachen und den Wert des Stammes, ähnlich wie bei Frostrissen, mindern.

7.4.6 Blitzschäden
7.4.6.1 Allgemeines

Die durch Blitzschlag an Bäumen verursachten Schäden sind verschieden, und entsprechend unterschiedlich ist auch die Auswirkung in Holzfehlern und Holzverlusten. Bei starken Entladungen können Bäume völlig zersplittern, wobei Splitter aller Größen, vom kleinen Span bis zu meterlangen Holzstücken, herausgerissen und mitunter weit fortgeschleudert werden. Vollkommene Zersplitterung von Bäumen durch Blitzschlag ist indessen selten; meist fährt der Blitz dem Stamm entlang und bewirkt nur rinnenartige Verletzungen der Rinde, sogenannte Blitzrinnen.

Diese entweder zusammenhängenden

Abb. 169 Blitzrinne in einem etwa 130jährigen Mammutbaum (Foto: B. Kleiner)

oder auch unterbrochenen Rinnen folgen in der Regel dem Faserverlauf, so daß sie sich bei stark drehwüchsigen Stämmen spiralig um den Stammkörper winden. Mitunter beschränken sie sich auf die Ablösung eines schmalen Rindenstreifens, ohne darüber hinaus die Rinde abzuheben oder zu beschädigen. Es kann aber auch, vor allem in der Saftzeit, zu großflächigen Rindenablösungen kommen.

Bei jedem Entlangfahren des Blitzes an Stämmen kann außer der Rindenbeschädigung auch der Holzkörper in radialer Richtung – ausgehend vom Verlauf der Rinne – aufgespalten werden. Solche inneren Schäden sind nicht immer von außen erkennbar. Mitunter sind es mikroskopisch feine Risse (Sprengungen), die den Zusammenhang des Holzkörpers unterbrechen. Aus solchen „Blitzbäumen" erzeugte Bretter fallen beim Trocknen auseinander.

Blitzrinnen, die lediglich die Rinde in geringer Breite verletzt haben, werden vom Baum zumeist rasch überwallt. Bei raschem Wundverschluß (ehe Pilze eingedrungen sind) können geringe Verletzungen gesund ausheilen, so daß der Baum keinen nachhaltigen Schaden erleidet. Dieser günstigste Fall ist jedoch verhältnismäßig selten. Die meisten Blitzschläge sind mit bleibenden Schäden für das Leben des Baumes oder mit technischen Holzschäden verbunden. Größere Rindenverletzungen durch Blitzschlag bedeuten den früheren oder späteren Tod des Baumes; bei schmalrinnigen Verletzungen löst sich, von der Rinne ausgehend, häufig beiderseits die Rinde ab, was zu einem allmählichen Absterben des Baumes führt. Nadelhölzer, die der Blitz beschädigt hat, gehen meist rascher ein als Laubhölzer. Die Lärche hat gegenüber Blitzverletzungen das beste Ausheilungsvermögen. Unter den Laubhölzern ist die Buche besonders empfindlich, was wenigstens zu einem Teil mit ihrer großen Anfälligkeit gegen Pilzbefall zusammenhängt. Die gesunde Überwallung von älteren Blitzspuren, mit denen innere Zerreißungen des Holzkörpers verbunden waren, ändert an der bewirkten Holzentwertung nichts. Die Unterbrechung des Holzkörpers besteht in solchen Fällen auch dann fort, wenn der Schaden äußerlich überwallt ist.

Freistehende Bäume, Einzelbäume, Baumgruppen im Freien, Alleebäume im freien Gelände, Überhälter und Randstämme unterliegen besonders der Blitzgefährdung. Daß innerhalb von geschlossenen Waldbeständen die über das Kronendach emporragenden Bäume sehr häufig vom Blitz getroffen werden, besagt nicht, daß die niedrigen Stämme vor dem Blitz sicher wären. Auch Hochlagen, Bergkuppen und Höhenrücken sind nicht gefährdeter als tieferliegende Geländepunkte.

Keine Klarheit besteht in der Frage, welche Baumarten mehr blitzgefährdet sind. Blitzschäden finden sich an allen Holzarten, an manchen mehr, an anderen weniger. Dabei bleibt unberücksichtigt, daß in zahlreichen Fällen Blitze an Bäumen entlang in die Erde fahren, ohne sichtbare Spuren zu hinterlassen. Vor allem dürfte dies der Fall sein, wenn Gewitter mit starken Regengüssen verbunden sind, die die Rinde benetzen – vor allem bei glattrindigen Bäumen – und eine Außenableitung des Blitzes ermöglichen. Es kann daher nicht empfohlen werden, zum Schutz vor Gewittern Bäume aufzusuchen, schon gar nicht im freien Feld einzeln stehende Bäume oder Baumgruppen.

7.4.6.2 Blitzschäden und Waldbrand durch Blitz

Blitzschlag in den Wipfel eines Baumes bewirkt Wipfeldürre. Manchmal soll der Blitzschlag in einen Bestand auch ohne sichtbare Beschädigung zu einem nachträglichen Absterben von Bäumen auf kleineren oder größeren Flächen führen. Die dadurch in den Beständen entstehenden Lücken werden „Blitzlöcher" genannt. Diese in ihren Ursachen noch nicht geklärte Erscheinung ist fast ausschließlich in Nadelwaldungen (Kiefer, Fichte) beobachtet worden, und zwar im allgemeinen nur auf trockenen Standorten. Die meisten bisherigen Erklärungsversuche sehen die Ursache in sogenannten „Flächenblitzen", die sichtbare oberirdische Beschädigungen nur an wenigen Bäumen verursachen, von denen aber sich ein allmähliches Absterben der übrigen Bäume ausbreitet.

Die Fälle, daß bei Gewitter ohne Regen ein Waldbrand entsteht, sind selten. Am ehesten möglich ist es, daß ein in die Erde gehender Blitz den trockenen Bodenüberzug entzündet. Vereinzelt wurde aber auch beobachtet, daß ein Blitz alte, innen ausgehöhlte Bäume in Brand setzte. Über einen Waldbrand infolge Blitzschlag in eine gesunde Überhaltkiefer im August 1947 berichtet FEUCHT (1947). Der Überhälter wurde vom Blitz nur geringfügig beschädigt. Der an seinem Schaft entlangfahrende und in die Erde gehende Blitz entzündete den sehr trockenen Bodenüberzug. Das rasch um sich greifende Feuer konnte von den Beobachtern gelöscht werden, noch ehe sich der einsetzende Regen auswirkte.

7.5 Risse im Holz des stehenden Baumes

7.5.1 Kernrisse und Schilferrisse

Kernrisse gewöhnlicher Art treten nach der Fällung des Baumes auf den Querflächen mehr oder weniger deutlich in Erscheinung. Es handelt sich um Spannungsrisse, die wie MAYER-WEGELIN und MAMMEN (1953) für Buche gefunden haben, bereits im lebenden Baum vorgebildet sind. Ihre Entstehung wird auf die außerordentlich starke Längsdruckspannung im inneren Holzteil und die Längszugspannung im äußeren Holzmantel zurückgeführt. Beim Abtrennen des Stammes vom Stock löst sich die Spannung durch Ausweitung der vorgebildeten Risse.

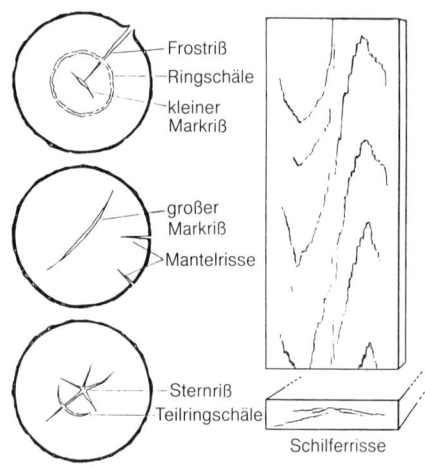

Abb. 170 Darstellung und Bezeichnung verschiedener Rißarten (nach Schulz)

Die im lebenden Baum vorgebildeten Kernrisse reichen ursprünglich in den wenigsten Fällen bis zur Mantelfläche des Stammes und beschränken sich in der Regel auf den unteren Stammteil. Aus ihnen können aber die besonders bei Buche häufigen Spaltrisse entstehen (Abb. 170), was vor allem dann zu befürchten ist, wenn die Austrocknung zu rasch fortschreitet. Ein tief geführter Fällschnitt kann die Bildung von Spaltrissen vermindern und dabei auch die Einreißtiefe bis zu einem gewissen Grad herabsetzen.

Schilferrisse kommen hauptsächlich im Herz alter Nadelbäume, besonders Kiefern vor. Mit den Kernrissen haben sie gemeinsam, daß sie bereits am stehenden Baum vorhanden sind und am häufigsten und ausgeprägtesten an alten Bäumen vorkommen. Gleich den Kernrissen verlaufen auch sie radial vom Mark zum Stammantel. Manche Risse sind kurz, andere ziehen sich vom Mark durch die ganze Kernzone bis zur Splintgrenze. Der Splint selbst bleibt in der Regel verschont. Die größten Schäden entstehen in Marknähe. Hier sind die Risse zumeist am zahlreichsten und auch am breitesten, während sie nach dem Splint hin dünner werden und sich schließlich ganz verlieren. Am meisten betroffen ist der Stammteil in der Höhe von 4 bis 9 m; oberhalb von 10 m treten Schilferisse kaum noch auf. Sie folgen dem Faserverlauf. Bei Drehwuchs des Stammfußes folgen sie allen, auch wechselnden Faserneigungen. Ist ein Stamm stärker gedreht, dann begleiten sie die Faserdrehung nur ein kurzes Stück, um danach in die ursprüngliche Rißebene zurückzuspringen.

Auf Querschnitten schilfernder Kernbohlen können die Risse etwa parallel zur Bohlenoberfläche verlaufend in Erscheinung treten. Auf Querschnitten von Seitenbohlen oder -brettern verlaufen sie stets rechtwinkelig oder schräg zur Brettoberfläche (Abb. 171). Durchaus nicht alle auf den Brettoberflächen zum Vorschein kommenden Schilferrisse treten zugleich auch auf den Querflächen in Erscheinung. Dies erklärt sich daher, daß die Risse in beliebiger Stammhöhe beginnen und ihre Ausdehnung in Richtung Stammachse unterschiedlich groß ist. Zumeist verlieren sie sich auch in der Längsrichtung im Inneren recht bald. Bei dicken Kernbohlen kann es auch vorkommen, daß im Inneren verlaufende kurze Risse, deren Ebene gering gegen die Brettoberfläche geneigt ist, nach außen überhaupt nicht in Erscheinung treten. Längere oder nicht parallel zur Brettoberfläche verlaufende Risse hingegen treten stets aus den Brettoberflächen heraus. Bei stärkerer Neigung der Rißebene gegen die Brettoberfläche (Drehwuchs) müssen die Risse schief über das Brett hin verlaufen. Trifft der Sägeschnitt in flachem Winkel mit einer nur wenig schräg zur Stammachse verlaufenden Rißebene zusammen, was bei Kernbohlen – auch

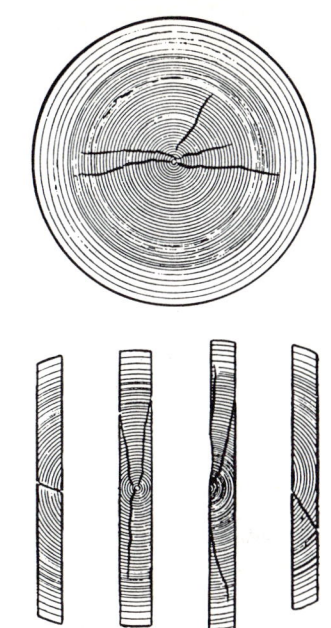

Abb. 171 Schematische Darstellung des Verlaufes von Schilferrissen im Stammquerschnitt und im Querschnitt von Kern- und Seitenbrettern (nach König)

solchen mit nur geringer Faserverdrehung – häufig vorkommt, dann erscheint der Schilferriß auf der Bohlenoberfläche als schuppige Ablösung flächiger, loser Holzschichten, die gegendweise in der Praxis „Fischohren" genannt werden.

Die durch Schilferrisse möglichen Schäden fallen wirtschaftlich um so mehr ins Gewicht, als sie gerade bei den wertvollen, starken Kiefernstämmen mit engem und gleichmäßigem Jahrringbau vorkommen. Grobringig gewachsene Kiefern schilfern nicht.

7.5.2 Harzrisse bei Lärche

Bei älteren Lärchen finden sich im unteren Stammteil häufig Kernrisse, die einen gewissen Zwischenraum haben und mit Harz gefüllt sind. Wahrscheinlich bilden sie sich – gleich den Schilferrissen der Kiefer – infolge starker Wuchsspannungen in Verbindung mit mechanischen Spannungen, wie sie durch Schiefstellung der Stämme und einseitige Kronenausbildung (Kronenhang) verursacht werden können. Schiefstellung (Säbelwuchs) ist bei Lärche eine sehr häufige Erscheinung, was die relative Häufigkeit des Vorkommens von Harzrissen in wohl allen Wuchsgebieten erklären könnte. Auch das Baumalter steht in engem Zusammenhang mit dieser Art von Rissen, da sie hauptsächlich an älteren Stämmen beobachtet wurden. Wie alle Kernrisse verlaufen auch die Harzrisse vom Mark ausgehend radial zur Mantelfläche des Stammes hin, bleiben in der Längenausdehnung jedoch meist auf den inneren Teil des Kernholzes beschränkt. Bis zum Splint reichen sie in keinem Fall. Sie spalten in der Regel den inneren Kern durch zwei geradlinig oder in stumpfen Winkel zu einander verlaufenden Strahlenrisse. Bisweilen kommen auch drei Strahlenrisse vor. Das den Riß füllende Harz (Balsam) fließt nach der Fällung des Baumes aus und erhärtet nach der Verdunstung des flüchtigen Terpentinöls. Harzrisse beginnen gewöhnlich im Wurzelstock und reichen kaum einmal höher den Stamm hinauf.

Der durch sie verursachte Schaden bleibt daher auf den untersten Stammteil beschränkt. In vielen Fällen läßt sich dieser Fehler durch richtige Festlegung der Schnittebene beim Einschnitt in seiner Auswirkung weitgehend mildern oder ganz ausschalten.

7.6 Farbänderungen und Farbfehler

Viele Farbänderungen und Farbfehler des Holzes werden durch Pilze verursacht; die Verfärbung ist oft das erste Anzeichen eines Pilzbefalls. Hier sollen jedoch solche Farbfehler betrachtet werden, die ohne Einwirkung von Pilzen auftreten. Sie entstehen im Holz des lebenden Baumes, vornehmlich jedoch im liegenden Stamm bald nach der Fällung. Teilweise handelt es sich um physiologische Vorgänge im lebenden Baum oder im noch frischen Holz nach der Fällung. Andere Verfärbungen werden durch Prozesse chemischer Art ausgelöst, die sich im eingeschlagenen, noch lebensfrischen Holz unter Einwirkung des Luftsauerstoffes oder im toten Holz als Reaktion darin enthaltener Stoffe bei der Berührung mit anderen Stoffen (z. B. Eisen-Gerbstoff-Reaktion) abspielen.

Eine Farbänderung chemischer Art ist die bei frisch geschlagenem Erlenholz auftretende Rotfärbung (NEGER, 1911), die wahrscheinlich als Folge der Einwirkung des Luftsauerstoffes (Oxidation von Zellinhaltsstoffen) zustande kommt. Hölzer mit höherem Gehalt an Gerbstoff (Eiche) färben sich bei der Berührung mit Eisen (unter Anwesenheit von Wasser) blauschwarz. Auf Eisen-Gerbstoff-Reaktion beruht auch die Schwarzfärbung von Eichenholz, wenn dieses sehr lange (über Jahrhunderte) im Moor oder im Wasser liegt (Mooreiche). Der Gerbstoff des Holzes geht dabei mit den Eisensalzen des Wassers eine feste Verbindung ein. Auch die

Grünfärbung des Lindenholzes, die bisweilen bei längerer Lagerung in feuchter Luft beobachtet wurde, soll auf Eisen-Gerbstoff-Reaktion zurückgehen (NEGER 1910).

Die bei Holz, das längere Zeit ungeschützt den atmosphärischen Einwirkungen ausgesetzt ist, eintretende Vergrauung ist nach FREY-WYSSLING (1950) das Verwitterungsbild unter Einfluß von Licht und Regen. Die unter atmosphärischer Einwirkung entstehende Dunkelbraun- bis Schwarzfärbung hingegen soll das Ergebnis der Belichtung mit kurzwelligem Licht in trockenen Klimalagen sein.

7.6.1 Rotkern der Buche

Im Laufe des Wachstums verlieren die Zellen des Bauminnern die Fähigkeit der Saftleitung. Die Verkernung beginnt und setzt sich fort, wie es auf Seite 26f. beschrieben ist. Die Buche bildet nicht regelmäßig und offenbar nur unter besonderen Bedingungen in den zentralen Stammschichten einen sich durch andersartige Färbung vom jüngeren Splintholz unterscheidenden Kern. Weil er nicht mit der bei den eigentlichen Kernholzbäumen gewohnten Regelmäßigkeit zur Ausbildung kommt, wird er als Falschkern oder Scheinkern und wegen seiner braunrötlichen Färbung auch als Rotkern bezeichnet. Die Ursachen der Entstehung dieses Rotkernes sind noch nicht restlos geklärt. Ebenso ist nicht restlos klar, ob die Rotbuche im Alter stets, wenn auch standörtlich früher oder später, verkernt oder ob auch, worauf manche Beobachter hinweisen, ältere Buchen standörtlich frei von Rotkern bleiben.

In der Regel beginnt die Rotkernbildung bei den ältesten Jahrringen in mittlerer Stammhöhe. Vor hier aus schreitet sie allmählich nach unten bis zum Wurzelanlauf und nach oben bis zum Kronenansatz fort (ZYCHA). Der Rotkern ist meist zonig. Er zeigt auf dem Querschnitt des Stammes ein sichel- bis ringförmiges Bild, das dadurch entsteht, daß die einzelnen Zonen an ihren Außenrändern durch dunklere Linien gegeneinander abgegrenzt sind. Die erste Zone umschließt das Mark, die folgenden Zonen legen sich in allmählicher Ausbreitung der Verkernung immer weiter um diese herum (Abb. 172). Mehrere der äußeren Bedingungen, die die Rotkernbildung auslösen, wie Entzug von Speicherwasser und Einwanderung von Luft in die Gefäße, sind auch für eine Pilzinfektion günstig. Daraus wird verständlich, daß Rotkernbildung und Pilzbefall häufig Hand in Hand gehen.

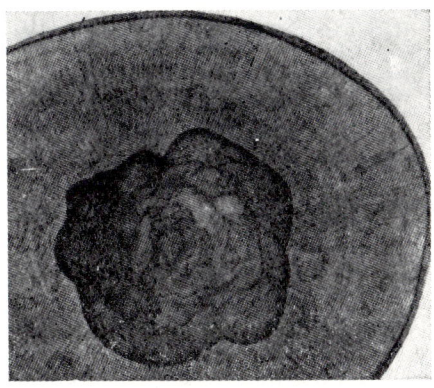

Abb. 172 Querschnitt durch einen Buchenstamm mit mondförmig gezontem Rotkern (nach König)

Ein gleichzeitig mit der Rotkernbildung eintretender oder erst nachfolgender Pilzbefall ist aber eine von der Entstehung des Rotkernes unabhängige, selbständige Erscheinung. Ist ein Rotkern von Pilzen befallen, dann entsteht im Laufe der Zeit aus dem Rotkern ein Graukern oder Spritzkern und bei fortschreitender Zersetzung schließlich ein Faulkern (Weißfäule).

Der rote Kern, soweit er nicht durch Pilzbefall in einen Graukern übergegangen ist oder einen beginnenden Graukern einschließt, verändert die Dauerhaftigkeit des Rotbuchenholzes im allgemeinen nicht. Frühere Untersuchungen haben ergeben, daß das rotkernige Holz dem weißkernigen in der Widerstandsfähigkeit unter Umständen sogar überlegen ist. Mit der Rotkernbildung erhöht sich die Rohdichte und damit auch die Druckfestigkeit. Daß sich der rote Kern wegen der mit Thyllen verstopften Gefäße nicht völlig durchtränken läßt, ist für manche Verwendungszwecke nachteilig. Dies beeinträchtigt vor allem die Verwendung rotkernigen Buchenholzes zu Eisenbahnschwellen und hat zu der Bestimmung der Forst-HKS geführt, daß Rotkern bei Schwellen bis höchstens ein Drittel des Rundholzdurchmessers ohne Rinde zulässig ist.

7.6.2 Hellkerniges und dunkelkerniges Eschenholz

Man pflegt die Esche unter die Kernholzbäume zu zählen, obwohl sich bei ihr der zentral gelegene Teil des Holzkörpers keineswegs immer durch eine andere (dunklere) Färbung von den äußeren Holzschichten (Splint) abhebt. Die eindeutig klare Unterscheidung zwischen dem verkernten inneren und dem unverkernten äußeren Holzteil, die bei Farbkernhölzern wie Eiche, Robinie u.a. vorhanden ist, fehlt bei vielen – auch älteren – Eschenstämmen. Bei ihnen zeigt die Kernzone die gleiche gelblich-weiße Färbung wie der in der Regel verhältnismäßig breite Splintteil. Im Gegensatz zu anderen Kernhölzern, bei denen die Verkernung dadurch gekennzeichnet ist, daß das Zellinnere durch Hineinwachsen von Thyllen (Füllzellen) verstopft ist, enthält das Kernholz der Esche normalerweise nur verhältnismäßig wenig Thyllen. Zwischen Kern und Splint bestehen wenig Verschiedenheiten, was für den Wassergehalt, für Schwindung und auch für die Rohdichte gilt. Diese weitgehende allgemeine Gleichwertigkeit von Kern- und Splintholz kann allerdings durch Erziehungsmaßnahmen (ungleiche Jahrringbreiten) beeinträchtigt werden (KOLLMANN, 1941).

Auch die bei den Farbkernhölzern mit der Verkernung verbundene Braunfärbung der Zellwände (hauptsächlich durch Infiltration von Farbstoffen) bleibt bei der Esche sehr häufig aus. Die Kernfärbung erfolgt fakultativ und erstreckt sich gegebenenfalls auch nur auf die Parenchymzellen. Im übrigen sind bei der Esche zwei verschiedene Arten der Verkernung bzw. der fakultativen Kernbildung zu unterscheiden. Welche Vorgänge zu ihrer Entstehung führen, ist noch nicht eindeutig klar.

Die eine Art, der eigentliche Braunkern der Esche, kommt hauptsächlich bei älteren Bäumen vor. Im allgemeinen setzt diese Braunfärbung erst in einem Alter von über 60 bis 70 Jahren ein, doch sind in Ausnahmefällen Braunkerne auch bei jüngeren Eschen beobachtet worden. Pilzinfektion konnte in keinem Fall festgestellt werden. Dieser eigentliche Braunkern der Esche bildet stets eine mittig im Stamme verlaufende Säule mit annähernd kreisförmigem Querschnitt, ohne sich aber in seinen Umrissen einer Jahrringgrenze anzupassen. Er erstreckt sich meistens von der Krone bis in Bodennähe, wo er in keilförmiger Verschmälerung ausläuft. Dadurch ist der Anteil der gebräunten Kernzone am Querschnitt des Stammes in den oberen Stammteilen höher als am Stammfuß. Die Färbung ist im frischgefällten Zustand oft fast schokoladebraun. An der Luft verblaßt sie allmählich, im ausgetrockneten Holz tritt sie weniger kräftig, aber dennoch deutlich hervor.

Das Erscheinungsbild der anderen Form der Farbkernbildung weicht hiervon ab. Die Entstehung geht stets von einer Astabbruch- oder Wundstelle am Stamm aus, und hier liegt auch die größte Breitenausdehnung. Im Querschnitt zeigt dieser Farbkern häufig eine gezackte Form; er liegt meist auch nicht mittig im Stamm, sondern mehr oder weniger seitwärts. Seine Ausbreitung stammaufwärts und stammabwärts ist unterschiedlich, bleibt aber in der Regel auf kürzere Strecken beschränkt. Die Färbung ist heller als die der anderen Art.

Das alte Vorurteil, daß das braunkernige Eschenholz weniger Zähigkeit, Festigkeit, Biegsamkeit, Elastizität und Tragkraft besäße, ist inzwischen durch die Holzforschung widerlegt worden (KOLLMANN, 1941). Wenn für Möbel und ähnliche Verarbeitungszwecke weißes bzw. hellkerniges Eschenholz verlangt wird, dann entspricht dies der Vorliebe und Wertschätzung der hellen Holzfarbe. Wo es sich aber um Verwendungszwecke handelt, bei denen weder Geschmacksfragen noch Schönheit eine Rolle spielen, ist die Unterbewertung oder gar Ablehnung von Eschenholz mit braunem Kern unberechtigt. Das braune Eschenkernholz ist keineswegs technisch minderwertig. Bei gleicher Jahrringbreite, die den technischen Gebrauchswert bestimmt, besteht zwischen braunem und hellem Kern kein Unterschied.

7.6.3 Vergrauen frischen Eichenholzes, grünliche Verfärbung lagernder Ulmenstämme

Bei im Winter gefällten Eichen, die bis in den Sommer hinein im Wald lagern, tritt bisweilen ein Vergrauen, auch Einlaufen, Einlauf oder Braunstreifigkeit genannte Verfärbung im Kernholz auf. Die Verfärbung zeigt sich zunächst an den Hirnenden der Stämme, von hier aus zieht sie sich zungen- oder streifenförmig mehr oder weniger tief in den Stamm hinein. Pilze haben an der Entstehung dieses oft recht wertmindernden Farbfehlers keinen Anteil. Es handelt sich um eine Farbänderung, die, abgesehen von der starken Beeinträchtigung des Schönheitswertes, auf die Holzeigenschaften ohne Einfluß bleibt. Als Ursache ihrer Entstehung wird ein Vorgang der Oxidation vermutet, bei dem gewisse im Kernholz abgelagerte Stoffe ihre Farbe ändern und nachdunkeln. Daneben dürften die Geschwindigkeit des Austrocknens, die herrschende Witterung und der Standort von Bedeutung sein.
Wege der Verhütung zeigen folgende Beobachtungen: Wird das im Winter gefällte Eichenholz spätestens vor Juni eingeschnitten, erfolgt also der Einschnitt innerhalb eines Zeitraumes, in welchem die Wasserabgabe auch an den zuerst austrocknenden Hirnenden noch nicht allzu stark ist, dann tritt in der Regel keine Verfärbung auf. Andererseits lassen sich auch bei über Juni hinaus lagernden Eichen solche Verfärbungen – wenigstens zeitlich befristet – dadurch hintanhalten, daß die Stämme an den Hirnenden und an allen von der Rinde entblößten Stellen mit einem deckenden und dichten, den Wasserentzug verzögernden und damit auch das Eindringen von Luftsauerstoff verhindernden Anstrich versehen werden.

Milde, d.h. engringige Eichen sind am häufigsten betroffen, womit gerade die wertvollsten Furnierstämme besonders gefährdet sind. Die Gefahrenzeit beginnt etwa Ende Mai bis Anfang Juni. Einschlag, Verkauf und Abfuhr der wertvollen Eichenstämme müssen deshalb so organisiert werden, daß die Bearbeitung rechtzeitig vorgenommen wird und Schäden verhütet werden. Da mit jedem bei der Aushaltung der Rundhölzer geführten Schnitt die gefährdete Holzfläche vergrößert wird, sollte das Zerlegen der Stämme auf das unbedingt notwendige Maß beschränkt bleiben.

Eine ähnliche Erscheinung wie das Vergrauen der Eiche ist die bisweilen beobachtete grünliche Verfärbung von Ulmenrundholz, die aber erst bei längerer Lagerung auftritt. Auch dieser Farbfehler ist auf das Kernholz beschränkt, in das er sich von den Hirnenden ausgehend zungen- oder streifenförmig hineinzieht. Pilzinfektion ist an dem Vorgang nicht beteiligt. Offenbar kommt diese Erscheinung ähnlich wie das Vergrauen der Eiche zustande. Der grünliche Farbton deutet auf eine Eisen-Gerbstoff-Reaktion hin, die bisweilen auch in Lindenholz bei längerer Lagerung auftritt (s. Einführung in diesen Abschnitt 7.6).

7.7 Fehler infolge Beschädigung des Baumes durch Menschen und jagdbare Tiere

Jede Beschädigung des lebenden Baumes, bei der die zwischen Rinde und Holz liegende Bildungsschicht, das Kambium, verletzt und das Holzgewebe bloßgelegt wird, kann durch das Eindringen von Pilzen an der Wundstelle in das Stamminnere zur Erkrankung und schließlich sogar zum Absterben führen. Dabei spielt die individuelle Widerstandsfähigkeit des betroffenen Baumes eine Rolle; ebenso wirkt sich die Art des eingedrungenen Pilzes, seine Zersetzungsintensität aus.

Auf äußere Verletzungen, die den Holzkörper bloßlegen, reagiert der Baum durch Ausscheiden von Schutzstoffen. Die Nadelhölzer bilden den ersten Wundschutz durch Harzausscheidung. Das Harz erstarrt zu einer die Wunde überziehenden antiseptischen Kruste. Bei großflächigen Wunden gelingt es selten, die Wundflächen in kurzer Zeit vollkommen zu verschließen. Besonders die Fichte bewirkt den Wundverschluß langsamer als die harzreiche Kiefer.

Der Wundschutz der Laubhölzer besteht in der Ausscheidung von Wundgummi in die Gefäße der durch die Verwundung freigelegten Holzteile. Mit diesem Vorgang ist eine Dunkelfärbung (Bräunung) der betroffenen Holzteile verbunden. Zugleich werden die Gefäße durch Thyllen verstopft. Das so umgebildete Holz an der durch Verwundung bloßgelegten und der Luft ausgesetzten Stelle nennt man Schutzholz. Die Zone der Schutzholzbildung (s. Abb. 173) reicht mehr oder weniger tief in den Holzkörper.

Die bei den Nadelhölzern erfolgende Einlagerung von Harz in die durch Verwundung freigelegten Holzteile, mit der Schließung der Hoftüpfel und Dunklerfärbung parallel einhergehen, ist zweifellos ein der Schutzholzbildung der

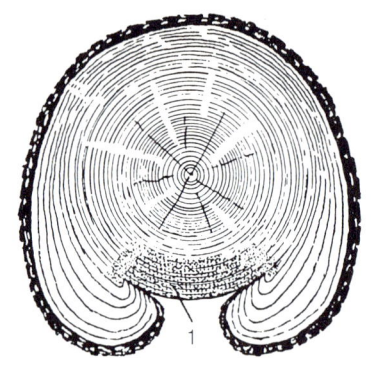

Abb. 173 Schutzholzbildung an der Wundstelle einer Birke. (1) Schutzholz (nach Frank, Neger und Zycha)

Laubhölzer sehr nahestehender und wie diese ein der Verkernung ähnelnder Vorgang.

Die Wundüberwallung erfolgt, indem das an den Wundrändern unverletzte Kambium zu einem wulstartigen Kallus hervorwächst. Nach außen schließt sich der Wulst durch Kork ab. In seinem Inneren entsteht eine mit dem Stammkambium verbundene Kambiumschicht, die besonders in der ersten Stufe der Überwallung eine sehr lebhafte Bildungstätigkeit entwickelt. Die gebildeten breiten Wülste legen sich nach und nach – hauptsächlich von den Seiten her – über die Wundstelle, und bei nicht zu großflächigen Wunden gelingt es ihnen bisweilen, die ganze Wundfläche zu überdecken. Dabei kommt es zuletzt zu einem Zusammentreffen und allmählichen Verschmelzen der beiden Wülste und ihrer Kambien zu einem einheitlichen Bildungsgewebe. Die diese Verschmelzung behindernde Borke wird vorher herausgequetscht. Eine Verwachsung der Überwallungsschicht mit dem durch die Verwundung bloßgelegten und oberflächlich abgestorbenen Holz erfolgt nicht. In den schematischen Darstellungen der Abbildungen 174/175 sind das Mißlingen der Überwallung und die ohne innere Erkrankung vor sich gehende Überwallung einer größeren Wundstelle verständlich gemacht.

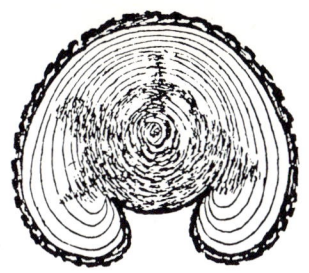

Abb. 174 Die Wundüberwallung ist mißlungen, Pilze sind an der Wundstelle eingedrungen und haben das Innere weitgehend zersetzt (nach König)

Abb. 175 Eine gesunde, aber noch nicht vollendete Überwallung (nach König)

Abb. 176 Vollkommene Überwallung einer im jugendlichen Alter des Baumes entstandenen Wunde, die den Holzkörper auf etwa ein Viertel des Stammumfanges freigelegt hatte. Die Rundung des Stammquerschnittes ist bereits ausgeglichen (nach König)

Beschädigungen des lebenden Baumes können Holzfehler, Güte- und Nutzwertverluste recht verschiedener Abstufungen nach sich ziehen, von der durch Strukturabweichungen hervorgerufenen unbedeutenden Fehlerhaftigkeit bis zur völligen Einbuße des Nutzwertes infolge Fäule. Als Fehler wirkt sich auch die Verfärbung der einstigen Wundstellen bis zu einer gewissen Tiefe aus, mit denen die aufliegenden Überwallungsschichten nicht verwachsen sind. Störend kann sich auch der wimmerige Faserverlauf der Überwallungsschichten und die vom normalen Holz abweichende Beschaffenheit des zuerst gebildeten Wundholzes auswirken.

Bei nicht gelungener rascher Überwallung zersetzen zumeist die in das Innere des Stammes eingedrungenen Pilze das Holz und machen es anbrüchig. Pilzzersetzung im Stamminneren kann sich aber auch unter einer vollkommenen Überwallung ausbreiten. Liegt die einstige Wundstelle nicht in Bodennähe und war die Zersetzung im Zeitpunkt der Fällung des Stammes noch nicht bis zum Stock vorgedrungen, dann bleibt der innere Schaden von außen unsichtbar. Es empfiehlt sich deshalb, den Stamm auf Wülste oder Spuren einer früheren Verletzung der Rinde abzusuchen, um auf Fehler rückschließen zu können.

Die meisten der vorstehend beschriebenen Schäden werden durch Menschen verursacht und ließen sich bei mehr Sorgfalt vermeiden. Das gilt besonders für die Fällungsschäden und die zahlreichen Schäden beim Ausrücken und bei der Abfuhr des Holzes. Große Mengen Holzes werden durch solche Unachtsamkeiten unbrauchbar.

Ähnlich den Beschädigungen, die der Mensch durch mangelhafte Vorsorge bei seiner Tätigkleit im Wald verursacht, sind die Schäden, die das Wild den Bäumen zufügt. Zunächst ist festzustellen, daß viele Wildarten durch Verbeißen von Knospen und Trieben an jungen Holzpflanzen Schaden anrichten, der sich in einer Minderung des Zuwachses, Ausrottung von Mischholzarten, auch Krüppelwuchs u.a. auswirkt. Unmittelbare Schäden am Holz, schwere Holzfehler und Güteverluste entstehen jedoch durch das Schälen des Rotwildes und in vermindertem Ausmaße auch des Dam- und Muffelwildes: Die Rinde verschiedener Holzarten wird abgenagt oder abgerissen. Geschält werden vor allem Stangenhölzer, solange die Rinde noch nicht verborkt ist. In erster Linie werden die Fichten, vorzugsweise im Alter von 20 bis 50 Jahren angenommen. Des weiteren haben Eiche, Esche, Rot- und Weißbuche, Ahorn, Ulme, Aspe, Birke, Erle, ferner Tanne und Kiefer, letztere besonders im Alter von 10 bis 20 Jahren unter dem Schälen zu leiden.

Man unterscheidet die Sommer- und die Winterschälung. Bei ersterer zieht das Rotwild während der Saftzeit die Rinde oft in langen Streifen vom Stamm ab. Bei der Winterschälung wird die Rinde mit den unteren Schneidezähnen abgenagt und verzehrt. Die Sommerschäden sind meist schwerer als die während des Winters entstehenden. Der Holzkörper wird auf einer größeren Fläche bloßgelegt (Abb. 177). Durch die offene Stelle dringen Pilze in das Holzinnere ein, noch ehe der Baum in der Lage war, Wundschutz durch Harz oder Wundgummi zu bilden. In Fichtenstangenhölzern, die in Rotwildgebieten in der Nähe von Fütterungen liegen, sind nicht selten alle Stämme geschält. Die großen Schälwunden können nicht mehr überwallt werden, und die eingedrungene Rotfäule zerstört das Holz des Stammfußes, also den wertvollsten Teil des Baumes.

Daß sich die Wildschäden, sowohl das Verbeißen wie das Schälen, in den letzten beiden Jahrhunderten erheblich gesteigert haben, hat seine Ursache letzten Endes ebenfalls in menschlichem Fehlverhalten. Durch die Ausrottung des Großraubwildes, Wolf, Luchs und Bär, ist das gesunde, natürliche Gleichgewicht in der wildlebenden Tierwelt gestört. Durch Bejagen müßte eine den gegebenen Umweltverhältnissen entsprechende Begrenzung des Wildbestandes herbeigeführt werden, der die Einbringung und Erhaltung der Mischholzarten gestatten und Wildschäden auf ein Minimum reduzieren würde. Leider fehlt es bei großen Teilen der Jägerschaft am rechten Verständnis für die Ausgewogenheit von Wild und Wald. Die allgemeinen volkswirtschaftlichen und ökologischen Interessen machen es dringend erforderlich, die Hege des Wildes der Pflege des Waldes unnachsichtlich unterzuordnen.

Abb. 177 Schälschaden durch Rotwild. Der Holzkörper des Stammes wurde vor Jahren auf einer größeren Fläche bloßgelegt. Der Baum versuchte die Wunde durch Harz zu schützen und von der Seite her zu überwallen, was nur unvollkommen gelang. Der wichtigste Teil des Stammes ist entwertet (Foto: Steuer)

7.8 Holzschäden im Walde durch die wichtigsten Pilze und Insekten

7.8.1 Holzentwertende Pilze

Bei den durch parasitische Pilze am lebenden Baum verursachten technischen Schäden (Holzzersetzungen) wird zwischen Stamm- und Stock-(Wurzel-)Fäule unterschieden. Diese Unterscheidung läßt sich jedoch nicht sehr streng durchführen, da im Kernholz des Wurzelstokkes entstandene Fäulen oft meterweit im Stamm hochsteigen, während andererseits Stammzersetzungen, die in einiger Entfernung vom Boden begonnen haben, sich mitunter abwärts bis in die Wurzeln hinein erstrecken. Im allgemeinen werden innere Zersetzungen des Wurzelstockes, die sich höchstens bis 2 m in den Stamm hinauf fortsetzen, als Stock- oder Wurzelfäulen angesprochen. Ihnen stehen die nur innerhalb der oberirdischen Schaftteile vorkommenden Fäulen, ebenso die vom Stock höher im Stamm hinaufsteigenden inneren Zersetzungen als Stammfäulen gegenüber.

Die Zahl der im Holz lebenden Pilze ist sehr groß. Jedoch ist es nur ein geringer Teil, der als besonders schädlich gilt, weil er den lebenden Baum oder gelagertes Holz angreift. Manche Pilze sind auf ganz bestimmte Baumarten beschränkt. Einige kommen ausschließlich bei Nadelhölzern vor, andere bei Laubhölzern, wieder andere finden in jedem Holz ihr Fortkommen. Hier sollen die Arten betrachtet werden, die im Walde, am lebenden Baum oder am gefällten Holz vorkommen und durch ihre Schäden wirtschaftlich bedeutsam sind, weil sie das Holz entwerten. Grundsätzlich gilt: Holzzersetzende Pilze haben im Wald eine wichtige Funktion zu erfüllen, da sie abgestorbenes Holz abbauen und diese Abbauprodukte dem Kreislauf der Natur wieder nutzbar machen.

7.8.1.1 Bläuepilze

Bläueschäden entstehen in Mitteleuropa hauptsächlich an Kiefer. An Fichte, Tanne und Lärche ist Bläue selten. Die Bläuepilze breiten sich in lagerndem Rundholz und vor allem auch in der aus frischem Rundholz erzeugten Schnittware aus. Kränkelnde Stämme können bereits auf dem Stock befallen werden. Unter für das Wachstum der Bläuepilze günstigen Bedingungen kann die Verblauung, namentlich beim frischen Schnittholz, in wenigen Tagen großen Umfang erreichen.

Wie alle Pilze benötigen die Bläuepilze zum Wachstum Feuchtigkeit und Wärme. Die Feuchtigkeitsspanne, in der ein Wachstum möglich ist, ist sehr groß. Wachstumsmöglichkeiten bestehen bereits, nachdem das frischgefällte Holz 10 bis 15% seiner ursprünglichen Feuchtigkeit verloren hat. Ihr bestes Wachstum entwickeln die Bläuepilze bei einer Holzfeuchtigkeit nahe der Fasersättigung (28 bis 30%). Unterhalb der Fasersättigung ist ein Wachstum noch möglich bis etwa 25%; deutliche Hemmungen treten erst bei 23% Holzfeuchtigkeit auf (Theden, 1942). Das Temperaturoptimum liegt bei 15 bis 20° C, ein Wachstum ist aber schon bei niederen Temperaturen – etwa von 5° C aufwärts – möglich. Die Beobachtungen der Praxis, daß bereits die Zeit der ersten Frühlingswärme oder sonnige Spätherbsttage Verblauungsgefahr bringen, findet darin ihre Erklärung. Die Größe der Verblauungsgefahr ist entscheidend durch die herrschende Witterung bedingt.

Die Bläuepilze ernähren sich nicht von der Holzsubstanz, die Zellwand greifen sie nicht an, und Zersetzungserscheinungen treten nicht auf. Ihr Vorhandensein im Holz bzw. die durch diese Pilze bewirkte Blaufärbung bedeutet deshalb auch keine Minderung der Festigkeitseigenschaften des Holzes. Die Bläue des Kiefernholzes kann daher nicht als „Blaufäule" bezeichnet werden. Der Befall der Bläuepilze erstreckt sich nur auf das Splintholz. Das Kernholz bietet den Bläuepilzen keine Lebensmöglichkeiten (THEDEN, 1942). Im Splintholz können sich Bläuepilze unter ihnen zusagenden Bedingungen so stark ausbreiten, daß die ganze Splintzone blau verfärbt ist. Diese günstigen Bedingungen liegen aber selten vor, und in der Regel bleibt die Verblauung auf mehr oder weniger zahlreiche Streifen beschränkt.

Wenn auch die durch Verbreitung der Bläuepilze im Holz auftretende Blaufärbung des Splintes nur ein Schönheitsfehler ist, so scheidet doch verblautes Kiefernholz für viele und gerade für die höherwertigen Verwendungszwecke aus. Für die Herstellung von Werkstükken, bei denen die Naturfarbe des Holzes zur Geltung kommen soll, ist verblautes Holz unbrauchbar; selbst deckende Anstriche werden manchmal durchwachsen. In trockenem Zustand ist es dem nicht verblauten Holz gleichwertig, wenn es nicht auf die Farbe ankommt.

Zur Verhütung von Bläue soll das Kiefernrundholz in der kalten Jahreszeit – Mitte November bis Mitte Februar – eingeschlagen und vor Beginn der warmen Jahreszeit eingeschnitten werden. Der Stapelung ist, auch in bezug auf die Stapellatten, größte Sorgfalt zuzuwenden. Späteinschläge und Späteinschnitte sind besonders bläuegefährdet. Als Gegenmaßnahmen empfehlen sich beim Rundholz Verzögerung der Austrocknung (Belassen der Rinde, Lagerung im Schatten, Hirnflächenanstriche), beim Schnittholz schnelle und luftige Stapelung. Die Anwendung des chemischen Schutzes (Bläueschutzmittel) ist bei Späteinschnitten angebracht.

7.8.1.2 Rotstreifigkeit

Rotstreifigkeit ist eine durch Pilzbefall verursachte rötliche, braune oder braunviolette, streifige Verfärbung, die an Fichtenrundholz bei längerer Lagerung häufig auftritt. Die Urheber, zu denen eine größere Zahl von Pilzen verschiedener Arten gehört, sind im Gegensatz zu den Bläuepilzen echte Holzzerstörer. Die roten Streifen im Holz stellen erste Anzeichen ihrer Ansiedlung dar. Vor allem befallen die Angehörigen dieser Pilzgruppe feucht lagerndes Rundholz. Gefährlich ist längere Lagerung im Wald in einem feuchten Frühjahr.

Die Wertminderung des Holzes ist abhängig von der Dauer der Pilzeinwirkung. Solange nur streifige Verfärbungen vorliegen, sind die Festigkeitseigenschaften des Holzes wenig beeinträchtigt. Erst bei längerer Fortdauer der das Wachstum begünstigenden Umstände geht die Streifigkeit in Fäule über: das Holz wird morsch, der Farbton graubraun. Gegen die Verwendung rotstreifigen Holzes in trockenem Zustand bestehen aus vorstehenden Gründen geringe Bedenken. Allerdings muß vermieden werden, daß das befallene Holz wieder naß wird, da die meisten Rotstreifigkeit hervorrufenden Pilze bei Feuchtigkeitsentzug in den Zustand der Trockenstarre übergehen, aus dem sie bei Wiederbenässung – selbst noch nach Jahren – zu neuem Wachstum aufleben können. Durch Freilufttrocknung rotstreifigen Holzes wird zwar die Einstellung des Pilzwachstums erreicht, aber die latente Gefahr des Wiederauflebens bleibt bestehen. Diese kann durch Tränkung mit Schutzmitteln beseitigt werden.

Ist auch der innerhalb normaler Rundholzlagerzeiten durch Rotstreifepilze bewirkte Holzabbau in der Regel nur gering, so stellt schon die Verfärbung eine erhebliche Wertminderung des Holzes dar. Rotstreifiges Rohholz kann nicht mehr als Holz normaler Qualität bezeichnet werden.

Rotstreifigkeit läßt sich durch richtige Lagerung des eingeschlagenen Holzes vermeiden. Die Lagerart (von allen Seiten muß Luft an das Holz herankommen) ist ebenso wichtig wie die Wahl eines geeigneten Lagerortes, der trocken, luftig und schattig (z. B. unter Altholzschirm zur Vermeidung von Mantelrissen) sein sollte. Als Lagerorte ungeeignet sind enge Täler, dumpfe, feuchte Gräben und Senken. Am meisten gefährdet ist das halbtrockene Holz. Die Verhütungsmaßnahmen müssen daher darauf abgestellt werden, daß dieser Zustand hoher Anfälligkeit rasch durchlaufen wird. Unterlagen zur Schaffung genügender Bodenfreiheit, bei längerer Lagerung auch Zwischenlagen aus Stangen oder schwächeren Zopfstücken sind wesentliche Hilfsmittel.

Nicht zu unterschätzende Bedeutung kommt der Fällzeit zu. Untersuchungen ergaben, daß Holz aus Frühjahrseinschlag und aus Fällung im Spätwinter weit anfälliger war als solches aus Spätsommer- und Herbstfällung. Schließlich sei auch hier darauf hingewiesen, daß baldige Abfuhr nach der Fällung und rasche Verarbeitung der Gefahr der Rotstreifigkeit am besten begegnen.

7.8.1.3 Das Ersticken und Verstocken des Laubholzes

Das mit einer rotbraunen Verfärbung verbundene Ersticken des Laubholzes, besonders der Rotbuche, ist nach neueren Erkenntnissen (ZYCHA, 1948) ein rein physiologischer Prozeß, der ohne Pilzeinwirkung durch Sauerstoffzutritt zustande kommt. Der Sauerstoffzutritt regt die in dem frischgefällten und langsam trocknenden Holz zunächst noch lebenden parenchymatischen Zellen zur Bildung von Thyllen und Kernstoffen an, wobei eine der Verkernung ähnliche Wirkung ausgelöst wird. Diesem Prozeß folgt aber der Pilzbefall und damit das Verstocken sehr bald nach. Unter Umständen können sich die Pilze auch gleichzeitig mit der Verfärbung ansiedeln. Wir haben hier zwei getrennte Vorgänge zu unterscheiden: das Ersticken als rein physiologischen Prozeß einerseits und das durch nachfolgenden oder auch gleichzeitigen Pilzbefall entstehende Verstocken andererseits.

Die zuerst in Erscheinung tretende Braunfärbung geht von den Hirnflächen aus und zieht sich von hier streifen- und zungenförmig mehr oder weniger tief in das Stamminnere hinein. Verfärbungen gleicher Art können auch von Astabhiebstellen, Meßringen oder anderen von der Rinde entblößten Stellen des Stammes ausgehen. Die Braunfärbung für sich allein, d. h. wenn ein Pilzangriff noch nicht erfolgt ist, hat keine Wertminderung des Holzes bezüglich der Festigkeitseigenschaften zur Folge. Sie ist, wie verschiedene Untersuchungen über die technischen Eigenschaften verstockten Buchenholzes ergeben haben, solange nicht zugleich auch Pilzbefall (Weißfäule) vorliegt, ähnlich wie die Kiefernbläue, lediglich ein Farbfehler, der aber bei größerer Ausdehnung trotzdem erhebliche Holzwertverluste nach sich zieht.

Sehr nachteilig wirkt sich das Ersticken des Buchenholzes, also die mit der Braunfärbung verbundene Zellveränderung auf die Imprägnierbarkeit aus, was vor allem die Verwendbarkeit solchen Holzes zur Herstellung von Eisenbahnschwellen beeinträchtigt. Ersticktes Buchenholz läßt sich nicht mehr gleichmäßig durchtränken, da, ähnlich wie beim roten Kern, die Leitungsbahnen mit den durch die Tüpfel in sie hineingewachsenen Thyllen verstopft sind.

Verstocktes Holz leidet demgegenüber je nach dem Substanzverlust, der durch die fortschreitende Pilzzersetzung eintritt, in seinen Festigkeitseigenschaften. Bester Maßstab für den Grad der Pilzzersetzung ist die Rohdichte, die bei verstocktem Buchenholz um durchschnittlich etwa 10 % niedriger liegt als bei gesundem. Unter den Festigkeitswerten fällt die Schlagbiegefestigkeit am stärksten ab, und zwar zeigt sich dieser starke Abfall bereits bei verhältnismäßig geringen Verstockungsgraden.

Der wirksamste Schutz gegen das Ersticken und Verstocken bleiben zeitgerechter Einschlag des Holzes, baldige Abfuhr und unverzögerter Einschnitt. Die Zeitspanne zwischen Fällung und Abfuhr solle so kurz wie möglich gehalten werden. Je später die Fällung erfolgt und damit der Beginn der warmen Jahreszeit heranrückt, um so schneller ist abzufahren. Für die Lagerung im Walde sind trockene, luftige, schattige Plätze ohne Bewuchs mit Gras, Beerkraut usw. zu wählen.

Wo sofortige Abfuhr nicht möglich ist, müssen andere Schutzmaßnahmen ergriffen werden. Dabei gilt es sowohl die Braunfärbung wie auch das Eindringen von Pilzen zu vermeiden. Ein solcher Schutz läßt sich schaffen, indem die freien Hirnenden mit gut deckendem Anstrich versehen werden, der den Zutritt von Luft hemmt. In der Praxis haben sich Anstriche aus einem Gemisch von Schlämmkreide, Wasserglas oder Leim bewährt. Auch von der chemischen Industrie wurden verschiedene Schutzmittel gegen das Verstocken entwickelt. Wichtig ist, daß das Bestreichen bald nach dem Hieb bei trockener und frostfreier Witterung erfolgt. Aus diesem Grunde kann es allein Aufgabe des Waldbesitzers sein, diese Schutzmaßnahme auszuführen.

7.8.1.4 Rotfäule bei der Fichte

Rotfäule, auch Stockfäule genannt, ist ein Befall des lebenden Baumes durch eine Pilzgruppe, der hauptsächlich der Wurzelschwamm, *Polyporus annosus,* angehört. In der Regel geht er von den Wurzeln aus. Er greift das Kernholz an und steigt zumeist mehrere Meter im Stamm hoch, ohne äußerlich erkennbar zu sein. Die als erstes Anzeichen des Befalls grauviolette streifenartige Verfärbung geht bei fortschreitender Zersetzung in Rotbraun über. Das Endstadium ist eine unter strähnenartigem Zerfall erfolgende restlose Auflösung der Holzsubstanz (Abb. 178).

Nicht ausgeschlossen ist aber auch eine Infektion an oberirdischen Stammteilen, wenn Rinden- oder Stammverletzungen den Sporen dieser Pilze Zugang in den Holzkörper ermöglichen. In solchen Fällen entsteht, von der Infektionsstelle ausgehend, ausgesprochene Stammfäule, deren Ausmaß klein oder groß sein kann.

Abb. 178 Rotfaules, vom Wurzelschwamm befallenes Fichtenholz in der Endphase (Foto: D. Görlach)

Die Beurteilung der Wertminderung durch Rotfäule richtet sich nach dem Ausmaß der Zersetzung. Kleine Faulstellen (bis handtellergroß), die nicht tiefgehen, werden, vor allem wenn sie im Zentrum liegen und die sonstigen Voraussetzungen gegeben sind, die Einwertung in die Güteklassen A und B des Rohholzes noch erlauben. Stärkere Stammfäule erfordert das „Gesundschneiden" der Langhölzer und die Zuteilung der Stücke entsprechend dem Ausmaß der Zersetzung in die Güteklassen C und D bzw. in das Industrieholz K.

7.8.1.5 Kiefernbaumschwamm

Ein großer Schädling norddeutscher Kiefernwaldungen ist der Kiefernbaumschwamm *(Trametes pini)*. Er kommt in Süddeutschland seltener vor. Er befällt auch Fichten, Tannen, Lärchen und Douglasien. Durch tote Holzteile von Aststümpfen dringt er bei Kiefer in den Stamm ein. Er ist ein ausgesprochener Kernholzpilz. Bei der Kiefer beginnt die innere Kernbildung frühestens im Alter von 20 Jahren. Eine Verkernung der älteren Äste mit Verbindung zum Kern im Stamm ist in der Regel erst im Alter von 25 bis 30 Jahren vorhanden. Daraus folgt, daß vorher eine Befallsmöglichkeit durch den Kiefernbaumschwamm nicht besteht, und es wird verständlich, daß der Pilz in den wertvollen kernreichen Kiefernaltholzbeständen die ihm besonders zusagenden Lebensbedingungen findet.

Bei der Holzzersetzung wird zunächst das Lignin angegriffen. Im weiteren Verlauf folgt auch die Zellulose. Bevorzugt zerstört werden die Frühholzzellen. Durch die Auflösung der Zellmembranen bilden sich Löcher, deren Wände zunächst mit einer weißen Masse (die als Rückstand verbliebene Zellulose) ausgekleidet sind. Das zwischen den Löchern befindliche Holz nimmt eine rotbraune Färbung an. Auf den Schnittflächen treten die erwähnten Löcher in regelloser Verteilung hervor und geben das für die „Schwammkiefer" im ersten Stadium charakteristische Bild.

Bei der Zersetzung behält das Holz zunächst eine gewisse Festigkeit. Dadurch kann solches als „Schwammware" bezeichnetes Holz noch für manche Zwecke genutzt werden, für die seine Festigkeit ausreicht. Allerdings muß das Holz noch nagelfest sein.

Bei fortgeschrittenem Befall kann die Zersetzung vom Kernholz auch auf das benachbarte Splintholz übergreifen, was zunächst oberhalb und unterhalb der vom Pilz zersetzten Aststummel (ehemalige Infektionsstelle) erfolgt. Nachdem die jüngeren Jahrringe angegriffen sind, hört an dieser Stelle das Dickenwachstum des Stammes auf. Die innere Zersetzung ist in diesem Befallsstadium schon weit fortgeschritten.

7.8.2 Holzzerstörende Insekten

Hier sollen nur die Waldinsekten betrachtet werden, vor allem die Insekten, die das gefällte Holz angreifen. Die wichtigsten technischen Holzschädlinge aus dem Reich der Insekten sind Käfer. Ihnen gegenüber tritt die nur kleine Zahl der Hautflügler (Holzwespen) und Schmetterlinge völlig in den Hintergrund. Der Schaden am Holz wird in der Regel nicht durch die Käfer selbst, sondern durch deren Larven verursacht. Gleiches gilt für die Holzwespen und für die wenigen Schmetterlingsarten, deren Raupen im und vom Holz leben (Abb. 179).

Allerdings gibt es bei den Käfern einige Ausnahmen. Das sind, um nur die wichtigsten zu nennen, die holzbrütenden Borkenkäfer. Diese ernähren sich nicht vom Holz, sondern von einem Pilz, der von den Mutterkäfern übertragen, gewissermaßen „ausgesät" wird und dessen an den Wandungen der Brutgänge wuchernden Myzelrasen die Larven nur „abzuweiden" brauchen. Die Mutterkäfer nagen schon vor der Eiablage die Gänge, an deren Wänden die Nahrungspilze wachsen; deren Keime führen sie im Darmkanal mit.

7.8.2.1 Holzbrüter

Während die rindenbrütenden Borkenkäferarten forstliche Schädlinge sind, d. h. Bäume zum Absterben bringen, ohne das Holz zu entwerten, verursachen die Holzbrüter technische Schäden, indem sie zur Anlage der Brutgänge mehr oder weniger tief in den Holzkörper eindringen. Der verbreitetste und gefürchtetste Nadelholzschädling ist der gestreifte Nadelholzborkenkäfer (*Trypodendron lineatum = Xyloterus lineatus*). Er bevorzugt die Fichte, aber auch andere Nadelhölzer sind gefährdet. Befallen werden vom Sturm geworfene und frisch gefällte berindete Stämme, aber auch kränkelnde stehende Bäume und frische Nadelholzstöcke. Die von außen sichtbaren Einbohrlöcher der Elterntiere sind kreisrund mit einem Durchmesser von 1 bis 1,5 mm. Nach Austrocknung des Holzes färben sich die Wandungen aller im Holz angelegten Bohrgänge durch das Absterben der Pilzrasen dunkelbraun bis schwarz. Die Dunkelfärbung der Gangwände zeigt stets an, daß die Käfer das Holz bereits verlassen haben oder (bei Austrocknung vor Abschluß der Larvenentwicklung) die Brut abgestorben ist.

Die Schwärmzeit der Käfer (nach dem

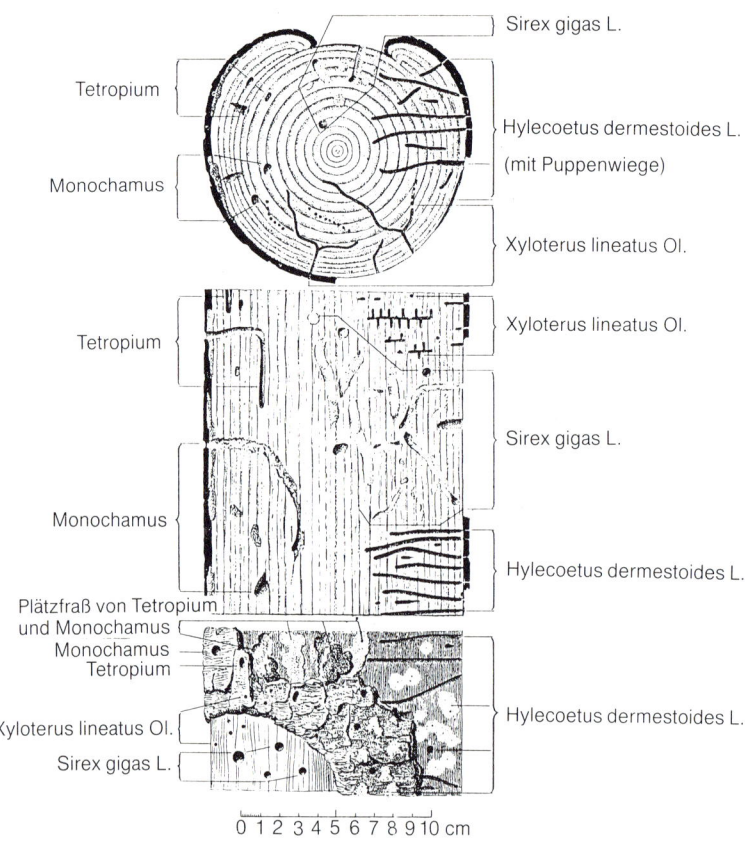

Abb. 179 Fraßbilder wichtiger Nadelholzschädlinge (nach Knigge/Schulz)

Verlassen der Winterquartiere) dauert von Ende März bis Mai. Zur Befallsvorbeugung ist alles Nadelholz rechtzeitig zu entrinden und möglichst luftig zu lagern. Sauber entrindetes Holz wird nur selten, wenn es nicht genügend ausgetrocknet ist (z. B. sehr feuchte Lagerung im Bestandsschatten), befallen. Bei günstigen Brutgelegenheiten (z. B. nicht rechtzeitig aufgearbeitete und entrindete oder nicht mit Schutzmitteln behandelte Wind- und Schneebruchhölzer) gelangt die Art leicht zu Massenvermehrung. Die Eltern machen unter bestimmten Voraussetzungen „Folgebruten", sodaß auch ein Befall bei fortgeschrittener Jahreszeit noch möglich ist. Doppelte Generation wird nicht ausgebildet, auch keine Geschwisterbruten.

Die Brutgänge dringen in der Regel 3 bis 4, höchstens bis etwa 6 cm Tiefe in das Holz ein (Abb. 180). Das Ausmaß der Entwertung kann sehr erheblich sein. Zumindest die Seitenware wird durch die vielen schwarzrandigen Bohrgänge für bessere Verwendungszwecke unbrauchbar. Als gewöhnliches Bauholz kann Holz mit vereinzelten Brutgängen des gestreiften Nadelholzborkenkäfers unbedenklich verwendet werden. Die Verwertung derartigen Holzes zur Zellstoff- und Papiererzeugung ist dadurch beeinträchtigt, daß die Brutgänge häufig tote Käfer enthalten, de-

Abb. 180 Brutbilder holzbrütender Borkenkäfer, schematische Darstellung; Muttergänge schwarz, Larvengänge punktiert. (1) Brutröhre mit Leitergang, in dem die Verpuppung erfolgt. (2) Familienplatzfraß mit taschenförmiger Erweiterung der Brutröhre. (3) Gabelgang in verschiedenen Ebenen. (4) Gabelgang in einer Ebene. Durch ihre mehr oder weniger tief im Holzkörper angelegten Brutsysteme verursachen die holzbrütenden Borkenkäfer insbesondere am wertvollen Stammholz technische Schäden großen Ausmaßes, so daß ihnen gleichermaßen erhebliche forstwirtschaftliche wie holzwirtschaftliche Bedeutung zukommt. Es häufen sich Meldungen über extrem weit im Holz angelegte Brutröhren mit Tiefen von über 6 cm (nach Grosser)

ren harte Chitinpanzer sich bei der Stoffbereitung nicht auflösen. Zur Erzeugung besserer Papiersorten ist solches Käferholz daher ungeeignet.

7.8.2.2 Bockkäfer

Die vorgenannten Holzbrüter sind völlig auf noch weitgehend saftfrisches Holz angewiesen, aber auch die meisten anderen Schädlingsarten, die es auf das lagernde Rundholz abgesehen haben, benötigen eine höhere Holzfeuchtigkeit. Manche dieser Arten, die ihre erste Entwicklungsphase zwischen Holz und Rinde durchmachen müssen, können nur dem mit Rinde lagernden Holz gefährlich werden.

Besondere Bedeutung in dieser Gruppe haben die Bockkäfer, die durch ihre langen Fühler, die teilweise die Körperlänge übertreffen, gekennzeichnet sind. Die verhältnismäßig großen Larven leben meist unter der Rinde oder im Holz. Die querovalen Larvengänge nehmen mit dem Wachsen der Larven an Breite zu, verlaufen unregelmäßig und sind mit Nagespänen bzw. Bohrmehl und Kotpillen gefüllt. Zur Verpuppung nagen sich die Larven eine mit Spänen ausgepolsterte Puppenwiege.

Hervorzuheben sind der Schneider- und der Schusterbock (*Monochamus sartor* und *M. sutor*); die bronzeglänzenden Käfer werden 2,5 bis 3 cm lang und haben Fühler von doppelter Körperlänge. Sie treten in den Sommer- und Herbstmonaten vor allem im Mittel- und Hochgebirge auf. An gefälltem Nadelholz und auch an benachbarten Altholzstämmen fressen die Larven zunächst in der Bast-Splint-Schicht. Nach einigen Wochen dringen sie mit Fraßgängen von ovalem Querschnitt in den Splint ein und greifen bisweilen auch den Kern an. Durch den Larvenfraß verursachen sie einen erheblichen technischen Schaden. Die sofortige Entrindung des gefällten Holzes verhindert den Befall.

Kleiner und äußerlich unauffälliger, jedoch durch ihre Larvengänge meist schädlicher sind der Braune und der Schwarze Fichtenbock (*Tetropium luridum* und *T. fuscum*). Sie befallen kränkelnde stehende und frisch gefällte, nicht entrindete Fichten und andere Nadelhölzer. Die Eiablage erfolgt zu mehreren dicht nebeneinander unter den Borkenschuppen. Die Larven bohren sich in die Bastschicht ein, fressen zunächst dort und berühren später auch den Splint, weshalb das Bohrmehl braun und weiß ist. Am Ende ihrer Entwicklung dringen die Larven zur Anlage der Puppenwiegen mit einem flach-ovalen Nagegang tiefer ins Holz ein. Durch diese Verpuppungsgänge, sogenannte Hakengänge, die selten tiefer als 3 bis 4 cm, höchstens bis 5 cm ins Holz gehen, richtet der Fichtenbock technische Schäden an. Der fertige Käfer sucht sich seinen Weg ins Freie, indem er die Rinde über dem Eintritt zum Hackengang zu einem ovalen Flugloch durchnagt. Die Flugzeit dauert von Juni bis August. Die Generation ist überwiegend einjährig.

Zur Bekämpfung sind befallene Stämme im Winter einzuschlagen und möglichst bis Mai abzufahren. Da die Puppenwiege im Splintholz geschützt liegt, ist es unwirksam, befallene Bäume zu entrinden. Eine wirksame Bekämpfungsmaßnahme ist das Fällen von Fangbäumen im Sommer und deren Entrinden, solange die Larve noch unter der Rinde frißt.

7.8.2.3 Holzwespen

Von der Ordnung der Hautflügler sind es die Holzwespen, die im Wald an stehenden kränkelnden Bäumen und an frisch gefällten entrindeten Stämmen der Nadelhölzer technische Schäden verursachen. Von den großen, oft auffallend gefärbten Wespen fallen vor allem die Weibchen mit ihrem langen Legestachel auf, mit dem sie die Eier bis zu 10 mm tief ins Holz versenken. Die weichen Larven fressen lange Gänge ins Holz, die mit zusammengepreßtem Bohrmehl ausgefüllt sind. Der kreisrunde, erst sehr enge, mit dem Wachstum der Larve allmählich an Weite (bis Bleistiftdicke) zunehmende, oft bogenförmige Fraßgang verläuft im ersten Entwicklungsstadium im Splint etwa parallel zur Stammachse, wendet sich später aber den tieferen Holzschichten zu, wobei Eindringtiefen bis 20 cm erreicht werden. Zur Verpuppung kehrt die Lar-

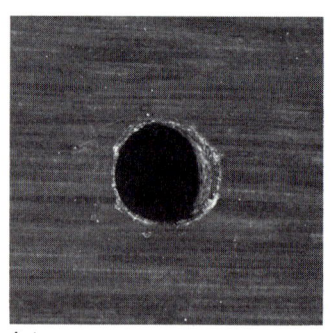
A △

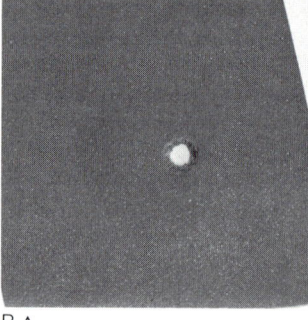
B △

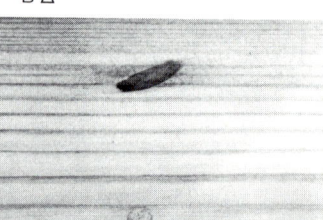

Abb. 181 Holzwespe, Befallsbilder. (A) Kreisrundes Ausflugloch durch einen Eichenparkettstab, der befallenem Nadelholz aufgelegen hat (~3 × nat. Gr.); (B) Von schlüpfender Holzwespe durchnagte Dachfolie (etwa nat. Gr.); (C) Fichtenbrett mit angeschnittenen Larvenfraßgängen, die mit Bohrmehl fest verstopft sind (⅗ nat. Gr.) (nach Grosser)

ve in der Regel in die Nähe der Holzoberfläche zurück. Nach kurzer Puppenruhe schlüpfen die neuen Wespen, die sich durch kreisrunde Ausflugslöcher zur Oberfläche ins Freie hinausnagen (s. Abb. 179 und 181).

Die Flugzeit dauert vom zeitigen Frühjahr bis zum Spätsommer. Während dieser Zeit erfolgt die Eiablage. Die Entwicklung beansprucht mehrere Jahre und wird wahrscheinlich durch die Austrocknung des Holzes noch weiter hinausgezögert. Der Befall des Rundholzes kann erst festgestellt werden, wenn Ausflugslöcher zu sehen sind. Da heute das Holz verhältnismäßig rasch verarbeitet wird, kommt es nicht selten vor, daß sich Holzwespen Jahre nach Errichtung eines Gebäudes aus Balken, Dielen, Türrahmen usw. herausbohren.

Von den in Europa an Nadelholz vorkommenden Holzwespen sind die gelbe Riesenholzwespe (*Sirex gigas*) mit einer Länge der weiblichen Tiere von 55 mm, schwarzer Brust und gelb und schwarz geringeltem Hinterleib und die am häufigsten anzutreffende blaue Kiefernholzwespe (*Paururus juvencus*), im weiblichen Geschlecht glänzend blauschwarz gefärbt, hervorzuheben.

Zur Vorbeugung gegen Schäden durch Holzwespen wird empfohlen, das Rundholz aus dem Wald vor Mai abzufahren, um zu verhindern, daß es mit Eiern belegt werden kann. Verarbeitetes Holz, in dem noch lebende Larven sind, ist mit Holzschutzmitteln zu behandeln.

7.9 Belastung der Wälder durch Luftverunreinigung

Zu den Schäden, die der Mensch dem Walde zufügt, ist in den letzten Jahren eine Krankheit gekommen, die in kürzester Zeit verheerende Ausmaße angenommen hat. Anfang der siebziger Jahre wurde beobachtet, daß die Tanne erneut von einer Krankheit befallen wurde, die man als „Tannensterben" bezeichnet. Im Gegensatz zu früher trat diese Krankheit aber nicht nur in den Randgebieten des Tannenvorkommens, sondern fast überall auf.

Im Herbst 1980 entdeckte man plötzlich neue, zum Teil sehr ausgedehnte Schäden an Fichte (Abb. 182), zunächst an Altbäumen in der Münchner Schotterebene und in den Kammlagen des Bayerischen Waldes. Ein Jahr später haben sich diese Schäden über ganz Süd- und Südwestdeutschland auf Niedersachsen und Österreich ausgedehnt. Inzwischen sind auch Kiefern und Laubhölzer, besonders die Buche befallen. Es wurde üblich, alle diese Erkrankungen unter dem Begriff „Waldsterben" zusammenzufassen.

7.9.1 Waldschadenserhebung 1983

Nach Untersuchungsergebnissen des Bundesministeriums für Ernährung, Landwirtschaft und Forsten umfaßte die geschädigte Waldfläche im Sommer 1982 rund 562 000 ha; dies entspricht 8% der Gesamtwaldfläche der Bundesrepublik. Die Waldschadenserhebung vom Sommer 1983 ergab eine Schadfläche von 2 545 000 ha; das entspricht 34% der Gesamtwaldfläche. Der Schaden hat sich in diesem einen Jahr, soweit die Erhebung einen Vergleich gestattet, mehr als vervierfacht – eine erschreckende Zunahme. Er teilt sich nach Besitzarten auf: Staatswald 0,7 Mio. ha (33% der Staatswaldfläche von 2,3 Mio. ha), Körperschaftswald 0,6 Mio. ha (32% der Körperschaftswaldfläche von 1,8 Mio. ha) und Privatwald 1,2 Mio. ha (37% der Privatwaldfläche von 3,3 Mio. ha).

Über die Aufteilung der Schäden nach Ländern und Schadstufen gibt die Übersicht 2, nach Ländern und Baumarten die Übersicht 3 Auskunft.

7.9.2 Die Schadensursachen

Die Gründe des Waldsterbens sind sehr vielschichtig. Die Ursachen und ihre Zusammenhänge sind noch nicht bis ins letzte zweifelsfrei erforscht. Es besteht jedoch heute unter Fachleuten Übereinstimmung, daß die Gesamtheit der Luft-

BML Waldschadenserhebung 1983

Übersicht 3: Anteil der geschädigten Fläche nach Ländern und Baumarten

Land	Fichte	Kiefer	Tanne	Buche	Eiche	Sonstige Baumarten	Insgesamt
	in % der Baumartenfläche						in % der Waldfläche
Schleswig-Holstein	18	23	5	10	1	6	12
Niedersachsen	36	10	14	15	4	6	17
Nordrhein-Westfalen	32	72	48	34	19	26	35
Hessen	19	19	33	13	4	6	14
Rheinland-Pfalz	27	37		24	12	12	23
Baden-Württemberg	52	74	79	33	35	29	49
Bayern	47	60	79	44	22	16	46
Saarland	18	9	18	14	6	4	11
Bundesrepublik	41	43	76	26	15	17	34

BML Waldschadenserhebung 1983

Übersicht 2: Neuartige Waldschäden nach Ländern und Schadstufen

Land	Waldfläche	davon Schadstufe 1 kränkelnd	Schadstufe 2 krank	Schadstufe 3 sehr krank	Schadstufe 1 + 2 + 3
	Mill. ha	in % der Waldfläche			
Schleswig-Holstein	0,137	9	2	0,4	12
Niedersachsen	0,977	12	4	1,0	17
Nordrhein-Westfalen	0,855	28	6	0,7	35
Hessen	0,834	11	3	0,6	14
Rheinland-Pfalz	0,771	18	4	0,7	23
Baden-Württemberg	1,303	31	18	0,6	49
Bayern	2,444	34	10	1,2	46
Saarland	0,085	9	2	0,3	11
Bundesrepublik	7,406	25	8,5	0,9	34

verunreinigungen primär verantwortlich ist. Eine maßgebliche Rolle bei der Entstehung der Schäden spielen insbesondere Schwefeldioxid (SO_2), Stickoxide (NO_x), Photooxidantien (Ozon), sowie eine feinste Verteilung von Schwermetallstäuben in Luft oder Rauch. Infolge der hohen Schornsteine der Kraftwerke gelangen die Schadstoffe in höhere Luftschichten und werden sehr weit transportiert.

Bezüglich der Einwirkung der Schadstoffe auf die Teile des Baumes wurden verschiedene Hypothesen entwickelt (SCHÜTT, 1983), für die viele gute Gründe sprechen, ohne daß jedoch die genauen Zusammenhänge restlos geklärt werden konnten.

Die Saurer-Regen-Hypothese nimmt an, daß Schwefel-, Salpeter-, Salz- und Kohlensäure mit den Niederschlägen in den Boden eindringen und zu chemischen Umsetzungen führen. Dadurch werden giftige Aluminium- und Mangan-Ionen frei, die die Feinwurzeln schädigen. Daneben wirken die sauren Niederschläge auch schädigend auf die Blattorgane der Bäume ein.

Die Ozon-Hypothese kommt zu dem Schluß, daß auch unter mitteleuropäischen Klimaverhältnissen durch Photooxidation der von Verbrennungsmotoren ausgestoßenen Stickoxide sowie anderer Stoffe Ozon in für die Bäume giftigen Mengen entstehe. Dadurch werden die Blätter geschädigt und Nährstoffe ausgewaschen. Bei Tannen- und Fichtennadeln konnten Magnesium-Verluste festgestellt werden.

Die Streß-Hypothese vermutet, daß eine zwar geringe, aber seit Jahrzehnten wirkende Schadstoffkonzentration in der Luft allmählich die Vitalität der Bäume lähmt. Dadurch wird die Erneuerung des Wurzelsystems und des Laubes gestört. Die Bäume werden empfindlicher gegen Klimaextreme und anfällig gegen Sekundärschädlinge und verlieren schließlich einen immer größer werdenden Teil der assimilierenden Organe.

Abb. 182 Durch Luftverschmutzung geschädigte Fichte in der Münchner Schotterebene
(Foto: Steuer)

Abb. 183 Durch Luftverschmutzung geschädigte Buche, die schon im Juni grüne Blätter verliert (Foto: Steuer)

7.9.3 Die Krankheitssymptome

Eine gesunde Tanne behält ihre Nadeln etwa 12 Jahre lang am Zweig. Erkrankte Bäume werfen auch Nadeln ab, die dieses Alter noch nicht erreicht haben. Durch die Kronen gesunder Tannen kann man nicht hindurchsehen, während bei kranken Bäumen eine Verlichtung von der Kronenbasis zur Spitze und von innen nach außen beginnt, so daß die Kronen immer durchsichtiger werden. Der Vorgang ist unregelmäßig. Manche Tannen versuchen, die fehlende Nadelmasse durch Klebeäste (neue Äste aus schlafenden Augen) zu ersetzen. Häufig ist die frühzeitige Bildung von Storchennestkronen und eines pathologischen Naßkerns.

Die Fichte ist besonders in den Kammlagen der Mittelgebirge betroffen, jedoch treten die Schäden auf den unterschiedlichsten Böden auf. Auch hier beginnt die Verlichtung der Krone mit dem vorzeitigen Abwerfen älterer Nadeljahrgänge; die Kronen werden durchsichtiger, Angsttriebe können auf den Ästen gebildet werden, die Nadeln werden kürzer und verfärben sich fahlgrün oder gelb. Auch im Wurzelwerk kommt es zu Veränderungen (tote Feinwurzeln), und die Jahrringe werden schmäler.

Seit 1982 häufen sich die Meldungen über Schäden an der gebietsweise schon früher erkrankten Kiefer. Schwer erkrankte Buchen (Abb. 183) werfen bis Ende September ihr ganzes Laub ohne die typische Herbstfärbung ab. Die Blätter – vorwiegend im oberen Wipfelbereich – rollen sich zusammen. Die Kronen bekommen ein besenartiges Aussehen, die aneinandergereihten Kurztriebe richten sich krallenartig nach oben, Wasserreiser oder Kurztriebe bilden sich, einzelne Zweige werden dürr. Vom Waldsterben betroffen sind auch Eiche und andere Laubhölzer, ebenso Waldsträucher, bei denen es ebenfalls zu vorzeitigem Abfall der Blätter, Vergilben und dürren Ästen kommt.

7.9.4 Gegenmaßnahmen

Das sehr fein ausgewogene Waldökosystem ist in seiner Belastbarkeit offenbar erschöpft. Bei weiterem Fortschreiten der Krankheit in bisherigem Tempo ist der Bestand des Waldes ernstlich bedroht. Die Auswirkungen ökologischer

Art (Wasserhaushalt, Luftqualität, Erosion, Hochwasserkatastrophen) sind kaum zu ermessen. Es müssen rasch Maßnahmen ergriffen werden, die Schadursachen zu verringern und möglichst ganz auszuschalten. Maßnahmen, die erst in zehn Jahren greifen, dürften zu spät kommen.

Düngung schafft keine Abhilfe. Nur dort, wo dem Boden Nährstoffe fehlen, kann durch Düngung der Verlauf der Krankheit verzögert werden. Deshalb sollte eine Düngung nur nach sorgfältigen Boden- oder Nadelanalysen durchgeführt werden, wenn feststeht, welche Nährstoffe dem Boden bzw. den Nadeln mangeln. Ebensowenig gibt es andere forstliche Gegenmaßnahmen, um der Erkrankung des Waldes entgegenzuwirken.

Die Luftbelastung muß deshalb durch Emissionsminderung im „Vorsorgeprinzip" raschestens drastisch reduziert werden. Dabei ist mit den Nachbarländern eng zusammenzuarbeiten. Ökologisch unschädliche Technologien sind zu fördern, und Energie ist konsequent zu sparen. Die Forschung über die Ursachen des Waldsterbens und ihre Behebung ist energisch voranzutreiben. Die Öffentlichkeit ist über die Gefahren eingehend aufzuklären und zur Mitwirkung bei der Minderung der Schäden anzuhalten.

7.9.5 Auswirkungen der Walderkrankung auf das Holz

Die zahlreichen Berichte über das Waldsterben haben in der Öffentlichkeit, vor allem aber auch bei den Holzverbrauchern Unruhe und Besorgnis hervorgerufen. Teilweise wurde befürchtet, daß die Erkrankung des Waldes auch zu Schäden am Holz, an seiner Festigkeit, Dauerhaftigkeit und Rohdichte führte. Diese Befürchtungen entbehren nach dem bisherigen Forschungsstand jeder Grundlage, wenn befallene Stämme rechtzeitig, das heißt sofort nach dem Absterben eingeschlagen werden.

Eine Entwertung des Holzes ist nur zu befürchten, wenn abgestorbene Bäume länger stehen bleiben und von Sekundärschädlingen – Insekten wie Nutzholzborkenkäfer, Bockkäfer, Holzwespen u. a., sowie Pilzen wie Rotfäule und Weißfäule – befallen werden. Es gilt hier das gleiche, worauf schon bei Frosttod (s. S. 222) und anderen Beschädigungen hingewiesen wurde.

Bei rechtzeitigem Einschlag, umgehender Abfuhr und sofortiger Verarbeitung steht das Holz erkrankter Bäume dem von gesunden in seinen Eigenschaften nicht nach. Verschiedene Forschungsinstitute haben sich mit der Frage des Einflusses des Waldsterbens auf die Holzqualität befaßt und sind übereinstimmend zu dem Ergebnis gekommen, daß keine entscheidenden Veränderungen im Verhältnis der Rohdichte zu den Festigkeitswerten zu beobachten sind.

Nach den Sortierungsbestimmungen der Anlage zu § 1 der Verordnung über gesetzliche Handelsklassen für Rohholz, Ziff. 2 „Gütesortierung", ist Holz von normaler Qualität einschließlich stammtrockenem Holz in die Güteklasse B/EWG einzureihen. Wohlgemerkt darf es sich nur um Stammtrockenheit ohne Sekundärschäden handeln (s. S. 125). Sind Sekundärschäden vorhanden, so muß das Holz entsprechend dem Ausmaß dieser Schäden in die Güteklasse C/EWG bzw. D eingereiht werden. Im Interesse der Werterhaltung des Rohstoffes Holz muß die Forstwirtschaft also bemüht sein, zum richtigen Zeitpunkt einzuschlagen.

Schrifttum

Auswertungs- und Informationsdienst für Ernährung, Landwirtschaft und Forsten (AID) e. V.: Überwachung und Bekämpfung von Borkenkäfern der Nadelbaumarten. Bonn, 1984

BRUNN, G.: Astigkeit und Astreinigung von Fichtenbeständen, Mitteil. aus Forstwirtschaft und Forstwissenschaft S. 511, Hannover, 1935

BRUNNER, J. und MAYER, R.: Fällzeit und bautechnische Eigenschaften von Fichte und Tanne. Bericht Nr. 73 der Eidgen. Materialprüfungsanstalt an der E. T. H. Zürich. Bern, 1934

BURGER, H.: Holz, Blattmenge und Zuwachs. Die Douglasie. Mitt. d. Schweiz. Anstalt f. d. forstl. Versuchswesen, 1935

BURGER, H.: Holz, Blattmenge und Zuwachs. Die Eiche. Mitt. d. Schweiz. Anstalt f. d. forstl. Versuchswesen, 1935

BURGER, H.: Der Drehwuchs bei den Holzarten. Drehwuchs bei Fichte u. Tanne. Mitt. d. Schweiz. Anstalt f. d. forstl. Versuchswesen, Bd. 22. Zürich, 1941

BURGER, H.: Drehwuchs bei der Lärche. Forstwissensch. Centralblatt, Heft 2/3. Berlin, 1950

BÜSGEN-MÜNCH: Bau und Leben unserer Waldbäume. Jena, 1927

BUTIN, H. und VOGLER, CHR.: Untersuchungen über die Entstehung von Stammrissen („Frostrissen") an Eiche. Forstwissensch. Centralblatt S. 295–303. Berlin, 1982

FEUCHT, D.: Waldbrand infolge Blitzschlag. Allg. Forstzeitschrift Nr. 17. München, 1947

FREY-WYSSLING, A.: Die Verfärbung ungeschützten Holzes durch das Wetter. Schweiz. Zeitschr. f. d. Forstwesen, S. 278. Zürich, 1950

GROSSER, D.: Die Hölzer Mitteleuropas, ein mikroskopischer Lehratlas. Berlin, 1977

GROSSER, D.: Pflanzliche und tierische Bau- und Werkholz-Schädlinge. Leinfelden-Echterdingen, 1985

HILF, H. H.: Die Erzeugung von Wertholz durch Aufasten des Nadelholzes. Jahresbericht Deutscher Forstverein. Berlin, 1933

HILF, H. H.: Holzerhaltung bei sommergefällten Kiefern. Forstarchiv. Hannover, 1942

HUBER, B., HOLDHEIDE, W. und RAAK, K.: Zur Frage der Unterscheidbarkeit von Stiel- und Traubeneiche. Holz als Roh- und Werkstoff, Heft 11. Berlin, 1941

JANKA, G.: Die Härte der Hölzer. Mitt. aus dem forstl. Versuchswesen Österreichs, Nr. 39. Wien, 1915

KNIGGE, W.: Probleme der Gütesortierung n. d. Verordn. üb. gesetzl. Handelsklassen für Rohholz. Der Forst- u. Holzwirt. Hannover, 1970

KNIGGE, W. und SCHULZ, H.: Grundriß der Forstbenutzung. Berlin, 1966

KNUCHEL, H.: Holzfehler. Zürich, 1947

KOLLMANN, F.: Technologie des Holzes. Berlin, 1936

KOLLMANN, F.: Die Esche und ihr Holz. Berlin, 1941

KRAHL-URBAN, J.: Lärchen. Eine forst- und holzwirtschaftliche Betrachtung. Holz-Zentralblatt Nr. 77. Stuttgart, 1954

LIESE, W.: Orientierende Untersuchungen zur chemischen Ästung von Pappeln. Der Forst- und Holzwirt, Heft 17. Hannover, 1957

LÖFFLER, H.: Einfluß von Stammeigenschaften und Fertigungsprogramm auf den Wert des Sägereirundholzes. Schweiz. Zeitschrift f. d. Forstwesen Nr. 10. Bern, 1970

LÖFFLER, H.: Kriterien der Bewertung von Nadelstammholz. Schriftenreihe der forstl. Abteil. d. Univ. Freiburg, Bd. 4, 1965

LÖFFLER, H.: Einflüsse auf den Wert des Rohholzes. Schriftenreihe der forstl. Abteil. d. Univ. Freiburg, Bd. 9, 1968

MAYER-WEGELIN, H.: Europäische und japanische Lärche, ihre kennzeichnenden Holzeigenschaften. Holz-Zentralblatt Nr. 145. Stuttgart, 1955

MAYER-WEGELIN, H.: Ästung. Hannover, 1936

MAYER-WEGELIN, H.: Das Aufästen der Waldbäume. Hannover, 1952

MAYER-WEGELIN, H.: Der Härtetaster. Ein neues Gerät zur Untersuchung von Jahrringbau und Holzgefüge. Allg. Forst- und Jagdzeitung, Heft 1. Frankfurt am. M., 1950

MAYER-WEGELIN, H.: Astigkeit und Aushaltung des Buchenholzes. Forstarchiv, S. 413. Hannover, 1929

MAYER-WEGELIN, H.: Die biologische, technologische und forstliche Bedeutung des Drehwuchses der Waldbäume. Forstarchiv Heft 12. Hannover, 1956

MAYER-WEGELIN, H. und MAMMEN, E.: Spannungen und Spannungsrisse im Buchenstammholz. Allgem. Forst- u. Jagdzeitung, Heft 9. Frankfurt a. M., 1954

METZGER, K.: Studien über den Aufbau der Waldbäume und Bestände nach statischen Gesetzen. Mündener Forstl. Hefte, S. 61. Berlin, 1894

METZGER, K.: Die Wuchsgesetze des Einzelstammes. Mündener Forstl. Hefte. Berlin, 1895

MEYER-BRENKEN: Aushaltung des Kiefernholzes. Allgem. Forstzeitschrift Nr. 44. München, 1951

MÜNCH, E.: Forstliche Frostschäden im Winter 1939/40. Forstwiss. Centralblatt, Heft 1. Berlin, 1948

NEGER, F. W.: Die Rötung des frischen Erlenholzes. Zeitschrift f. Forst- und Landwirtschaft, S. 96. Stuttgart, 1911

NEGER, F. W.: Die Vergrünung des frischen Lindenholzes. Naturw. Zeitschrift f. Forst- und Landwirtschaft, S. 305. Stuttgart, 1910

OLBERG, A.: Alters- und Qualitätsuntersuchungen an einem aus Plenterbetrieb hervorgegangenen Kiefernaltbestand. Mitteil. d. Akademie d. Deutschen Forstwissenschaft, Bd. 1. Frankfurt, 1943

OLBERG-KÜHN: Über den Zusammenhang der Holzqualität und der Jugendentwicklung der Kiefer. Zeitschr. f. d. Forst- und Jagdwesen, Heft 9. Berlin, 1930

PECHMANN, H. V.: Die Auswirkung des Hagelschlages auf Zuwachsentwicklung und Holzwert. Forstw. Centralblatt, Heft 7/8. Berlin, 1949

PHLEPS, H.: Holzbaukunst – Der Blockbau. Karlsruhe, 1942

RUBNER, K.: Neudammer Forstliches Lehrbuch. Neudamm, 1942

RUBNER, K.: Das Hungern des Kambiums und das Aussetzen der Jahrringe. Naturw. Zeitschr. f. Forst- und Landw., S. 212. Stuttgart, 1910

SCHÄDELIN, W.: Wald unserer Heimat. Zürich, 1941

SCHOBER, R.: Die Lärche. Eine ertragskundlich-biologische Untersuchung. Hannover, 1949

SCHÜPFER, V.: Schaftform und Vollholzigkeit. Anzeiger für Forstproduktenverkehr, Nr. 25/26, 1915

SCHÜTT, P., KOCH, W., BLASCHKE, H., LANG, K. J., SCHUCK, H. J. und SUMMERER, H.: So stirbt der Wald. München, 1983

SCHULZ, H.: Untersuchungen über die Bewertung von Eichenstammholz. Dissertation, Forstl. Fak. d. Univ. Göttingen, 1954

SCHULZ, H.: Güteklassen des Stammholzes und ihre Abgrenzung gegeneinander. Holz-Zentralblatt Nr. 57. Stuttgart, 1959

SPLETTSTÖSSER: Ästen von Eichen mit Wuchsstoffen. Der Forst- und Holzwirt, Heft 8. Hannover, 1957

THEDEN, G.: Beitrag zum Verhalten der Bläuepilze. Wissenschaftl. Abhandl. der Deutschen Materialprüfanstalten, Heft 3. Berlin, 1942

TRENDELENBURG, R.: Wuchs- und Holzuntersuchungen an japanischer Lärche, Silva, S. 403. Berlin, 1937

TRENDELENBURG, R.: Festigkeitsuntersuchungen an Douglasienholz. Mitt. aus der Forstwissenschaft, Bd. 2. Hannover, 1931

TRENDELENBURG, R.: Das Holz als Rohstoff. München, 1939

TRENDELENBURG, R.: Über die Eigenschaften des Rot- und Druckholzes der Nadelhölzer. Allg. Forst- und Jagdzeitung, S. 1 – 14, Frankfurt a. M., 1932

TRENDELENBURG, R.: Über Faserstauchungen im Holz und ihre Überwallung durch den Baum. Zeitschr. Holz als Roh- und Werkstoff, Heft 7/8. Berlin, 1940

VANSELOW, K.: Einführung in die forstliche Zuwachs- und Ertragslehre. Frankfurt a. M., 1941

VOSS, J.: Erste Ergebnisse eines Versuches, der Wasserreiserbildung an Eiche vorzubeugen, Zeitschr. f. d. Forst- u. Jagdwesen, Heft 1/2. Berlin, 1941

VOSS, J.: Neue Ergebnisse eines Versuches, der Wasserreiserbildung an Eiche vorzubeugen, Holz-Zentralblatt Nr 27. Stuttgart, 1946

VOSS, J.: Abschließende Ergebnisse eines Versuches, der Wasserreiserbildung an Eiche vorzubeugen, Holz-Zentralblatt Nr. 11. Stuttgart, 1947

VOSS, J.: Die finanzielle Bedeutung des Eichenrötens, Holz-Zentralblatt Nr. 30. Stuttgart, 1948

WINDIRSCH, J.: Der Aufbau des Waldbaumes nach statischer Grundlage, Tharandt. Forstl. Jahrbuch, S. 533. Berlin, 1936

ZIMMERLE, H.: Über Ästungsversuche bei der Rotbuche, Allg. Forst- und Jagdzeitung, S. 88 – 104. Frankfurt a. M., 1943

ZIMMERMANN: Zur Eignung des deutschen Douglasienholzes für Grubenstempel. Zeitschr. f. Forst- u. Jagdwesen, S. 105, Berlin, 1933

ZYCHA, H.: Über die Kernbildung und verwandte Vorgänge im Holz der Rotbuche. Forstwissenschaftl. Centralblatt, Heft 2. Berlin, 1948

Stichwortverzeichnis

A
Abfallholz 143
Abfuhr 161, 162
Abgabeschein 155, 158, 160
Abholzigkeit 121, 130, 133, 168
Abkürzungen 148
Abrundung, forstliche 105
Abschnitte 116
Abtriebsalter 14
Ahorn 58, 206
Akazie 21
Allgemeiner Zahlungstag 159
Alpenlärche 41
Amerikanische Platane 71
Anbrüchigkeit 138
Anschalmen 103
Arve 34, 38
Aspe 8, 9, 78, 81
Ast 19, 163, 178, 188
Astigkeit 35, 128, 133, 193
Astnarben 133
Astreinigung 178
Astung 47, 181, 182
atro 107
Aufarbeiten 86
Aufforstung 38
Aufreißen 101
Auktion 153
Ausbauchungsreihen 165
Ausschlagswald 12
Auwald 62
Axt 88

B
Bajonettwuchs 170
Bandmaß 92
Bart 100
Barzahlungsverfahren 159
Bast 21
Baum 17
Baumhöhe 21, 107
Baumholz 15
Baumpfähle 119
Baustempel 119
Beanstandung 158, 161
Bergahorn 58, 206
Bergkiefer 33, 37
Bergrüster 63
Bergstütze 97
Bergulme 61, 63
Bestand 11, 108
Bestandsschluß 17
Bestockungsgrad 109
Betriebsart 12
Beulen 121, 129, 194
Bezahlung des Kaufpreises 159
Birke 8, 9, 21, 64
Birnbaum 73
Bläue 103, 238
Bläuepilze 36, 237
Blitzbäume 227
Blitzlöcher 228
Blitzrinnen 227

Blochholz 113
Bockkäfer 243
Boden 10
Bootsbau 35
Borkenkäfer, holzbrütende 241
Brennreisig 143
Bruchweise 83
Brunnenröhren 37
Brusthöhendurchmesser 107
Buche 10, 21
Bucheckern 52
Buchs 174
Bundeswaldgesetz 11

C
Chinesenbärte 196, 198

D
Deckreisig 143
Derbholz 108
Derbholzmasse 109
Dickenwachstum 21
Dickung 15
Dorflinde 66
Dotterweide 83
Douglasie 24, 29, 45
Douglasienschütte 45
Douglasienwollaus 45
Draufholz 115
Drehwuchs 44, 51, 121, 130, 133, 212, 213
Drilling 170
Druckholz 121, 172, 173, 174
Durchfalläste 185, 187

E
Eberesche 75
Edelkastanie 21, 68
Edeltanne 31
Edle Tanne 33
Eibe 47
Eiche 8, 10, 12, 13, 21, 24, 48, 204
Eichel 48, 52
Eichenschälwald 12
Einschlagring 102
einschnürig 109
Einzahlungstag 159
Eisenbahnschwellen 34, 37, 47
Elsbeere 75
Erle 13, 21
Ernteverlust 109
Ersticken 239
Ertragstafeln 109
Esche 10, 13, 21, 56, 232
Eschenblättriger Ahorn 61
Espe 81
Eßkastanie 68
EWG-Richtlinie 111, 120
exzentrischer Kern 130
Exzentrizität 133, 172

F
Fällen 99
Fällkeil 89
Fallkerb 99
Fällung 86, 99
Fällungsschäden 235

Fällungswerkzeug 88
farbliche Veränderungen 121, 129, 133, 230
Faschinen 144
Faserholz 33, 135
Faserstauchungen 218
Faulkern 231
Faulstellen 129
Feldahorn 60
Feldrüster 62
Feldulme 61, 62
Femelhieb 14, 84
Festmeter 103
Fichte 8, 17, 24, 29, 34
Fichtenbock 243
Fischohren 230
Fladerschnitt 28
Flammkern 126
Flatterrüster 62
Flatterulme 61, 62
Flaumeiche 51
Flecken 103
Flügeläste 185
Föhre 34
Forche 34
Forle 34
Formzahl 107, 108, 166
Forstgesetze der Länder 11
Forst-HKS 104, 111, 112
Forstwirtschaft 9
freihändiges Angebot 153, 155
Freischwebverfahren 98
Freistand 17
Frosteinwirkung 221
Frostplatten 221
Frostriß 121, 221, 222
Frosttod 222
Frühholz 21, 24, 27, 32, 34, 39, 44, 57, 201
Furnier 51, 122
Fußbodenholz 35

G
Ganzbäume 94
Garbenbaum 170
Gebrauchssorten 112, 135
Gefäße 21, 48
Gelbkiefer 34
Gelrica 80
Gemeine Birke 64
Gemeine Esche 56
Gemeine Kiefer 33, 34
Gerbstoff 30
Gesetz über Einheiten im Meßwesen 112
Gesetz üb. gesetzl. Handelsklassen für Rohholz 111, 113
Gesundheit 129, 133, 138
Gewährleistung 155
Gewichtsverkauf 152
Gewichtsvermessung 106, 138, 140, 141
Gewöhnliche Platane 61
Goldberger Verfahren 91
Goldweide 83
Grat 100
Graukern 130, 231
Graupappel 78, 82
Grobastigkeit 138
Großblättrige Linde 66
Großverbraucher 155

253

Grubenholz 33, 35, 47, 126, 127, 128, 135
Grubenstempel 119
Grünastung 183
Gütebedingungen für Bauholz 163
Güteklasse A/EWG 122, 144
Güteklasse B/EWG 125, 144
Güteklasse C/EWG 131, 144
Güteklasse D 134, 144
Gütesortierung 113, 120
Gütevorschriften für Bauholz 189

H

Haarbirke 64
Hackschnitzel 144
Hagebuche 54
Hagelschlagverletzungen 220
Hainbuche 13, 54
Hakengänge 244
Handelsklassensortierung 104
Hängebirke 64
Harzgallen 30, 217
Harzgänge 24, 27, 29, 34, 40
Harzkanäle 30, 34
Harznutzung 37
Harzrisse 42, 228
Harztaschen 217
Hasel 8, 13
Haselfichte 206
Haselulme 63
Heilbronner Sortierung 113, 114, 166
Hemizellulose 25
Hexenbesen 212
Hieb 14
Hirnfläche 101
Hirnschnitt 28
Hitzerisse 226
Hochwald 9, 12, 13
Höhenkiefer 18
Höhenwachstum 19
Hohlkehlen 177
Holz 21
Holzapfel 74
Holzbrüter 241
Holzeinschlag 86
Holzernte 84
Holzerntezug 94
Holzfehler 162
Holzhof 94
Holzkonservierung 30
Holzmeßanweisung 104
Holzschutz 35
Holzstrahlen 24, 27, 34, 55
Holzverkauf 151
Holzwespen 244
Holzwolle 35, 40
Holzzettel 155, 158, 160
Homa 104, 111
Hornast 180
Hornbaum 54
Hornbuche 54
Hubersche Formel 104, 106

I

Iltisaxt 89
Industrieholz 135, 136
Industrieholz kurz 106, 137

Industrieholz lang 137
Inhaltsermittlung stehender Bäume 107

J

Jahresringrisse 222
Jahrring 21, 40
Jahrringablösungen 203
Jahrringbau 35, 130, 134, 201, 206
Jahrringbreite 203
Japanische Lärche 45
Johannisapfel 74
Jungwuchs 15

K

Kahlhieb 14, 84
Kalkesche 57
Kambium 21
Kaminholz 119
Kanadische Schwarzpappel 79
Karolina-Pappel 79
Kaufvertrag 155, 156
Kern 27, 34, 37, 39, 42, 45, 53, 55, 57, 63, 66, 68, 69, 70, 72, 73, 74, 76, 78
Kernriß 121, 228
Kernschäle 203
Kernwüchse 12
Kiefer 8, 17, 24, 29, 33, 34, 205
Kiefernbaumschwamm 240
Kiefernholzwespe 245
Kisten 35
Klammerstamm 102
Klangholz 30, 208
Klangholzfichte 206
Klebeäste 192
Kleinverbraucher 155
Klon 78
Kluppe 92
Knackweide 83
Koloradotanne 33
Kombinationsrückezug 97
Kopfhochverfahren 98
Körperschaftswald 151
Krankheitssymptome (Walderkrankung) 248
Krebsbeulen 211
Krone 17, 19
Krummschaftigkeit 44, 168
Krümmung 120, 130, 133, 138
Kuhfußstiel 89
Kultur 15
Kurzbezeichnungen 148
Küstentanne 33

L

Längenmessung 92
Langholz 104, 113
Langholz Heilbronner Sortierung 105
Lärche 24, 29, 40
Latsche 33, 37
Latschenöl 37
Laubholz 21, 48
Laubwald 9
Legföhre 37
Leisten 35
Libriformfaser 23

Lichtungszuwachs 203
Linde 8, 10, 13, 21, 66
Lochrotor 91
lufttrocken 107
lutro 107

M

Mantelrisse 101
Markstrahlen 24
Maronen 68
Marilandica 80
Maschinenentrindung 90
Maserbildung 210
Maserfurnier 208
Maserköpfe 79
Maserpappeln 79
Maservertäfelungen 208
Maserwuchs 208
Massentafeln 108
Masten 34, 44, 47, 125, 126
Maßholder 60
Mechanisierung 84
Mehlbeere 75
Meßring 103
Meßstelle 105
Meßzahlen 112, 142
Mischholz 9
Mischwald 10
Mittelwald 12, 13
Mittendurchmesser 104
Mittenstärkensortierung 113
Mondringe 221, 224
Moorbirke 64
Mooreiche 51, 230
Morgenländische Platane 71

N

Nachfrist 158
Nachhaltigkeit 11
Nachverkauf 151
Nadeln 33
Nadelholzborkenkäfer 241
Nadelhölzer 29
Nadelreinbestände 9
Nadelrisse 48
Nadelwald 9
Nägel 199
Narben 129
Naturverjüngung 14
Nebensorten 143
Nectria-Pilze 211
Niederwald 12, 68
Nordmannstanne 33
Nummernverzeichnis 160
Nußbaum 21
Nutzfunktion 11
Nutzreisig 143
Nutzungsarten 84

O

Oberholz 13
Ölbaumholz 58
Olivesche 58
Ozon-Hypothese 247

P

Panzerschild 96
Papier 35

Pappel 21, 77
Parenchymzellen 23, 24, 29
Pfähle 47
Pflanzung 84
Pflege 87
Pfosten 40
Photosynthese 19
Pinie 33, 37
Platane 71
Plätzen 103
Plenterwald 15
Pollenanalyse 8
Poren 48, 49, 55
Posthornwuchs 170
Privatwald 151
Probefläche 109
Probestämme 109
Profilzerspanerholz 114, 116
Protoplasma 23
Punktäste 186
Pyramidenpappel 80

Q
Querschnitt 28
Querschnittsform 130, 134

R
Radialschnitt 28, 29
Rahmen 35
Rammpfähle 35, 125, 126
Raummeter 103
Reaktionsholz 121, 130, 134, 175
Rebpfähle 40, 119
Reifholz 27, 32
Reinbestände 12
Reisholz 143
Reißmeter 92
Reppeln 103
Resonanzholz 30
Riesenholzwespe 245
Riesentanne 33
Rinde 143
Rindenbrand 225
Rindenentgang 109
Rindenzeichen 194
Ringrisse 203
Ringschäle 121, 131, 134, 222
Risse 131, 134
Risseschutz 102
Robinie 70
Robusta 80
Rodung 8
Rohdichte 30, 32, 34, 37, 39, 40, 42, 47, 50, 51, 52, 53, 55, 57, 59, 60, 63, 64, 67, 68, 69, 70, 72, 73, 74, 75, 77, 78, 82
Rohholz 112
Rohschäfte 94
Rolladen 35
Rosen 199
Roßkastanie 72
Rostpilze 212
Rotbuche 24, 52
Roteiche 52
Roterle 76
Rotfäule 129, 240
Rotholz 174, 219
Rotkern 53, 126, 127, 231
Rotrüster 62

Rotstreifigkeit 103, 238
Rottanne 29
Rotteneinteilung 87
Rotulme 62
Ruchbirke 64
Rücken 87, 95
Rückeaggregat 96
Rückeschäden 235
Rückeschlepper 95
Rückewagen 97
Rückezug 97
Rumelische Kiefer 40
Rundäste 185
Rundnarben 199

S
Säbelwuchs 169
Sägerundholz 115
Sägeschnitt 100
Sägeschnittkeil 89
Sapine 93
Sappie 93
Säulenpappel 80
Saurer-Regen-Hypothese 247
Schäleisen 90
Schaft 17
Schaftform 164
Schalm 86
Schattenäste 194
Scheinholzstrahlen 24
Schichtholz 118
Schichtmaß 139
Schirmhieb 84
Schirmkiefer 37
Schlag 14
Schleimflußschäden 132
Schlengen 144
Schlepper 95
Schneide- und Schälholz 122, 123, 124, 125
Schneiderbock 243
Schusterbock 243
Schutzfunktion 11
Schutzholz 234
Schwachholzentrindungsmaschine 91
Schwammware 241
Schwarzast 180
Schwarzerle 76
Schwarzkiefer 33, 36
Schwarznuß 70, 207
Schwarzpappel 79
Schwellen 105, 135
Seekiefer 34, 38
Sehnenschnitt 28
Seilanlage 98
Seilbringung 98
Seilkräne 99
Seilwinde 97
Serbische Fichte 31
Serotina 80
S-Haken 102
Sicherstellung des Kaufpreises 158
Siegel 197
Silberahorn 61
Silberpappel 81
Silberweide 83
Sitkafichte 31
Sommerlinde 66
Sommerschälung 236

Sonnenbrand 225
Sortierung nach dem Verwendungszweck 113
Sortierung von Rohholz 113
Sozialfunktion 11
Spaltaxt 89
Spaltkeil 89
Spaltrisse 102, 229
Spannrückigkeit 176
Spätholz 21, 24, 27, 30, 32, 34, 39, 44, 57, 201, 204
Spezialforstschlepper 96
Spiegelschnitt 28
Spitzahorn 60
Splint 27, 34, 36, 37, 39, 42, 47, 51, 63, 66, 68, 69, 70, 72, 74, 76, 78
Splinthieb 100
Spritzkern 126, 130, 132, 231
Spundbohlen 35
Spurlatten 44
Staatswald 151
Stamm 19
Stammfäule 237
Stammgrundfläche 109
Stammholz 115
Stammholzentrindungsmaschine 90
Stammtrockenheit 121, 129
Stammwerkholz 123
Stammzahl 109
Standort 164
Standortrassen 17
Stangen 106
Stangenholz 15
Stangensortierung 113, 117
Stärkensortierung 113
Stechfichte 31
Stecklinge 78
Steinbuche 52
Steinfichte 206
Steinlinde 66
Stieleiche 48
Stockausschläge 12
Stockfäule 237
Stockholz 143
Strahlenkern 120
Strandkiefer 34, 35
Streß-Hypothese 24
Strobe 39
Stückzahl 140
Stundungszinsen 159
Submission 153
Sudetenlärche 41
Sulfatverfahren 35
Sulfitverfahren 35
Sumpfkiefer 34
Süßkirsche 74

T
Tangentialschnitt 28, 29
Tanne 10
Tannenbaum 33
Tannensterben 33, 245
Teilfurnier 122
Teilschneide- und Teilschälholz 123, 124, 125
Teilzahlungsverfahren 159
Telegraphenstangen 33, 34
Thyllen 23
Tieflandskiefer 18

Tischlerplatten 35
Totenuhr 43
Tracheen 21, 25
Tracheiden 23, 24, 25, 27, 29
Transpirationsmethode 103
Transportlängen 116
Traubeneiche 48
Triebe 18
Trockenäste 194
Trockenastung 183
Trockengehaltsmessung 107
Tüpfel 25

U

Überhälter 15
Überhaltbetrieb 15
Übermaß 106
Überweisung 110
Ulme 8, 21, 61
Ulmensplintkäfer 62
Ulmensterben 62
Umrechnungszahlen 112, 139
Umtrieb 14
Umwelt 11
unschnürig 169
Untergang 158
Unterholz 13

V

Verfärbung von Ulmenstämmen 233
Vergrauen 103, 233
Verjüngungshieb 84
Verkauf auf dem Stock 151
Verkaufsabschluß 158
Verkauf ohne Ausgebot 155
Verkernung 26
Verlust 158
Vermessen 103
Verordnung über gesetzliche Handelsklassen für Rohholz 111, 113
Versteigerung 153
Versteigerungsniederschrift 153
Verstocken 54, 103, 239
Verstrich, aufsteigender 153
Verzugszinsen 159
Vogelahorn 60
Vogelaugenfurniere 211
Vogelkirsche 74
Vollholzigkeit 166
Vorverkauf 107, 151
Vorvertrag 152

W

Waggonböden 35
Wald 10
Waldentrindung 90
Waldfunktionen 11
Waldfunktionspläne 11
Waldhieb 100
Waldkiefer 33
Waldsterben 245
Waldweide 8, 9
Walnuß 69
Warzenbirke 64
Wassereschen 57
Wasserreiser 192
Wechselzahlungsverfahren 159

Weide 9, 82
Weidepfähle 119
Weihnachtsbaum 31, 33, 143
Weißbirke 64
Weißbuche 54
Weißerle 77
Weißfäule 129, 231, 239
Weißholz 174
Weißpappel 81
Weißschliff 35
Weißtanne 31
Weißulme 68
Wellen 194
Wellenesche 207
Wendehaken 93
Werksentrindung 90
Wertminderung 158
Wetterfichten 17
Weymouthskiefer 34, 39
Wildobst 73
Wildschäden 235
Winterlinde 66
Winterschälung 236
Wipfelschäftigkeit 167, 168
Wirtschaftswald 10
Wirtschaftsziel 10
Wulstholz 219
Wunden 129, 133
Wundnarben 129
Wurzelfäule 237

Z

Zahlungsarten 159
Zapfen 30, 32, 34, 36, 38, 39, 40, 41, 45, 47
Zaunknüppel 119
Zaunlatten 40
Zaunpfosten 119
Zellulose 25
Zerreiche 51
Zierbäume 143
Zierreisig 143
Zirbe 34, 38
Zirbelkiefer 38
Zitterpappel 81
Zopfdurchmesser 92, 105
Zopfkluppe 92
Zuckerahorn 61
Zugholz 121, 172, 174
Zulassung zu Holzverkäufen 158
Zuschlag 153
Zuwachs 109
Zweig 19
Zweimannrotte 87
zweischnürig 169
Zwieselbildung 170